Martin Eigner · Ralph Stelzer

Produktdatenmanagement-Systeme

Springer

Berlin
Heidelberg
New York
Barcelona
Hongkong
London
Mailand
Paris
Tokio

Martin Eigner · Ralph Stelzer

Produktdatenmanagement-Systeme

Ein Leitfaden für Product Development und Life Cycle Management

Springer

Professor Dr. Martin Eigner
eigner + partner ag
Ruschgraben 133
76139 Karlsruhe
www.ep-ag.com

Professor Dr. Ralph Stelzer
Technische Universität Dresden
Institut für Maschinenelemente und
Maschinenkonstruktion
Lehrstuhl Konstruktionstechnik/CAD
01062 Dresden

Mit 231 Abbildungen

ISBN 3-540-66870-5 Springer Verlag Berlin Heidelberg New York

Die Deutsche Bibliothek – CIP-Einheitsaufnahme

Eigner, Martin:
Produktdatenmanagement-Systeme : ein Leitfaden für product development
und Life-cycle-Management / Martin Eigner ; Ralph Stelzer. –
Berlin ; Heidelberg ; New York ; Barcelona ; Hongkong ; London ; Mailand ;
Paris ; Tokio : Springer, 2001
ISBN 3-540-66870-5

Springer-Verlag Berlin Heidelberg New York
ein Unternehmen der BertelsmannSpringer Science+Business Media GmbH

http://www.springer.de

Einbandgestaltung: de'blick, Berlin
Satz: Autorendaten, Computer to plate

SPIN: 10754017 68/3020xv - 5 4 3 2 1 0 - Gedruckt auf säurefreiem Papier

Vorwort

Produktdaten Management stellt eine wesentliche Grundlage des heutigen Engineering Prozesses dar. Diese Technologie fand in den letzten Jahren eine zunehmende Verbreitung und wird heute auf den gesamten Produktlebenszyklus angewandt.

Mit der aktuellen Anbindung an die Komponenten zur WEB-basierten Kommunikation zwischen den Unternehmen (business-to-business; b2b) sowie den Unternehmen und deren (potentiellen) Kunden (business-to-customer; b2c) entwickelte sich im Engineering eine informationstechnische Lösung völlig neuer Qualität. Diese erhält für den gesamten Engineering Prozess eine Rückgratfunktion welche vergleichbar ist mit den Systemen zur Produktionsplanung und –steuerung für die Bereiche Logistik und Produktion.

Die Autoren zeigen im vorliegenden Buch sowohl einen methodischen Überblick über diese Technologien als auch konkrete Anwendungsbeispiele auf. Dabei können sie auf vieljährige Erfahrung bei der Konzeption, Entwicklung und praktischen Einführung derartiger Systeme zurückgreifen.

Ebenfalls werden organisatorische Maßnahmen der Einsatzvorbereitung, dem Projektmanagement von Produktdatenmanagement-Systemen sowie ausführliche Nutzenbetrachtungen vorgestellt.

Zu dem vorliegenden Buch haben eine Reihe von Experten beigetragen, denen unser Dank gebührt.

Herzlich bedanken möchten wir uns bei den Herren Thomas Ohnemus, Christoph Prochnau, Levent Sari, Matthias Gubsch und Mathias Zagel von der EIGNER+PARTNER AG, bei den Herren Matthias Schmich von der Firma c´vis, Detlef Haesner von der Firma usb und Viktor Kaiser von der SIEMENS AG (Landesgesellschaft Schweiz). Ein besonderer Dank gilt auch Dr. Michael Muschiol von der SIEMENS AG (Geschäftsbereich Transportation Systems), Traudel Eigner und Sabine Müller für die Durchsicht und Korrektur des Manuskripts sowie Petra Roth für die grafische Gestaltung und Formatierung.

Martin Eigner und Ralph Stelzer im Mai 2001

Inhaltsverzeichnis

Bildverzeichnis

1 Einleitung

Die Anforderungen an den Einsatz von IT-Systemen in Fertigungsunternehmen sind qualitativ und quantitativ enorm gestiegen. Lean Production, geschäftsprozessorientierte Strukturen, kürzere Produktzyklen und Lieferzeiten sowie abnehmende Fertigungstiefe in Verbindung mit dezentralen Kunden/Zulieferer-Kooperationen, Kostendruck und Qualitätsmanagement sind Stichworte, auf die moderne IT-Strategien eine Antwort geben müssen [ABR-96].

Ebenso drastisch sind die Auswirkungen auf die betriebliche Aufbau- und Ablauforganisation. Räumliche und/oder organisatorische Trennung von Entwicklung und Produktion, flachere Hierarchien, produkt- und prozessorientierte Organisationsformen sowie dezentrale Planungsautonomie heißen die Herausforderungen.

Parallel haben sich die Unternehmensziele in den Industrieländern permanent verändert. Mit der Verschiebung der Rationalisierungsschwerpunkte von der alleinigen Kostensenkung in Richtung Durchlaufzeitverkürzung (↬ time to market/time to shipment*)* und Qualitätsverbesserung ergab sich auch eine Änderung der Aktionsfelder der IT-Anwendungen (Bild 1-1).

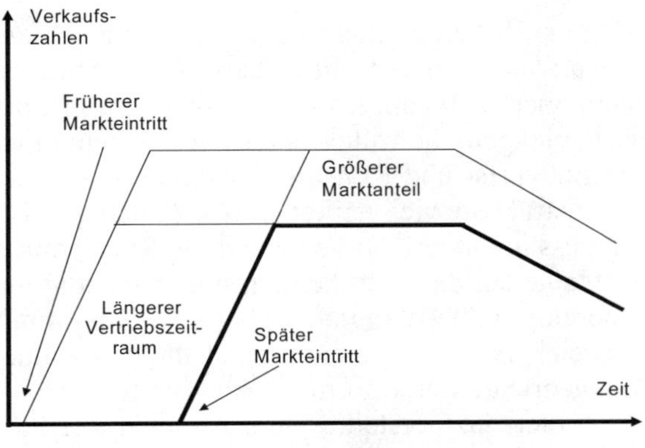

Bild 1-1: Frühere Produkteinführung (time to market) vergrößert den Marktanteil und verlängert den Produktlebenszyklus [SMR-97]

In Anlehnung an Peter Keen „Shaping the future business design" ergeben sich damit gänzlich neue Anforderungen an die Unternehmensführung und IT-Leitung, z.B. Integration von Arbeitsabläufen, organisatorische Flexibilität, Standortunabhängigkeit, schnelle Nutzung neuer Technologien und Sicherung von Kooperationsmöglichkeiten. Eine breite Kommunikations- und Steuerfähigkeit runden die Anforderungen ab [BUE-94]. Von der Konzentration auf die finanztechnischen und produktionsrelevanten (➷ ERP) Anwendungen erfolgte nun eine Orientierung zugunsten Marketing, Vertrieb, Supply Chain Management, Kundenservice und vor allem auf die zur Produktdefinition gehörenden Ingenieurtätigkeiten (➷ Engineering).

Die Gründe hierfür sind vielfältig. Generell haben sich die Randbedingungen für Fertigungsunternehmen vielfach verändert und damit auch die Tätigkeiten des Ingenieurs maßgeblich beeinflusst. Bild 1-2 verdeutlicht die Notwendigkeit für eine verbesserte Unterstützung der Engineering-Tätigkeiten gerade in Deutschland.

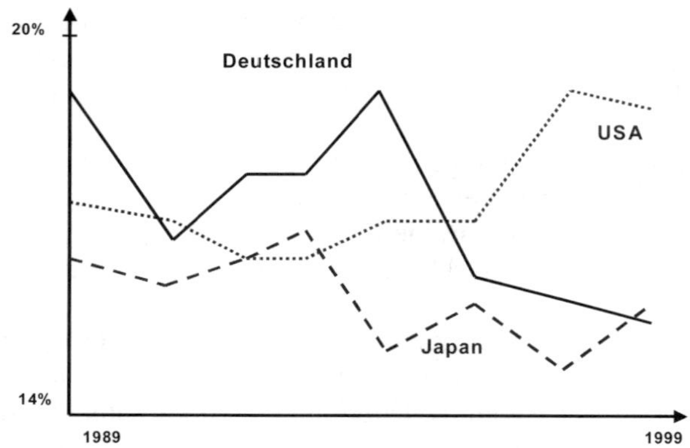

Bild 1-2: Welthandelsanteile führender Industrienationen bei entwicklungsintensiven Waren in %; nach [HDB-00]

In den letzten Jahren hat sich die Rolle des Ingenieurs in der Entwicklung und Konstruktion von der kreativen Tätigkeit mehr zum Administrieren, Kommunizieren und Informieren aber auch zum teamorientierten Entscheiden verschoben. Immer mehr Entscheidungen, die früher in nachgeschalteten Phasen stattfanden, werden in den Entwurfs- und Konstruktionsprozess verlagert [EIG-94]. Dadurch wird der Konstrukteur viel stärker in den Planungs-, Beschaffungs- und Produktionsprozess involviert. Diese veränderte Rolle kann er nur bewältigen, wenn er neue Methoden der Entscheidungsunterstützung und der Informationsbeschaffung bereitgestellt bekommt. Dabei sind herkömmliche IT-Ansätze nicht mehr ausreichend, da sie sich nur auf die Verwaltung und Beschaffung der entwicklungsorientierten Informationen konzentrieren.

Über manuell und computerunterstützt erstellte Informationen verfügen heute die Unternehmen in zunehmenden Maße. Je größer der Datenbestand ist und je flexibler und dezentraler die Aufbau- und Ablauforganisation sind, desto schwieriger wird es, die Informationen zu steuern und zu verwalten. Dazu kommen Normen und Gesetze, die den produktbezogenen Informationsbestand zum Bestandteil von Produkthaftungsregeln (EG-Richtlinie 85/374) und Qualitätsmanagement (ISO 9000 und ISO 10007) machen, sowie Anforderungen des Marktes, global und international in Zulieferer/Kunden-Verbunden zu kooperieren und möglichst in der frühen Phase der Produktentwicklung bereits im Team zusammenzuarbeiten, permanent zu kommunizieren und Informationen elektronisch auszutauschen.

Wesentlich ist in jedem Fall, dass die teamorientierte Kommunikation und die zielgerichtete Bereitstellung von Informationen für den Ingenieur wesentlich für die Entscheidungsfindung sind und damit zukünftig den Geschäftserfolg mitbestimmen. Nicht die Masse der Informationen ist entscheidend, sondern es kommt darauf an, die richtigen Informationen dahin zu leiten und sinnvoll aufzubereiten und zu präsentieren, wo sie gebraucht werden. Betriebsinterne und -externe Informationen werden zur wesentlichen Ressource des Produktdefinitionsprozesses.

In diesem Umfeld gewinnt das *Produktdaten Management* oder englisch *Product Data Management (PDM)* zunehmend an Bedeutung. Mit einem Produktdaten-Managementsystem können auf unkomplizierte Weise Informationen erfasst oder über sog. Erzeugersysteme, z.B. CAD-, CAE-, CAM-, DTP- und Office-Systeme, automatisch übernommen, individuell aufbereitet, abgerufen, administriert und weitergeleitet werden. Das System passt sich durch flexibles Customizing dem Daten- und Prozessmodell des jeweiligen Unternehmens an.

PDM darf nicht singulär betrachtet werden, sondern muss in eine gesamte IT-Strategie im Unternehmen und speziell im Engineering eingebettet sein. Zielsetzung dieser integrierten Gesamtlösung ist die Unterstützung des Ingenieurs bei den administrativen, informativen und kommunikativen Tätigkeitsanteilen durch Infrastrukturwerkzeuge sowie bei den kreativen Tätigkeitsanteilen durch Produktbeschreibungswerkzeuge über alle Phasen der Produktdefinition und Produktentstehung (Bild 1-3). Voraussetzung ist ein integriertes digitales Produkt- und Prozessmodell und natürlich die Schaffung geeigneter technischer und organisatorischer Randbedingungen.

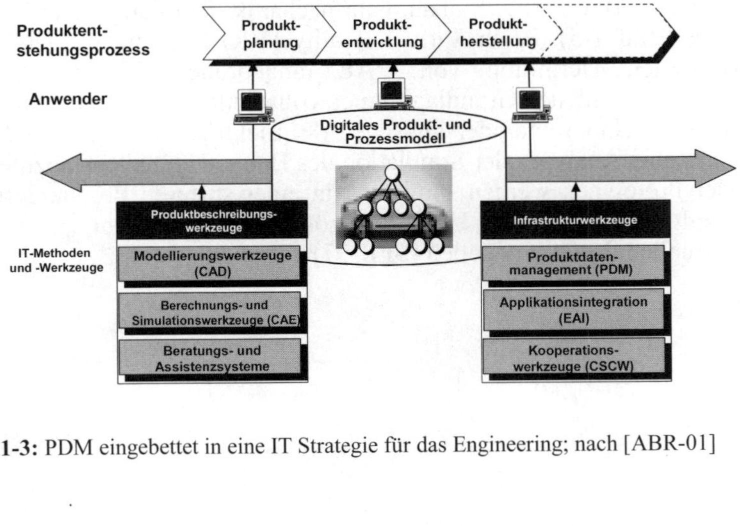

Bild 1-3: PDM eingebettet in eine IT Strategie für das Engineering; nach [ABR-01]

CAD wird als Sammelbegriff für 2D und/oder 3D Anwendungen in

- der mechanischen Konstruktion,
- der elektrischen und elektronischen Konstruktion,
- dem Anlagenbau und in
- der Architektur

verwendet [SPK-97].

Bild 1-4 zeigt ein Beispiel eines modernen CAD-Systems aus dem Bereich der mechanischen Konstruktion.

Bild 1-4: Beispiel einer 3D CAD Anwendung (Quelle: Solidworks)

CAE ist der zusammenfassende Begriff für alle Berechnungen, z.B. Festigkeitsberechnung, Wärmeleitung, Fluidmechanik, Akustik sowie Analysen und Simulationen z.B. Bewegung, Einbau, Fahrmechanik, Fertigungs- und Montagesimulation (Bild 1-5). Auch Virtual Reality (VR) Systeme werden unter einer erweiterten Definition von CAE eingeordnet. Zielsetzung von CAE-Systemen ist auf der Grundlage einer vollständigen geometrischen (✎ Mechanik, Architektur) und/oder logischen (✎ Elektrik/Elektronik) Produktbeschreibung eine Analyse oder Simulation des Bauteileverhaltens abzuleiten. Muster oder Prototypen werden somit erst in einer späteren Produktdefinitionsphase und in weit kleinerem Umfang benötigt. In der Literatur spricht man von sog. virtuellen Produktmodellen [SPK-97].

Bild 1-5: Beispiel einer CAE Anwendung (Fahrzeug-Crash-Simulation) (Quelle: Steyr-Daimler-Puch)

Beratungs- und Assistenzsysteme (☞ Knowledge Based Engineering) sind in der Industrie noch wenig verbreitet. Sie sollen durch intelligente Informations- und Lösungskataloge sowie durch Systeme zur Entscheidungsunterstützung den Ingenieur bei seinen kreativen Tätigkeitsanteilen unterstützen.

Der Begriff *PDM* wird in den folgenden Kapiteln ausführlich erläutert und wird deshalb an dieser Stelle nicht näher betrachtet.

Applikationsintegrationswerkzeuge (☞ EAI = Enterprise Application Integration) verbinden verschiedene unternehmensinterne und -externe IT-Lösungen auf der Basis einer gemeinsamen grafischen Oberfläche.

Kooperationswerkzeuge (☞ Computer Supported Coorporative Work = CSCW) ermöglichen Ingenieuren das gemeinsame Arbeiten an einem Produktmodell an verschiedenen Standorten. Mit diesen Lösungen wird die Basis für dezentrale Arbeitsweisen und gemeinsamen Entwicklungslösungen zwischen Kunden und Zulieferern geschaffen.

2 Der Engineering Prozess im Wandel

2.1 Der Engineering Prozess - Definition

Der Engineering Prozess ist ein Teil des gesamten Unternehmensprozesses. Sein Resultat ist das intellektuelle Produkt, d.h. die Produktbeschreibung mit allen dazugehörigen Dokumenten, Beschreibungen, Spezifikationen, digitalen Modellen und Entwurfsunterlagen aller zugehörigen Betriebsmittel (Werkzeuge, Maschinen, Anlagen, ...). Weitere Prozesse sind die Produkterstellung, deren Resultat das durch Fertigung und Montage sowie Einkauf entstandene physische Produkt ist, und die Bereitstellung der notwendigen operativen Ressourcen (Anlagen, Betriebsmittel, Personal, Finanzmittel). In Bild 2-1 sind diese Prozesse dargestellt.

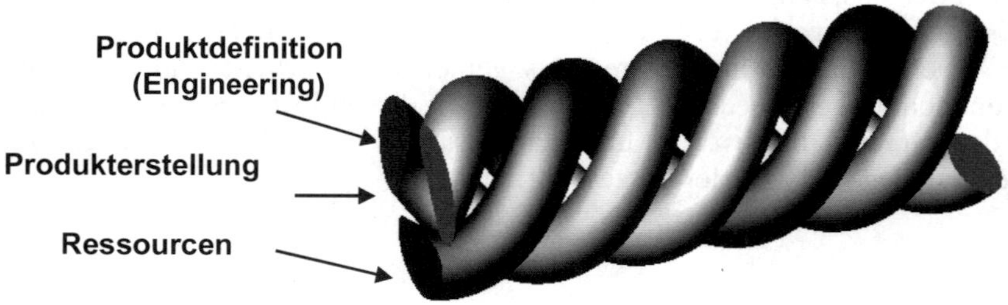

Bild 2-1: Die drei Unternehmensprozesse (Quelle: CIMdata)

Über die gesamten Entwicklungs- und Konstruktionstätigkeiten sowie über den gesamten Produktlebenszyklus in allen Phasen der Produktentstehung und des -betriebs erstreckt sich der Engineering Prozess (Bild 2-2). Er umfasst die Programm- bzw. Produktplanung, das Produktdesign, die eigentliche Produktentwicklung und -konstruktion, die Analyse, Berechnung und Simulation. Am Ende dieser Phase existiert eine vollständige elektronische Beschreibung des virtuellen Produkts [SPK-97], der sog. digitale Master. Darüber hinaus ist der Ingenieur im Rahmen der Produktdefinition eingebunden in den Beschaffungsprozess (SCM = Supply Chain Management), in die Konstruktion bzw. die Beschaffung der gesamten Betriebsmittel (🖎 Prozess Planung) und in die technische Dokumentation, die i.d.R. Bestandteil des Auslieferungsumfangs ist. Ist das Unternehmen nach der Auslieferung für den Betrieb und/oder die Wartung des Investitionsguts verantwortlich – typischerweise im Flugzeugbau, in der Verteidigungsindustrie, dem allg. Transportwesen und Schiffbau –

so ist die Planung der Wartungsintervalle, der Inspektion und der Ersatzteilversorgung ebenfalls Bestandteil des Engineerings (↳ MRO=Maintenance, Repair and Overhaul).

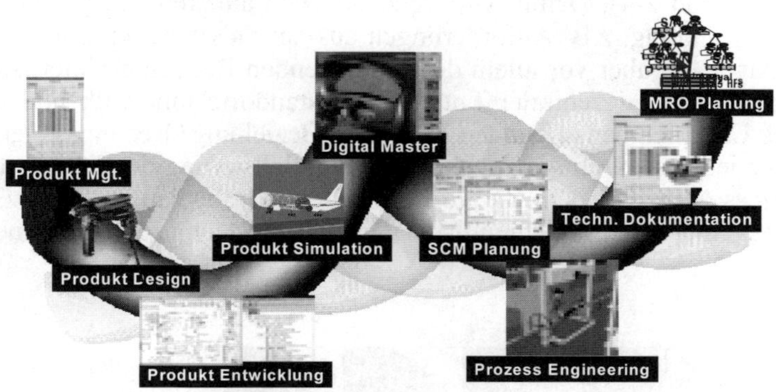

Bild 2-2: Der Engineering Prozess während der Produktentstehung

2.2 Die Wandlung des Engineering Prozesses

Statistiken der letzten Jahre belegen den permanenten Wandel der Ingenieurtätigkeiten (Bild 2-3). Die Einflüsse resultieren aus veränderten Marktbedingungen, aus neuen Anforderungen an das Produkt und aus Kundensicht.

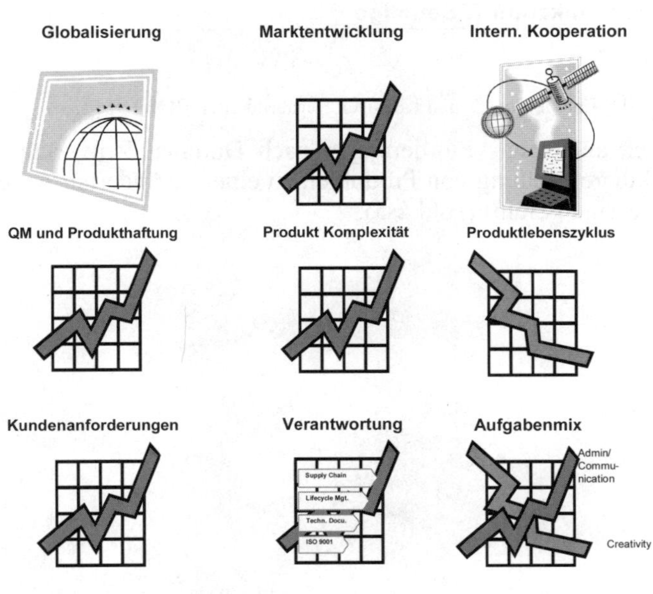

Bild 2-3: Veränderte Randbedingungen des Engineering Prozesses

Daraus ergab sich ein Wandel in den Aufgabeninhalten und der durch den Ingenieur abzudeckenden Verantwortungsbereiche. In den letzten Jahren hat sich die Rolle des Ingenieurs in der Entwicklung und Konstruktion von der kreativen Tätigkeit mehr zur Information, Dokumentation und Kommunikation verschoben (Bild 2-4). Damit wird verschiedenen äußeren Einflüssen auf die Produktentwicklung, z.B. Anforderungen aus der Gesetzgebung und dem Qualitätsmanagement aber vor allem der zunehmenden Bedeutung internationaler Zusammenarbeit dezentraler Entwicklungsstandorte innerhalb und außerhalb eines Unternehmens (Kunden/Zulieferer-Beziehung) Rechnung getragen. Der Ingenieur ist durch die zunehmende Parallelisierung der Tätigkeiten in neue Prozesse eingebunden, die vorher sequentiell abgelaufen sind, z.B. Qualitätsmanagement, Supply Chain Management und technische Dokumentation.

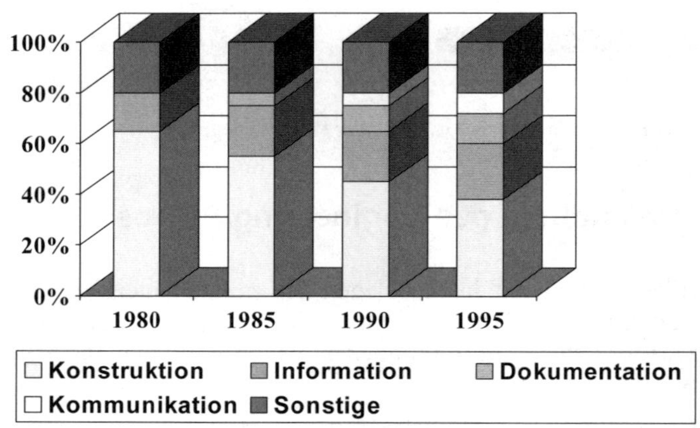

Bild 2-4: Veränderung der Entwicklungs- und Konstruktionstätigkeiten [KNO-95]

Zusätzlich haben auch die Anforderungen nach Durchlaufzeitverkürzung und früherer Marktbereitstellung von Produkten zu einer veränderten Arbeitssituation im Engineering geführt (Bild 2-5).

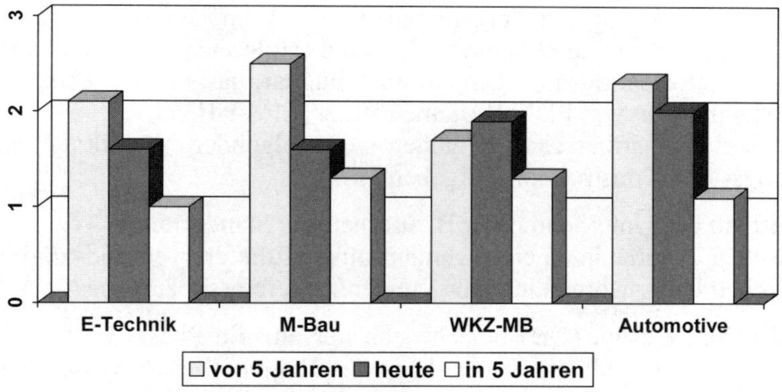

Bild 2-5: Permanente Durchlaufzeitverkürzung [WAR-99]

Neben dem immer stärker dominierenden Zeitfaktor spielen auch die Kosten eine Rolle. Allerdings ist bei den Einsparpotenzialen eine Verlagerung von den verursachten (ca. 10%) zu den geplanten Kosten (ca. 75%) festzustellen (Bild 2-5). Dieser Trend ist konsequent, denn die geplanten Kosten der Konstruktion und Entwicklung werden in den nachfolgenden Phasen des Einkaufs und der Produktion natürlich zu verursachten Kosten .

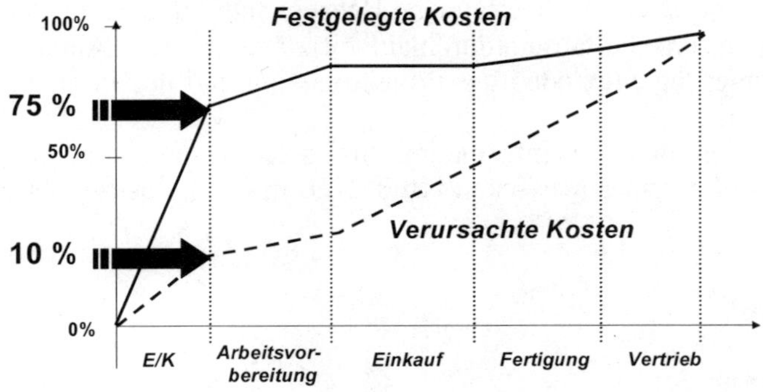

Bild 2-6: Kostenstruktur in der Entwicklung und Konstruktion

Verkürzte Durchlaufzeiten, Globalisierung und internationale Kooperationen zwischen Zulieferern untereinander sowie mit deren Kunden führen zu einer parallelen und koordinierten Zusammenarbeit verschiedener Einheiten eines Unternehmens und verschiedener Unternehmen im Rahmen eines Zuliefererverbundes oder einer Kunden/Zulieferer-Beziehung. Daraus leiten sich vollständig neue und andere Methoden des Entwicklungsmanagements ab. Dazu gehören z.B. *Entwicklungspartnerschaften*, das *Simultaneous Engineering* und das *Concurrent Design* und die immer stärkere Notwendigkeit, den Ingenieur bereits in den frühen Phasen der Entwicklung in die Kommunikation über das Internet einzubinden [ANT-00].

Daneben wurde zur Steigerung der Wettbewerbsfähigkeit der Unternehmen von diesen in der jüngsten Vergangenheit vermehrt neue Organisationsformen in der Produktentwicklung genutzt. Zu deren erfolgreichen Anwendung ist ein effizientes Informationsmanagement unabdingbar, das sich auf entsprechende DV-Tools in Form von PDM Systemen stützt [EIM-94].

Entwicklungspartnerschaften gehen von folgender Verteilung der Entwicklungs- und Konstruktionsaufgaben aus:

- innerhalb des Unternehmens z.B. auf mehrere Standorte,
- zwischen Unternehmen eines gemeinsamen Zuliefererverbunds und
- zwischen Unternehmen in einer Kunden/Zulieferer-Beziehung

Concurrent Design (CD) bezieht sich nur auf die Phase der Entwicklung und Konstruktion, d.h. nur eines Teils des Engineering Prozesses. CD geht zum einen von der Zerlegung von Aufgaben in Teilaufgaben, zum anderen von der Berücksichtigung verschiedener, oft gegenläufiger Anforderungen an die Lösung aus. Die Zerlegungsprinzipien basieren z.B. auf systemtechnisch-funktionalen Ansätzen (Fahrwerk, Chassis, Antrieb) oder auf strukturellen Ansätzen (System, Erzeugnis, Komponente, Baugruppe). Die Zerlegung wird unterstützt durch Einsatz von Projektmanagement, um Meilensteine und Synchronisationspunkte zu planen und zu steuern [ANT-00].

Simultaneous Engineering (SE) basiert auf einem simultanen oder parallelen Vorgehen in allen Phasen des Produktlebenszyklus aus. SE bezieht sich somit auf alle Phasen des Engineering. Das bedeutet, dass in der Phase der Entwicklung/Konstruktion bereits überlappend Betriebsmittel und Montageanlagen geplant werden, um die Gesamtdurchlaufzeit zu reduzieren. Auch hier werden zur Koordinierung Methoden der Projektplanung und des Projektmanagements eingesetzt.

Die Kommunikation und der Informationsaustausch werden zunehmend über das Intra- bzw. Internet abgewickelt (Bild 2-7). In der Industrie werden

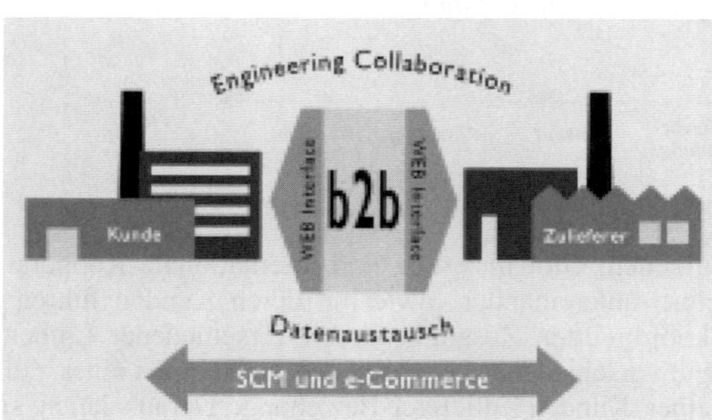

Bild 2-7: Das Internet als Basis für Engineering Collaboration

für die auf dem Intra- und Internet basierende Zusammenarbeit von Ingenieuren die Begriffe *Collaborative Product Data Management (cPDm)* [MIL-01] und *Virtual Product Development Management (VPDM)* [BUD-99], *Engineering to Engineering (E2E)* [MSN-00] und *e-Engineering* [EIR-00, EIG-99] verwendet. Diese Methoden sind in einer globalen vernetzten Welt die Voraussetzung für funktionierende Entwicklungsverbunde (Bild 2-8) und die Quelle einer immensen Wertschöpfung. (Bild 2-9).

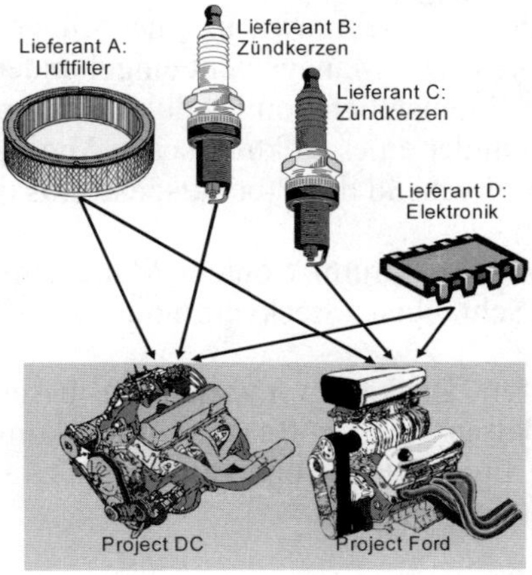

Bild 2-8: Typische Konstellation zwischen Zulieferern und Kunden in der Automobilindustrie

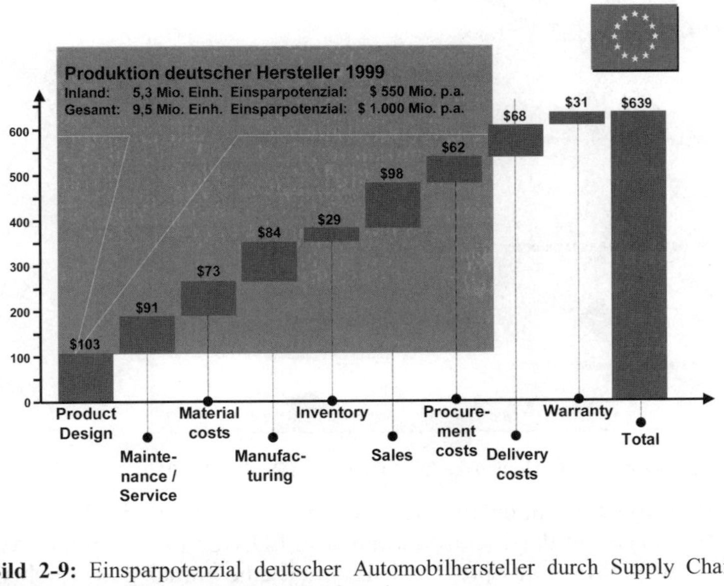

Bild 2-9: Einsparpotenzial deutscher Automobilhersteller durch Supply Chain Management (Quelle: Roland Berger, Deutsche Bank u.a.)

Interessant ist in der Aufstellung aus Bild 2-9 insbesondere, dass die Produktentwicklung über die gesamte Supply Chain Prozesskette das höchste Einsparpotenzial darstellt.

Engineering Collaboration ist Bestandteil des b2b und beinhaltet folgende Komponenten:

- Aus der Sicht des Kunden: Die Übernahme von Einkaufsteilen aus dem Internet, z.B. aus der direkten Homepage des Zulieferers oder aus einem sog. elektronischen Marktplatz. Der Ingenieur wird in einer frühen Phase der Produktentstehung in das Supply Chain Management eingebunden.
- Aus der Sicht des Zulieferers: Das Bereitstellen von Produktdaten im Internet in der eigenen Homepage oder in der eines elektronischen Marktplatzes (Bild 2-10). Dieser Vorgang ist entsprechend des Produktspektrums des Zulieferers verschieden komplex:
  - o Einfaches Teile- und/oder Produktspektrum: Content Management auf der Basis von Katalogteilen (Schrauben, Steckverbindungen, Elektronikkomponenten)
  - o Komplexes auf konfigurierbaren Baukästen (Varianten) basierendes Produktspektrum: Hierbei handelt es sich um Realisierungen komplexer Produktkonfiguratoren, die die Produktlogik und -varianz über IT Methoden abbilden und im Internet bereitstellen.

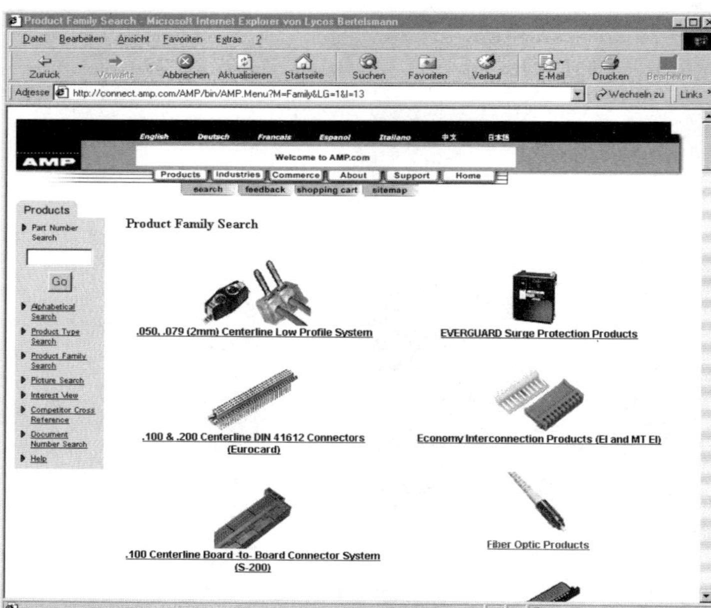

Bild 2-10: Beispiel einer Zulieferer Homepage für Zukaufteile (Quelle: AMP)

- Der Austausch von Produktdaten erfolgt nach Normen, z.B. in der Automobilindustrie STEP, in der Elektronikindustrie PDX und im Segment Aerospace/Defense PDML. Die Sprache XML spielt eine immer wesentlichere Rolle als Plattform des Produktdatenaustausches [SCH-00].

- Der Austausch von Informationen und die Diskussion über Produkte in der Design- und Entwicklungsphase geschieht über sog. Engineering Workspaces, z.B. e-vis von EAI oder OneSpace von CoCreate. Das sind gemeinsam nutzbare Plätze im Internet, an denen sich die beteiligten Entwicklungspartner „treffen", um über die Konstruktion zu diskutieren, Alternativen zu erörtern, Kompatibilitäten vereinbaren und/oder Verbesserungen gemeinsam durchführen. Voraussetzungen sind in diesem Fall Standards zum Geometriedatenaustausch, da i.d.R. die beteiligten Partner mit verschiedenen CAD-Systemen arbeiten.

Die den Engineering Prozess betreffende Komponente des b2b ist häufig in die sog. elektronischen Marktplätze bzw. Online-Marktplätze eingebunden. Diese bilden sich entweder regional und decken ein breites Angebotsspektrum ab, oder sie sind firmen- bzw. marktsegmentorientiert. Die Branchen Flugzeugbau und Automobil sind Vorreiter dieses Trends. Covisint als gemeinsamer Online-Marktplatz von DaimlerChrysler, Ford und General Motors ist ein typischer Vertreter dieser Art von Marktplätzen für das Supply Chain Management. Abgedeckt werden die Bereiche Entwicklung, Angebotsaufforderung und –abgabe sowie die eigentliche Beschaffung (Procurement).

In Anlehnung an Warschat [WAR-99] lassen sich die geänderten Arbeitsabläufe in der Entwicklung und Konstruktion sowie im Engineering folgendermaßen zusammenfassen:

- Neue Arbeitsorganisation, die von sich ständig ändernden unternehmensinternen und -externen Teams ausgeht,
- funktions- und/oder strukturgerechte Aufgabenteilung und -erledigung,
- parallele Prozesse zur übergreifenden Aufgabenerledigung in einer oder mehreren Phasen der Produktentstehung,
- Zulieferer und Kunden als Kooperationspartner, die das Internet nutzen, um sich zu organisieren,
- Produktentwicklung nach den Anforderungen des Qualitätsmanagements und der Produkthaftung und
- Durchlaufzeit und geplante Kosten als wesentliche Steuerungsgröße.

2.3 Anforderungen an den Einsatz von IT-Lösungen im Engineering

Daraus abgeleitete Anforderungen an IT-Lösungen im Engineering gehen zunächst einmal davon aus, dass IT nur ein Hilfsmittel ist (Bild 2-11). Tatsächliche Verbesserungen der Engineering Tätigkeiten ergeben sich erst durch ein Zusammenspiel

- einer Optimierung der Geschäftsprozesse,
- einer Optimierung der Arbeitstechniken und
- der Nutzung von Mitarbeiterpotenzialen.

Erst auf Basis dieser methodischen und organisatorischen Maßnahmen entfalten IT-Lösungen ihre volle Wirksamkeit.

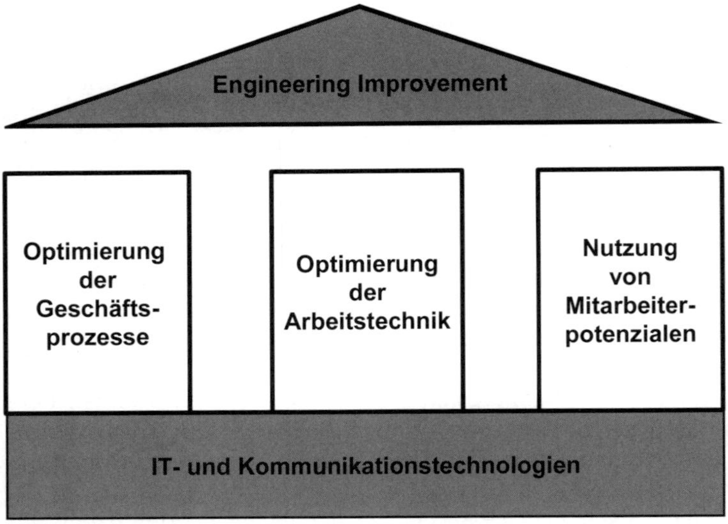

Bild 2-11: IT-Lösungen setzen organisatorische Maßnahmen voraus

Die grundlegenden Anforderungen an IT-Lösungen im Engineering resultieren aus dem Grundgedanken, den Ingenieur bei seinen kreativen und administrativen/kommunikativen Tätigkeiten zu unterstützen:

- Unterstützung des Concurrent Design und Simultaneous Engineering,
- Unterstützung des Datenaustauschs für geometrische und organisatorische Daten,
- Senkung der verursachten und geplanten Kosten,
- Unterstützung der internationalen Standards zum Qualitätsmanagement und zur Produkthaftung,
- Unterstützung Engineering Collaboration und
- die Bereitstellung der richtigen Informationen zur richtigen Zeit
    - Technische Information,
    - Unternehmerische IT-Systeme (Legacy Systems), z.B. MRP, ERP, QM sowie CAS, und
    - Internet, z.B. Standards, Kataloge, Zulieferer-, Ersatzteile, Patente/Lizenzen.

Letzterer Punkt deutet auf die Notwendigkeit hin gerade auch im Engineering eine optimierten Informationslogistik zu implementieren. Durch die herausragende Rolle des Ingenieurs am Anfang der Produktdefinition ist eine vollständige interne und externe Informationsbereitstellung wesentlich für den gesamten Unternehmensprozess (vgl. Bild 2-6) [GRR-99].

3 Definition Produktdaten Management

3.1 Produkt-, Prozess- und Konfigurationsmodelle

Produktmodelle haben die Zielsetzung, Produkte mit ihren für den gesamten Lebenszyklus relevanten Informationen digital abzubilden [PAU-95]. Man spricht in der Literatur auch vom sog. virtuellen Produkt [SPK-97]. Im Rahmen des Produktmodellbegriffs von ISO 10303 STEP[1] werden Partialmodelle für unterschiedliche technische Anwendungsgebiete (Architektur, Elektrik/Elektronik, Maschinen-/Anlagenbau usw.) und für die gesamten Phasen des *Produktlebenszyklus* definiert. Der Produktlebenszyklus beschreibt den Kreislauf der aufeinander folgenden Produktlebensphasen [AND-98]:

- Produkt-/Programmplanung,
- Entwicklung/Konstruktion,
- Arbeitsvorbereitung,
- Produktherstellung (Fertigung, Montage, Beschaffung),
- Produktvertrieb,
- Produktnutzung und -wartung und
- Produktrecycling

Ein Produktmodell besteht aus den Komponenten: Produktstruktur (Knoten und Beziehungen) sowie Dokumente und Dokumentenstrukturen.

Produktstrukturen, häufig auch als Stücklisten bezeichnet, beschreiben die Zuordnung von Produktkomponenten (Material, Halbzeug, Einzelteil, Baugruppe, Erzeugnis) zueinander. Die Zuordnung wird durch eine Beziehung der Art *„gehört zu"* (➾ Komponentenverwendung) oder *„besteht aus"* (➾ Komponentenauflösung) gebildet. Die Beziehung kann Informationen enthalten, z.B. Menge und Einbauort. Produktstrukturen werden aus verschiedenen Gründen differenziert aufgebaut, man spricht auch von sog. Sichten. Typische Sichten sind die funktionale Sicht des Konstrukteurs, die fertigungs- und montageorientierte Sicht des Arbeitsplaners, die vertriebsorientierte Sicht des Verkaufs, die Ersatzteilsicht und viele weitere Aggregierungen der Komponenten aufgrund einer spezifischen Anwendung oder Auswertung [EHS-91].

---

[1] STEP = Standard for the Exchange of Product Data

Die in Bild 3-1 aufgeführten Darstellungen von Produktstrukturen basierten ursprünglich auf einer tabellarischen Form, die die Strukturstufen durch Einrücken kenntlich machte (↳ Typische Stücklistendarstellung von ERP-Systemen). Heute werden diese Strukturen i.d.R. grafisch dargestellt und auch interaktiv bearbeitet.

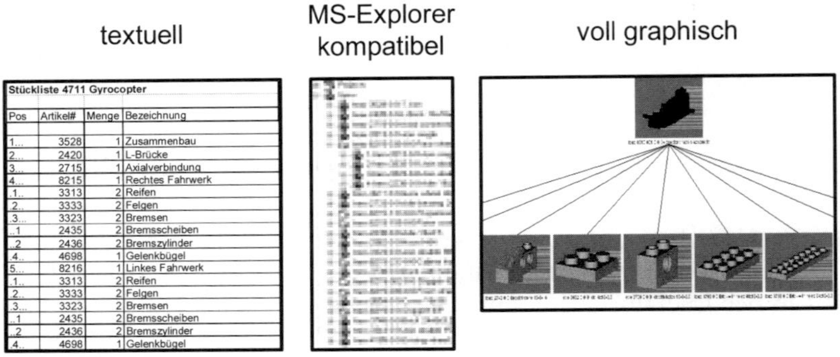

Bild 3-1: Typische Formen der Produktstrukturdarstellung

Das *Dokument* ist nach der Definition aus DIN 6789 „... eine als Einheit gehandhabte Zusammenfassung oder Zusammenstellung von Informationen, die nicht flüchtig auf einen Informationsträger gespeichert sind".
Ein *technisches Dokument* ist nach DIN 6789 ein Dokument in der für technische Zwecke erforderlichen Art und Vollständigkeit. Technische Dokumente werden nach Kunz [KNZ-00] in drei Kategorien eingeordnet:

- Primärdokumente
  Die sog. Entwicklungsdokumente beinhalten produktdefinierende Informationen. Hierzu gehören technische Zeichnungen, CAD Modelle, Produktspezifikationen und Lasten- und Pflichtenhefte.
- Sekundärdokumente
  Dazu gehören die Fertigungsdokumente wie z.B. Prüf- und Arbeitspläne, Einrichteblätter, NC-Modelle und Werkzeug- und Maschinenzeichnungen.
- Tertiärdokumente
  Diese Dokumente werden während der Phase der Produktnutzung verwendet. Beispiele sind Bedienungshandbücher, Ersatzteilkataloge, Wartungs- und Betriebsanweisungen sowie Recyclingberichte. Hierfür wird häufig der Begriff „Technische Dokumentation" verwendet.

Parallel zu den technischen Dokumenten existieren *„kommerzielle Dokumente"*. Hierunter fallen beispielsweise Angebote, Rechnungen und Lieferscheine.

Dokumente besitzen u.a.

- neutrale auf Industriestandards basierende Formate, wie TIFF oder PDF,
- proprieritäre CAD-Formate, sog. native Formate

- spezifische Textformate (WORD) und
- Standardformate (XML, STEP, SGML, ...).

Um ein Dokument vollständig zu definieren und zu interpretieren benötigt man neben dem Format den Inhalt und das Layout. Darüber hinaus enthalten viele Dokumente eine Dokumentstruktur [KNZ-00].

Prozesse in dem hier vorliegenden Umfeld sind die Abbildungen von technischen/organisatorischen Geschäftsprozessen. Man unterscheidet langfristig stabile Prozesse, z.B. das Prüf-, Freigabe-, Änderungs- und Verteilwesen, die i.d.R. im Qualitätshandbuch beschrieben werden. Diese Prozesse haben juristische Auswirkungen z.B. auf die Produkthaftung, die elektronische Unterschrift und die Originalität des Dokuments.

Prozesse werden i.d.R. graphisch durch sog. Zustands- (↬ Status) und Übergangs- (↬ Transition) Diagramme dargestellt (Bild 3-2).

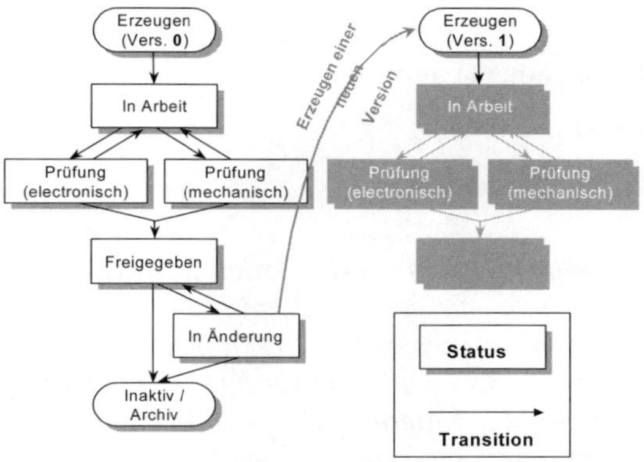

Bild 3-2: Der Prozess der Freigabe und Änderung

Zuständen und Übergängen können Zugriffsrechte und Methoden zugewiesen werden. Kurzfristige oder temporäre Prozesse, z.B. das Delegieren von Tätigkeiten, Benachrichtigungen, Umlaufentscheidungen und Verteilmechanismen, können vom Endbenutzer oder einer Projektgruppe eigenständig definiert und geändert werden. Hierfür wird i.d.R. der Begriff *Workflow* verwendet. Als Workflow wird ein abgegrenzter, meist arbeitsteiliger Vorgang bezeichnet, der zur Erstellung oder Verwertung betrieblicher Leistungen führt. Von besonderer Bedeutung ist in diesem Zusammenhang der dynamische Ablauf des Vorganges von seiner Initiierung bis zum Abschluss [MAR-95].

Kombiniert man die Funktionen des Produkt- und Prozessmodells erhält man automatisch ein methodisches Gerüst (↬ *Konfigurationsmodell),* das alle Informationen nach Inhalt, Status oder Version organisiert. Durch Anwendung dieser Regeln, Beziehungen und Kontrollmechanismen werden die Einflüsse von Änderungen am zu verwaltenden Produkt automatisch verfolgt. Das Modell „weiß" somit:

- wo welches Teil verwendet wird,
- wer es entwickelt, hergestellt und geliefert hat,
- wer eine Änderung initiiert oder zu verantworten hat,
- wann diese Änderung durchgeführt wurde, wann sie in die Produktion eingelaufen ist und
- warum diese Änderung durchgeführt wurde.

Ein Konfigurationsmodell erlaubt die jederzeitige Ableitung eines beliebigen Konstruktions- bzw. Fertigungsstandes [EHA-98].

3.2 PDM - Definition und Funktionsüberblick

Wenn neue Anwendungen auf dem Markt erscheinen, sind diese zunächst durch eine hohe Begriffsvielfalt gekennzeichnet. So werden heute die Abkürzungen

- PDM (**P**roduct **D**ata **M**anagenment) und
- EDM (**E**ngineering **D**ata **M**anagement)

häufig für denselben Sachverhalt verwendet.

PDM ist das Management von produktdefinierenden Daten (✎ Produktmodell) in Verbindung mit der Abbildung und dem Management von technischen/organisatorischen Geschäftsprozessen (✎ Prozessmodell) sowohl im Bereich „Discrete Manufacturing" (produzierender Industriebereich: Automobilbau, Maschinen- und Anlagenbau, Aerospace, Konsumgüter,...) als auch im sog. „Non Discrete Manufacturing" Bereich (Chemie, Energieversorger, Utility and Facility Management von Kommunen und Banken ,...). Produkt- und Prozessmanagement zusammen erlauben die lückenlose Rekonfiguration beliebiger Konstruktions- und Fertigungsstände über den gesamten Produktlebenszyklus (✎ Konfigurationsmodell).

Der Begriff EDM als „Engineering Document Management" wird parallel verwendet für Applikationen, die schwerpunktmäßig digitalisierte Papierdokumente und/oder nicht produktbezogene Dokumente verwalten. Allen diesen Anwendungen gemeinsam ist, dass keine Zuordnung zu Produktstrukturen erfolgt.

Unter *Produkt- und Dokumenten Management* (✎ *Management des Produktmodells)* wird schwerpunktmäßig die Zuordnung von beliebigen IT- oder manuell erzeugten Dokumenten, z.B. 2D-Zeichnungen, 3D-Modelle, textuelle Dokumente, Berechnungsergebnisse zu Produktstamm- und -strukturdaten bzw. Projektdaten verstanden.

Bild 3-3 dokumentiert die grundsätzliche Beziehung der Grundobjekte eines PDM-Systems. Demnach existieren beliebige Beziehungen zwischen Dokumenten-, Produkt- und Projektdaten. Kennzeichen heutiger auf relationalen Datenbanken basierender PDM-Systeme ist die von der Datenbank getrennte Handhabung physikalischer Dateien, die aus beliebigen Erzeugersystemen stammen und dementsprechend vielfältige Formate einnehmen können. Der physikalische Dokumentenspeicher wird als *„elektronischer Aktenschrank"* oder *„electronic vault"* bezeichnet [EIG-96].

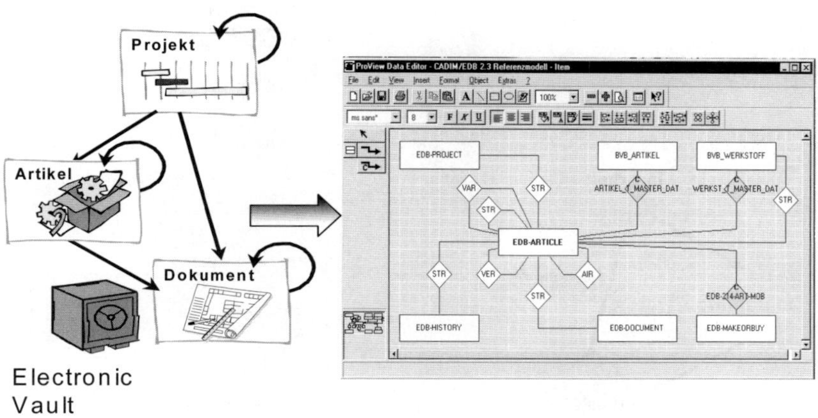

Bild 3-3: Darstellung des Produktmodells und Beschreibung in einem CASE Tool

Prozessmanagement (✎ *Management des Prozessmodells*) bezeichnet die Anwendung der unter Abschnitt 3.1 beschriebenen Geschäftsprozesse auf das Produktmodell. Damit wird das Produktmodell dynamisiert, das bedeutet, dass zeitliche Veränderungen des Produktmodells abgebildet, verwaltet und dokumentiert werden.

Projektmanagement ist das Gliedern und Delegieren von Aufgaben. Prozessmanagement beschreibt die Wechselwirkung zwischen Aufgaben bzw. Abläufen und Informationen. Prozessmanagementsysteme erfüllen drei Funktionen [HWP-93]:

- Verwalten der Informationsbearbeitung *(„Arbeitsmanagement")*
- Steuerung des Informationsflusses zwischen den am Prozess beteiligten Mitarbeitern *(„Workflow Management")* und
- Verfolgung aller Ereignisse und Änderungen während der vorgenannten Punkte im Zuge der Prozessabwicklung *(„Arbeitsprotokollverwaltung")*

Arbeitsmanagement erlaubt die fortlaufende Erfassung aller Änderungen und Ergänzungen durch sog. Versionen. Diese können nach Bedarf abgerufen werden, wodurch sich ein beliebiger früherer Zustand des Produktmodells abrufen und damit wiederherstellen lässt. Dies ist eine wesentliche Voraussetzung für das sog. *Konfigurationsmanagement.*

Bei PDM Systemen ist die Komponente des Workflow Managements häufig am stärksten ausgeprägt. Bestandteil von Workflow-Systemen sind Werkzeuge zur interaktiven grafischen Beschreibung der parallelen und/oder sequentiellen Abläufe. Weitere Hilfsmittel der Workflow-Gestaltung sind elektronische Umlaufmappen (-> Folder) inklusive leistungsfähiger Methoden zur Belegung, Verteilung und zum Mailing sowie sog. „Trigger" oder „user exits", mit deren Hilfe Methoden zugewiesen werden (Bild 3-4).

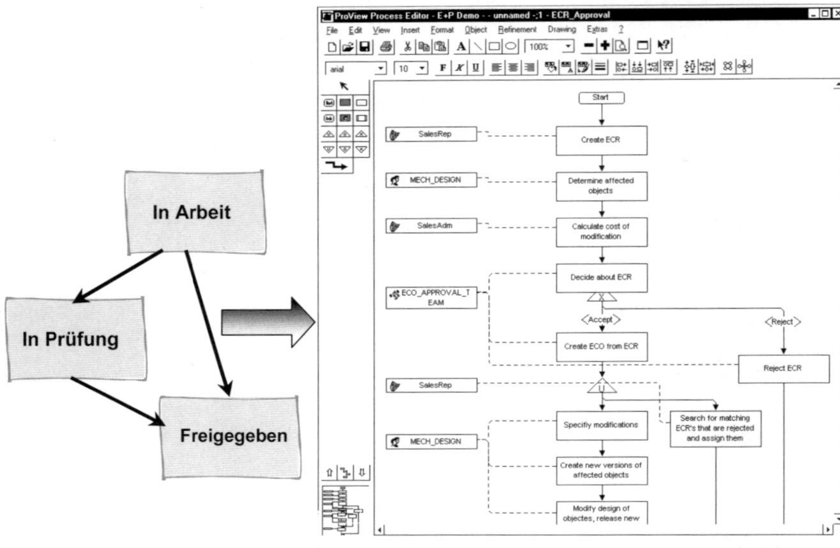

Bild 3-4: Abbildung von Workflows mit einem CASE Tool

Bisher waren die vorgestellten Hilfsmittel und Werkzeuge nur in der Lage, die zeitlichen Änderungen am Produktmodell zu verfolgen und zu rekonstruieren. Mit der Arbeitsprotokollverwaltung ist es auch möglich, alle im Prozess durchlaufenden Zustände, Bearbeiter und angewandten Methoden zu protokollieren. Damit erschließt sich eine weitere Informationsquelle für Revisionen. Die Durchführung von Produktmodell- und Prozesskontrollen zum Zweck der lückenlosen Nachverfolgung ist eine wesentliche Voraussetzung für die Erfüllung internationaler Qualitätsnormen im Sinne des Konfigurationsmanagements.

Konfigurationsmanagement oder englisch *Configuration Management (CM)* ist die logische Konsequenz eines durchgängig eingeführten Produkt- und Prozessmanagements. Es ist die systemtechnische Methode zur Verwaltung des Konfigurationsmodells. CM-Techniken wurden ursprünglich in der Luft- und Raumfahrt sowie im militärischen Bereich entwickelt. Inzwischen nutzen aber immer mehr Unternehmen außerhalb dieses Marksegmentes CM, um den kompletten Lebenszyklus ihrer Produkte zu überwachen. Die Richtlinien für CM sind in der ISO 10007 definiert. Gemäß dieser Norm versteht sich CM als Managementdisziplin, die über die gesamte Lebensdauer eines Produktes angewandt wird, um die Transparenz und Überwachung seiner funktionellen und physikalischen Merkmale sicherzustellen [EHA-98, DDL-99].

Letztendlich zielen alle Aktivitäten im Zusammenhang CM darauf ab, zu jedem Zeitpunkt des Lebenslaufes eines Produktes über seinen aktuellen Bauzustand (= Konfiguration) Auskunft zu geben. Zusätzlich liegen Informationen darüber vor, welche Maßnahmen den gerade aktuellen Bauzustand verursacht haben. Diese Nachweisführung ist im Zuge der verstärkt angewandten Produkthaftung von großer Bedeutung.

Die Identifizierung eines Bauzustandes erfolgt über die sog. *Gültigkeit* oder englisch *Effectivity*. Diese bestimmt sich je nach Anwendungsfall aus:

- dem Datum oder dem Änderungsindex (vorwiegend Konsumgüter bzw. Produkte in großen Stückzahlen) oder
- der sog. Seriennummer, einer fortlaufenden Nummer für jedes hergestellte Erzeugnis, Baugruppe oder Einzelteil (vorwiegend für Investitionsgüter in Kleinserie im sicherheitsrelevanten Bereich, wie z.B. Aerospace, Transportation, Defense)

Die Zusammenhänge zwischen der Produkt- und Dokumentenstruktur über der Gültigkeitsachse sind Bild 3-5 zu entnehmen.

Die Konfigurationen der Vergangenheit entsprechen allen jemals konstruierten und/oder gefertigten Bauzuständen. Die Konfiguration der Gegenwart ist die gerade aktuell gefertigte Erzeugnisversion. Zukünftige Konfigurationen sind Produkt- und Dokumentenstrukturen, die sich gerade in Änderung befinden, aber noch nicht zur Produktion freigegeben sind.

Nach diesen Herleitungen und Definitionen ist PDM auch einfacher zu beschreiben:

> *PDM ist das Management des Produkt- und Prozessmodells mit der Zielsetzung, eindeutige und reproduzierbare Produktkonfigurationen zu erzeugen.*

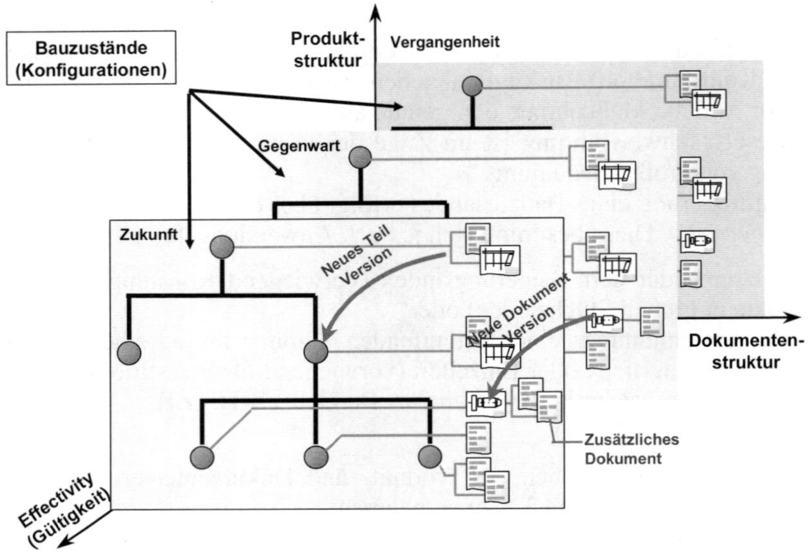

Bild 3-5: Konfigurationsmanagement als Summe aller Produktmodelle (↬ Konfigurationen)

An dieser Stelle soll noch nicht auf die detaillierten Funktionen eines PDM-Systems eingegangen werden. Ein grober Überblick über die anwendungsorientierten Funktionen ist in Bild 3-6 dargestellt [EHS-91].

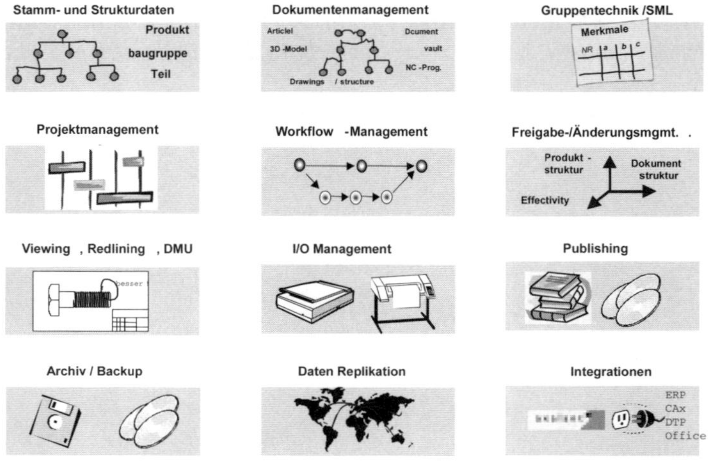

Bild 3-6: Grundfunktionen eines PDM-Systems

Die technische Stamm- und Stücklistenverwaltung, das Dokumentenmanagement und die Funktionen der Klassifizierung durch Gruppentechnik sind i.d.R. als Standardfunktionen in allen marktüblichen PDM Systemen enthalten. Ein vollständiges Konfigurations- und Projektmanagement, Publishing, Archivierungs- und Backup-Funktionen sind eher die Ausnahme.

Neben der Vollständigkeit der Anwendungsfunktionen unterscheiden sich PDM Systeme vor allem in der Bedienoberfläche, dem sog. *„graphical user interface"* (☞ *GUI*).

Heute üblich sind GUIs auf der Basis des Microsoft „Look and Feel" und auf der Basis von HTML oder JAVA als WEB basierende Bedienoberfläche. Die Browser Technologie wird dabei zur grafischen Darstellung der im PDM System verwalteten Objektstrukturen verwendet. Thumbnails – verkleinerte grafische Abbilder der Originaldokumente – unterstützen den Ingenieur bei der Suche von Objekten (Bild 3-7).

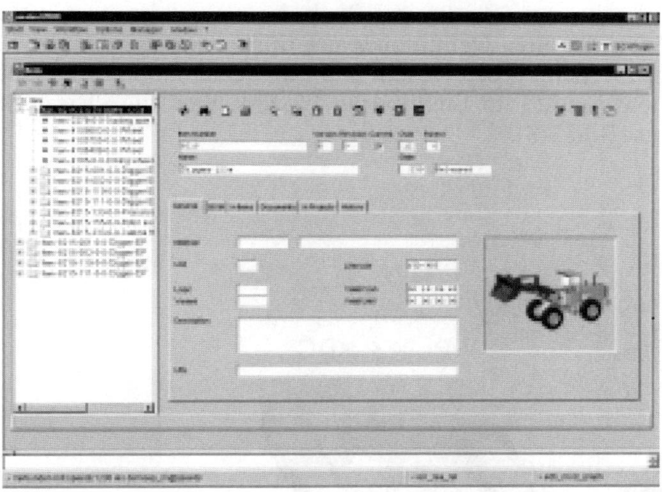

Bild 3-7: JAVA basierender PDM GUI mit Browser und Thumbnail (Quelle: axalant)

3.3 Erweiterung des PDM Ansatzes durch Product Lifecycle Management (PLM) und Product Definition and Commerce (PDC)

Historisch gesehen waren PDM Projekte in den 80er Jahren durch die Verwaltung von technischen Dokumenten in Verbindung mit CAD geprägt. In den 90er Jahren wurden, basierend auf den Anforderungen der ISO 9001 und der Produkthaftungsanforderungen, die Dokumente mit den Stamm- und Strukturdaten verknüpft, einfache Änderungsabläufe wurden abgebildet.

Ab dem Jahr 2000, so prognostizierten die Markt- und Technologieexperten, werden erfolgreiche PDM Projekte viele Informationen gefiltert aus verschiedenen inner- und außerbetrieblichen Datenquellen dem Ingenieur an seinem Arbeitsplatz zur Verfügung stellen. Der Ingenieur steht im Mittelpunkt eines Informationssytems, das die angezeigten Informationen nicht mehr vollständig physikalisch speichern muss, sondern die Informationen aus betriebsspezifischen Fremdsystemen oder aus dem Inter- oder Intranet als Objekte referenziert. Durch Methoden eines durchgängigen Konfigurationsmanagements wird PDM zum Backbone eines vollständigen Lifecycle Managements.

Für diese Art der Informationsverarbeitung und -beschaffung, die weit über den heutigen Anwendungsumfang von PDM-Systemen hinausgeht, werden in der Literatur und von Anbietern verschiedene Begriffe verwendet:

- cPDm (Collaborative Product Data Management von CIMdata),
- VPDM (virtual Product Definition Management von Gartner Group),
- e-PLM (electronic Product Lifecycle Management von AMR),
- PLM (Product Lifecycle Management) und
- PDC (Product Definition and Commerce)

Die Begriffe PLM und PDC werden von den Autoren zur Beschreibung der erweiterten PDM Funktionen in diesem Buch im Folgenden verwendet. Grundsätzlich identisch ist allen Definitionen der frühere Einsatz und der höhere Integrationsgrad in den Phasen Design und Entwicklung und Konstruktion sowie der breitere Einsatz im Engineering Prozess über alle Phasen der Produktlebenszyklus (Bild 3-8).

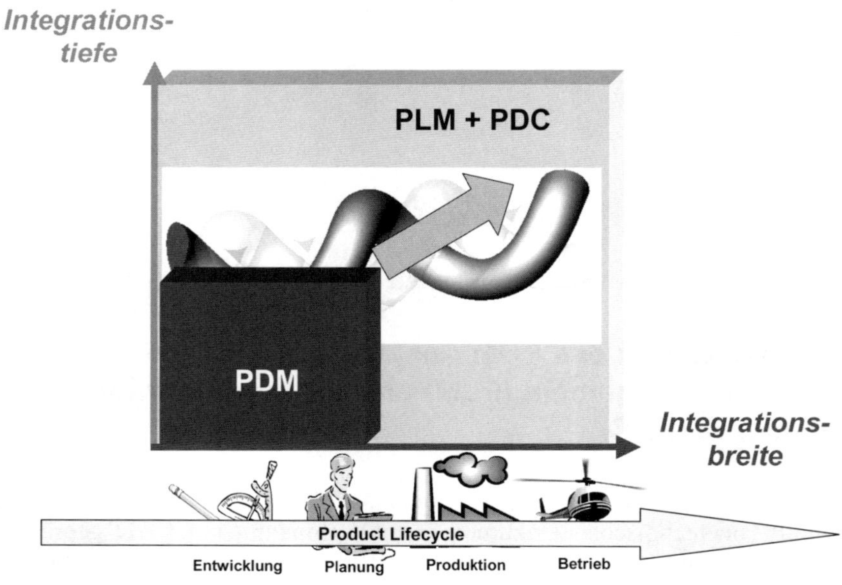

Bild 3-8: Erweiterte Funktionalität durch PLM und PDC

Traditionelle, mehr CAD orientierte PDM Ansätze versagen in einer konkurrierenden e-Business Umgebung, in der Unternehmen erfolgreich sind, die neue Produkte schneller, billiger und mit exzellenter Unterstützung der dezentralen unternehmensinternen und -externen Kommunikation während sämtlicher Phasen der Produktdefinition entwickeln. Systeme ohne Projektmanagementfunktionen und Unterstützung der Zusammenarbeit von Ingenieuren verschiedener Unternehmensteile und/oder Unternehmen im Zulieferer/Kunden-Verhältnis können diesen Support nicht leisten. Verteilte Entwicklung, Produktion und Wartung werden zum Standard moderner Zulieferer ebenso die Integration und der Informationsaustausch mit den Kunden. Der Support des Supply Chain Prozesses und des gesamten Produktlebenszyklus ist integraler Bestandteil von PLM- und PDC-Systemen [AMR-99].

AMR´s Definition von PLM und PDC erweitert den traditionellen PDM Begriff in Richtung einer flexiblen, verteilten und föderierten Anwendungsumgebung, die eine Bereitstellung der aktuellen technischen Produktinformationen über die gesamten Phasen des Produktlebenszyklus ermöglicht. Eine Befragung von Kunden durch AMR ergab folgende Rangreihenfolge für die Nutzung von PLM/PDC-Systemen:

- Unternehmensweiter Zugriff auf Produktdaten (85%),
- Product Lifecycle Management (45%),
- Konfigurationsmanagement (35%) und
- Finanzielle Einsparungen (20%)

Die über die bekannten Funktionen von PDM Systemen hinaus gehenden Komponenten eines PLM/PDC-Systems zeigt Bild 3-9.

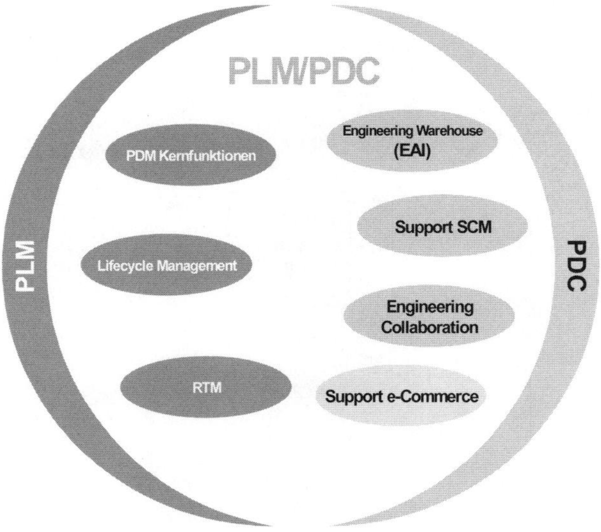

Bild 3-9: Komponenten eines PLM/PDC-Systems

Neben den bekannten PDM Kernfunktionen (vgl. Bild 3-6: Dokumenten-, Produkt-, Projekt-, Freigabe und Änderungsmanagement, Schnittstellen zu CAx und ERP) enthalten PLM/PDC-Systeme nachfolgend genannte erweiterte Funktionsumfänge:

Lifecycle Management

Konfigurationsmanagement als integraler Bestandteil des Lifecycle Managements deckt die technischen und organisatorischen Maßnahmen ab zur:

- Konfigurationsidentifizierung,
- Konfigurationsüberwachung,
- Konfigurationsbuchführung und
- Konfigurationsauditierung

Bestandteil des Lifecycle Management sind verschiedene Produktstrukturen: as designed, should build, as built und as maintened.

Requirement Traceability Management (RTM) / Anforderungsmanagement und -nachverfolgung

RTM erfasst und verwaltet alle während der Produktdefinitionen von der Kundenspezifikation bis zur Auslieferung anfallenden Anforderungen (↳ Requirements) in Form eigenständiger Informationsobjekte. Diese werden den entsprechenden Projekten, Funktionsstrukturen, Produktstrukturen, Dokumenten sowie ggf. Testelementen zur Überprüfung der Anforderungserfüllung zugeordnet. Veränderungen der Anforderungen sowie die Auswirkungen dieser Veränderungen auf verknüpfte Objekte werden über den gesamten Produktlebenszyklus ebenso verfolgt wie die Auswirkungen von Veränderungen an den verknüpften Objekten auf die Anforderungen selbst (Change Impact Analysis) (Bild 3-9) [MAL-01].

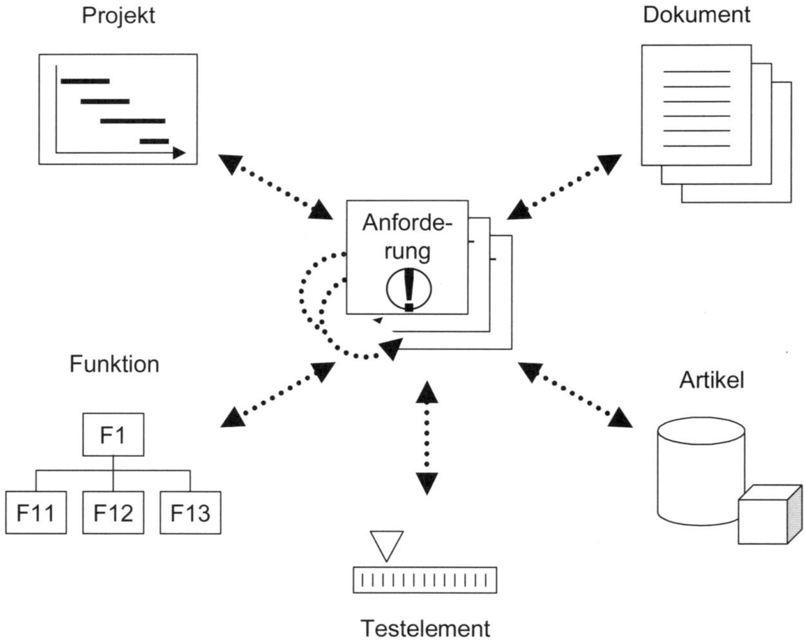

Bild 3-10: Grundobjekte einer RTM Funktionalität (Quelle: IPS)

Engineering Warehouse (EAI = Enterprise Application Integration)

Damit wird der Konstrukteur in die Lage versetzt, die benötigten Informationen aus internen Informationsquellen, z.B. Vertrieb, Logistik, Einkauf, Finanzen, Produktion und Wartung sowie über das INTERNET aus beliebigen externen Informationsquellen, z.B. Zulieferer, Normteiledatenbanken, Lizenzen, Patente, Normen und landesspezifische Rechtssituationen, zusammenzustellen. Der Zugriff erfolgt über einfach zu bedienende graphische Clients auf WEB- oder Microsoft-Basis [MEN-97]. Die Analysten der Meta Group haben neben den WEB Datenbanken vor allem Anwendungen aus dem ERP- und Finanzbereich wie BAAN und SAP R/3 ausgemacht, die zukünftig mit dieser Technologie auch für die Konstrukteure erschlossen werden. Das Engineering Warehouse System als flexibles, leicht anpassbares und einfach bedienbares System verwaltet die technischen Daten und referenziert die assoziierten Daten aus anderen Systemen, insbesondere aus ERP und Finanzen/Controlling sowie aus der Vielzahl der im Internet enthaltenen Informationen.

Support SCM (Supply Chain Management)

Es ist heute üblich, dass der Ingenieur wesentlich früher in den Beschaffungsprozess eingebunden ist. Anbieterverbunde mit gemeinsamen Systementwicklungen bedürfen einer wesentlich früheren Abstimmung von Systemkomponenten. Dieser Prozess wird von PLM/PDC-Systemen folgendermaßen unterstützt:

- Datenaustausch auf Basis von Standards (STEP, PDX, PDML),
- Zugriff auf „e-marketplaces“ bzw. elektronische Zuliefererkataloge und
- Einbindung von CSM (Component Supplier Management) Systeme

Das sind Systeme, die Informationen über die Komponenten, Zulieferer, Konstruktionsanleitungen und Einbauanweisungen sowie weitere für den Auswahl- und Einkaufsprozess relevante Daten (Vorzugsreihen, Preise, Preisgleitklauseln) bereitstellen. Üblicherweise handelt es sich um Third Party-Anbieter.

Enginering Collaboration

Unter diesem Begriff werden alle Werkzeuge und Funktionen zusammengefasst, die eine Zusammenarbeit von Anwendern des PLM/PDC-Systems unterstützen. Im Einzelnen sind dies:

- Unternehmensübergreifendes Projektmanagement,
- CSCW (Computer Supported Cooperative Work), z.B. die Integration von Netmeeting und Outlook,
- Sicherheitsmaßnahmen zur Sicherung Firewall-übergreifender Systemzugriffe und
- Datenaustausch

Support e-commerce

PLM/PDC-Systeme bieten Unterstützungsfunktionen an, um intelligente Produktkataloge und -baukästen auf WEB Seiten bereitzustellen. Damit wird die firmenspezifische Vorbereitung für e-Commerce realisert. Die

Aufbereitung der Produktbaukästen geschieht auf Basis von variablen Sachmerkmalleisten und Produktkonfiguratoren, die i.d.R. mit Variantenstücklisten und Entscheidungslogiken arbeiten. Der Kunde ist damit in der Lage, das Wissen über die Produkttypen und die Auswahllogiken, die zur Auswahl eines bestimmten Produkttyps aufgrund verschiedener Parameter führen, über das Internet zu nutzen. Im vollständigen Funktionsumfang sind darüber hinaus die automatische Parametrisierung des CAD-Modells und eine vollständige Angebotserstellung denkbar. Die logische Konsequenz ist ein vollständig INTERNET unterstützter Angebots- und Bestellablauf.

PLM/PDC-Systeme nutzen die Möglichkeiten moderner Softwareentwicklung natürlich aus. Dazu gehören u.a.:

- Objektorientierte Entwicklungswerkzeuge,
- Grafische Oberflächen auf der Basis von JAVA, HTML und Microsoft,
- Einsatz von CASE Tools zum Beschreiben des Objekt- und Prozessmodells,
- Anwendung von Standards (🖙 CORBA, OMG,....)
- föderierte Repositories mit der Link-Fähigkeit in andere IT Lösungen und Informationsbestände im INTERNET,
- WEB-Fähigkeit aller Komponenten und
- Ausnutzen der objekt-relationalen Möglichkeiten moderner Datenbanken.

4 Organisatorische und methodische Voraussetzungen der PDM Einführung

PDM-Systeme sind im Gegensatz von CAD und CAE Systeme tief in die technische Ablauforganisation eingebettet. Aus diesem Grund bedarf die Implementierung dieser Systeme einer methodischen und organisatorischen Vorbereitung [EIG-93]. Gerade der industrielle Mittelstand ist bezüglich der Organisation der Engineering Aufgaben und Abläufe eher unsystematisch. Deswegen werden im folgenden die wesentlichen Themen der organisatorischen und methodischen Einsatzvorbereitung vollkommen unabhängig von IT-Aspekten dargestellt. Jedes Unternehmen sollte seinen Engineering Bereich vor der späteren PDM Implementierung organisatorisch optimieren um die Randbedingungen und Ziele der Qualitätssicherung, Produkthaftung, verteilter Teamarbeit usw. zu erfüllen.

Zu den vorgestellten Themen gehören:

- Nummernsysteme,
- Klassifizierungssysteme,
- technische Stammdaten und Produktstrukturen,
- Dokumente und Dokumentenstrukturen,
- Freigabe und Änderungswesen sowie
- Konfigurationsmanagement.

4.1 Nummernsysteme

Kurzbezeichnungen wurden schon lange vor dem Einsatz von IT-Systemen zur eindeutigen Beschreibung von Objekten (↳ Artikel, Unterlagen, ...) in der betrieblichen Praxis eingesetzt. Derartige Bezeichnungen treten als eine Folge von Ziffern, Buchstaben und Sonderzeichen auf. Bildet man sie nach einer bestimmten Systematik, so liegt ein *Nummernsystem* vor. Synonym werden auch die Begriffe *Nummerungsschlüssel*, Schlüssel, Code und Codesystem verwendet.

Innerhalb eines PDM-Systems hat das Nummernsystem die Aufgabe Objekte, d.h. Unterlagen, Artikel und Projekte zu trennen (identifizieren) und zusammenzufassen (klassifizieren). Bei einer PDM-Einführung sollte daher sehr gewissenhaft auf ein funktionsfähiges Nummernsystem geachtet werden. Ist das Nummernsystem nicht auf die betrieblichen Anforderungen abgestimmt, muss es mit hohem Aufwand reorganisiert werden oder es kann nur eingeschränkt genutzt werden.

Problematisch ist, dass ein historisch gewachsenes und häufig bei der ERP-Einführung bereits geändertes Nummernsystem im Unternehmen eingeführt ist. Für die PDM-Einführung ergibt sich somit häufig die Konsequenz, dass die Benummerung der Artikelstämme des ERP-Systems übernommen werden muss. Die Freiheitsgrade der Konzeption liegen in diesem Fall nur noch in den vom PDM-System verwalteten Objekten, z.B. den Dokumenten.

Nach DIN 6763 dient eine Nummer zur Identifikation eines Objekts, d.h. dessen eindeutige und unverwechselbare Erkennung innerhalb eines Geltungsbereichs, z.B. die Sach- oder Artikelnummer für Teile, Baugruppen, Komponenten und Erzeugnisse. Eine weitere Aufgabe ist die Klassifizierung von Objekten, d.h. deren Einordnung in Gruppen nach bestimmten Gesichtspunkten, z.B. die Schraube in die Gruppe bzw. Familie der Verbindungselemente. Außerdem dient ein Nummernsystem zur Gliederung von Informationen und zur Prüfung auf Richtigkeit.

Dementsprechend versteht man unter der *Nummernart* die Einteilung der Nummer nach ihrer Informationsart oder ihrem Zweck. Man spricht von [GRU-87, JAH 79]:

- Identifizierungsnummern (auch Identnummer genannt),
- Klassifizierungsnummern,
- Informationsnummern und
- Kontrollnummern.

Die *Identifizierungsnummer* ist eine eindeutige, unverwechselbare Festlegung bzw. Erkennung eines Elementes, z.B. des Teilestammes 4712. Die Identifizierung kann sich auf ein einzelnes Element oder eine Gruppe von Elementen beziehen. Beim Aufbau einer Identifizierungsnummer sind einige wichtige Grundsätze zu beachten. Dies sind:

- Vollständigkeit der Nummernvergabe,
- Eindeutigkeit der Nummer und
- Unveränderlichkeit während ihrer gesamten Lebensdauer.

Eine *Klassifizierungsnummer* dient im Gegensatz zu den Identifizierungsnummern nicht dazu Elemente zu identifizieren. Unter der Klassifizierung von Objekten versteht man ihre Einordnung nach vorgegebenen Merkmalen in bestimmte Klassen, Familien oder Gruppen. Elemente mit derselben Klassifizierung sind nur gleich in Bezug auf die ausgewählte, beschriebene Eigenschaft (vgl. Kap. 4.2).

Beim Aufbau einer Klassifizierungsnummer ist auf einige Regeln zu achten. Diese sind z.B.:

- Eindeutigkeit der Zuordnung innerhalb eines Klassifizierungssystems,
- Ausreichende Ausbaufähigkeit der zugrunde gelegten Begriffssysteme,
- Beschränkung auf eindimensionale Aussagen in einer Klassifizierungsnummer bzw. im gleichen Nummernteil und
- Verwendung sinnvoller, sprechender (mnemotechnischer) Schlüssel.

Informationsnummern enthalten eine direkte Aussage aufgrund unverschlüsselter Merkmale. Informationsnummern geben ohne Verwendung eines Nummernplans/Schlüsselverzeichnis unmittelbar Auskunft über Eigenschaften des verschlüsselten Elements, z. B. DIN-Nummern für Werkstoffe und Papierformate.

Eine *Kontrollnummer* liegt vor, wenn durch diese Nummer die Erkennung einer richtigen Person, Sache oder eines Sachverhaltes gewährleistet werden soll. Eine zusätzliche Kontrollnummer zu einer Identifizierung- oder Klassifizierungsnummer ist nur dann sinnvoll, wenn wegen einer möglichen Verwechslungsgefahr auf die Auswahl der richtigen Nummer besonders große Bedeutung gelegt wird.

Nummern werden nach folgenden Grundsätzen bezüglich ihres Nummernschemas aufgebaut [GRU-87, VDI 2215]:

- nach dem Prinzip der *hierarchischen Strukturierung* bzw. der verzweigten Gliederung (➪ Baumstruktur),
- nach dem Prinzip der *unabhängigen Strukturierung* bzw. der unverzweigten Gliederung (➪ Listenstruktur).

Bei einem hierarchischen Nummernaufbau ist ein Nummernteil von dem links vor ihm stehenden Nummernteil funktional abhängig. Ein Nummernteil (Hierarchiestufe) kann dabei aus einer oder mehreren Stellen bestehen. Demnach kann ein Nummernteil nicht selbständig, sondern nur im Zusammenhang mit den ihm übergeordneten Oberbegriffen ausgewertet werden.

Bild 4-1 zeigt ein Beispiel einer hierarchisch aufgebauten Nummer. Die zweite Stelle des Nummernsystems ist von der ersten Stelle abhängig. In der Kombination "ES" (➪ Schraube) erhält das "S" seine Interpretation in Abhängigkeit von der ersten Stelle "E" (➪ Einzelteil).

Eine hierarchisch aufgebaute Nummer kann bei Bedarf durch eine Nummernverlängerung verfeinert werden. Typische Vorteile sind:

- Kompaktere Darstellungsform der verschlüsselten Merkmale gegenüber einem unabhängigen Nummernaufbau.
- Eventuell geringere Stellenzahl als bei Nummern mit einem unabhängigen Aufbau.
- In größeren Unternehmen einfacherer Aufbau eines Nummernschlüssels, da eine dezentrale Belegung in Abhängigkeit eines Vergabebereichs erfolgen kann.

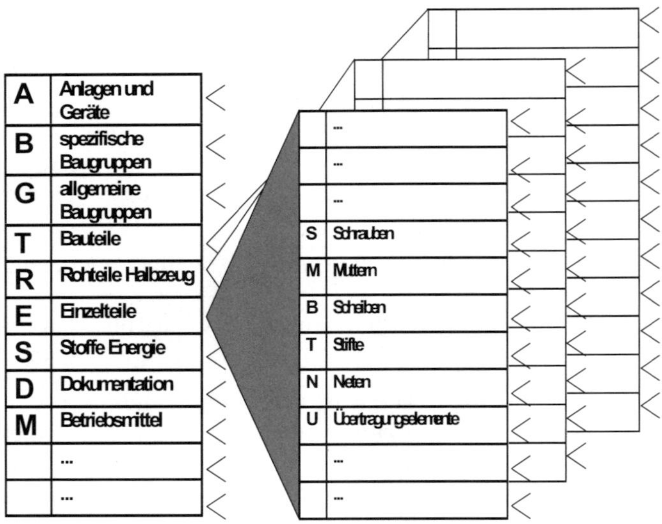

Bild 4-1: Hierarchischer Nummernaufbau (verzweigte Gliederung)

Bei einem unabhängigen Aufbau hat jeder Nummernteil innerhalb einer Nummer eine generell festgelegte Bedeutung und ist nicht von anderen Nummernteilen abhängig. Jeder einzelne Nummernteil lässt sich daher selbständig auswerten (Bild 4-2).

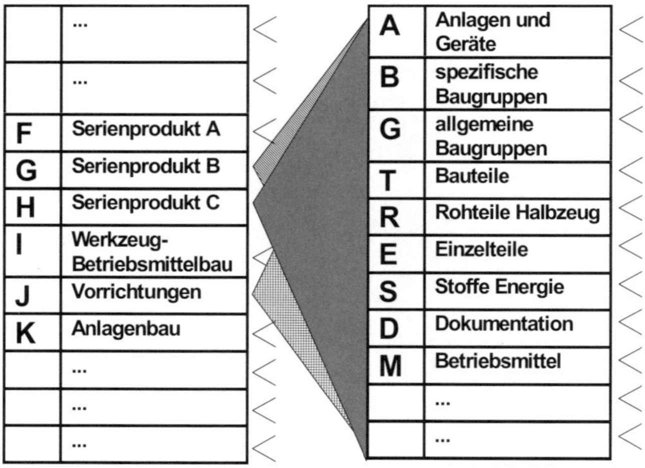

Bild 4-2: Unabhängiger Nummernaufbau (unverzweigte Gliederung)

Eine Umklassifizierung einzelner Merkmale kann somit ohne Auswirkungen auf andere Nummernteile erfolgen.

Im Folgenden werden einige allgemeine Grundsätze für die Darstellungsform von Nummern aufgezeigt, wie sie sich besonders für den Einsatz in der Datenverarbeitung bewährt haben [GRU-87]:

- Eine Nummer sollte so kurz wie möglich sein. Darstellungsprobleme gibt es hauptsächlich bei langen Nummern.
- Anzeige von verschlüsselten Angaben auf Masken und Listen nur dort, wo dies unbedingt erforderlich ist.
- Angebot zusätzlicher optionaler Informationsmasken mit Informationen über den Nummernplan und Nummernaufbau.
- Alphabetische oder alphanumerische Schlüssel sind oft leichter merkbar und aussagekräftiger als rein numerische Schlüssel.
- Gliederung langer Nummern in leicht merkbare kurze Nummernblöcke (↳ Verwendung von Gliederungszeichen).

Die Zusammenfassung von Nummern oder Nummernteilen im Interesse einer bestimmten Anwendung bezeichnet man als *Nummernsystem*. Ein Nummernsystem kann also aus einer oder aus mehreren zusammengehörigen Nummern bestehen. So ist es beispielsweise für die maschinelle Datenspeicherung typisch, dass einer identifizierenden "Hauptnummer" weitere Merkmale in selbständigen, ergänzenden "Nebennummern" zugeordnet werden.

Im Wesentlichen unterscheidet man zwischen zwei Systemformen, dem *Verbundnummernsystem* und dem *Parallelnummernsystem*.

Verbundnummernsystem:

Die Nummer besteht aus einem klassifizierenden Teil und einer laufenden Zählnummer. Der gesamte Schlüssel wird zur Identifikation benötigt. Bild 4-3 zeigt den Aufbau eines Verbundnummernsystems.

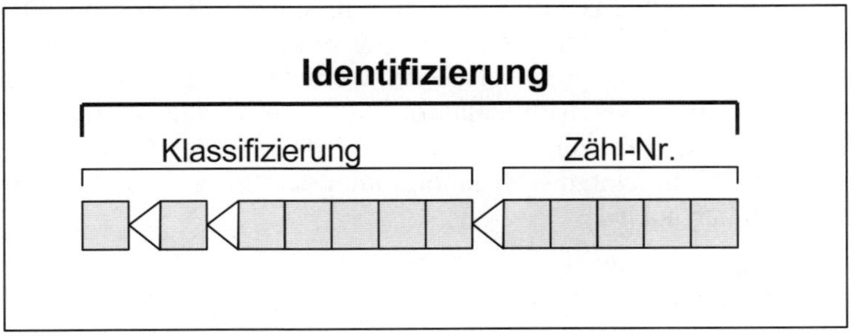

Bild 4-3: Verbundnummer

Das Verbundnummernsystem bietet sich vor allem für Aufgabenstellungen an, die vorwiegend mit manueller Datenverarbeitung verknüpft sind. Da die Nummer relativ kurz ist, trotzdem aber einen hohen Grad an Klassifikation beinhaltet, ist eine solche Nummer einfach zu ordnen und damit leicht manuell handhabbar.

Parallelnummernsystem:

Es wird eindeutig ein klassifizierender und ein identifizierender Teil unterschieden. Zur Identifikation dient nur die Zählnummer. Der Aufbau eines Parallelnummernsystems ist in Bild 4-4 dargestellt.

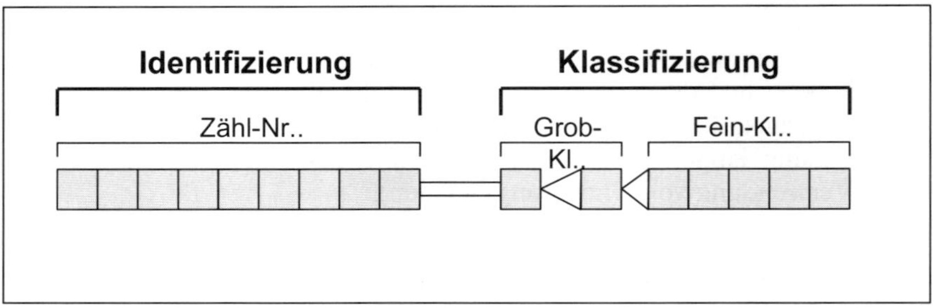

Bild 4-4: Parallelnummer

Das Parallelnummernsystem eignet sich eher für IT-spezifische Anwendungen. Manuell ist ein solches Nummernsystem schwer handhabbar, da die identifizierende Nummer keine Klassifikation enthält.

Jedes technische Objekt muss über eine Nummer identifiziert und kann klassifiziert sein. Für PDM ist die sog. *Sachnummer* von besonderer Bedeutung. Neben dem Begriff Sachnummer sind auch die Begriffe Ident-, Teile-, Material- bzw. Artikelnummer gebräuchlich.

Die Sachnummer ist die zentrale Nummer in einem PDM- und ERP-System. Mit ihr werden die Stammdaten, d.h. alle zentral zu einem Artikel gehörenden technischen und dispositiven Daten verwaltet, die permanent im System gespeichert sind. Als Minimalanforderung sollte die Sachnummer Produkte, Baugruppen und Einzelteile verwalten. Jedoch ist das Anwendungsspektrum viel größer. In einem vollständig integriertem System kann die Sachnummer zusätzlich auch

- Rohmaterialien, Halbzeuge,
- Maschinen, Anlagen,
- Vorrichtungen, Werkzeuge sowie
- Hilfs- und Betriebsstoffe

verwalten. In Verbindung mit den allgemeinen Anforderungen an ein Nummernsystem entstehen aus verschiedenen Anwendungsbereichen differenzierte Anforderungen an die Sachnummer. Als optimale und IT-gerechte Lösung ist nur die Parallelnummer zu betrachten. Je nach betriebsinterner Situation können die einzelnen Klassifikationsgruppen/Zählnummergruppen in ihrer Stellenanzahl schwanken.

4.2 Klassifizierungssysteme

Die Aufgabe einer Klassifizierung besteht darin, betriebliche Gegenstände nach ihren Eigenschaften zu ordnen, um auf sie zugreifen zu können [BIH-90].

Daraus ergibt sich eine, gegenüber der traditionellen Dokumentation von betrieblichen Gegenständen in Zeichnungen und Stücklisten, zusätzliche Ordnungssystematik. Der Unterschied zwischen beiden Systematiken lässt sich wie folgt angeben:

- Zeichnungen und Stücklisten sind (überwiegend) produktorientiert. Dabei steht die geometrische (Zeichnungen) und strukturelle (Stücklisten) Beschreibung von Gegenständen im Rahmen der Produktstruktur im Vordergrund.
- Das Klassifizierungssystem beschreibt dieselben Gegenstände, jedoch produktneutral auf der Basis von Eigenschaftswerten. Die Aufgabe dieser Struktur besteht darin, die Gegenstände ohne den Kontext eines bestimmten Auftrages (verwendungsneutral) im Sinne von Musterlösungen bereitzustellen.

Demnach handelt es sich bei einem Klassifizierungssystem um einen Wissensspeicher, in den z.B. ein Normeningenieur die Ergebnisse früherer Projekte einbringt (➾ Induktion). Aus diesem Wissensspeicher kann der Konstrukteur später neue Lösungen durch »Wiederfinden« und »Neu-Kombinieren« oder »Anpassen« ableiten (➾ Deduktion).

Grundsätzlich kann die dazu notwendige Wissenspeicherung bereits auf der Basis der aus dem ERP-Bereich bekannten »Stammdaten« erfolgen, die i.d.R. eine bestimmte Menge von Eigenschaften der erfassten Gegenstände beschreiben. Allerdings ist diese Eigenschaftsmenge gering (z.B. häufig nur drei technische Merkmale neben Sachnummer und Benennung) und für alle Gegenstände konstant. Damit ist die »Auflösung« eines auf Stammdaten basierenden Suchsystems beschränkt.

Erweitern lässt sich diese Auflösung zunächst, wenn die betrachtete Eigenschaftsmenge vergrößert wird. Um damit aber die unterschiedlichsten Gegenstände treffend beschreiben zu können, ist eine sehr große Anzahl von Eigenschaften zu erfassen. Dies würde jedoch sowohl den Anwender überfordern (schlechte Übersicht, schwierige Erfassung, Mehrdeutigkeiten) als auch zu unerträglichen Antwortzeiten bei IT-Systemen führen.

Eine Lösung besteht darin die Gegenstände zu Gruppen größtmöglicher Ähnlichkeit zusammenzufassen (d.h. zu ordnen). Innerhalb dieser Gruppen sind dann die verbleibenden Unterschiede ausreichend gering um sie durch Mensch und Maschine handhaben zu können. *Ordnungssysteme* (➾ Systeme zur Ordnung von Gegenständen in Gruppen) sind ein Hilfsmittel zur Dokumentation von Informationen. Sie haben die Aufgabe einen ungeordneten Zustand mittels festgelegter Ordnungsmerkmale in einen geordneten Zustand zu überführen. Nach Bild 4-5 kennt man hinsichtlich des Aufbaus drei verschiedene Klassen von Ordnungssystemen [VDI-78]:

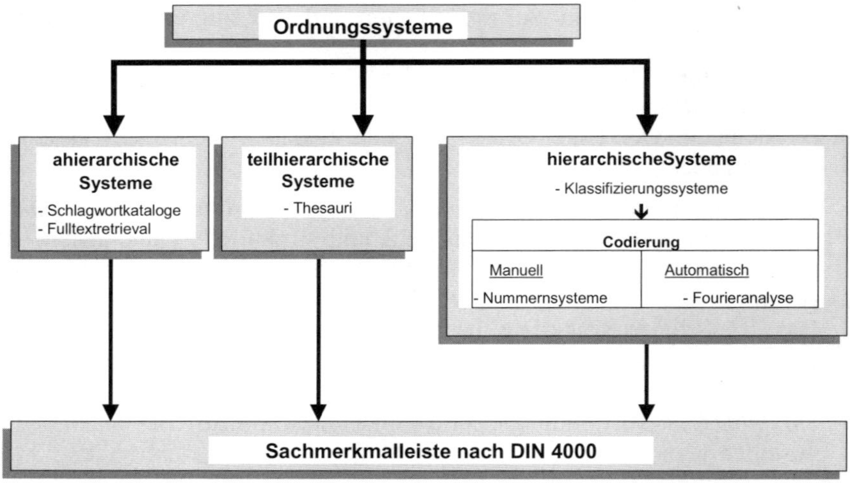

Bild 4-5: Klassen von Ordnungssystemen

Ahierarchische Systeme sind eine voneinander unabhängige Zusammenstellung von Informationen. Dazu gehören z.B. alphabetisch nach beschreibenden Begriffen sortierte Schlagwortkataloge oder willkürliche Zusammenstellungen von Gegenständen in Tabellen sowie der direkte Zugriff auf Textbestandteile innerhalb von Dokumenten (↬ Fulltextretrieval). Diese einfache Art der Dokumentation von verschiedenen Gegenständen hat den Vorteil der gesamtheitlichen Erfassung. Nachteilig ergibt sich aber ein notwendiger, enormer Speicheraufwand bei gleichzeitig geringer Auflösung bzw. Aussagekraft.

Teilhierarchische Systeme haben dagegen den Vorteil der bedingten Verknüpfung von Ordnungsmerkmalen. Dadurch bietet sich die Möglichkeit der Grobgruppierung von Objekten mit dem Vorteil, dass Gruppen nach gewünschten Eigenschaften gezielt ausgewählt werden können. Ein typischer Vertreter dieser Kategorie ist der *Thesaurus*. Darunter versteht man eine alphabetische Sammlung von Begriffen eines Fachgebiets mit systematischer Ordnung. Die einzelnen Begriffe können hierarchisch dargestellt werden. Ein Thesaurus ermöglicht es Informationen zur Unterstützung des Suchvorgangs teilhierarchisch geordnet abzulegen. Dies wird über die Verwendung von Schlagwörtern ermöglicht, die einmal der direkten Verschlüsselung dienen (Deskriptoren) aber auch zusätzliche Informationen (Nicht Deskriptoren wie z.B. Synonyme) enthalten. Somit ist die Möglichkeit der Eingrenzung eines Objekts über gewählte Merkmale gegeben (Bild 4-6).
Dazu ist eine eindeutige Begriffsdefinition erforderlich. Der wesentliche Vorteil des Thesaurus besteht darin, dass durch die Verwendung von Klartext die Merkmale nicht umständlich verschlüsselt werden müssen – vgl. auch DIN 1463, [GRU-87].

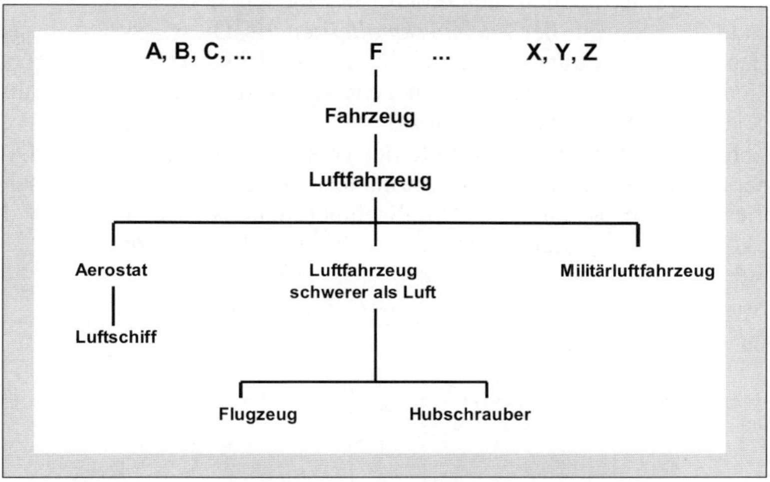

Bild 4-6: Beispiel eines Thesaurus nach DIN 1463(2)

Hierarchische Ordnungssysteme sind durch eine strenge Hierarchie, z.B. als Bäume oder Netze, gekennzeichnet. Nach der Art der Informationsbereitstellung differenziert man Systeme mit manueller oder automatischer Codierung. Die gebräuchlichste Art der manuellen Codierung sind die Nummernsysteme (vgl. Kapitel 4.2.). Bei Nummernsystemen sind die Merkmale nach einem festgelegten Schema alphanumerisch codiert. Dies hat den Vorteil einer kurzen überschaubaren Darstellung der Informationen. Nachteilig ist die grobe Aussage der Verschlüsselung als Folge der notwendigen Begrenzung der Stellenzahl der Nummer.

Wie in Kapitel 4.2. beschrieben, wird bei einem modernen Nummernsystem von einer Parallelnummer ausgegangen, d.h. von einer klaren Trennung des identifizierenden und klassifizierenden Nummernanteils (Bild 4-7).

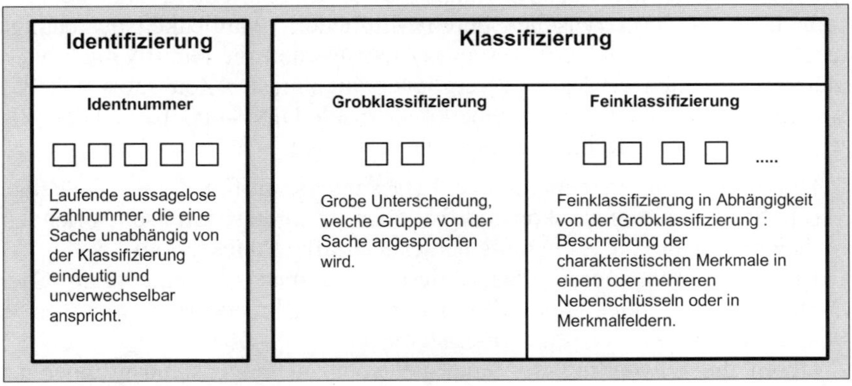

Bild 4-7: Grundgerüst eines integrierten Sachnummernsystems [GRU-87]

Eine besondere Bedeutung unter den verschiedenen Ordnungssystemen kommt heute dem System der *Sachmerkmalleisten* zu. Dieses System basiert darauf, dass Teile in Gruppen größtmöglicher Ähnlichkeit zusammengefasst und die Eigenschaften der so geordneten Teile verschlüsselt oder unverschlüsselt als (Sach-) Merkmale tabellarisch erfasst werden (Bild 4-8). Damit verbinden Sachmerkmalleisten die Vorteile der verschiedenen Klassen von Ordnungssystemen. Innerhalb der Sachmerkmalleisten liegt eine ahierarchische, mengenorientierte Erfassung vor. Die Sachmerkmalleisten selbst, also die Gruppen, können hierarchisch oder teilhierarchisch geordnet werden.

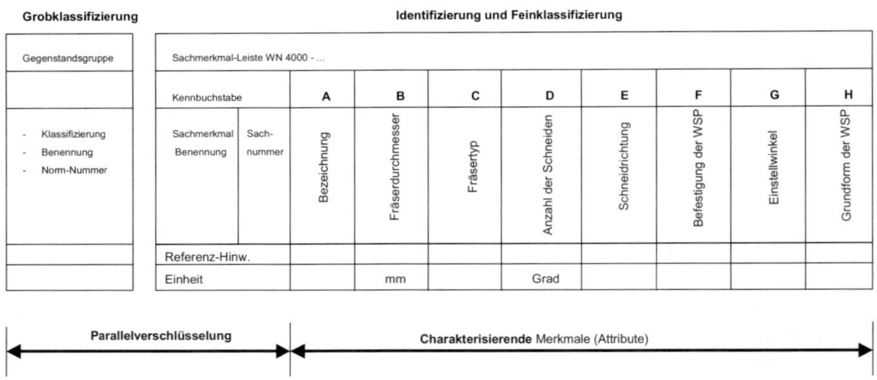

Bild 4-8: Aufbau von Sachmerkmalleisten nach DIN 4000

Definition der Sachmerkmalleiste nach DIN 4000:

> *Eine Sachmerkmalleiste ist die Zusammenstellung und Anordnung der für eine Gegenstandsgruppe relevanten Sachmerkmale (↳ Attribute).*

Die Grundlage der Sachmerkmalleiste ist die Einteilung von Teilen in Gruppen derart, dass zwischen deren Mitgliedern Ähnlichkeitsbeziehungen entstehen. Bei einem Klassifizierungssystem werden die signifikanten Merkmale von Objekten erfasst und verglichen. In jüngster Zeit setzt sich dazu besonders das System der Sachmerkmale nach DIN 4000 bzw. DIN 4001 durch, da dieses eine Reihe von Vorteilen aufweist:

- Durch die rein mengenmäßige Erfassung quantifizierbarer Teileeigenschaften (funktional, konstruktiv oder fertigungstechnisch orientierte Sachmerkmale) ist es ein allgemeines Klassifizierungssystem.
- Bei Einführung einer Identifizierungsnummer (↳ eindeutige Sachnummer) im Sinne eines "Eindeutigkeits-Sachmerkmals" weist es die Vorteile der Parallelnummern-Systeme auf.
- Durch die Gliederung des Teilespektrums in Gegenstandsgruppen und Gegenstände mit beschreibenden Sachmerkmalen unterstützt es sowohl Grob- wie Feinklassifizierungen.

- Die Abbildbarkeit auf IT-Systeme, insbesondere auf relationale Datenbanken, ist gewährleistet.

Charakteristisch für die Anwendung des Systems der Sachmerkmale in der Konstruktion ist die Beschreibung der Teilegruppen auf der Basis:

- von Tabellen- bzw. Sortenzeichnungen, die die Gestalt der Teile einer Teilefamilie parametrisieren, d.h. mit variablen Abmessungen darstellen sowie
- von zugehörigen Sachmerkmal-Verzeichnissen zur Klassifizierung und Abmessungsbeschreibung.

Sachmerkmale beschreiben nur eine Teilmenge der möglichen Eigenschaften der Gegenstände einer Gegenstandsgruppe. Die Sachmerkmale selber unterliegen i.d.R. keiner hierarchischen Ordnung. Sie können deshalb beim Suchvorgang in beliebiger Kombination benutzt werden.

Praktische Hinweise zur Klassifizierung

Zu Beginn einer Klassifizierung, hier als Ordnung von technischen Gegenständen (↬ Sachen) zu verstehen, stellt sich die Frage nach der Abgrenzung des Gegenstandsspektrums. Dazu ist zunächst zu klären, was alles zu den Gegenständen bzw. "Sachen" gehört.

Zur besseren Vorstellung denke man an die Menge aller Gegenstände (Sachen/Artikel), aus der jeweils ein Exemplar jeden Typs zusammengetragen wird. Typen unterscheiden sich dabei durch mindestens ein funktionales, geometrisches oder technologisches Merkmal. Dies äußert sich darin, dass der Ersatz eines Gegenstandes durch einen Gegenstand eines anderen Typs zu Inkompatibilitäten führen würde. Gegenstände sind dabei alle „Sachen", für die im ERP-System typischerweise ein Stammsatz angelegt wird, d.h. alles was im Unternehmen gefertigt, gekauft, gelagert und verkauft wird. Sachen sind damit Rohstoffe, Halbzeuge, Vorstufen, Einzelteile, Baugruppen, Komponenten, Erzeugnisse, Betriebsmittel und Anlagen. Der in diesem Buch im folgenden verwendete pragmatische Begriff ist *Artike*l.

Grundsätzlich ist die Klassifizierung aller Gegenstände wünschenswert. Zu beachten ist dabei allerdings, dass mit der Menge der zu klassifizierenden Gegenstände und Gegenstandsgruppen der Aufwand für Erfassung, Klassifizierung, Wertecodierung und Pflege stark ansteigt und möglicherweise dann nicht mehr in Relation zu dem erreichbaren Nutzen steht.

Hat man sich für die zu klassifizierende Menge entschieden, so beginnt die eigentliche Gruppen- bzw. Teilefamilienbildung. Dazu haben sich folgende Grundsätze ergeben:

- *Funktionale Klassifizierung*: Das Grundprinzip der vorgeschlagenen Sachordnung basiert darauf, dass die Funktion der Gegenstände klassifiziert wird. Der Vorteil dieses Ansatzes besteht in seiner Anwenderfreundlichkeit, da die gewählten Begriffe leicht interpretierbar sind und zudem häufig bestimmten organisatorischen Einheiten des Betriebs zugeordnet werden können. Weiterhin wird damit im allgemeinen die Strukturtiefe gegenüber der geometrischen Klassifizierung reduziert. Nachteilig ist, dass vielen Gegenstände keine eindeutige Funktion zugewiesen werden kann und somit in den verschiedenen Funktionsklassen gleichartige Geometrien auftreten, die folglich doppelt klassifiziert werden. Als Alternative zur funktionalen Klassifizierung bietet sich die form- bzw. fertigungsorientierte Klassifizierung an.

- *Formorientierte (geometrische) Klassifizierung*: Diese Art der Klassifizierung basiert auf der Gestalt bzw. den Fertigungsverfahren der Gegenstände als Einteilungskriterium. Die Vielfalt der Geometrien führt zu einem sehr abstrakten »Formenschlüssel«, wie entsprechende Veröffentlichungen zeigen. Damit wird die Klassifizierung sehr allgemein und verfügt über eine hohe Auflösung. Die schlechte Anwenderfreundlichkeit führt jedoch zu einer geringen Akzeptanz, besonders für solche Unternehmensbereiche, die naturgemäß eine funktionale Betrachtungsweise auf die Gegenstände haben (z.B. Verkauf, Produktmanagement, Einkauf, Angebotswesen).
- *Fertigungsorientierte Klassifizierung*: Die Klassifizierungsart definiert Gruppen auf der Basis gleicher Fertigungsarten. Typischerweise wird dieses Verfahren in den der Produktion direkt vorgelagerten Organisationseinheiten angewandt.

Die Klassifizierung kann grundsätzlich auf ein Nummernsystem (vgl. Kap. 4.1) und/oder auf die Benennung abgebildet werden. Dazu muss man wissen , dass die nummernorientierten Klassifizierungsmethoden entwickelt wurden zu Zeiten als es keine Lösungen gab, direkt auf mehrerer Attribute und auf Texte zuzugreifen. Mit einem hierarchischen Bennennungscode, z.B. Ansatzschraube, exzentrisch, kann auf die klassifizierende Nummer verzichtet werden. Natürlich sind auch bei der Klassifizierung über die Benennungen klare funktionale Abgrenzungen notwendig. Man denke z.B. an ein zylindrisches Teil, das je nach geometrischen Abmessungen (Längen/Durchmesser Verhältnis) als Membran, Platte, Rolle, Achse, Nadel und Draht bezeichnet werden kann. Ist der Klassifizierungstyp entschieden, z.B. funktionsorientierte Klassifizierung mit hierarchischer Gliederung (↳ Verbindungselemente → Schrauben → Innensechskantschraube) ergibt sich auf der unteren Ebene der Struktur typischerweise die Teilefamilie (↳ Innensechskantschraube). Zu dieser Teilfamilie werden anschließend die beschreibenden geometrischen und technologischen Sachmerkmale bzw. Attribute festgelegt, z.B. Länge, Schaftdurchmesser, Schlüsselweite, Werkstoff und Oberfläche. Eine Sachmerkmalleiste kann für alle Gegenstandsgruppen verschieden lang sein und beinhaltet pro Gruppe andere Merkmale.

Dieser Vorgang wird nur vollständig durchgeführt bei betriebsspezifischen Klassifizierungen. Eine Vielzahl von Zukaufteil- und Normteilen ist über Normen und lieferantenspezifische Kataloge abgedeckt.

Bild 4-9 fasst die Funktion des Nummernsystems mit seinem identifizierenden und klassifizierenden Anteil noch einmal zusammen. Insbesondere wird auf den engen Zusammenhang zwischen Klassifizierung, Benennung, Gegenstandsgruppe und Sachmerkmalleiste hingewiesen. Ziel des Anwenders ist es auf den Artikelstamm eindeutig zuzugreifen. Dabei besitzt er folgende Möglichkeiten:

- Direkter Zugriff über Identifizierung (↳ Sachnummer)
  Voraussetzung: Sachnummer ist bekannt.
- Indirekter Zugriff über Menge ähnlicher Teile (↳ Teilefamilie)
  - o Zugriff über Grob- und Feinklassifizierung,
  - o Zugriff nur über Grobklassifizierung,
  - o Zugriff über Grobklassifizierung und eindeutige Benennung,
  - o Zugriff nur über Benennung, z.B. über Matchcode oder Fulltextretrieval sowie
  - o Zugriff direkt über Gegenstandsgruppen
    (wenn nicht eindeutig aus Klassifizierung ableitbar oder nicht identisch mit Benennung).

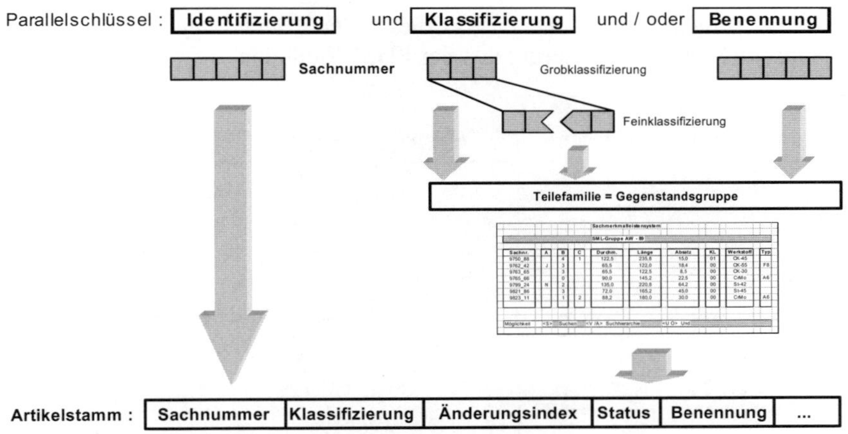

Bild 4-9: Zugriffsmöglichkeiten auf den Artikelstamm

4.3 Produktstrukturen

Dieses Kapitel beschreibt die methodischen Voraussetzungen zur Festlegung der Produktstrukturen sowie die Abgrenzung zwischen den Funktionen eines ERP- und eines PDM-Systems.

Grundsätzlich werden bezüglich der Beschreibung der Produktstruktur bei ERP- und PDM-Systemen dieselben Methoden angewandt. Allerdings sind die Daten innerhalb des PDM-Systems i.d.R. aus der Sicht der Entwicklung und Konstruktion eingeschränkt.

Sowohl bei PDM- als auch bei ERP-Systemen spricht man von einer *Grunddatenverwaltung*. Grunddaten gliedern sich in [PPS-87]:

- Stammdaten: Dies sind Daten, die selbständig, ohne Beziehung zu anderen Daten aussagefähig sind, z. B. Artikel (= Produkt)- Daten.
- Strukturdaten: Dies sind Daten, die Beziehungen zwischen den Ausprägungen von Stammdaten herstellen, z.B. Stücklistenstrukturen.

Typische Grunddaten sowie die Relevanz für PDM zeigt Bild 4-10.

Stammdaten	**Strukturdaten-Zuordnungsdaten**	
• Artikeldaten	• Stücklistendaten	⇦ PDM-relevant
• Kundendaten	• Arbeitsplandaten	
• Lieferantendaten	• Kundenstrukturdaten	
• Lagerortdaten	• Lieferantenstrukturdaten	
• Personaldaten	• Kundenkonditionendaten	
• Arbeitsplatzgruppendaten	• Lieferantenkonditionendaten	
• Betriebskalenderdaten	• Strukturspezifische Texte	
• Kostenstellenrechnung	• Zuordnungsspezifische Texte	

Bild 4-10: Grunddatenverwaltung [PPS-87]

Die wichtigsten Stammdaten sind die *Artikelstammdaten*. Bild 4-11 stellt den Gesamtüberblick wiederum aus der PDM-Sicht dar.

Identifikationsdaten	Ordnungsdaten	Konstruktionsdaten	Dispositionsdaten	Bedarfsdaten
• Sachnummer • Zeichnungsnummer • Sonstige Unterlagennummern	• Technische Klassifikation • ABC- Klassifikation • Normierte Benennung • Teileart • Statusdaten	• Funktion • Norm • Abmessungen • Werkstoff • Gewicht • Physikalische Eigenschaften	• Beschaffungsart • Dispositionsart • Dispositionsstufe • Ersatzteileart	• Bedarfsart • Akkumullierter • Akkumullierter gedeckter Bedarf
Bestandsdaten	**Absatzdaten**	**Beschaffungsdaten**	**Produktionsdaten**	**Kalkulationsdaten**
• Akkumulierte Bestände • Akkumulierte reservierte Bestände • Mindestbestand	• Verkaufspreis • Rabatte • Bonuskonditionen • Mindestverkaufsmenge • Verpackungsmengen	• Einstandspreise • Wiederbeschaffungsfrist • Bestellmengengrenzen	• Vorlauffristen • Durchlauffristen • Verfahrensvarianten • Teilefamilienkennung	• Materialkosten • Lohnkosten • Maschinenkosten • Auftragwiederholkosten • Lagerkostensatz

▷ PDM - relevant

Bild 4-11: Artikelstammdaten [PPS-87]

Parallel zu den Stammdaten sind die wichtigsten Strukturdaten die verschiedenen Formen der Stücklisten oder allgemeiner der Produktstruktur (vgl. Kap. 3.1). Eine Stückliste ist die Darstellung aller Komponenten, Systeme, Baugruppen, Einzelteile, Halbzeuge und Werkstoffe, die in ein Erzeugnis eingehen. Informationstechnisch sind Stücklisten spezielle Darstellungsformen hierarchischer Strukturen. Aufgrund mangelnder grafischer Darstellungswerkzeuge wurde die Produktstruktur grundsätzlich in Form von Listen gezeigt. Die graphische Abbildung einer Produktstruktur setzt sich parallel mit dem Einsatz von grafischen Userinterfaces und dem Einsatz von Browsern durch und verdrängt die Listendarstellung (vgl. Bild 3-1).

Der *Gozinto-Graph* (the part that goes into it) ist die Urform der grafischen Darstellung von Produktstrukturen (Bild 4-12).

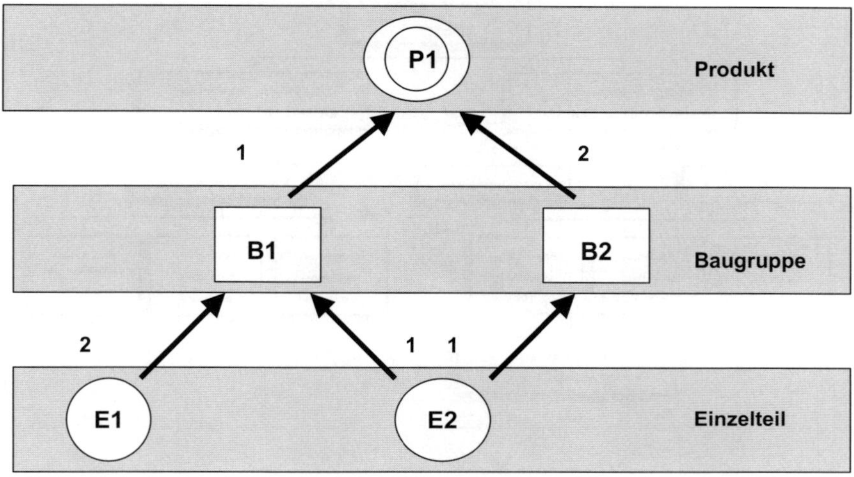

Bild 4-12: Gozinto-Graph [PPS-87]

Der Pfeil (Graph) stellt die Beziehung zwischen den Komponenten dar. In der einfachsten Form der Stückliste, die z.B. für mechanische Produkte verwendet wird, enthält die Beziehung nur die Menge mit der die untergeordnete Komponente in die übergeordnete eingeht und die dazugehörige Mengeneinheit (↳ Stück, Meter, KG,...). Im Anlagenbau, in der Elektrik und Elektronik wird diese Information ergänzt um den Einbauort. Dieser beschreibt, an welcher Stelle der Anlage/Platine die Komponente eingebaut ist.

Stücklisten und Teileverwendung (Grundformen)

Beim Durchlauf einer Produktstruktur „von oben nach unten", d.h. vom Erzeugnis bis zu den Einzelteilen und ihren Ausgangsmaterialien abwärts, entsteht die Stückliste. Fragt man umgekehrt, in welchem Erzeugnis ein bestimmtes Teil oder eine bestimmte Baugruppe vorhanden ist, entsteht der Verwendungsnachweis.

- Die *Stückliste* zeigt für eine vorgegebene Sache alle untergeordneten Sachen, also alle Baugruppen und Einzelteile.
- Der *Teileverwendungsnachweis* liefert die Information, in welchen übergeordneten Baugruppen eine bestimmte Sache verwendet wird.

Die Ableitung von Stücklisten und Teileverwendungsnachweisen aus den Stamm- und den Struktursätzen ist Aufgabe eines Stücklistenprozessors. Für die Vorbereitung der Fertigungsaufträge, die Kalkulation und die Planung der zu beschaffenden Teile ist es unerlässlich, die Zusammensetzung der Endprodukte zu kennen und IT-mäßig verfügbar zu haben.

Verschiedene Erscheinungsformen von Stücklisten sind in Bild 4-13 zu sehen.

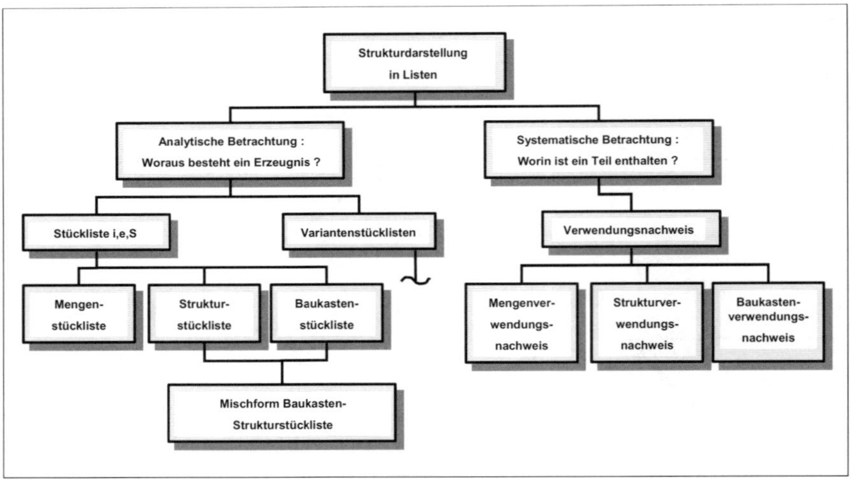

Bild 4-13: Ableitung von Stücklisten [PPS-87]

Die Stückliste kann sich auf die mengenmäßige Zusammensetzung von Produkten beziehen (↬ *Mengenstückliste*), sie kann aber auch den strukturellen Aufbau eines Erzeugnisses wiedergeben (↬ *Strukturstückliste*).

Die Basisstückliste für IT Anwendungen ist die zweistufige *Baukastenstückliste*. Sie enthält immer einen Knoten der Produktstruktur mit den Komponenten der hierarchisch niedrigeren Strukturebene. Aus diesem Grundkonstrukt lassen sich alle anderen Stücklistenformen ableiten.

- Die *Mengenstückliste* ist eine unstrukturierte Darstellungsform, die lediglich die Mengen untergeordneter Elemente auflistet. In ihr werden alle Teile mit ihren Gesamtmengen aufgelistet, die in die betrachtete Sache eingehen.
- Die *Baukastenstückliste* zeigt nur die direkt untergeordneten Elemente mit ihren Mengen. Das bedeutet, dass die untergeordneten Baugruppen einer Baukastenstückliste für ein Endprodukt wieder in mehrere Stücklisten zerfallen können, wenn das Endprodukt in mehreren Produktionsstufen gefertigt wird.
- Eine *Strukturstückliste* vereinigt die beiden anderen Stücklistenformen. Hier sind sowohl die Mengen aller Komponenten eines Produkts sichtbar als auch die gesamte hierarchische Struktur der Komponenten über alle.

Zur Erläuterung der Stücklistenformen werden in Bild 4-14 die verschiedenen Stücklisten auf der Basis des einfachen Beispiels aus Bild 4-12 abgeleitet.

Mengenstückliste P1

Teil	Menge
B1	1
B2	2
E1	2
E2	3

Baukastenstückliste P1

Teil	Menge
B1	1
B2	2

Baukastenstückliste B1

Teil	Menge
E1	2
E2	1

Strukturstückliste P1

Teil	Menge
B1	1
E1	2
E2	1
B2	2
E2	1

Baukastenstückliste B2

Teil	Menge
E2	1

Bild 4-14: Abgeleitete Stücklistenbeispiele

Produktvarianten

Produkte bestehen häufig auf der Teile- und Baugruppenebene aus mehreren Varianten. Die Verwaltung dieser Varianten ist für die Disposition von erheblicher Bedeutung, da die Anzahl möglicher Produktausprägungen sehr hoch sein kann.

Zwei Arten von Varianten sind zu unterscheiden:

- *Strukturvarianten*: Die Strukturvarianten entstehen dadurch, dass in einer Stückliste verschiedene Positionen variieren können. Z.B. kann im Baukasten "Antrieb" basierend auf Parametern, wie z.B. Lieferregion, entweder ein "Motor" A, B oder C vorkommen. Um den Sachverhalt eindeutig zu beschreiben, müssten drei Stücklisten existieren, die sich nur in der Position des "Motors" unterscheiden.
- *Teilevarianten*: Eine Teilevariante bezieht sich auf ein Teil, das in verschiedenen Ausprägungen erscheinen kann, z.B. ein Uhrarmband, das sich nur in der Farbe oder dem aufgedruckten Design unterscheidet, ansonsten vollkommen gleich ist. Das Teil wird eindeutig durch Vergabe je einer Sachnummer für jede Ausprägung identifiziert. Eine andere Alternative wäre das unterscheidende Merkmal, z.B. die Farbe, der Sachnummer hinzuzufügen (↳ Ergänzung der Sachnummer um Sachmerkmale).

In der Literatur wird für die Problematik, Produktvarianten strukturell darzustellen, der Begriff *Variantenstückliste* verwendet.

Variantenstücklisten besitzen eine sehr große Bedeutung innerhalb der Produktkonstruktion. Die Definition nach DIN 199 lautet:

> *Die Variantenstückliste ist eine Zusammenfassung mehrerer Stücklisten auf einem Vordruck, um verschiedene Gegenstände mit einem in der Regel hohen Anteil identischer Bestandteile gemeinsam aufführen zu können.*

Die Komplexität und Vielfältigkeit moderner Produkte nimmt permanent zu. Nur wenn es gelingt diesem Trend durch geeignete Produktentwicklungs- und Produktionsmethoden zu begegnen, können die Gesamtkosten unter Kontrolle gehalten werden. Geeignete Produktstrukturierung und –gestaltung sowie darauf aufbauende Fertigungs-, Montage und Beschaffungsprozesse sind die Voraussetzungen. Auf der Produktseite kann durch systematischen Aufbau einer variablen Produktstruktur durch Baureihen und Baukästen sowie Maßnahmen zur Komponentenwiederverwendung ein wesentlicher Beitrag geleistet werden. Variantenbaukästen sind eine in der deutschen Industrie seit langen bekannte Arbeitstechnik. Ihre Bedeutung für die Kostenstruktur eines Unternehmens hat sich unter den genannten Randbedingungen noch verstärkt. Die in der Automobilindustrie propagierten Plattformkonzepte sind ein Ausdruck dieser Arbeitstechnik.

Zur Erläuterung dieser Arbeitstechnik wurde in Anlehnung an Bild 4-12 eine einfache Variantenstruktur (➩ Produkttyp P mit den Varianten P1, P2 und P3) gebildet, die für die folgenden Beispiele als Grundlage dient (Bild 4-15).

Baukastenstücklisten Produkttyp P

Mengenstückliste P1	
Teil	Menge
B1	1
B2	2
E1	1

Mengenstückliste P2	
Teil	Menge
B1	1
B3	1
E1	1
E6	1

Mengenstückliste P3	
Teil	Menge
B1	1
B4	2

Baukastenstückliste B1	
Teil	Menge
E1	2
E2	1

Baukastenstückliste B2	
Teil	Menge
E2	1

Baukastenstückliste B3	
Teil	Menge
E2	1
E3	1

Baukastenstückliste B4	
Teil	Menge
E2	1
E4	2

Bild 4-15: Beispiel einer Variantenstruktur des Produkttyps "P"

Die "echte" Verwaltung von Varianten (↳ jede Variantenausprägung erhält eine eigene Sachnummer) kann auf drei verschiedene Arten erfolgen:

- *Vollständige explizite Auflösung aller Varianten*: Jede Variante wird als eigenständige Struktur mit den entsprechenden Stammsätzen geführt. Diese Form ist sehr aufwendig, da der größte Teil einer Stückliste mehrfach abgelegt wird (Bild 4-16). Diese Form wird wegen der hohen Redundanz praktisch nicht mehr verwendet.

Strukturstückliste P1		
Teil		Menge
B1		1
	E1	2
	E2	1
B2		2
	E2	1
E1		1

Strukturstückliste P2		
Teil		Menge
B1		1
	E1	2
	E2	1
B3		1
	E2	1
	E3	1
E1		1
E6		1

Strukturstückliste P3		
Teil		Menge
B1		1
	E1	2
	E2	1
B4		2
	E2	1
	E4	2

Bild 4-16: Vollständige Auflösung aller Varianten

- *Gleichteilstückliste*: Dabei wird für Artikel, die in alle Varianten eingehen, eine fiktive Gleichteilbaugruppe mit entsprechendem Stammsatz gebildet. Jede Variante besteht dann aus der Gleichteilbaugruppe und zusätzlichen Baugruppen und/oder Einzelteilen (Bild 4-17). Ein Nachteil ist, dass die fiktive Gleichteilebaugruppe keinen Bezug zur Fertigung und Montage besitzt.

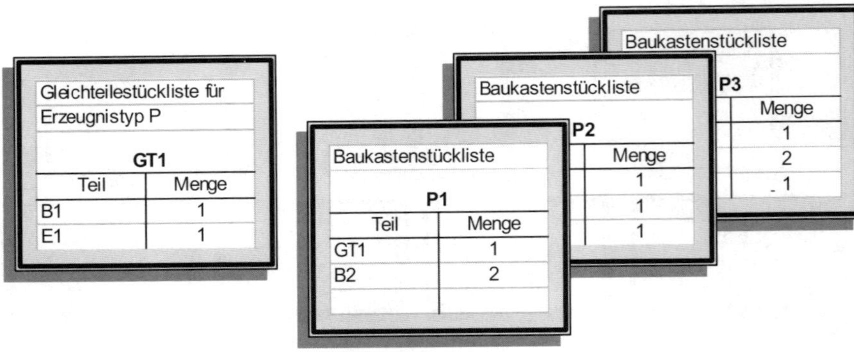

Bild 4-17: Prinzip der Gleichteilestückliste

- *Plus-Minus-Stückliste.* Für jede Komponente, die in eine Variante eingehen kann, wird im Struktursatz mit einem Plus (+) bzw. Minus (-) die Zugehörigkeit gekennzeichnet. Bild 4-18 zeigt deutlich die einfache und nicht redundante Darstellung.

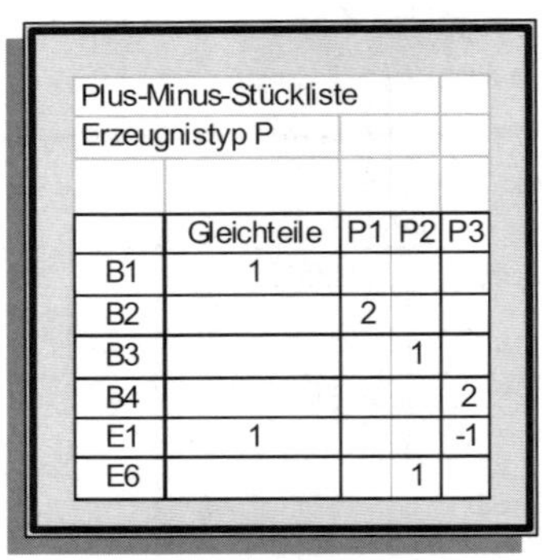

Plus-Minus-Stückliste
Erzeugnistyp P

	Gleichteile	P1	P2	P3
B1	1			
B2		2		
B3			1	
B4				2
E1	1			-1
E6			1	

Bild 4-18: Prinzip der Plus-Minus Stückliste

Alle bisher vorgestellten Ausprägungen von Variantenstrukturen basieren auf manuellen bzw. einfachen IT Lösungen der 70- und 80-ger Jahre. Moderne IT-Lösungen ermöglichen es jedoch einfachere Variantenstrukturen abzubilden. Im Folgenden werden die methodischen Voraussetzungen eines IT-geeigneten Variantenstrukturmodells vorgestellt.

Grundprinzip ist dabei die Variantenstruktur eines Produkts auf einen *fiktiven Stammsatz* (↬Kopfelement) abzubilden. Diese nach strengen „Stücklisten-Maßstäben", die von einer generellen Zuordnung einer Sachnummer zu jeder Produktsausprägung ausgehen, eigentlich nicht mögliche Form ist gekennzeichnet durch (Bild 4-19):

- Abbildung mehrerer Variantenausprägungen unter **einer** Sachnummer, deren Eindeutigkeit durch Kombination mit der Auftragsnummer oder anderen identifizierenden Merkmalen,
- mehrstufige Varianten,
- optionale Festlegung von Auswahlkriterien (↬z.B. Sachmerkmalen),
- optionale Festlegung von Auswahllogiken (↬ z.B. Entscheidungstabellen) und
- die Stücklisten konkreter Variantenausprägungen werden i.d.R. manuell, halbautomatisch oder vollautomatisch abgeleitet (↬ generative Lösung).

Bei der Festlegung der Variantenstruktur erfolgt eine Unterscheidung in:

- Kopfelement (K), das den fiktiven Stammsatz für die Menge aller Varianten eines Produktbaukastens darstellt,
- Festkomponenten (F), d.h. Teile und Baugruppen, die **immer** in der Struktur vorkommen,
- Muss-Varianten (V), d.h. alternative Teile und Baugruppen, von denen **immer** eine Alternative gewählt werden muss,
- Options-Varianten (O), d.h. sog. Optionsteile oder Optionsbaugruppen, die in der Struktur aufgeführt werden können und
- Mengenvarianten, d.h. in Abhängigkeit von bestimmten Parametern kann sich auch die Menge eines Teils oder einer Baugruppe in der Struktur ändern.

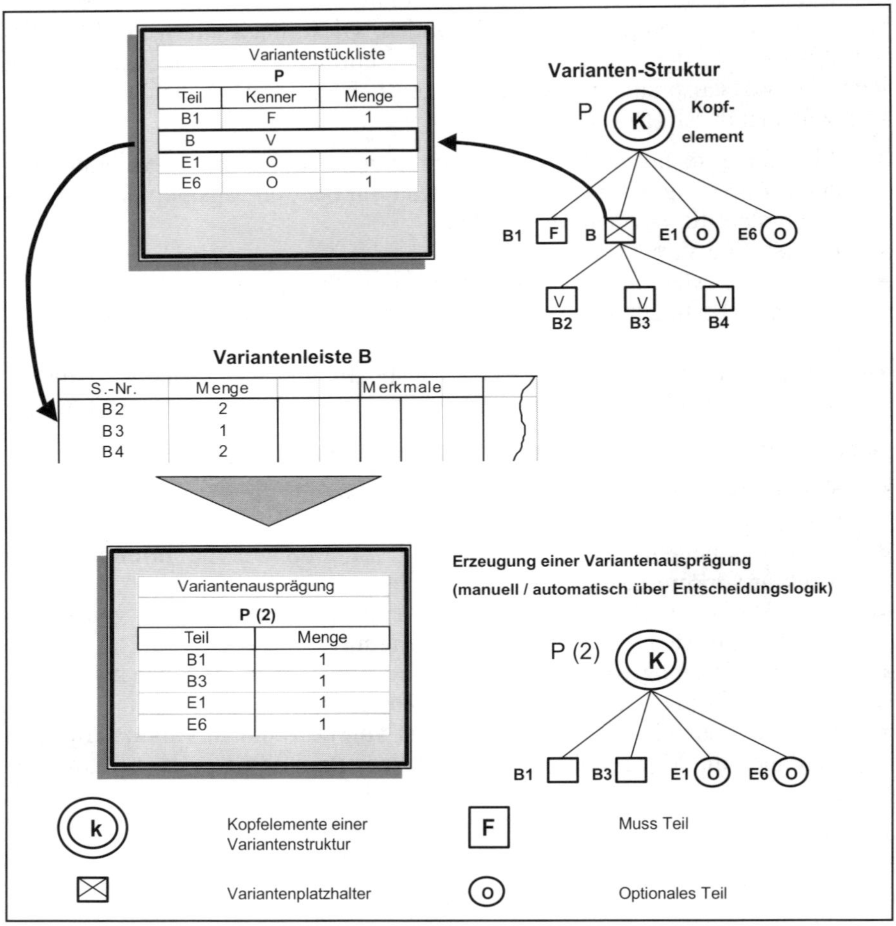

Bild 4-19: IT-geeignete Variantenstückliste

Verschiedene Artikel, die als Alternativpositionen definiert sind, werden in einer *Variantenleiste* zusammengefasst. Die Variantenleiste enthält organisatorische Angaben, z.B. Sachnummer, Menge und beliebige frei definierbare Attribute, die zur Unterstützung einer Auswahlentscheidung verwendet werden können. Stücklistenpositionen, die auf eine Variantenleiste verweisen, werden *Variantenplatzhalter* genannt. Bei einer auftragsspezifischen manuellen Ableitung, z.B. durch Anklicken der Alternativen, oder der automatischen, Regel unterstützen Generierung einer speziellen Variantenausprägung wird die Sachnummer des Kopfelements um eine spezifische Nummer oder einen Index erweitert, z. B.[GEI-87]:

- die Variantennummer,
- die Auftragsnummer oder
- ein Sachmerkmal oder eine Kombination von Sachmerkmalen.

Durch diese Ergänzung erhält jede Variante eine auftragsspezifische und eindeutige Identifikation. Der Variantenplatzhalter wird durch die jeweilige Variante ersetzt. Der Vorteil dieses Verfahrens ist, dass Produktstrukturen sehr komprimiert verwaltet werden können. Nur in konkreten Auftragsfällen werden temporäre Strukturen erzeugt.

Wird eine komplette Produktkonfiguration, d.h. Produktstruktur mit Dokumenten, automatisch abgeleitet, spricht man von einem *Produktkonfigurator*. IT Hilfsmittel sind z.B. regelbasierende Logiksysteme und parametrische CAD-Systeme.

Verschiedene Stücklistensichten

In den Phasen der Produktdefinition (↬Engineering vgl. Kap. 2.1) wird die Produktstruktur aus verschiedenen Sichten und mit der Zielrichtung verschiedene Informationen abzuleiten interpretiert. Im täglichen Sprachgebrauch wird unterschieden zwischen Konstruktionsstücklisten und einer Vielzahl anderer Stücklisten, die im folgenden unter dem Begriff *Arbeitsstücklisten* zusammengefasst werden. Dazu gehören z.B. die

- Fertigungsstücklisten,
- Dispositionsstücklisten,
- Montagestücklisten,
- Terminstücklisten,
- Kalkulationsstücklisten,
- Lagerstücklisten und die
- Einkaufstücklisten.

Auf dem Einsatz eines PDM-Systems bezogen ist vor allem die Unterscheidung zwischen *Konstruktions-* und *Fertigungsstücklisten* interessant. In der Literatur werden folgende Unterschiede genannt:

- *Auftragsabhängigkeit*: Die Konstruktionsstückliste ist i.d.R. auftragsneutral, während die Fertigungsstückliste einen auftragsabhängigen Charakter besitzt (DIN 6789).
- *Strukturunterschiede*: Bei der Konstruktionsstückliste wird die Produktgliederung rein aus funktionaler Sicht gesehen, z. B. mechanische, elektrische und pneumatische Komponenten, während die Fertigungsstückliste von den Fertigungs- und Montagezuständen abhängt [WET-67].
- *Informationsmenge*: Die beiden Stücklistenarten werden durch die Menge der zu beschreibenden Daten unterschieden bei gleicher Struktur und Identifikation der Produkte [BER-68, AWF-68].
- *Änderungszustand*: Konstruktionsstücklisten entsprechen vor allem bei manueller Führung i.d.R. nicht dem Änderungszustand der aktiven Fertigungsstückliste. Vermehrt setzt sich aber auch bei dieser Stücklistenform eine vereinfachte Art der Änderungszustandsverwaltung durch.

Im Hinblick auf einen unternehmensweiten durchgängigen Engineering Ansatz und insbesondere aus der Forderung nach fertigungs- und montagegerechter Produktgestaltung relativiert sich diese Unterscheidung bzw. ist in vielen Fällen nicht mehr sinnvoll.

Die Frage des Auftragsbezugs wird sich in der Praxis nach Gesichtspunkten der Fertigungsart und des Produktsortiments richten :

Betriebliche Randbedingungen	**Konstruktionsstückliste**
Standarderzeugnisse	auftragsneutral
Standarderzeugnisse mit Varianten	auftragsneutral /auftragsabhängig
Kundenbezogene Einzelfertigung	auftragsabhängig

Grundsätzlich entspricht die Notwendigkeit einer auftragsneutralen Konstruktionsstückliste dem Wunsch die Produktstruktur für entsprechende Folgeaufträge bereitzuhalten.

Die Gliederungsart nach Strukturunterschieden erscheint nach Engineering Gesichtspunkten vollkommen überflüssig. Bereits die DIN 6789 verlangt: "Der Aufbau des Zeichnungs- und Stücklistensatzes muss dem Zusammenbaufluss entsprechen. Dies bedeutet, dass der Zeichnungs- und Stücklistensatz nach Fertigungsgruppen aufzugliedern ist, die sich oft nicht mit den Funktionsgruppen decken."

Damit wurde bereits ein eindeutiger Hinweis auf die fertigungs- und montagegerechte Produktgestaltung gegeben. Das starre Festhalten an funktionsorientierten Konstruktionsstücklisten widerspricht allen in Kapitel 2 genannten Zielsetzungen und Maßnahmen des optimierten Engineeringprozesses und verhindert außerdem die automatische Überführung in Fertigungsstücklisten. Somit wäre auch die Gliederung nach der Informationsmenge hinfällig. Bei gleichen Stamm- und Strukturdaten innerhalb der Konstruktions- und Fertigungsstückliste muss davon ausgegangen werden, dass mit der zeitlichen Folge des Produktanlaufs bzw. -durchlaufs die Grunddaten permanent quantitativ erweitert werden.

Diese theoretisch vollständig richtigen Postulate versagen jedoch bei sehr komplexen Strukturen, z.B. im Anlagen-, Schwermaschinen-, Fahrzeug- oder Flugzeugbau, die durch eine funktionale Aufteilung der Konstruktionstätigkeiten geprägt sind (✎z.B. mechanische/elektrische Konstruktion). Trotzdem sollte generell versucht werden unterschiedliche Produktstrukturen für die Konstruktion und die Fertigung/Montage zu vermeiden.

Diese Feststellungen führen zu einer neuen Engineering gerechten Definition der optimalen Konstruktionsstückliste:

- Die Konstruktionsstückliste repräsentiert i.d.R. die Montagestruktur des Produkts bis auf die Teileebene,
- die unterhalb der Teileebene definierten Fertigungsstrukturen, z. B. Vorstufen, Halbzeuge, werden in der Fertigungsstückliste von der Arbeitsvorbereitung ergänzt,
- Konstruktionsvarianten werden in der Konstruktionsstückliste festgelegt.
- Die Identifikation von Artikelstämmen erfolgt

- bei bereits freigegebenen Artikelstämmen durch die Sachnummer
- bei Neuteilen durch
  - eine Entwicklungs- bzw. Konstruktionsnummer
  - eine reservierte Sachnummer (✎ Nummernbereich)
  - eine in ERP bereits vorab eingegebene Sachnummer (✎ Stammanlage mit Status E = Entwicklung)

4.4 Dokumentenverwaltung

Nach DIN 199 umfassen technische Dokumentationen sowohl direkt oder mit optischen Hilfsmitteln lesbare Unterlagen als auch solche Dokumente, die nicht direkt den Kriterien der Unterlagen genügen, z. B. auch elektronische und optische Speichermedien. Nach Kunz [KNZ-00] werden technische Dokumente in drei Kategorien eingeordnet (vgl. Kap. 3-1):

- *Primärdokumente* oder sog. Entwicklungsdokumente,
- *Sekundärdokumente* oder sog. Fertigungsdokumente und
- *Tertiärdokumente,* die in der Phase der Produktnutzung verwendet werden, z.B. Bedienungshandbücher.

Der Begriff Dokumentation umfasst nach DIN 199-1 und DIN 6789:

- *Dokumentensatz*: Ein Dokumentensatz ist die Gesamtheit aller Dokumente zur vollständigen Beschreibung eines Gegenstands. Dokumentensätze können nach bestimmten Gesichtspunkten zusammengestellt werden, z.B. Zeichnungssatz, Stücklistensatz, Normen, technische Anweisungen, Softwaredokumentation..
- *Zeichnungssatz*: Ein Zeichnungssatz ist eine ausschließlich aus Zeichnungen bestehende Dokumentation, die entweder eigenständig oder Teil einer umfassenden Dokumentation ist.
- *Stücklistensatz*: Ein Stücklistensatz ist eine ausschließlich aus Stücklisten bestehende Dokumentation, die entweder eigenständig oder Teil einer umfassenden Dokumentation ist.
- *Produktinformationen*: Produktinformationen sind Informationen, die bestimmten Produkten (Erzeugnissen) zugeordnet sind. Diese Informationen umfassen nicht nur technische, sondern z. B. auch kommerziell orientierte Angaben (Bild 4-20).

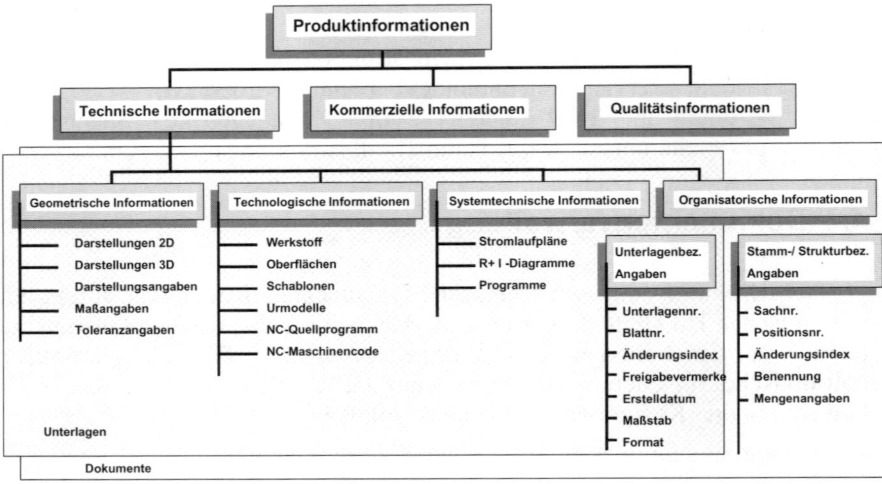

Bild 4-20: PDM-bezogene Produktinformationen (nach DIN 6789 ergänzt)

Weitere für die Verwaltung technischer Dokumente relevante Normen sind:

- *Richtlinie 1999/93/EG*
  über gemeinschaftliche Rahmenbedingungen für elektronische Signaturen
- *DIN ISO 15226, Ausgabe:1999-10*
  Technische Produktdokumentation - Lebenszyklusmodell und Zuordnung von Dokumenten (ISO 15226:1999)
- *ISO/DIS 5127-10, Ausgabe:1998-07 (Norm-Entwurf)*
  Information and documentation - Vocabulary - Part 10: Legal aspects of information and documentation, (Information und Dokumentation - Begriffe - Teil 10: Rechtliche Aspekte der Information und Dokumentation)
- *DIN IEC 3B/263/CD, Ausgabe:2000-05 (Norm-Entwurf)*
  IEC 62045: Managementdaten (Metadaten) für technische Dokumente - Teil 1: Prinzipien und Methoden (IEC 3B/263/CD:1999)
  IEC 62045: Management Data (Metadata) for technical documents - Part 1: Principles and methods (IEC 3B/263/CD:1999)

Es existieren eine Vielzahl von Teilmodellen (↳ Partialmodelle) in verschiedenen IT- Systemen, z. B.

- Geometrisches Teilmodell (↳ M-CAD),
- Technologisches Teilmodell (↳ CAM),
- Systemtechnisches Teilmodell (↳ E-CAD),
- Organisatorisches Modell (↳ PDM/ERP) und
- Qualitätstechnisches Modell (↳ CAQ).

Rechnerinterne Teilmodelle bilden durch betriebsinterne und –externe Weitergabe und Ergänzung die Grundlage für ein integriertes IT-Konzept. Voraussetzungen sind natürlich geeignete semantische und syntaktische Standards.

Neben den direkt einem Produkt zuordenbaren Unterlagen existieren eine Reihe von produktneutralen Unterlagen, z.B.

- Berichte,
- Normen,
- Formulare/Vordrucke.

Die Dokumente sind zusammen mit der Produktstruktur wesentliches Element einer Produktkonfiguration. Allen Knoten der Produktstruktur (= Stücklistenposition, die auf einen Artikelstamm verweist) können beliebig viele beschreibenden Dokumente zugeordnet werden [MUS-00]. Die Beziehung zwischen Dokument und Artikel ist i.d.R. vom Typ n:m. D.h. Ein Dokument kann mehreren Artikeln zugeordnet sein, z.B. eine Schmiervorschrift oder ein NC-Flanschbild und ein Artikel kann natürlich mehrere Dokumente besitzen, z.B.:

- 2D-Zeichnungen (mechanische, elektrische und elektronische Pläne),
- 3D-Modelle,
- Berechnungs- und Simulationsergebnisse,
- Textuelle Dokumente (Spezifikationen, Anforderungslisten,....),
- Technische Dokumentation (Bedienungshandbücher, Wartungs- und Aufbauvorschriften) und
- NC-Programme

Bild 4-21 verdeutlicht nochmals den Zusammenhang von Produktstruktur und Dokumenten, die gemeinsam die Produktkonfiguration zu einem definierten Zeitpunkt eindeutig bestimmt.

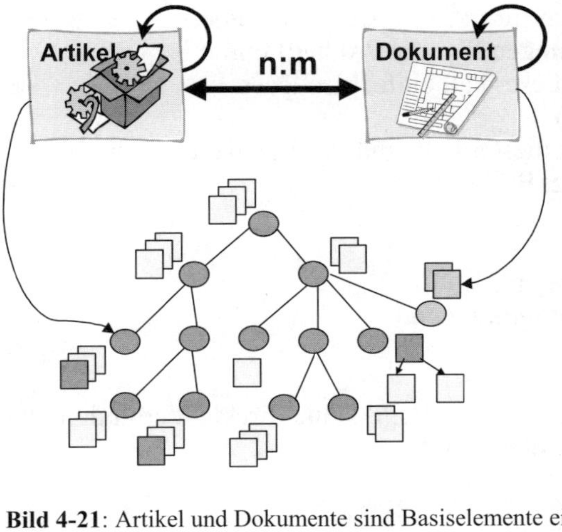

Bild 4-21: Artikel und Dokumente sind Basiselemente einer Produktkonfiguration

Beziehung zwischen Dokument und Artikel

Ein Dokument besitzt ähnlich einem Artikel einen Stammsatz (↳ Dokumentenstammsatz). Von wesentlicher Bedeutung für die Handhabung eines technischen Informationssystems ist der Bezug zwischen

- Dokumentenstammsatz (DSS),
- Artikelstammsatz (ASS).

Die Beziehungen zwischen Artikelstamm und Dokumentenstamm sind im allgemeinen sehr komplex:

- **Fall 1 (ASS - DSS ↳ 1:1)**
  Dieser Fall ist einfach zu handhaben und ist EDV-technisch unproblematisch.
- **Fall 2 (ASS - DSS ↳ n:1)**
  Beispiele für diesen Fall sind im folgendem aufgeführt:
  - **Tabellenzeichnung:** Dies ist der i. d. R. unter dem Begriff Tabellenzeichnung übliche Weg, mehrere geometrisch ähnliche Artikel auf einer Zeichnung zusammenzufassen. Die Tabellenzeichnung ist ein sehr häufig eingesetztes Hilfsmittel zur Reduzierung der Zeichnungsarbeit. Durch die Trennung von Unterlagen- und Sachnummer wird diese Technik grundsätzlich erleichtert.
  - **Direkte n : 1 Beziehung:** Dieser Fall tritt dann auf, wenn eine technische Unterlage direkt mehrfach an Artikelstämme gebunden ist, z. B.
    - Basiszeichnungen für mehrere Artikelstämme,
    - Montageanweisungen für eine Produktfamilie.

    EDV-technisch ist dieser Fall einfach zu lösen.
- **Fall 3 (ASS - DSS ↳ 1:n)**
  Ein typisches Beispiel für diesen Fall sind Artikel, denen mehrere Unterlagen zugeordnet sind, z. B:
  - 3D-Modell,
  - 2D-Zeichnung,
  - 5-Achsen NC-Programm,
  - 2 1/2-Achsen Bohrprogramm und
  - Koordinatenliste
- **Fall 4 (ASS - DSS ↳ 0:1)**
  Dieser Fall tritt auf, wenn eine Unterlage keine direkte Verbindung zu einem Artikelstammsatz besitzt, z.B. bei
  - Formularen,
  - Normen und
  - allgemeinen Anweisungen.

Identifikation eines Dokuments

Der Dokumentenstammsatz wird eindeutig identifiziert durch folgende Schlüsselfelder:

- **Dokumentennummer:** Die Dokumentennummer besitzt die Funktion der Identifikation von Unterlagen. Es existieren verschiedene Möglichkeiten die Dokumentennummer zu erzeugen, z.B. durch
  - manuelle Eingabe
  - Generierung aus PDM als laufende Nummer (☞ reine Zählnummer)
  - Übernahme aus Artikelstammsatz (☞ Voraussetzung: Sachnummer = Unterlagennummer)

  In letzten Fall stellt sich die grundsätzliche Frage, ob die Sachnummer des Artikelstammsatzes gleich der Unterlagennummer ist. Eine Unterscheidung kann in diesem Fall durch den Unterlagentyp und eine der Sachnummer folgende Zählnummer erfolgen. Liegen betriebsspezifisch bedingt viele Fälle vor, bei denen Unterlagen mehreren oder keinem Artikel zugeordnet sind, empfiehlt sich eine Trennung zwischen den beiden Nummern.
- **Blattnummer:** Die Blattnummer ist bei bestimmten Anwendungen, z.B. im Werkzeugbau oder bei Schemazeichnungen, notwendig. Mit ihr werden Folgeblätter gekennzeichnet.
- **Änderungsindex:** Der Änderungsindex (AI) kennzeichnet den aktuellen Änderungsstand eines Dokuments.

  Anmerkung:
  Ist der Änderungsindex Bestandteil der Unterlagenidentifikation, spricht man von einem **aktiven Änderungsindex**.
  Ein nur beschreibender Index wird **passiver Änderungsindex** genannt.

Beschreibende Merkmale eines Dokuments

Die Klassifikation der Dokumente erfolgt durch den

- **Dokumententyp:** Der Dokumententyp gliedert die Unterlagen. Die Details sind aus einer betrieblichen Unterlagenanalyse ableitbar. Vorgeschlagen wird folgende Vorgehensweise:

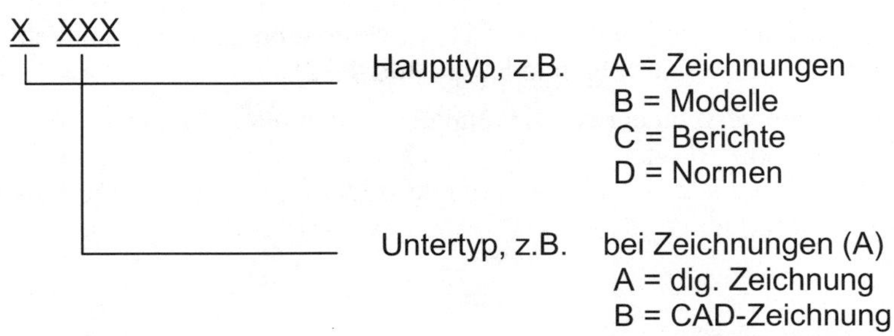

Teile des Unterlagentyps sollten wenn möglich vom Erzeugersystem generiert werden.

Anmerkung:
Der Unterlagentyp darf nicht den Status einer Unterlage spezifizieren, z. B. Musterzeichnung, die später freigegeben wird.

- **Benennung:** Ein Dokument kann eine oder mehrere Benennungen haben. Üblich sind ein bis zwei Benennungen. Die Benennungen sind i.d.R. unterlagenspezifisch. Bei einer 1:1 Beziehung zum Artikelstamm kann eine automatische Übernahme der Artikelbenennung als "überschreibbarer" Vorschlag aus dem Dokumentenstammsatz erfolgen.
- **Stati und Reifegrade**: Jedem Dokument werden eindeutige Stati und Reifegrade zugewiesen (vgl. Kap. 4.5):
  - **Status:** Z.B. bei komplexem Ablauf
    - inaktiv,
    - in Arbeit,
    - zurückgewiesen,
    - Prüfung/Kontrolle,
    - in Änderung und
    - freigegeben.

    Z.B. bei einfachem Ablauf
    - inaktiv,
    - in Arbeit und
    - freigegeben.
  - **Reifegrade:** Z.B. beim Produktanlauf
    - Entwurf,
    - Mustererstellung,
    - Detaillierung,
    - Fertigungsplanung und
    - Nullserie
- **Änderungsnummer:** Sie kann jedem Dokument über eine Änderungshistorie zugewiesen werden.

Dokumentenstruktur

Ähnlich Artikeln können auch Dokumente eine Struktur besitzen. Man unterscheidet deswegen folgende Fälle (Bild 4-22):

- Die verschiedenen Dokumente werden einstufig an den Artikelstamm verknüpft oder
- die verschiedenen Dokumente bilden eine mehrstufige Dokumentenstruktur.

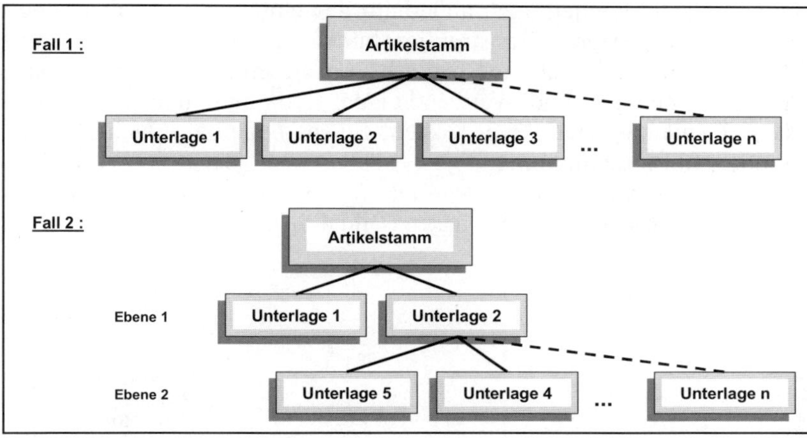

Bild 4-22: Ein - und mehrstufige Anordnung von Dokumenten

Die Dokumentenstrukturen können aus verschiedenen Gründen notwendig werden z.B. sind verknüpfte Text- und Grafikdokumente und aus 3D-CAD hergeleitete Dokumente grundsätzlich strukturiert (Bild 4-23).

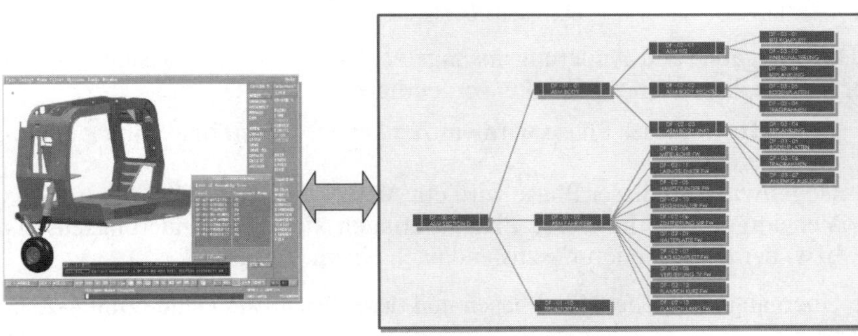

Bild 4-23: Aus CAD abgeleitete strukturierte Modell- und Dokumentenstruktur

4.5 Freigabe- und Änderungswesen

Das *Freigabe- und Änderungswesen* ist ein für das Engineering wesentlicher Prozess, um die Ziele nach kürzeren Durchlaufzeiten, niedrigeren Kosten und besserem Qualitätsmanagement zu erfüllen. Viele behaupten, dass der Änderungsvorgang als solcher bereits auf die Ineffizienz des Engineerings hindeutet. Das mag vielleicht manchmal stimmen, aber generell ist das Entwickeln, Planen und Produzieren komplexer Produkte keine präzise Wissenschaft, sondern ein iterativer und natürlich mit Fehlern und Möglichkeiten zur Optimierung behafteter Prozess.

Ein Freigabe- und Änderungsprozess ist kein isoliertes Ereignis, sondern eine Abfolge von korrespondierenden auf das ganze Unternehmen verteilte

Schritten. Teilschritte können auch außerhalb des Unternehmens angesiedelt sein, z.B. Zulieferer, externe Konstruktionsbüros oder Kunden, die zustimmungspflichtig sind. Viele Faktoren beeinflussen diesen Prozess, z.B. Dokumente, Artikelbeziehungen und –verwendungen, fertigungs- und montageorientierte Gesichtspunkte, Marktlage, Kosten, Einsparpotential, Qualität, Wartung, Garantie und Produkthaftung.

Ein *Freigabe- oder Änderungsantrag (↬Engineering Release/Change Request = ERR/ECR)* besteht aus drei Phasen (Bild 4-24).

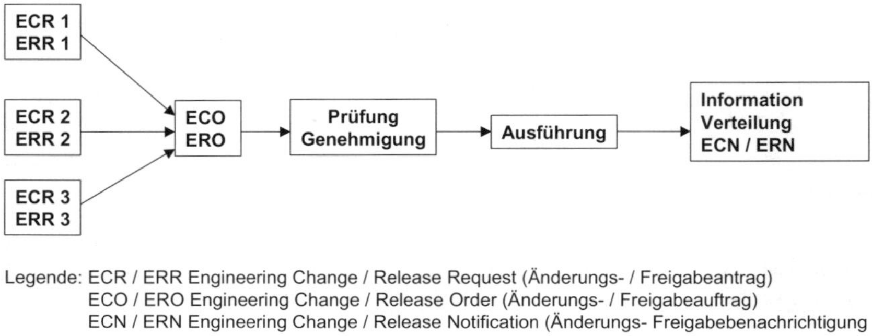

Bild 4-24: Phasen des Freigabe- oder Änderungsprozesses

Das Freigabe- und Änderungsmanagement kann man am besten durch die drei Lebensphasen eines Produkts verdeutlichen:

- **Zukunft:** In dieser Phase wird ein Artikel entworfen bzw. eine Änderung durchgeführt.
- **Gegenwart:** In dieser Phase wird ein Artikel gefertigt.
- **Vergangenheit:** In dieser Phase befinden sich alte Änderungszustände bzw. der letzte Änderungszustand nach einem Verbot.

Die Übergänge zwischen den Phasen und deren Auslösung sind (Bild 4-25):

- **Zukunft → Gegenwart**
  - Freigabe-
  - Änderungsgenehmigung
- **Gegenwart → Zukunft**
  - Änderungsantrag
- **Gegenwart → Vergangenheit**
  - Verbot

Die Übergänge sind i.d.R. mit Nachrichten, Anträgen und Genehmigungen verbunden.

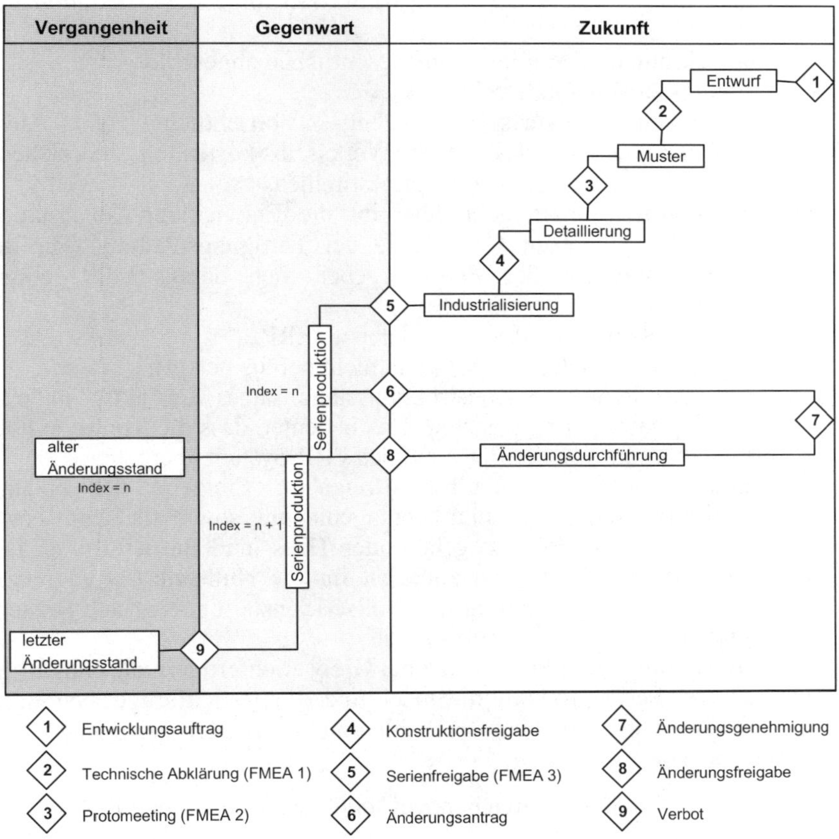

Bild 4-25: Phasenmodell von Freigaben, Änderungen und Verboten

Freigaben

Mit der Freigabe wird nach abschließender Prüfung die Nutzung von Dokumenten und Stamm-/Strukturbeschreibung genehmigt. Mit der Freigabe in mehreren Stufen werden sukzessiv Dokumente, z. B. nur für bestimmte Anwendungsbereiche der Dokumente, erweitert (Fertigung) sowie zugelassene Änderungen bzw. Maßnahmen eingeschränkt (DIN 6789).

Der Freigabeablauf umfasst die erforderlichen Schritte, die innerhalb eines Unternehmens durchlaufen werden müssen, bis eine Unterlage, Projekt oder Artikel einen bestimmten Status erreicht hat.

Die Freigabearten unterscheiden sich je nach Komplexität des betrieblichen Ablaufs. So können im Extremfall bei einem komplexen Produkt, z.B. bei einem KFZ - Zulieferer, folgende Freigabeschritte existieren:

- **Konstruktionsfreigabe:** (Synonym verwendete Begriffe sind Entwicklungs- oder Erzeugnisfreigabe). Um die Risiken bei der Freigabe ei-

nes neuen Erzeugnisses zu begrenzen, müssen folgende Kriterien erfüllt sein:
- o Entwicklung und Erprobung im wesentlichen abgeschlossen,
- o Funktion und Qualität gesichert,
- o Stückzahlen, Entwurfs-, Werkzeug-, Vorrichtungs- und Anlagenkosten sowie die geschätzten Werksselbstkosten sind hinreichend genau bekannt, um den Ertrag zu bestimmen.

Mit der Konstruktionsfreigabe übergibt die Entwicklung/Konstruktion die erzeugnisspezifischen Dokumente der Fertigungsplanung. Für die Verwaltung innerhalb der PDM ergeben sich daraus i.d.R. einige Konsequenzen.
- o Übergabe Stamm - und Strukturdaten an ERP,
- o Vergabe einer Sachnummer (wenn nicht bereits belegt),
- o Zustandsänderung des Konstruktionsstammsatzes von "aktiv" in "passiv". (➪ Status = Freigegeben). Das bedeutet, dass die Kontrolle über den Stammsatz von der PDM auf das ERP-System übergeht.

- **Fertigungsfreigabe** (➪ Nullserienfreigabe): Freigabe der erzeugnisspezifischen Fertigungs- und Montageplanung sowie aller zum Fertigungs- und Montage-Prozess gehörenden Hilfs- und Betriebsmittel. Die Freigabe gilt im allgemeinen zunächst für die Nullserie (➪ begrenzte Freigabe). Nach Begutachtung der Nullserie insbesondere nach Kosten- und Qualitätsgesichtpunkten erfolgt die
- **Serienfreigabe**: Diese Freigabe ist bei Großserienfertigern die endgültige Freigabe zur Serienproduktion. Einzel- und Kleinserienfertiger benötigen diese Freigabe nicht bzw. unterscheiden nicht zwischen Fertigungs - und Serienfreigabe.

Bezüglich der Menge der freizugebenden Teile, Baugruppen und Erzeugnisse unterscheidet man:

- **Einzelfreigabe:** Mit einer Einzelfreigabe wird ein einzelnes, vollständig zu lieferndes Erzeugnis freigegeben. Erzeugnis bedeutet im allgemeinen Fall ein Teil, eine Baugruppe, z.B. als Ersatzteillieferung, oder ein gesamtes Produkt. Wichtig ist einzig und allein der Tatbestand der Auslieferung der Komponente.
- **Sammelfreigabe:** Eine Sammelfreigabe beinhaltet eine Erzeugnisgruppe, d.h. Baureihen oder Varianten, z.B. länderspezifische Ausführungen.

Eine wichtige Freigabeart, gerade im Zusammenhang mit Concurrent und Simultaneous Engineering, ist die *Vorfreigabe*. Vorfreigaben werden ausgestellt, wenn die Anfertigung von Werkzeugen, Maschinen und Anlagen vor Abschluss der endgültigen Freigabe beginnen muss, um Liefertermine einzuhalten bzw. die Produktanlaufzeit zu verkürzen.

Ein Freigabeablauf muss bezüglich der ablauforganisatorischen Verwaltung in einer PDM stärker strukturiert werden. Hilfsmittel sind:

- **Stati:** Stati kennzeichnen dabei die Grundzustände einer Unterlage oder eines Artikels, wie z.B. "In Arbeit", "In Prüfung" oder "Freigegeben". Für einen Freigabeablauf kann eine beliebige Anzahl unterschiedlicher Stati definiert werden.

- **Reifegrade:** Die Reifegrade kennzeichnen die Phasen des Produktan- bzw. -durchlaufs eines Artikels oder einer Unterlage. Es lassen sich für einen Freigabeablauf beliebig viele Reifegrade festlegen.
- **Prüfabläufe:** Prüfabläufe können einer Status/Reifegradkombination zugeordnet werden und definieren den Übergang zwischen den möglichen Status/Reifegradkombinationen. Ein Prüfablauf umfasst alle erforderlichen Schritte, die durchlaufen werden müssen, damit eine Unterlage, ein Artikel oder ein Projekt einen anderen Status erreicht.

Die Stati und Reifegrade eines Freigabeablaufs können in einer Matrix dargestellt werden. Bild 4-26 zeigt ein Beispiel einer Status/Reifegraddefinition.

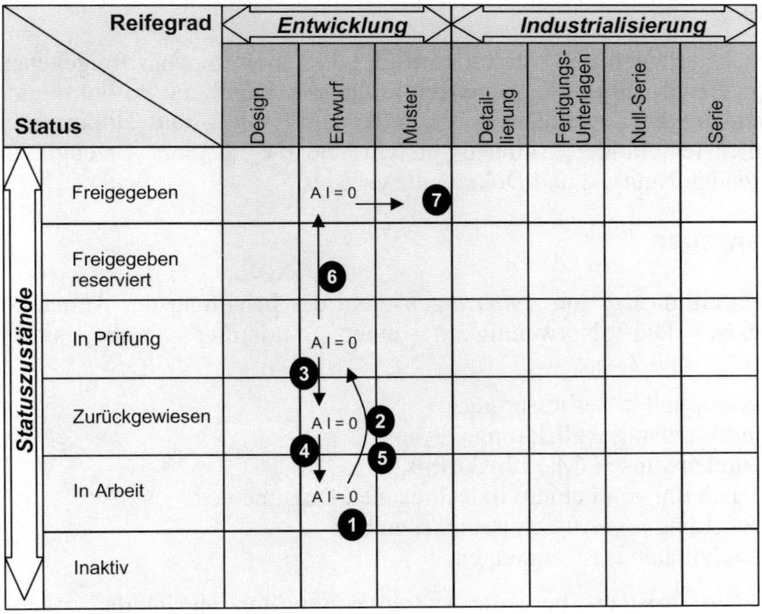

Bild 4-26: Beispiel eines Freigabeablaufs durch verschiedene Stati und Reifegrade

Das skizzierte Beispiel für den Durchlauf einer Unterlage (Zeichnung) beschreibt folgenden Vorgang:

1. Ein Anwender erzeugt ein neues Element, z.B. ein Dokument, im Reifegrad "Entwurf", welches den Status "In Arbeit" erhält.
2. Nach Beendigung der Konstruktion schickt der Konstrukteur das Dokument zur "Prüfung".
3. Die Prüfstelle akzeptiert das Dokument nicht. Es erhält dabei automatisch den Status "Zurückgewiesen".
4. Der Konstrukteur holt sich das Dokument zum Ändern, der Status wechselt dabei auf "In Arbeit".
5. Nach Abschluss der Änderung wird das Dokument wieder zur "Prüfung" geschickt

6. Die Prüfstelle akzeptiert die Zeichnung und gibt sie frei. Der Status ändert sich auf "Freigegeben".
7. Der für die nächste Entwicklungsstufe verantwortliche Konstrukteur kann nun mit seiner Arbeit beginnen.

In der Praxis wird der Freigabeablauf i.d.R. vereinfacht, z. B.

- im Reifegrad Entwurf und Mustererstellung nur Stati "in Arbeit",
- im Reifegrad Detaillierung werden die Stati
  - in Arbeit,
  - in Prüfung,
  - evtl. zurückgewiesen,
  - freigegeben

  verwendet.

Die Unterlagen und Artikel werden i.d.R. nicht einzeln freigegeben, sondern in Bezug auf das freigegebene Erzeugnis. Durch die Produkt- und, wenn vorhanden, die Dokumentenstruktur werden Teile - und Dokumentenlisten (➷Rüstlisten, Folder, Mappen) erstellt, die die zu einer Erzeugnisfreigabe gehörenden Neuteile und Dokumente erfassen.

Änderungen

Die Durchführung von *Änderungen* dient der Erhaltung der Aktualität eines Produkts. Die Notwendigkeit einer Änderung ergibt sich nach DIN 6789-Teil 3 aus:

- funktioneller Verbesserung,
- Fertigungsrationalisierung,
- Kundenwunsch, Marktbedürfnis,
- Behebung von Fehlern in technischen Dokumenten,
- Behebung von Ausschussursachen und
- gesetzlichen Bestimmungen.

Organisatorisch ist bei jeder Änderung zu prüfen, ob sich die Änderung auf andere Strukturstufen (➷Auflösung nach unten) und Produkte (➷Auflösung nach oben) auswirkt.

Aus den Rechtsvorschriften der EG-Norm 85/374 wird bezüglich der Produkthaftung hergeleitet: "Um den Entlastungsbeweis bei möglichen Produkthaftungsfällen führen zu können, müssen der Konstruktionsstand und die dazugehörenden Änderungsvorgänge bis mindestens 10 Jahre nach Ablieferung des Erzeugnisses noch zurückverfolgt werden können."

Der Ablauf von Änderungen ist in einer Reihe von Normen, z. B. DIN 199 Teil 2 und 4, DIN 6789 und DIN ISO 9001 festgelegt. Die wichtigsten Begriffe aus der DIN 6789-Teil 3 sind in Bild 4-27 aufgeführt.

Nr.	Benennung/ Definition	Bemerkung
1	**Änderung** Eine Änderung ist die vereinbarte Festlegung eines neuen anstelle des bisherigen Zustandes.	
2	**Austauschbarkeit** Die Austauschbarkeit ist die Eignung eines Gegenstandes, einen anderen Gegenstand zu ersetzen.	
2.1	**Eingeschränkte Austauschbarkeit** Die eingeschränkte Austauschbarkeit ist die nur bedingte Eignung eines neuen Gegenstands, einen bisherigen zu ersetzen oder durch einen bisherigen Gegenstand ersetzt werden zu können.	Die zusätzlichen Maßnahmen für Anpassen, Umarbeiten usw. zum Erreichen der Austauschbarkeit müssen auf geeignete Weise dokumentiert werden.
2.2	**Vollaustauschbarkeit** Die Vollaustauschbarkeit ist die Eignung eines Gegenstandes, einen bisherigen Gegenstand zu ersetzen oder durch diesen ersetzt werden zu können.	
2.3	**Vorwärtsaustauschbarkeit** Die Vorwärtsaustauschbarkeit ist die Eignung eines Gegenstandes, einen bisherigen Gegenstand zu ersetzen, ohne jedoch durch diesen in jedem Fall ersetzt werden zu können.	Zum Sicherstellen der Vorwärts-Austauschbarkeit gehört das Beibehalten aller spezifischen Merkmale des bisherigen Gegenstands. Der neue Gegenstand kann darüber hinaus erweitert oder neu hinzugefügte Merkmale aufweisen.
2.4	**Nichtaustauschbarkeit** Nichtaustauschbarkeit ist gegeben, wenn ein neuer Gegenstand einen bisherigen nicht ersetzen kann.	Die fehlende Austauschbarkeit von Neukonstruktionen erfordert unterschiedliche Sachnummern. Auch wenn die fehlende Austauschbarkeit eine Folge einer Änderungsmaßnahme ist, wird der neue Gegenstand wie eine Neukonstruktion (Variante) behandelt.

Bild 4-27: Begriffe des Änderungswesens (Quelle: DIN 6789-Teil 3)

Die Austauschbarkeit eines Artikels ist wesentlich für die Benummerung:

- Artikel ist austauschbar → gleiche Sachnummer, Inkrementierung des Index
- Artikel ist nicht austauschbar → neue Sachnummer

Die Änderungsdurchführung läuft i.d.R. wie folgt ab:

- **Änderungsantrag/Änderungsanregung:** Grundsätzlich kann jede Abteilung eine Änderung durch Ausfüllen des Änderungsantrags anregen. Änderungen an Erzeugnissen ohne vorgeschriebene Abwicklung über eine definierte Stelle sind nicht erlaubt. Vom Aussteller sind zwingend anzugeben:
  - Aussteller, Datum, Vorgang,
  - Änderungsgrund,
  - Genehmigung der Anregung und
  - Artikel-Nummer alt und neu, Änderungstext.

  Darüber hinaus soll derjenige, der die Änderung angeregt hat, nach Möglichkeit auch Angaben über

  - Typ,
  - Produkt,
  - einmalige Kosten,
  - Belastung und
  - Kunden (bei kundenorientierter Produktion)

  geben.
  Das entsprechende Formular für diese Phase ist der *Änderungsantrag* bzw. die *Änderungsanregung*. Ist die Änderung im Formular erfasst, so wird es an die definierte Stelle (z. B. Freigabestelle) weitergegeben.
- **Genehmigungsumlauf:** Die definierte Stelle überprüft die vorliegenden Angaben, ergänzt evtl. fehlende Daten, legt in der Spalte "Einverstanden" die Abteilungen fest, die mit der angeregten Änderung einverstanden sein müssen und gibt den Änderungsantrag als Kopien zur Genehmigung in die betroffenen Abteilungen.
  Die Empfängerabteilungen prüfen die Änderungen, zeichnen bei Zustimmung ab bzw. begründen die Ablehnung. Danach geht die Änderungsanregung zurück. In der definierten Stelle wird jetzt der *Änderungsauftrag* oder die *Änderungsanweisung* erstellt.
  In herkömmlicher Vorgehensweise wird der Änderungsantrag und der Änderungsauftrag als gemeinsames Durchschlagformular bereitgestellt.
- **Änderungsauftrag:** Sind alle Daten zur Änderung zusammengestellt und alle Unterschriften eingeholt, so wird von den entsprechenden Sachbearbeitern die Änderung vollzogen. Dies bedeutet, dass die Unterlagen geändert, die Stückliste richtiggestellt und bei Bedarf die Stammdaten korrigiert bzw. neu angelegt werden. Der Änderungsindex der betroffenen Dokumente wird inkrementiert bzw. eine neue Sachnummer belegt. Die im Genehmigungsumlauf des Änderungsantrags gesammelten Daten werden in den Änderungsschein übernommen und der Verteiler festgelegt.

Nach Freigabe sowie anschließender Vervielfältigung und Verteilung der Dokumente ist die Änderung vollzogen (↳Änderungsbenachrichtigung).

Ein typischer „Papier- Änderungsschein" ist in Bild 4-28 dargestellt. Man erkennt an der Vielzahl der von verschiedenen Bereichen auszufüllenden Felder die Komplexität des Änderungsprozesses..

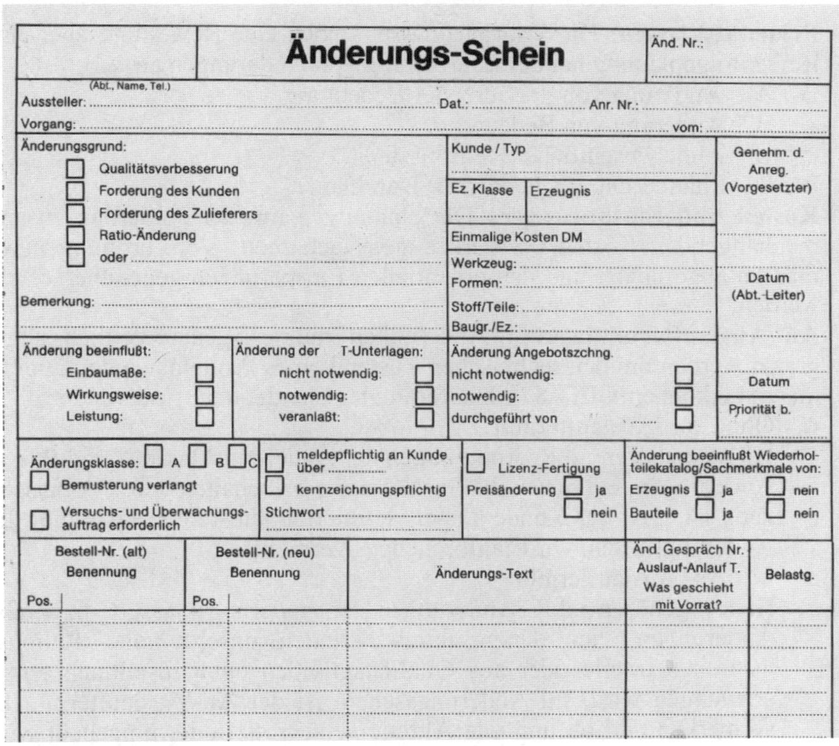

Änderungs-Schein Änd. Nr.:

(Abt., Name, Tel.)
Aussteller: ... Dat.: ... Anr. Nr.: ...
Vorgang: ... vom: ...

Änderungsgrund:
☐ Qualitätsverbesserung
☐ Forderung des Kunden
☐ Forderung des Zulieferers
☐ Ratio-Änderung
☐ oder ...
Bemerkung: ...

Kunde / Typ
Ez. Klasse | Erzeugnis
Einmalige Kosten DM
Werkzeug: ...
Formen: ...
Stoff/Teile: ...
Baugr./Ez.: ...

Genehm. d. Anreg. (Vorgesetzter)
Datum (Abt.-Leiter)
Datum
Priorität b.

Änderung beeinflußt: Einbaumaße: ☐ Wirkungsweise: ☐ Leistung: ☐
Änderung der T-Unterlagen: nicht notwendig: ☐ notwendig: ☐ veranlaßt: ☐
Änderung Angebotszchng. nicht notwendig: ☐ notwendig: ☐ durchgeführt von ... ☐

Änderungsklasse: ☐ A ☐ B ☐ C
☐ Bemusterung verlangt
☐ Versuchs- und Überwachungsauftrag erforderlich
☐ meldepflichtig an Kunde über ...
☐ kennzeichnungspflichtig
Stichwort ...
☐ Lizenz-Fertigung
Preisänderung ☐ ja ☐ nein
Änderung beeinflußt Wiederholteilekatalog/Sachmerkmale von:
Erzeugnis ☐ ja ☐ nein
Bauteile ☐ ja ☐ nein

Bestell-Nr. (alt) Benennung Pos.	Bestell-Nr. (neu) Benennung Pos.	Änderungs-Text	Änd. Gespräch Nr. Auslauf-Anlauf T. Was geschieht mit Vorrat?	Belastg.

Bild 4-28: Beispiel eines Änderungsscheins

Neben einigen formalen Angaben, wie z.B. die Änderungsnummer, der Aussteller, der Änderungsgrund und der für eine Änderung spezifische Verteiler mit den entsprechenden Unterschriften, müssen weitere inhaltliche Parameter abgeklärt werden:

- **Austauschbarkeit** (vgl. Bild 4-27)
- **Benummerung** (↳ neue Sachnummer oder Inkrementierung des Index in Abhängigkeit der Austauschbarkeit)
- **Änderungsklassen, z.B.**:
  - o Änderungsklasse A
    - Keine Funktionsbeeinflussung,
    - die Änderung ist nicht erkennbar,
    - Geänderte Teile/Baugruppen sind austauschbar.
  - o Änderungsklasse B
    - Keine Funktionsbeeinflussung,

    - Die Änderung ist erkennbar,
    - Geänderte Teile/Baugruppen sind vorwärts austauschbar.
  - Änderungsklasse C
    - Funktionsbeeinflussung,
    - Geänderte Teile/Baugruppen sind nicht austauschbar.
    - Bemusterung notwendig

- **Prioritätsklassen:** Die Prioritätsklassen geben eine Bewertung über eine Reihenfolgeplanung bei der Bearbeitung von Änderungen an, z.B.:
  - A = Änderung von gravierender Bedeutung,
  - B = Änderung von Bedeutung,
  - C = keine wesentliche Beeinflussung,
  - S = Eiländerung (↳ verkürzter Durchlauf).
- **Kosten und Einsparungen:** Die einmaligen mit der Änderung zusammenhängenden Kosten (↳Werkzeuge, Nacharbeit, Verschrottung usw.) müssen abgeschätzt und den potentiellen Einsparungen gegenübergestellt werden.
- **An-/Auslaufterminierung:** Änderungen müssen genau zeitlich abgegrenzt werden um den technischen Zustand eines Produkts eindeutig definieren zu können[GEI - 87]. Insofern unterscheidet man Änderungen:
  - Ohne An-/Auslauftermin
    Hierzu gehören i.d.R. Änderungen der Änderungsklasse A und B, d.h. Änderungen, bei denen die Sachnummer beibehalten wird. Voraussetzung ist, dass der Kunde keinen definierten Umstelltermin angibt. Im Änderungsschein wird "aufbrauchen" vermerkt.
  - Mit An-/Auslauftermin
    Hierzu gehören i.d.R. Änderungen der Änderungsklasse C bzw. alle Änderungen, bei denen durch Kundenwunsch, hohe Rationalisierungsvorteile oder aus Qualitätsgründen ein Umstellungstermin erzwungen wird. Im Änderungsschein ist der An-/Auslauftermin zu vermerken und ob und wie Altteile verschrottet oder umgebaut werden sollen.

Ein Änderungsablauf ist grundsätzlich mit dem Freigabeablauf vergleichbar, denn geänderte Teile und Baugruppen durchlaufen ähnliche Prozeduren wie bei der Neufreigabe. Auch der Änderungsablauf wird durch Stati, Reifegrade und Prüfabläufe strukturiert.

Im Folgenden werden weitere PDM-spezifische Eigenschaften von Änderungen erläutert:

Der ***Änderungsindex*** (AI) eines Artikels oder eines Dokuments sollte gegliedert werden in:

- Hauptänderung (Revision) → eigentlicher Änderungsindex und
- Änderungsalternativen (Versionen).

Mit den Versionen werden konstruktive Alternativen während des Änderungsdurchlaufs gekennzeichnet. Es werden dabei generell zwei Arten von Änderungsindizes unterschieden:

- **passiver Änderungsindex** : Der Änderungsindex ist nicht Teil des Schlüssels, d.h. bei einer Indexerhöhung wird kein neuer Stammsatz angelegt. Befindet sich der geänderte Stammsatz in einer Beziehung, z.B. Stückliste, wird automatisch der neue Änderungsstand übernommen.

- **aktiver Änderungsindex:** In diesem Fall ist der Index ein Teil der Identifikation des Stammsatzes. Bei einer Erhöhung des Index wird physikalisch ein neuer Stammsatz generiert. Die Auswirkungen auf die Beziehungen hängen von der definierten **Referenzierung** ab.

Bei Einführung von PDM muss aufgrund der zugrunde liegenden Datenbank ein exaktes Datenmodell definiert werden. Bezüglich des Änderungsablaufs müssen einige betriebsspezifische Auslegungen vereinbart werden. Die Freiheitsgrade beziehen sich auf die evtl. durch eine Änderungsdurchführung veränderte **Referenzierung** eines Elements innerhalb einer Beziehung und der damit zusammenhängenden Definition des **Änderungsindexes** als Schlüssel oder als normales Attribut.

Bei der Durchführung von Änderungen an einem Artikel- oder Unterlagenstammsatz stellt sich die Frage, wie diese Änderung gegenüber dem Ausgangszustand innerhalb der Beziehungen, z.B. Stücklisten bzw. Dokumentenstruktur, behandelt werden soll. Dabei lassen sich prinzipiell folgende Fälle bei der Definition einer Beziehung unterscheiden:

- **Statische Referenzierung:** Die Beziehung bezieht sich auf ein bestimmtes Element. Bei einem Revisionswechsel (= Inkrementierung des Änderungsindex) eines Elements bleibt der alte Status in der Beziehung eingetragen. Eine Übernahme der neuen Revision muss manuell erfolgen. Beispiel: Nach Änderung eines in einer Stückliste verwendeten Artikels bleibt der alte Artikel in der Struktur.
- **Dynamische Referenzierung:** Bei einem Revisionswechsel wird automatisch der aktuellste Zustand unabhängig vom jeweiligen Freigabestatus in einer Beziehung angezeigt.
- **Zeitgesteuerte Referenzierung:** Die Übernahme einer neuen Version in eine Beziehung erfolgt zeitgesteuert. Beispielsweise lässt sich durch Angabe von Gültigkeitszeiträumen der Zeitpunkt für den Ersatz eines Artikels definieren (➪ An-/Auslaufterminierung).
- **Ereignisgesteuerte Referenzierung:** Die Übernahme einer neuen Version in die Beziehung ist an das Eintreten eines bestimmten Ereignisses gebunden, z. B. dem Aufbrauch des Altteilebestandes, oder an eine bestimmte Seriennummer als Freigabe des entsprechenden Elements.

In den Bild 4-29 und 4-30 ist zusammenfassend eine kompatible und eine inkompatible Änderung vereinfacht, d.h. ohne Beachtung der auf der Dokumentenebene ebenfalls durchzuführenden Änderungen, dargestellt.

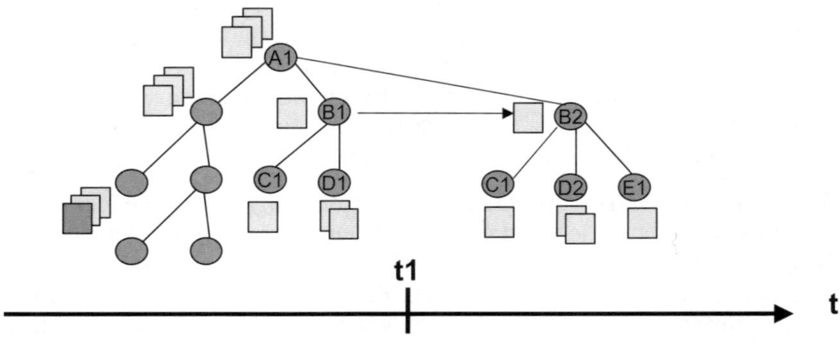

Bild 4-29: Zeitlicher Ablauf einer kompatiblen Änderung

Die Buchstaben (A-E) symbolisieren jeweils eine Sachnummer, die Zahlen (1,2) sollen einen Änderungsindex darstellen. Die Baugruppe B1 wird zur Zeit t1 durch die kompatible Baugruppe B2 ersetzt. Innerhalb der Baugruppe B2 hat sich folgendes geändert:

- D1 wurde durch das kompatible Teil D2 ersetzt und
- E1 wurde zusätzlich eingefügt.

Auf der nächst höheren Ebene bleibt A1 von der Indizierung ausgenommen, da auf der nächst unteren Ebene nur eine Indexveränderung durchgeführt wurde. Ab t > t1 gilt also die Produktkonfiguration A1 → B2 → C1, D2, E1.

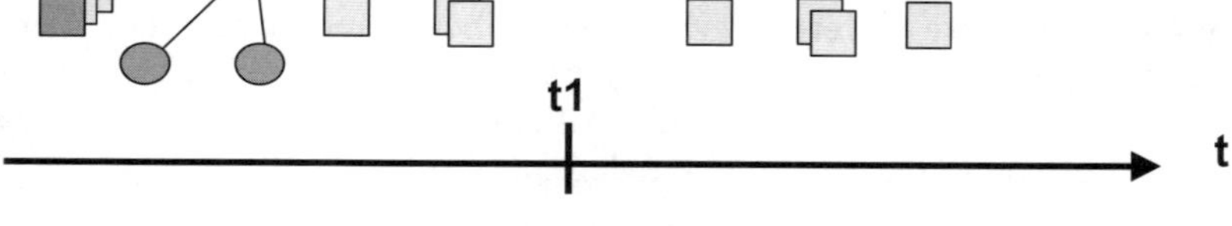

Bild 4-30: Zeitlicher Ablauf einer inkompatiblen Änderung

Im Fall der inkompatiblen Änderung wird die Baugruppe B1 durch die inkompatible Baugruppe F1 ersetzt. Sofern die Baugruppe Ersatzteil-Status besitz wird B1 automatisch zum Ersatzteil. Vorausgesetzt, dass sich auf der Baugruppenebene A1 Kompatibilität ergibt, wird A1 auf den nächst höheren Änderungsindex inkrementiert (A2). Wäre dies nicht der Fall gewesen, müsste auf dieser Ebene eine neue Sachnummer eingefügt werden (G2). Ab t > t1 gilt also die Produktkonfiguration A2 → F1 → C1, D2, E1.

Wichtig:

> *Bei einem auf Änderungsindices basierenden Änderungswesen ist immer eine eindeutige Zuordnung einer Sachnummer **und** eines Änderungsindex auf die Zeitachse gegeben.*

4.6 Konfigurationsmanagement (CM)

CM-Techniken sind die konsequente und formale Weiterentwicklung des in Kapitel 4.5 vorgestellten Freigabe- und Änderungsmanagements. Sie wurden ursprünglich in der Luft- und Raumfahrt, im militärischen Bereich und generell bei der Entwicklung komplexer Produkte mit hohem Produkthaftungsrisiko und der Notwendigkeit, diese Produkte über den gesamten Betreibungszeitraum zu betreuen und zu warten, eingesetzt. Inzwischen nutzen aber immer mehr moderne Unternehmen auch außerhalb der Luft- und Raumfahrt CM um den kompletten Lebenszyklus ihrer Produkte zu überwachen.

Die Richtlinien für das CM sind in der EN ISO 10007 festgelegt. Gemäß dieser Norm versteht sich CM als [EHA-98]:

> *„...eine Managementdisziplin, die über die gesamte Lebensdauer eines Produktes angewandt wird, um Transparenz und Überwachung seiner funktionellen und physischen Merkmale sicherzustellen."*

Die Einhaltung der CM-Richtlinien ermöglicht weiterhin, dass die Forderungen aus anderen Normen, wie z.B. der ISO 9001, erfüllt werden können. Konfigurations-Management liefert somit einen wichtigen Beitrag im Rahmen von Zertifizierungsmaßnahmen.

Eine Konfiguration ist eine Beschreibung eines Produkts zu einem bestimmten Zeitpunkt bzw. in einem definierten Auslieferungsstatus. Die Beschreibung enthält alle zur Fertigung, Montage, Qualitätskontrolle und Instandhaltung relevanten Unterlagen, zum Beispiel die Produktstruktur inklusive eventueller Softwarekomponenten in Form von Stücklisten sowie alle notwendigen Dokumente, zum Beispiel textuelle Beschreibungen, CAD- oder manuelle Zeichnungen, CAD-Modelle, Berechnungsergebnisse, NC-Programme und DTP-Dokumente. Konfigurationsmanagementsysteme bestehen aus einem einheitlichen Satz von Werkzeugen und Regeln, um die zu einer Produktkonfiguration gehörende Informationsmenge während des gesamten Produktlebenszyklus eindeutig zu identifizieren und zu kontrollieren [LIT-95, EHA-98].

Die ISO 9001 beschreibt diesen Zusammenhang wie folgt:

> **ISO 9001, Absatz 4.8**
> *„Wo es zweckmäßig ist, muss der Lieferant Verfahren zur eindeutigen Zuordnung des Produktes zu den zugehörigen Zeichnungen, Spezifikationen oder anderen Dokumenten während aller Phasen der Produktion, Lieferung und Montage einführen und aufrechterhalten."*

Bild 4-31 zeigt die Konfigurationsmanagement Tätigkeiten, wobei zu beachten ist, das es sich um ein Beispiel handelt. Bei Verwendung eines anderen Projektmodells kann sich auch eine andere Darstellung ergeben.

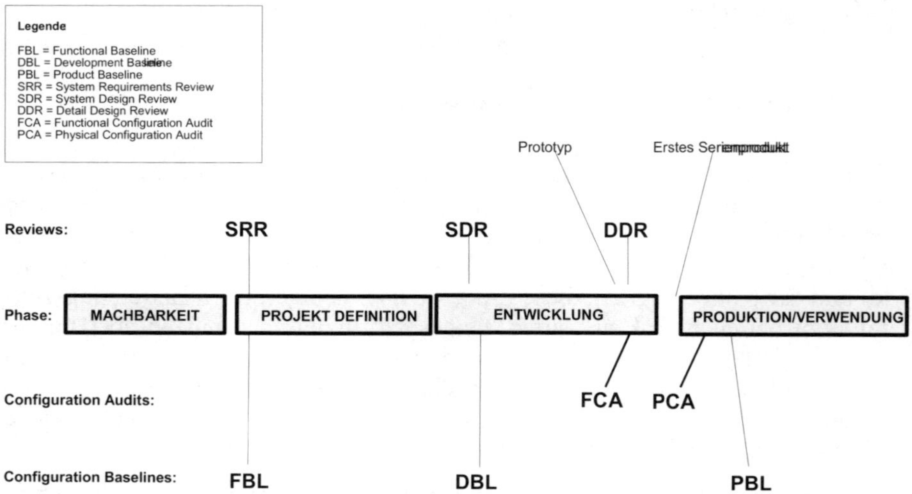

Bild 4-31: Phasenmodell des Konfigurationsmanagement [Quelle: usb]

Das Konfigurationsmanagement ist eine Aufgabe, die sowohl die technische als auch administrative Leitung und Überwachung folgender Prozesse beinhaltet:

- Funktionale und physikalische Eigenschaften des Konfigurationsobjekts bestimmen und dokumentieren,
- Änderungen dieser Eigenschaften steuern,
- Den Bearbeitungsstatus und produktdefinierende Daten aufzeichnen und Berichte erstellen und
- prüfen, ob Normen und andere Vertragsbedingungen eingehalten werden.

Diese Aufgabe kann zusätzlich in vier unabhängige Aktivitäten untergliedert werden, die in der amerikanischen Norm MIL-STD 973[1] und zukünftig im MIL-STD 2549, der den bisherigen Standard ersetzen soll, sowie dem erweiterten zivilen Standard EIA 649[2] festgelegt sind [DDL-99]:

- **Konfiguration identifizieren (Configuration Identification):** Identifizierung und Dokumentation der funktionalen und physikalischen Eigenschaften von Konfigurationsobjekten. Auf diese Weise lässt sich ermitteln, was erforderlich ist.

[1] MIL-STD = Military Standard
[2] EIA = Electronic Industries Association

- **Konfigurationssteuerung (Configuration Control):** Steuerung und Kontrolle von Änderungen an Produktkonfigurationen.
- **Dokumentation des Konfigurationsstatus (Configuration Status Accounting):** für die effektive Administration von Produktkonfigurationen erforderliche Protokolle und Berichte einschließlich Statusinformationen zu Modifikationsvorschlägen und dem Implementierungsstatus für freigegebene Modifikationen.
- **Überprüfung von Konfigurationen (Configuration Audits):** Überprüfung von Produktkonfigurationen hinsichtlich der Übereinstimmung mit den Dokumenten für die Identifikation von Dokumentationen.

Konfiguration Identifizierung

Ein wesentliches Merkmal stellt die Identifizierung des zu produzierenden Produkts als sogenannte Konfigurationseinheit – man spricht auch vom *CI*, dem *Configuration Item*- dar. CI´s werden unterteilt in:

- Technische (technical) Configuration Items (TCI):
  Dazu gehören alle Teile, Baugruppen und Produkte mit ihren zugeordneten Dokumenten.
- Vertragliche (contractual) Configuration Items (CCI):
  Hierzu gehören alle vertraglich zugesicherten Eigenschaften funktioneller, technischer und logistischer (Liefertermin, ...) Art.
- Serialisierte (serialized) Configuration Items (SCI):
  Diese stellen eine spezielle Untermenge aller Teile und Baugruppen dar, die ausgewählt wurden um mit Hilfe ihrer Serialisierung durch eine fortlaufende Nummer (↪ Serien- und Serialnummer) eine Verfolgung und Administration über den gesamten Lebenszyklus zu gewährleisten.

Eine vereinfachte Definition von CI´s verwendet Lyon und empfiehlt diese für den praktischen Gebrauch [DDL-99]:

> *„Ein Configuration Item ist eine Sache, die über den gesamten Produktlebenszyklus identifiziert und kontrolliert werden soll. Es kann ein einzelnes Teil, eine Baugruppe, ein Softwareprogramm oder beliebige Kombinationen sein."*

Ein weiterer Begriff zur Unterstützung der Identifizierung ist die sogenannte *Configuration Baseline* (vgl. Bild 4-31). Generell wird dadurch ein „eingefrorener" Produktbeschreibungszustand bei einem internen bzw. externen Übergang festgelegt, z.B. die Functional Baseline (FBL) von Machbarkeit zu Projektdefinition, die Design Baseline (DBL) von Projektdefinition zu Entwicklung und die formal wichtigste Product Baseline (PBL) am Anfang der Produktion. Änderungen einer Baseline können nur nach Überprüfung und Genehmigung durch interne und/oder externe *Configuration Control Boards (CCB)* durchgeführt werden.

Durch die *Serialisierung* von Teilen und Baugruppen wird eine vollständige Verfolgung über alle Phasen des Lebenszyklusses erst ermöglicht. Der in Kapitel 4.5 vorgestellte Änderungsindex erlaubt das nur zum Teil und ist insbesondere unzureichend um Änderungen in der Betriebsphase zu verwalten und zu kontrollieren. Immer wenn hohes Betriebs- oder Produkthaftungsrisiko sowie generell die Notwendigkeit zur Verfolgung von Wartungsmaßnahmen vorliegt wird das zusätzliche Instrument der Serialisierung eingesetzt. Zu serialisierende Teile und Baugruppen müssen bereits in einer frühen Entwicklungsphase festgelegt und eventuell vom Kunden oder Betreiber bestätigt werden. Serialisierung bedeutet einen hohen Kostenaufwand, so dass zwischen Verfolgbarkeit und Kosten sorgfältig abzuwägen ist. Die Seriennummer auf der obersten Produktebene bzw. die Serialnummer auf der Baugruppen- und Teileebene ist neben der Sachnummer eine zweite identifizierende Nummer, die aber im Gegensatz zur Sachnummer jede einzelne Ausprägung einer Menge von Teilen mit identischer Sachnummer eindeutig beschreibt. Vielfach wird von der Norm (z.B. MIL-STD 130) bzw. vertraglich vom Kunden die Markierung der Teile und Baugruppen mit Sach- und Serien- bzw. Serialnummer und weiteren vertraglich festgelegten Markierungen verlangt (↬ Part Marking).

Konfigurationssteuerung
Konfigurationssteuerung betrifft die Kontrolle und Steuerung der Änderungen der in einer baseline festgelegten Produktkonfiguration.

Configuration Control Boards (CCB) werden gebildet, wenn der Übergang in der Produktentstehung zwischen unformeller zu interner formeller Entwicklungsphase erfolgt. Dies hängt von der betriebsinternen Organisation ab, ist aber i.d.R. der Punkt, an dem Außenkontakte, z.B. im Zulieferprozess bei Prototypen oder Mustern, statt finden. Dies ist üblich nach dem System Design Review (SDR). Das Board ist besetzt mit Mitarbeitern der Entwicklung, Fertigung/Montage, Arbeitsvorbereitung, Qualitätswesen. Wartung und Instandhaltung sowie Konfigurationsmanagement. Das CCB ist für die Überprüfung, Genehmigung und Fortschrittskontrolle der Änderungen verantwortlich. Nach Bedarf ist der Kunde in diesen Prozess einzubeziehen. Dazu ist ein formaler Ablauf notwendig, der aus folgenden Schritten besteht:

- Problem Identifizierung und Lösungsvorschlag (Problem Resolution),
- Änderungsvorschlag (Change Proposal),
- Änderungsgenehmigung (Change Approval) und
- Änderungsdurchführung (Change Implementation).

Dokumentation des Konfigurationsstatus
Dies ist die Tätigkeit innerhalb des CM, die die Information und Dokumentation über eine aktuelle und genehmigte baseline sowie den Fortschritt und Status einer darauf basierenden genehmigten Änderung betrifft. Sie wird in drei Schritte eingeteilt:

- Informationssammlung (data capturing)
  Hierunter fallen alle vertraglich zu liefernden Informationen sowie alle weiteren internen Daten, die die Änderung betreffen, z.B. Änderungsalternativen, -anträge, -genehmigungen, Durchführungsvorschriften und Austauschmaßnahmen. Die Daten liegen i.d.R. verteilt in verschiedenen PC-Datenbanken oder auf Papier vor.

- Informationsaufbereitung (data processing)
  Dieser Schritt bereitet die vertraglich benötigten Informationen in einer für den Kunden verarbeitbaren Form auf. Die Festlegung dieses Formats ist entweder in einer Norm, z.B. dem MIL-STD 2549[3], oder den Vertragsbedingungen des Kunden festgeschrieben.
- Informationsverteilung (data reporting)
  Hierunter fallen alle internen und/oder externen Berichte in Papier oder DV-Form, die die Änderung betreffen.

Überprüfung von Konfigurationen
Die Überprüfung der Konfigurationen erfolgt durch Audits. Es werden zwei Kategorien unterschieden:

- Funktionales Konfigurations Audit (Functional Configuration Audit = FCA) sowie
- Physikalisches Konfigurations Audit (Physical Configuration Audit = PCA)

Das FCA bezieht sich auf den von der Entwicklung vorgelegten Prototypen und überprüft, ob die festgelegten Anforderungen und Spezifikationen erfüllt werden. Das PCA nimmt Bezug auf die erste produzierte Einheit und vergleicht alle produktbeschreibenden Dokumente mit dem produzierten Status. Dies beinhaltet alle Anweisungen, Arbeitsabläufe und technischen Daten der Spezifikation und Entwurfsdokumente. Die Festlegungen der Audit entsprechen der amerikanischen Norm. Sie sind teilweise überlappend mit den in europäischen Unternehmen eingeführten Entwicklungsreviews und FMEA´s[4].

So zielen letztendlich alle Aktivitäten im Rahmen des CM darauf ab, zu jedem Zeitpunkt während des Lebenslaufs eines Produkts über seinen Zustand und aufgrund welcher Maßnahmen es zu diesem Zustand gekommen ist, Auskunft geben zu können. Diese Nachweisführung ist nicht zuletzt im Zuge der Produkthaftung von Bedeutung.

Ein effektives Änderungsmanagement ist die entscheidende Voraussetzung für den Projekterfolg und ist Voraussetzung für eine optimale Kundenorientierung. Es stellt zudem sicher, dass die Änderungen identisch am Produkt und an der zugehörigen Dokumentation durchgeführt werden.

Somit wird erreicht, dass die sich die der Dokumentation widerspiegelnde Konfiguration mit der tatsächlich realisierten Produktkonfiguration deckungsgleich ist. Unter Änderungen sind dabei alle für das Projektziel oder den Produkterstellungsprozess erforderlichen Überarbeitungen zu verstehen.

Bild 4-32 dokumentiert die Zusammenhänge zwischen der Produktstruktur, die in Form einer Stückliste hierarchische Strukturen von Erzeugnissen, Komponenten, Software, Baugruppen, Teilen, Halbfabrikaten und Materialien beschreibt, und den Dokumenten bzw. der Dokumentenstruktur. Die verschiedenen Dokumententypen, z.B. CAD, DTP, CAE, NC, Textsystemen sowie manuell erstellte und eventuell rasterisierte Unterlagen, sind direkt oder über wiederum strukturierte Beziehungen mit der Produktstruktur verbunden.

[3] MIL-STD 2549 Department of Defense CM Interface Standard
[4] FMEA Fehlermöglichkeits- und Einflussanalyse

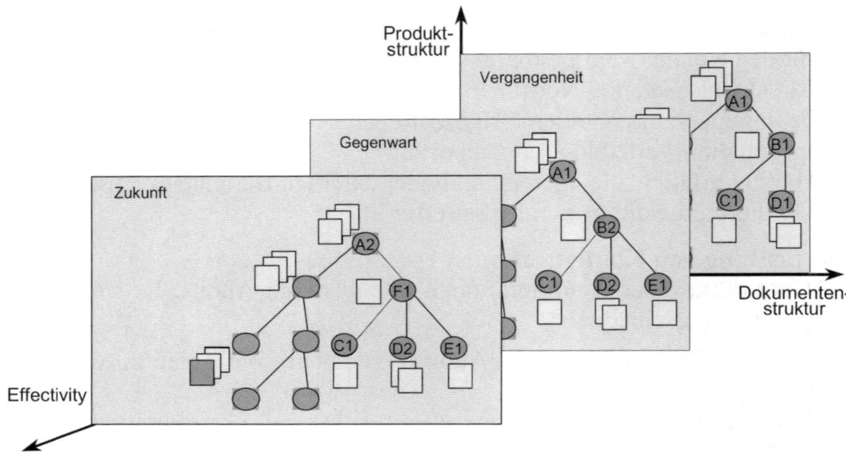

Bild 4-32: Konfigurationsmanagement basiert auf der sog. Effectivity (= Gültigkeit)

Die Verknüpfung der relevanten Dokumente mit den Produktstammdaten ist die Grundlage der entsprechenden Paragraphen sowohl in der ISO 9001 als auch in der Produkthaftungsgesetzgebung. Das Beispiel basiert auf den Konfigurationen aus Bild 4-29 und -30 und stellt die *Effectivity* oder *Gültigkeit* durch den Änderungsindex (B*1* → B*2*) bzw. durch Änderung der Sachnummer bei einer inkompatiblen Änderung (*B*2 → *F*1). Man erkennt daran, dass auch mit dem normalen Änderungswesen bereits eine von der ISO 9001 § 4.8 geforderte Rückverfolgung der Produkte möglich ist. Das bedeutet, dass genau zu einer durch ein eindeutiges Datum bestimmten Effektivität eine eindeutige Produkt- und Dokumentenkonfiguration existiert, die vom System jederzeit wieder abgerufen werden kann.

Wesentlich für die Beschreibung der Konfigurationszustände ist in jedem Fall die Effektivity oder Gültigkeit. Diese beschreibt den Gültigkeitszeitraum einer Konfiguration bzw. den über die Zeitachse sich ändernden Produktzustand. Die Effektivity ist je nach Produktions- und Auslieferungsart definiert:

- Durch den Änderungsindex bei Konsumgütern und auftragsspezifischen Großserienprodukte (✎ Die Gültigkeit eines Produktes ist immer direkt auf die Zeitachse bezogen, da eine Kombination einer Sachnummer mit einem bestimmten Änderungsindex nur zu einem definierten Zeitraum gültig ist) und
- über die Serien- oder Serialnummer (✎Serialnumber) bei Investitionsgütern in kleiner bis mittlerer Stückzahl (typisch für Aerospace&Defense, Transportation). Aus Bild 4-33 erkennt man den Unterschied zum „normalen" Änderungsmanagement. Durch die eindeutige Zuordnung einer Sachnummer und eines Änderungsindex zu einer Seriennummer kann die enge zeitliche Bindung aufgehoben werden, d.h. eine Sachnummer kann mit verschiedenen Versionen in einem gleichen Zeitraum existieren.

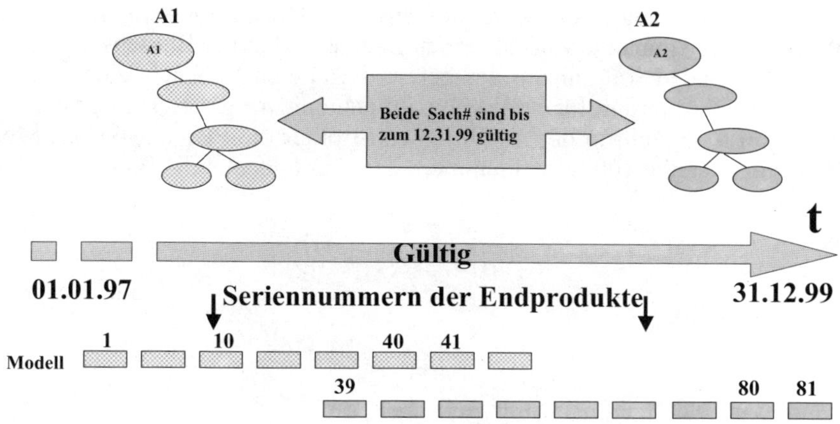

Bild 4-33: Zuordung von Sachnumer und Änderungsindex zu Seriennumer (Quelle: usb)

In der Realität des Konstruktionsablaufs spielt die Produktstruktur in den jeweiligen Phasen des Produktlebenslaufes eine wesentliche Rolle (Bild 4-34).

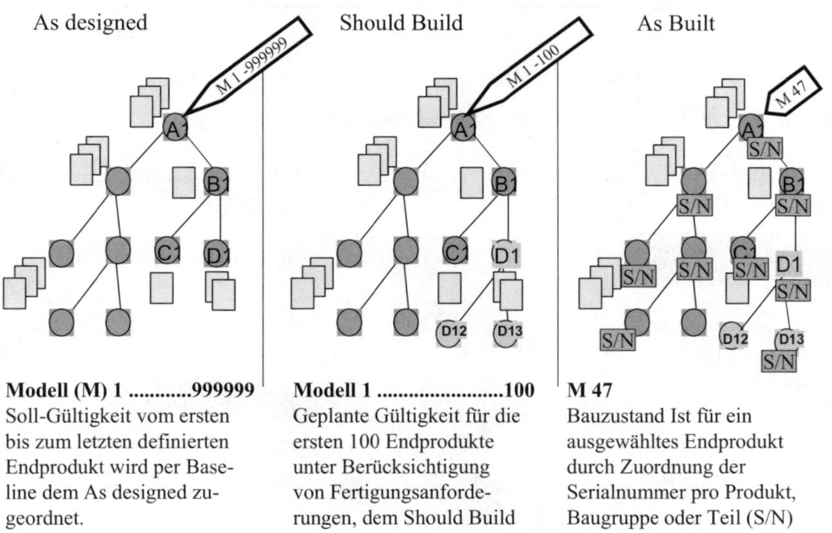

Bild 4-34: Produktstruktur und Bauzustand (Quelle: usb)

Die drei wesentlichen Phasen bis zur Auslieferung des Produktes werden durch die folgenden Produktstrukturen dargestellt:

- *As Designed* (Entwurfsstückliste = konstruktives Soll),
- *Should Build* (Konstruktionsstückliste = fertigungstechnisches Soll) und
- *As Built* (Fertigungsstückliste, die den Istzustand einer Modellausprägung beschreibt)

Darüber hinaus existiert zur Beschreibung des Bauzustandes in der Betriebsphase die sog. *As Maintained* Struktur. Diese repräsentiert den durch Wartung und Umbau jeweils aktuellen Bauzustand in der Betriebsphase.

Im Folgenden soll anhand des bereits bekannten Beispiels eine Änderung und deren Einführung für bestimmte Seriennummern grafisch dargestellt werden. Bild 4-35 stellt in der As Designed Struktur die Planung für das Modell M 1 für die ersten 100 Seriennummern dar. Das bedeutet die Baugruppe B1 ist für die ersten 100 Modelle fest eingeplant.

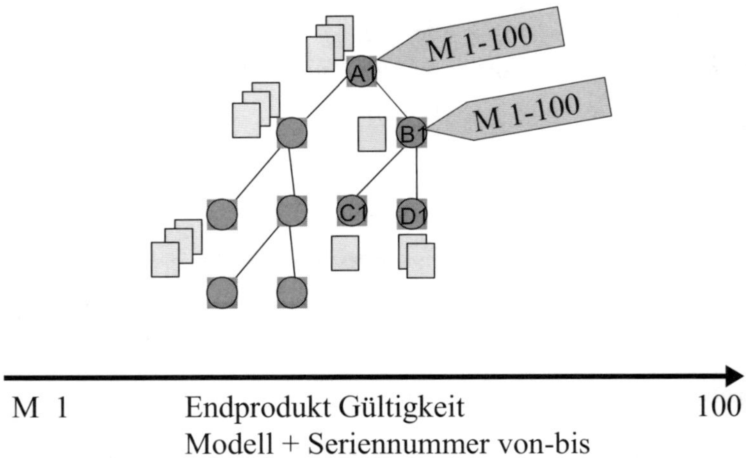

Bild 4-35: Konstruktives Soll (As Designed) vor Änderung [Quelle: usb]

In Bild 4-36 wird die Ausführung und Zuweisung einer kompatiblen Änderung in der Phase der Konstruktion (Should Build) gezeigt. .

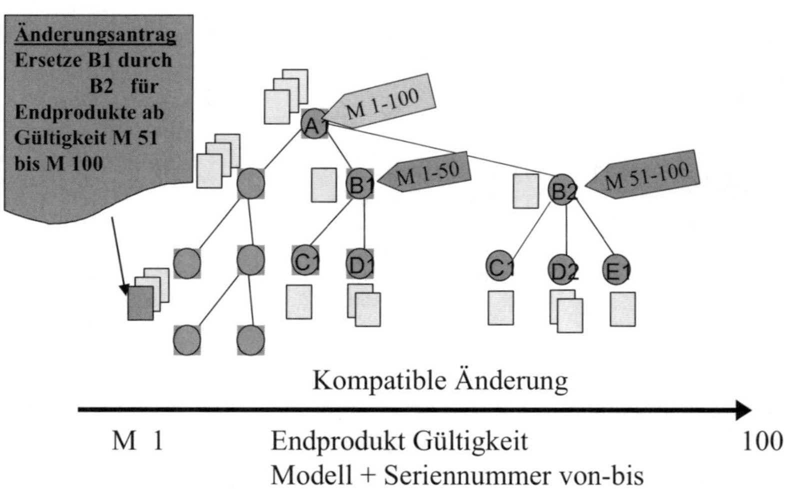

Bild 4-36: Fertigungstechnisches Soll (Should Build) nach kompatibler Änderung [Quelle: usb]

Den identischen Vorgang für eine inkompatible Änderung zeigt Bild 4-37. D.h. die Baugruppe B1 wurde ab der Seriennummer 51 durch die inkompatible Baugruppe F1 ersetzt

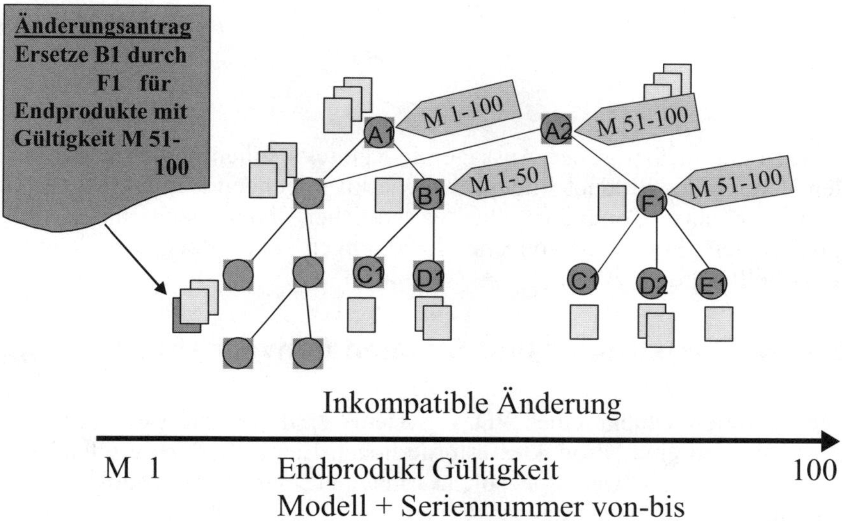

Bild 4-37: Fertigungstechnisches Soll (Should Build) nach inkompatibler Änderung [Quelle: usb]

Das Konfigurationsmanagement bedarf zu seiner betrieblichen Umsetzung einer Vielzahl *von Regeln und Verfahrensvorschriften*, die teils international und/oder national genormt sind, teils aber auch einen breiten betriebsspezifischen Interpretationsspielraum freilassen, der von Betrieb zu Betrieb zu abweichenden Lösungen geführt hat und auch zukünftig führen wird.

Konfigurationsmanagement wird vielfach mit anderen Methoden kombiniert, um eine vollständige Verwaltung des Produkt Lebenszyklus aufzubauen. Dies sind u.a.:

- RTM (Requirement and Tracebility Management) und
- MRO (Maintenance, Repair and Overhaul Management)

5 Product Lifecycle Management (PLM)

Nach den methodischen Aussagen in Kapitel 4 sollen in diesem Kapitel für den Bereich des Product Lifecycle sowie im folgenden Kapitel 6 für Product Definition and Commerce die wesentlichen Funktionen durch in der industriellen Praxis gewonnene Erfahrungen und Beispiele detaillierter dargestellt werden.

5.1 Produktstruktur und Stammdatenverwaltung

Die zentralen Objekt eines PDM Systems sind die zur Beschreibung der Komponenten eines Produktes erforderlichen Elemente. Übergreifend spricht man meist von *Artikeln*. Nur solche Einheiten können im Produktionsprozeß erstellt, montiert oder zugepackt werden, die als Artikel verwaltet werden. Dabei steht der Begriff „Artikel" also für eine Vielzahl eigentlich sehr verschiedenartiger Bestandteile eines Produktes. Der Artikel hat keine Bindung an eine bestimmte Position in der Struktur des Produktes. So werden Einzelteile (also nicht weiter demontierbare Produktbestandteile) ebenso erfaßt, wie Baugruppen beliebiger Komplexität oder auch das gesamte Produkt.

Die meisten anderen Objekte des PDM-Systems sind über Beziehungen an Artikel gebunden. Auch Dokumente, die z.B. als Resultat einer CAD-Konstruktion angelegt worden sind, sind für die Fertigung erst relevant, wenn sie einem Artikel zugeordnet wurden (vgl. Kapitel 4.4).

Auf der anderen Seite ist der Artikel auch der Anker für die Anbindung an das ERP-System, wo dem Artikel weitere, nicht in der Verantwortung der Entwicklung liegende, Informationen zugeordnet werden und er schließlich für die Planung der Fertigung benutzt wird.

Unter diesem Hintergrund stellen die meisten PDM-Systeme die Produktstruktur (also Artikel inklusive deren struktureller Verknüpfung) in den Mittelpunkt.

Bild 5-1 zeigt typische Informationen eines Artikelstammsatzes in einem PDM-System. Sehr vorteilhaft ist es, wie im Bild 5-2 dargestellt, wenn Stammsatzinformationen (Bereich B) sowie detaillierte Informationen über die Struktur (Bereich C) durch eine baumartige Darstellung (Bereich A) ergänzt werden. Alle drei Bereiche sind üblicherweise miteinander synchronisiert, daß heißt, daß genau zu der im Browser selektierten Produktkomponente (A) die Detailinformationen im Artikelformular (B) dargestellt und zu dieser Komponente auch die Stücklisteninformationen (C) angegeben werden.

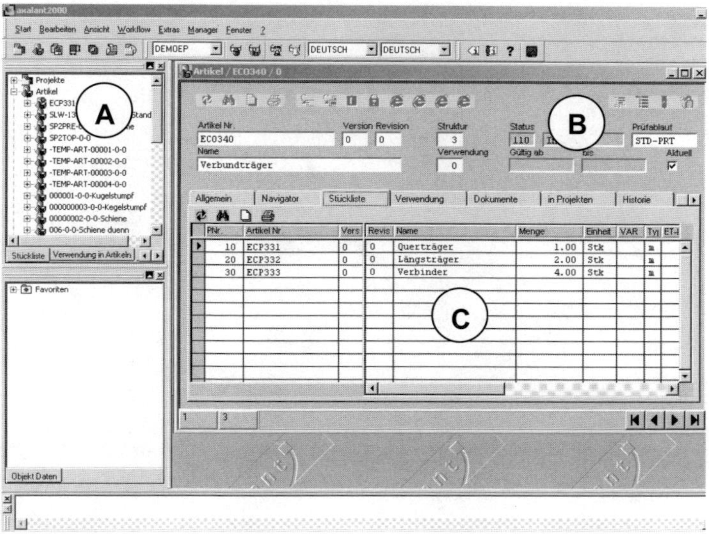

Bild 5-1: Präsentation von Artikeln im PDM-System (Quelle: axalant)

Die vom aus WINDOWS bekannten Explorer entlehnte Browser-Darstellung hat sich als Quasistandard in den meisten Systemen durchgesetzt, obwohl sie für die Wiedergabe von Produktstrukturen nur mäßig geeignet ist. Dies liegt daran, daß der Explorer für rein hierarchische Sachverhalte entwickelt wurde (Direktorystruktur), die Abhängigkeiten in einem Produkt jedoch netzartig sind.

Die Anbieter der PDM-Systeme behelfen sich, indem es ermöglicht wird, in der Browserdarstellung unterschiedliche Beziehungen gleichzeitig darzustellen. Bild 5-2 zeigt eine Variante, bei der der Nutzer über Button am unteren Rand des Browsers zwischen wichtigen Beziehungsarten wählen kann (hier: „Struktur", „Verwendung in Dokumenten", „Verwendung in Projekten", „Verwendung in Artikeln", „Dateien „ und „Historie"). Die aktuell gewählte Beziehungsart wird bei den folgenden Auflösungen verwendet (d.h., wenn eine weitere Strukturebene z.B. durch Klick auf das Plus-Zeichen geöffnet wird). Bereits dargestellte Beziehungen werden davon nicht berührt. So entsteht die Möglichkeit, auch unterschiedliche Beziehungsarten gleichzeitig im Browser darzustellen. So sieht man im Beispiel nach Bild 5-2 die Struktur des Dokumentes CCH_1.0_014, die zugeordneten Dateien zu Dokument CCH_1.0_001 sowie die Historieneinträge zu Dokument CCH_1.0_002 in einer Darstellung.

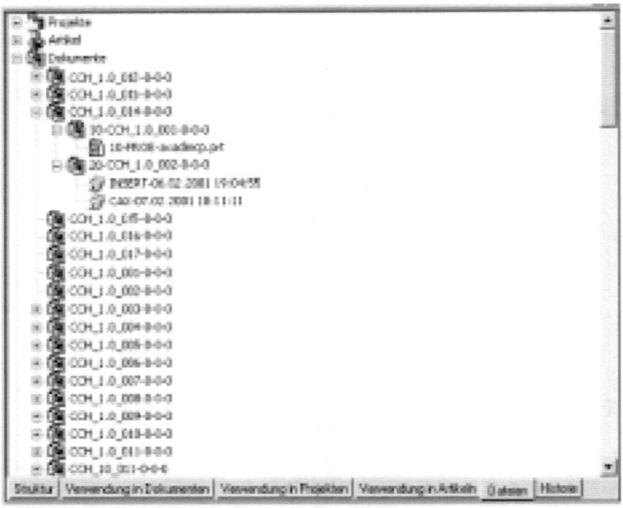

Bild 5-2: Zusatzfunktionen eines Produktbrowsers (Quelle: axalant)

In Bild 5-3 wird eine übliche Formulardarstellung der Stammsatzdaten eines Artikels gezeigt.

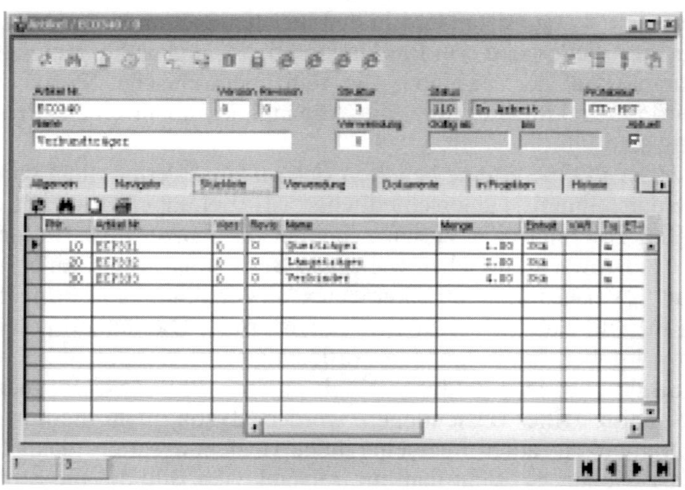

Bild 5-3: Stammsatzformular eines Artikels (Quelle: axalant)

Das Formular enthält Kerninformationen, incl. der identifizierenden Daten, im oberen Teil sowie eine Zusammenstellung aller weiteren Zusatzinformationen im unteren Teil.

Zu den Kerndaten zählen alle Daten

- die zur Identifikation benötigt werden;
  hier: “Artikel Nr.“ + „Version“ + „Revision“
- deren Angabe bei der Neuanlage Pflicht sind;
  z.B. “Name“; „Prüfablauf“
- die für die meisten Anwender zu den besonders häufig benötigten Daten gehören;
  z.B. “Status“, „Gültig ab“, „Gültig bis“

Das es eine sehr große Menge weiterer beschreibender Daten gibt, werden diese zu Kategorien zusammengefaßt und umschaltbar im unteren Teil des Formulars angeboten. Im Beispiel wurde der Bereich „Stückliste“ gewählt, der eine Liste mit allen in der Struktur des Artikels befindlichen weiteren Artikeln öffnet. Wie bei einer Stückliste üblich, sind diese Artikel an dieser Stelle nicht komplett mit allen existierenden Daten beschrieben, jedoch ist die Strukturbeziehung um weitere wichtige Daten, wie die Positionsnummer in der Stückliste, sowie die Anzahl des Vorkommens in der Baugruppe ergänzt. Wünscht man weitere Detailinformationen zu einzelnen Stücklistenelementen, so genügt ein einfacher Klick auf die entsprechende Position und ein weiteres Formular öffnet sich.

Bild 5-4 zeigt dies am Beispiel der Dokumentenzuordnung zu einem Artikel.

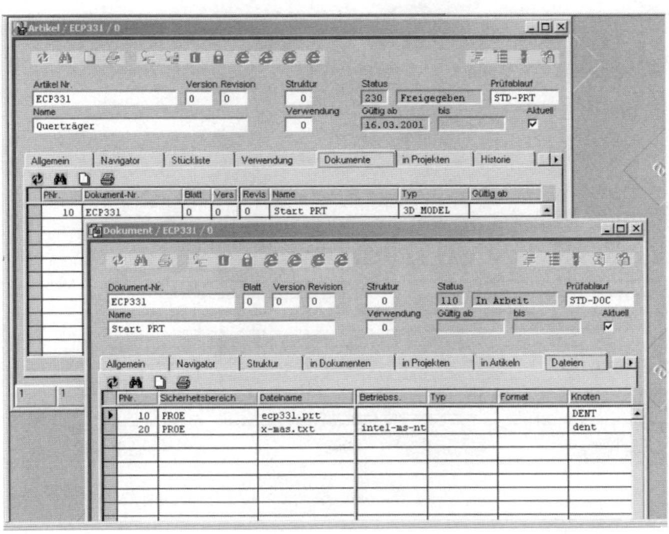

Bild 5-4: Darstellung von Detailinformationen zu einem Listeneintrag (Quelle: axalant)

Im Ausgangsformular eines Artikels (im Hintergrund) ist die Zusatzdarstellung über die Reiter auf „Dokumente“ gestellt, so daß in der Liste im unteren Formularteil alle zugeordneten Dokumente angezeigt werden. Wünscht man zu einem dieser Dokumente detailliertere Informationen, so öffnet sich das zugehörige Dokumentenformular (im Vordergrund), von dem man bei Bedarf weiter navigieren kann.

Historie

An dieser Stelle sei auf eine spezielle Kategorie der Zusatzinformationen hingewiesen, welches man z.B. in Bild 5-3 als letzte Auswahlmöglichkeit erkennen kann – die *Historie*.

Jedes Objekt des PDM Systems, gleich, ob Artikel, Dokument oder Projekt, besitzt eine für den Anwender sehr wichtigen Geschichte seines Bestehens.

Diese beginnt mit der Erzeugung (ein Dokument wird z.B. beim erstmaligen einchecken des Geometriefiles neu angelegt) und umfaßt Angaben zu allen Eingriffen am Stammsatz, an evtl. zugeordneten Dateien sowie an der Struktur.

Unter der Historie eines PDM-Objektes versteht man eine lückenlose Zusammenstellung aller an dem Objekt durchgeführten Änderungen. Diese werden listenförmig erfaßt und laufend sequentiell fortgeschrieben. Abgeschlossen wird die Historie eines Objektes mit dessen Deaktivierung.

Bild 5-5 zeigt die Historienliste des Artikels nach Bild 5-3 mit einigen der wichtigsten Historiendaten.

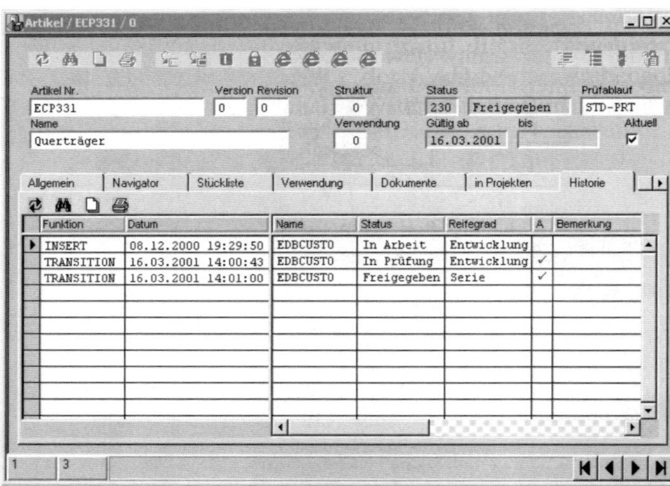

Bild 5-5: Historie eines PDM-Objektes (Quelle: axalant)

In diesem Zusammenhang sei darauf hingewiesen, daß in einem PDM System keine Objekte physisch gelöscht werden dürfen. Würde man dies zulassen, so gäbe es später keine Möglichkeit mehr, die Zustand eines Produktes zu einem beliebigen Zeitpunkt eindeutig zu rekonstruieren.

Von dieser Regel gibt es lediglich zwei Ausnahmen:

1. Objekte, die noch nie den Zustand „In Arbeit“ verlassen haben, dürfen vom verantwortlichen Mitarbeiter gelöscht werden, da diese Objekte an keiner produktiven Verwendung beteiligt sein können.
2. Objekte die eine festgelegte Sperrfrist überschritten haben, können evtl. gelöscht werden, da ein neuerlicher Zugriff sehr unwahrscheinlich ist. Allerdings wird man auch in diesem Fall lieber eine Auslagerung vornehmen, als die Daten wirklich zu löschen. Sollte im Rahmen der Produktenhaftung ein Anspruch an das Unternehmen gestellt werden, so ist man darauf angewiesen unter Umständen auch für bereits weit zurückliegende Produktrevisionen alle relevanten Unterlagen lückenlos nachzuweisen.

Die Funktion der Historie gliedert die möglichen Ereignisse, die in der Historie eingetragen werden. „INSERT“ beschreibt die Neuanlage des Artikels, eine „TRANSITION“ zeigt einen am Artikel vorgenommenen Statuswechsel an. *Datum* und *Name* geben an, wer wann für die Änderung verantwortlich zeichnet. Status und Reifegrad informieren über die Position im Freigabeablauf, zu der die durchgeführte Funktion geführt hat.

Übrigens führt eine zurückgenommene Änderung am Objekt, z.B. die Zurückweisung eines Statuswechsels, die zur Wiederherstellung des Vorgängerstatus führt, natürlich nicht etwa zu einem Löschen eines Eintrages in der Historie. Vielmehr sind alle derartigen Schleifen im Freigabeablauf über die Historie jederzeit nachvollziehbar. Manuell hinzugefügte Informationen in der Historie sind möglich und mit speziellen Funktionskennern („MEMO“) gekennzeichnet.

Allerdings reicht es oft nicht, lediglich über die Objekte selbst informiert zu werden. Die Existenz eines geänderten Objektes beginnt vielmehr mit der Erstellung der ersten Version und endet mit der Inaktivsetzung des Objektes der Versionskette, welches keinen Versionsnachfolger hat. Die verschiedenen Versionen stehen im Grunde für das logisch gleiche Produktelement. So ist oft ein Überblick über die Änderungen aller Versionselemente in der Reihenfolge der Entstehung notwendig. Dies wird z.B. oft beim Erzeugen einer Zeichnung benötigt, die im Schriftfeld sowohl Angaben über den ursprünglich verantwortlichen Konstrukteur (Angabe in der Historie des ersten Versionselementes) sowie Angaben über alle im Leben des Teiles vorgenommenen Änderungen (Angaben in den Historien der Versionsnachfolger) enthalten. Eine Zusammenfassung aller Einzelhistorien wird *Gesamthistorie* genannt. Zur Anwendung der Gesamthistorie siehe auch Kapitel 7.

5.2 Dokumentenmanagement

5.2.1 Grundlagen des Dokumentenmanagements

Bei der Verwaltung von Dokumenten unterscheidet man solche Informationen, die das Dokument identifizieren, klassifizieren und beschreiben (den Metadaten) von den Daten des Dokumentes selbst (den Dateien). Wegen der sehr unterschiedlichen Charakteristik dieser unterschiedlichen Daten erfolgt auch eine unterschiedliche Handhabung im PDM-System. Metadaten und Dokumentenfiles unterscheiden sich in einer Vielzahl, von für das Management der Daten sehr wichtigen Kriterien, wie aus Bild 5-6 zu ersehen ist.

Kriterium	Metadaten	Files
Speicherbedarf	gering (Bytes bis wenige Kilobytes)	hoch bis sehr hoch (Kilobytes bis zu vielen Megabytes)
typische Codierung	alphanumerische und Sonderzeichen	Binärfiles
Benutzung für die Selektion der Dokumente	ja	nein
Änderung im PDM-System	ja	nein

Bild 5-6: Vergleich von Metadaten und Dokumentenfiles

Aus diesem Grunde werden Metadaten und Files auch auf verschiedene Medien gespeichert. Metadaten werden in Tabellen einer Datenbank abgelegt. Die Dokumentenfiles speichert man direkt in geschützten Bereichen eines Datenträgers, meist einer Festplatte. Die Zuordnung geschieht über einen speziellen Bereich, der den Dokumenten den Ablagebereich der Files und den Filenamen zuordnet (Bild 5-7). Je nach Zahl der Files sowie der Struktur des lokalen oder auch standortübergreifenden Rechnernetzes kann es einen einzelnen Ablagebereich oder auch beliebig viele Ablagebereiche geben.

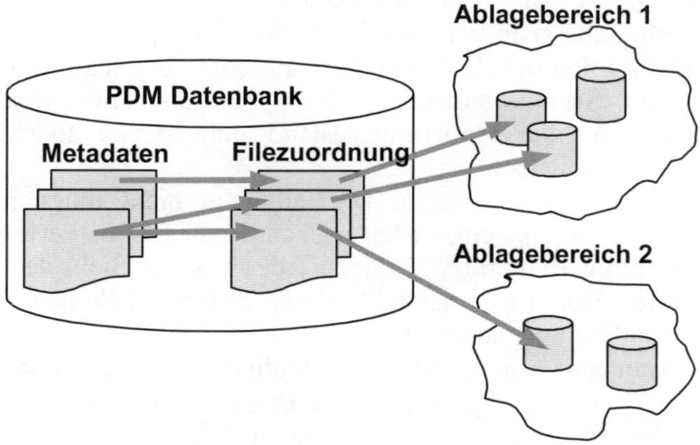

Bild 5-7: Metadaten und File-Verwaltung

Einige typische Metadaten sind in Bild 5-8 zusammengefaßt.

Elemente der Metadaten	Beschreibung
Dokumentennummer	ein aus beliebigen Zeichenzusammengesetzter Ausdruck, der das Dokument eindeutig identifiziert
Revision	kennzeichnet die einzelnen Änderungszustände eines Dokumentes
Versionszähler	unterscheidet während der Entwicklung auftretende Zwischenstände
Benennung	Name, der üblicherweise aus einem hinterlegten Thesaurus ausgewählt werden muß
Prüfablauf	Kennzeichnung für den notwendigen Ablauf aller Stati im Laufe der Bearbeitung
Status	der aktuell gültige Status

Bild 5-8: Metadaten von Dokumenten

Eine besondere Bedeutung haben innerhalb der Metadaten die Informationen, die eine eindeutige Identifizierung eines Dokumentes erlauben.

Nähere Informationen zum Aufbau von Nummersystemen kann man in Kapitel 4.1 nachschlagen. Ob die Dokumentennummer dann in der Datenbank in einem einzigen Feld oder verteilt in mehrere separate Felder abgelegt wird, ist prinzipiell nebensächlich.

Allerdings muß man beachten, daß sich hinter einer bestimmten Dokumentennummer meist trotzdem mehr als ein einzelnes Dokument verbirgt. Die Dokumentennummer selbst identifiziert nur ein logisches

Dokument, d.h. zum Beispiel die technische Zeichnung eines ganz bestimmten Artikels, eindeutig. Dieses Dokument kann allerdings im Laufe der Lebenszeit des Produktes mehrfach geändert worden sein. Jede dieser einzelnen Änderungszustände werden im PDM-System getrennt abgelegt und auch permanent gespeichert. Sie alle haben die gleiche Dokumentennummer und werden durch einen an den Änderungszustand gebundenen Index, den Änderungsindex, gekennzeichnet.
Oft ist auch vor allem bei technische Darstellungen nicht möglich, alle Zeichnungselemente auf ein einzelnes Blatt packen. In diesem Fall erfolgt die Darstellung auf mehreren Blättern, von denen jedes aus der Sicht des PDM Systems ein separates Dokument darstellt. Diese unterschiedlichen Blätter werden durch ihre Blattnummer separiert.

Da die PDM-Datenbank eine absolut eindeutige Kennzeichnung eines Dokumentes fordert, werden die genannten einzelnen Informationen zu einer logischen Gesamtidentifikation zusammengesetzt und in der Datenbank als sogenannter Index vereinbart. Ein derartiger Index erlaubt neben der Garantie, daß nur über alle Bestandteile des Index eindeutige Dokumente angelegt werden können, vor allem auch einen schnelleren Zugriff auf ein einzelnes Dokument sowie eine schnelle Möglichkeit der Sortierung.

Um besonders bei einer großen Anzahl von Dokumenten (in großen Systemen sind schnell mehrere 100.000 Dokumente, oft auch über 1.000.000 Dokumente abgelegt) hat es sich bewährt, mehrere voneinander getrennte Ordnungsbereiche auch für die Metadaten vorzusehen. Man spricht dann von Dokumententypen.

Die Dokumententypen können nach den verschiedensten Kriterien festgelegt werden. Dies richtet sich immer nach der konkreten Anwendung. Oft findet man Gliederungen nach den verwendeten Erzeugersystemen (ME10-Zeichnungen, EXCEL-Sheets, WORD-Dokumente, ...). Dies erscheint zwar auf den ersten Blick als sinnvoll, erschwert aber den Zugriff auf ein gesuchtes Dokument sehr. So ist es z.B. oft gar nicht mehr nachvollziehbar, ob eine bestimmte Tabelle mit einem Grafikprogramm, einer Tabellenkalkulation oder einem Textbearbeitungssystem erstellt wurde.

Sinnvoller ist die Gliederung nach funktionellen Aspekten, wie z.B.

- Modelle,
- Zeichnungen,
- NC-Programme,
- Code der Steuersoftware,
- ...

Allerdings kann man dafür keine generelle Regel festlegen und muß dies im jeweiligen Projekt entscheiden. Die PDM-Systeme erlauben die Definition beliebig vieler verschiedener Dokumententypen. Dabei ist es auch gebräuchlich, die Metadaten in zwei Gruppen aufzuteilen. Einmal in solche, die allen Dokumenten gleich sind (Nummer, Benennung) und zum anderen solchen, die nur der jeweilige Typ besitzt (Blattnummer bei Zeichnungen, Zeichen- oder Wortzahl bei Office-Dokumenten, Gewicht bei Modellen, ...). Die gemeinsamen Stammdaten und die jeweiligen Typdaten können dann in verschiedenen Tabellen abgelegt werden. Dies hat den Vorteil, daß die

Tabellen der Datenbank nicht zu groß werden und bei einzelnen Dokumenten keine nicht benötigten Felder leer mitgeführt werden müssen (Bild 5-9).

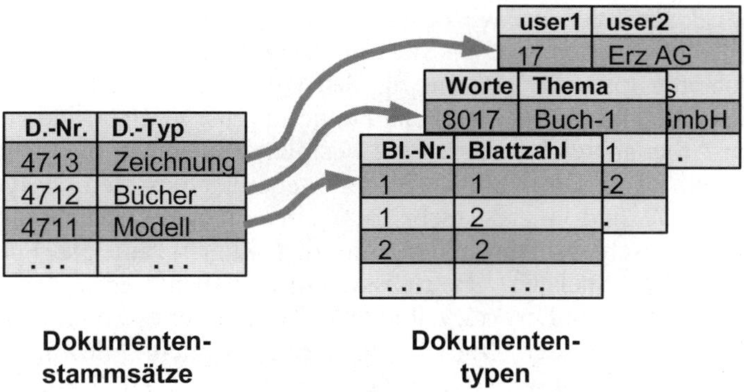

Bild 5-9: Zuordnung von Dokumententypen zu Stammsätzen

Nachteilig ist allerdings die komplexere Struktur der internen Darstellung sowie ein umständlicherer Zugriff auf die Daten. Stellt man alle Dokumente unabhängig ihrer Typzugehörigkeit zusammen, so sind nur die Stammdaten zugänglich. Will man alle Detailinformationen sehen, so muß man die Suche auf einen einzelnen Dokumententyp einschränken.

5.2.2 Fileverwaltung

Wie zuvor bereits dargestellt, werden die Files der Dokumente zumeist nicht in der Datenbank, sondern in separaten Bereichen der Systemfileverwaltung abgelegt. Dies geschieht, obwohl eine Reihe von modernen Datenbanken durchaus auch die Möglichkeit anbieten, große Datenelemente (binary large objectst – BLOB's) zu verwalten.
Dies hat vor allem folgende Gründe:

- Der Zugriff auf die Files geschieht nie direkt auf den Originalen. D.h. zur Bearbeitung muß immer eine Kopie der Files angelegt werden. Dabei ist die Übertragungsgeschwindigkeit eines der wesentlichsten Kriterien. Der Zugriff auf Files, welche in der Datenbank abgelegt sind, ist hier mit beträchtlichen Einbußen an Performance zu rechnen.
- Die in vielen Anwendungen anfallenden Mengen, an teilweise sehr großen Files, führt zu riesigen Datenvolumen (Terrabytes). Derartige Datenbanken lassen sich nicht mehr vernünftig warten.
- Viele Unternehmen fordern aus Sicherheitsgründen die Möglichkeit auf die Files zuzugreifen, auch wenn zentrale Dienste, wie z.B. die Datenbank, ausgefallen sind.

Unabhängig von diesen Gründen liegen auch ggw. einfach noch zu wenig gründliche Tests und Untersuchungen vor. Mittelfristig kann es hier durchaus zu einer veränderten Betrachtung kommen.

Die Bereiche der Systemfileverwaltung, die der Ablage von Files der PDM-Fileverwaltung dienen, werden Sicherheitsbereiche oder Vaults genannt. Dabei unterscheidet man die aktiven, für den sofortigen Zugriff benötigten Bereiche und solche, die für die Langzeitarchivierung vorgesehen sind.

Die aktiven Arbeitsbereiche werden auf Festplattenspeichern angelegt. Die Ablage erfolgt dabei in Direktories, die der Steuerung des Betriebssystems unterliegen. Dabei sind meist mehr als ein einziger Speicherbereich vorhanden. Dies geschieht zum einen, um den Zugriff auf die Files zu beschleunigen. Die meisten Betriebssysteme haben entweder eine Beschränkung der in einem Direktory ablegbaren Files oder es kommt zu einer drastischen Verringerung der Zugriffszeit, wenn zu viele Files in einem Direktory abgelegt sind (typische Grenzzahl liegt bei ca. 20.000 Files). Zum anderen muß man sich auch bemühen, den Datentransfer über das Netz so gering wie möglich zu halten. So legt man häufig Sicherheitsbereiche in der „Nähe" der Nutzergruppe an, die für das betreffende Dokument zuständig ist und die den erwartungsgemäß häufigsten Zugriffe hat. Ein Transfer zwischen verschiedenen Sicherheitsbereichen ist dabei jederzeit möglich.

Die prinzipielle Zusammenarbeit eines Fileservers mit dem PDM-Server zeigt Bild 5-10.

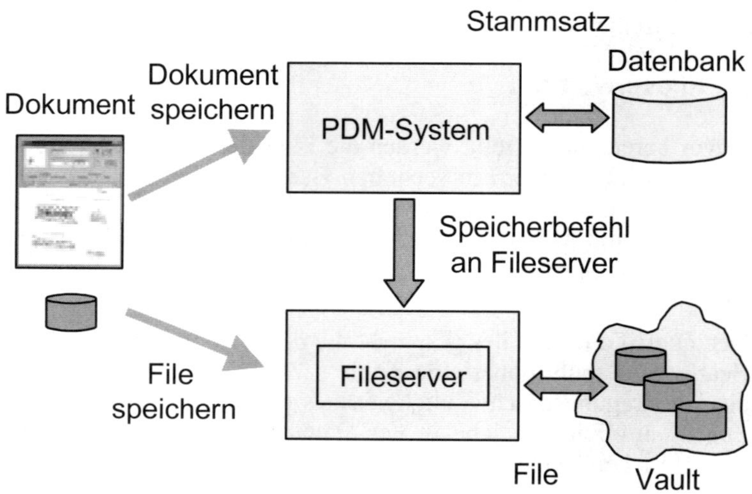

Bild 5-10: Zusammenarbeit PDM-System und Fileserver

Um die Sicherheit der Files zu gewährleisten, werden alle für Sicherheitsbereiche genutzten Direktories einem privilegierten Nutzer zugeordnet. Dieser Nutzer ist keine natürliche Person. Nur ein spezieller

Prozeß, der sogenannte Fileserver, hat das Privileg Files, dieser Bereiche zu schreiben oder zu lesen. Der Fileserver hat kein direktes Nutzerinterface und steht ausschließlich mit dem PDM-System in Verbindung.

Nur das PDM-System kann dem Fileserver nach Prüfung der Zugriffsberechtigung, eines bei ihm angemeldeten Nutzers, den Auftrag geben, einen File in den Sicherheitsbereich abzulegen (check-in) oder aus diesem bereitzustellen (check.-out).

In den Sicherheitsbereichen können die Files nicht mit ihren Ursprungsnamen abgelegt werden. Dies ist nicht möglich, da man die Eindeutigkeit der Namen unbedingt wahren muß.

So werden die Speichernamen der Files im Moment der Ablage vom PDM-System festgelegt. Man spricht von verkrypteten Filenamen. Diese werden dann gemeinsam mit dem Ursprungsnamen dem Dokumentenstammsatz zugeordnet. Der Fileserver kopiert die Files dann vom externen Ursprungsnamen auf den internen kryptischen Namen (check-in) oder vom kryptischen Namen auf den externen Ursprungsnamen (check-out) um.

Zur Langzeitarchivierung können die Files dann auch in Bereichen abgelegt werden, auf die kein unmittelbarer online-Zugriff besteht [MUS-96]. Für die Archivierung werden dann vor allem einmal beschreibbare, optische Speichermedien verwendet. Auf diese CDs oder WORMs können umfangreiche Informationsmengen gespeichert werden. Zur weiteren Erhöhung der Speichergröße bei trotzdem relativ schnellem Zugriff, können die Speicherplatten in Jukeboxen gelagert werden. Bei hohen Anforderungen an die Speicherkapazität können mehrere Jukeboxen zusammen in einem System betrieben werden. Der besondere Anspruch an die Langzeitarchivierung besteht in der revisionssicheren Ablage. Diese ist in vielen Fällen über eine sehr lange Zeit erforderlich und erfordert Medien, die nur einmal beschreibbar sind. Die seit einigen Jahren verfügbare DVD-Technik bietet dabei die Möglichkeit auch sehr große Datenmengen (>6 Gigabyte) auf einem Datenträger abzulegen. Oftmals ist es erforderlich, dass Datenbestände über einen Zeitraum von mehr als 50 Jahren hinweg aufzubewahren sind [Kra-99].

Die PDM-Systeme können sowohl über eigene Treiber derartige Medien ansprechen als auch über die Kopplung an ein spezielles Archivsystem arbeiten (z.B. CE Archiv; asOne).

5.2.3 Verwaltung konventioneller Dokumente

Nicht alle Dokumente, die in die Verwaltung einbezogen werden müssen, liegen in der Form von Dateien vor. Vor allem ältere, konventionell erzeugte Zeichnungen oder mit der Post eingegangene Schriftstücke lassen sich nicht so ohne weiteres vom PDM-System bearbeiten. Andererseits sollen aber über das PDM-System möglichst alle Dokumente zugreifbar sein [MUS-97].

Es bieten sich verschiedene Alternativen an, um auch diese Dokumente der Administration des PDM-Systems unterstellen zu können. Dabei spielt es vordergründig keine Rolle, ob es sich um konventionelle technische Dokumente oder vor allem um mehr administrative Unterlagen handelt.

Allerdings gibt es eine große Zahl von Anwendungen, die ausschließlich auf die Verwaltung großer Zahlen von Dokumenten zum Zwecke der geordneten Ablage und des schnellen Zugriffes ausgerichtet sind. Man spricht hier von „total document management Systemen“ (TDM).

TDM-Systeme unterscheiden sich von den üblichen PDM-Anwendungen vor allem durch folgende Unterschiede:

- Von den Standardobjekten wird meist nur das Dokument benutzt.
- Es werden keine Kopplungen zu CAD- oder ERP-Systemen benötigt.
- Der Workflow ist eine besonders wichtige Funktion.
- Verwaltung und Verteilung von nicht-EDV-erstellten Dokumenten ist besonders wichtig.
- Es wird eine besonders große Anzahl von Dokumenten verwaltet (> 1 Mio.).

Die Funktionalität der in PDM- und TDM-Systemen genutzten Funktionen ist allerdings weitgehend identisch. Im einfachsten Fall werden die Dokumente weiterhin konventionell archiviert (Bild 5-11).

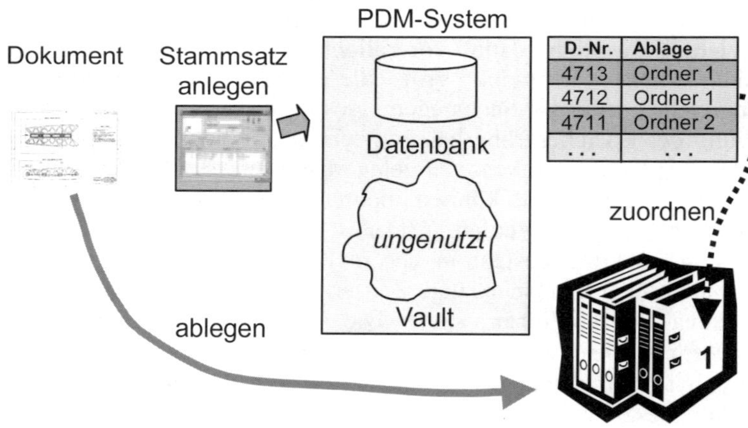

Bild 5-11: Konventionelle Ablage von Dokumenten

Im PDM-System wird lediglich ein Dokumenten-Stammsatz angelegt. Anstatt eine Filezuordnung vorzunehmen, wird der Ablageplatz eingetragen. Der Vorteil dieser Vorgehensweise ist, daß es ohne weitere technische Aufwände möglich wird, eine Übersicht auch über diese Dokumente zu erhalten. Nachteilig ist vor allem, daß zwar nach diesen Dokumenten recherchiert, sie jedoch nicht unmittelbar am Bildschirm zugänglich sind. Vor allem bei verteilten Standorten ist dies ein wesentlicher Nachteil. Auch ist der konventionelle Ablageraum weiterhin notwendig.

Aus diesem Grunde werden heute meist die Papierdokumente nicht unmittelbar abgelegt, sondern mittels eines *Scanners* eingelesen. Der Prozeß der Übernahme von Papierdokumenten in ein Verwaltungssystem läuft in mehreren Schritten ab und wird allg. als *Data Capturing* bezeichnet (siehe dazu in Abschnitt 5.8).

Die meisten Unternehmen, die mit CAD-Systemen arbeiten, besitzen noch einen großen Stamm an traditionellen technischen Zeichnungen. Selbstverständlich war es nirgends möglich, den Umstieg auf CAD zeitgleich mit dem Verzicht auf die weitere Arbeit mit den existierenden Altunterlagen zu tun. Weder ist es in der Regel möglich, auf einen Schlag alle Arbeitsplätze und Projekte auf CAD umzustellen, noch kann man auf die älteren Unterlagen verzichten oder diese in kurzer Zeit in CAD-Formate überführen.

Wie aber soll man den Umstieg organisieren und wie kann man die Unterlagen über längere Zeit parallel verwalten? Bild 5-12 zeigt eine geeignete Systemarchitektur.

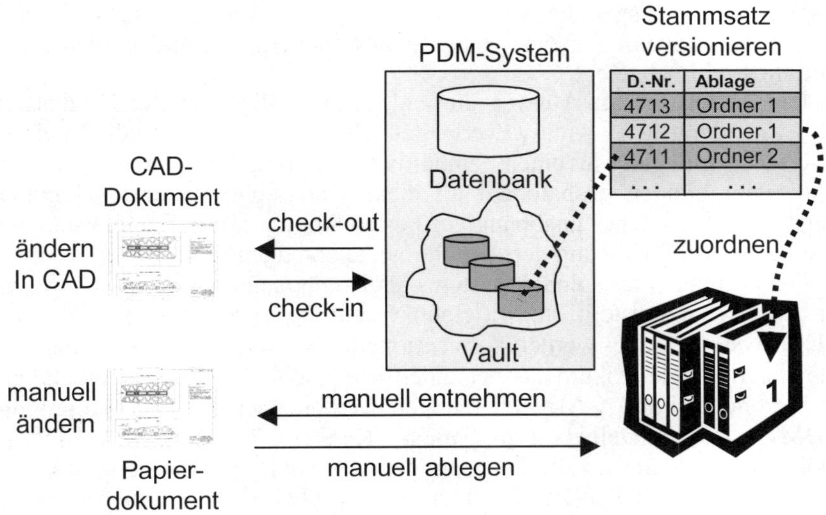

Bild 5-12: Änderung konventioneller Dokumente

Die gleichzeitige Arbeit mit traditionellen und CAD-Unterlagen erfordert eine sehr klare Organisation. Sehr wichtig ist zu klären, was das eigentliche Originaldokument ist. Im Falle der alten Papierzeichnung ist es natürlich dieses. Im Falle eines über CAD erstellten Dokumentes ist es jedoch nicht der Papierplott, sondern das CAD-File.

Soweit es sich um 3D-Konstruktionen handelt, sind es die zugehörigen Modellfiles. Änderungen sind prinzipiell nur an den Originalen zulässig (bzw. an den für die Änderung erstellten Kopien). Alle CAD-Dokumente werden natürlich im PDM-System verwaltet, welches auch die Änderungen steuert. Sinnvoll wäre es, auch für die Altdokumente im PDM-System Stammdaten anzulegen, so daß zwar die Änderung der Unterlage selbst auf konventionellem Wege erfolgt, der Änderungsablauf und die aktuellen Stati jedoch gleich zu den CAD-Dokumenten im PDM-System nachvollziehbar sind.

Geht man diesen Weg, so wird das PDM-System auch zum Verwaltungsinstrument der Zeichnungsarchive und ermöglicht einen einheitlichen Zugriff auf die Daten aller Dokumente. Allerdings ergibt sich das Problem, daß eine oft sehr große Anzahl von Stammdaten zu erfassen ist. Hier bleibt keine große Auswahl an Möglichkeiten. Entweder man nimmt den Erfassungsaufwand von oft vielen Hunderttausenden an Stammsätzen auf sich oder man erfaßt Zeichnungen jeweils beim ersten gewünschten Zugriff. Im letzten Fall verliert allerdings die Lukrativität der PDM-Abfrage, da man nie sicher sein kann, ob ein nicht gefundenes Dokument auch wirklich nicht existiert.

Die im PDM-System angelegten Stammdaten ermöglichen nun zwar bereits die Suche aller Dokumente, bieten jedoch keine Vereinfachung beim direkten Zugriff auf traditionelle Dokumente. Diese müssen weiterhin über das Archiv kopiert oder ausgeliehen werden. Und auch die mit CAD erstellten Zeichnungen werden meist weiterhin aus Sicherheitsgründen mikroverfilmt und im Archiv abgelegt.

Hier bietet sich als Ausweg die Anlage eines digitalen Zeichnungsarchivs an. Ein derartiges Archiv verwaltet alle Unterlagen (traditionelle, wie CAD-Zeichnungen) in einem einheitlichen Format auf einem Datenträger. Anwender können deshalb auf all diese Unterlagen sicher und einheitlich zugreifen. Als solches unabhängiges Format kommt nur in Frage, wenn es sich auch durch die Erfassung der Altdokumente erzeugen läßt.

Der Aufbau eines solchen Systems als Komponente eines PDM-Systems ist in Bild 5-13 dargestellt. Im Mittelpunkt steht die Verwaltungseinheit, d.h. das PDM-System. Dabei werden konventionelle, wie auch CAD-Zeichnungen als gleichberechtigte Dokumente behandelt. Unterschiede gibt es lediglich bei den zugeordneten Files. CAD-Zeichnungen werden über die CAD-Kopplung im PDM-System abgelegt (vgl. auch Kapitel 7). Damit erhält jeder Dokumentenstammsatz die Zuordnung zu den CAD-spezifischen Files.

Die konventionellen Zeichnungen müssen über einen Scannvorgang erfaßt werden. Hier muß man die Ersterfassung des gesamten Altbestandes und die Erfassung einzelner, im Laufe der weiteren Nutzung des Systems, noch anfallenden Zeichnungen unterscheiden. Während die spätere Erfassung einzelner Zeichnungen (z.B. nach einer traditionellen Änderung) kein großes Problem darstellt, bereitet das Laden von vielen 100tausenden Zeichnungen in kurzer Zeit größere Schwierigkeiten.

Meist ist es nicht notwendig, direkt die Papierdokumente zu scannen. In den meisten Fällen kann direkt auf die Mikrofilme zurückgegriffen werden. Der Vorteil ist dabei, daß es zum einen rein technisch viel einfacher ist, einen Mikrofilm zu scannen, als eine große Anzahl von A0- bis A4-Papier. Zum anderen, und das ist noch viel wichtiger, befinden sich diese Mikrofilme meist auf einer Art Lochkarten. In diesen Lochkarten sind die wichtigsten Stamminformationen (zumindest die Zeichnungsnummer, teilweise auch die Benennung) maschinenlesbar enthalten. Dadurch ist es möglich, große Mengen derartiger Zeichnungen automatisch zu scannen und gemeinsam mit den zugehörigen Stamminformationen in einem Übergabeverzeichnis bereitzustellen. Da es oft notwendig ist, die Scanns noch zu überarbeiten (bereinigen, drehen, formatieren), kann man diese Tätigkeit auch extern durchführen. Eine Urladefunktion des PDM-Systemes lädt dann direkt aus diesem Übergabebereich, legt die Stammsätze an und ordnet die Files zu.

Problematisch ist bei diesem Verfahren, daß zum einen die von den Karten gelesenen Daten oft nicht fehlerfrei sind (Nummern sind falsch oder doppelt erfaßt) und zum anderen für das PDM-System wichtige Informationen (teilweise die Benennung, Freigabedaten, Bearbeiter etc.) nicht mitgeliefert werden können. Hier können sich viele Unternehmen behelfen, die bereits mit einem ERP-System arbeiten.

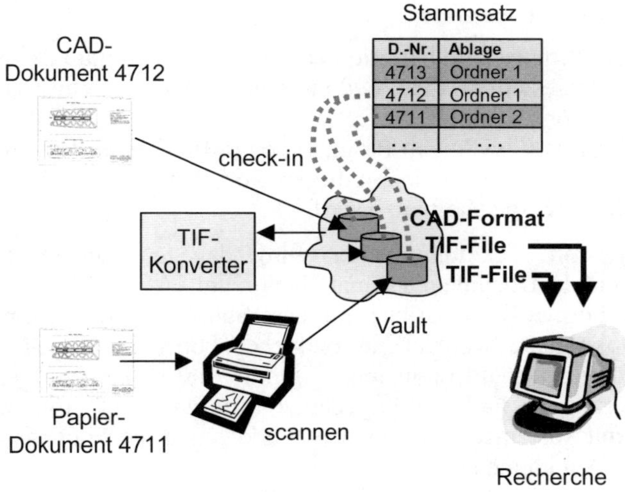

Bild 5-13: Files in einem digitalen Zeichnungsarchiv

Da in diesem alle freigegebenen Komponenten enthalten sind, ist es oft möglich, die Stammdaten des Scannprozesses mit den Stammdaten des ERP-Systems zu vergleichen. So können fehlerhafte Angaben gefunden und auch fehlende Informationen ergänzt werden. Nicht auswertbare Scanns müssen letztlich manuell überarbeitet und gespeichert werden. Mit diesem Vorgehen ist es möglich, bis zu 3000 Altzeichnungen pro Tag zu übernehmen. Die Erfahrungen zeigen, daß die Fehlerrate vergleichsweise gering ist.

Um alle Zeichnungen in einem einheitlichen Format im Archiv zu halten, müssen natürlich nun auch die CAD-Zeichnungen in dieses Format überführt werden. Dies erfolgt üblicherweise zum Zeitpunkt der Freigabe eines solchen Dokumentes. Dann wird im Hintergrund ein Konvertierungsvorgang angestoßen, der aus dem CAD-Format das Archivformat erzeugt. Dieser Konvertiervorgang ist nicht ganz unkritisch, da er meist ohne visuelle Kontrolle abläuft. So muß sichergestellt werden, daß auch wirklich alle signifikanten Zeichnungslayer erfaßt, die richtigen Rahmen geladen und alle Stammdaten korrekt aus dem PDM-System eingeschrieben worden sind.

Nach diesem Vorgang wird bei der Recherche auf eine freigegebene Zeichnung prinzipiell nur noch auf das neutrale Format zugegriffen – egal um welche Art von Zeichnung es sich handelt.

Als neutrales Fileformat kommt nur ein solches Format in Frage, welches sowohl aus den CAD-Files erzeugt, als auch über einen Scannvorgang erzeugt werden kann. Dies führt zur Einschränkung auf sogenannte Pixel-Formate. Zwar stehen hier eine ganze Reihe unterschiedlicher Formate zur Auswahl, allerdings hat sich TIF (Abkürzung auch als TIFF; TAGGED IMAGE FILE FORMAT) im wesentlichen im Zeichnungsbereich durchgesetzt.

Wichtige Gründe sind vor allem

- die günstigen Prognosen über die Verfügbarkeit (es muß mit großer Sicherheit sichergestellt werden, daß auch in Jahren noch ein Zugriff auf derartige Files möglich ist).
- die hohe Anzahl von wichtigen Programmen (z.B. Viewer, Editoren) und Hardware (Scanner, Plotter) die mit diesem Format arbeiten können
- der relativ günstige Speicherplatzbedarf

Bei der Arbeit mit Textdokumenten wird dagegen zunehmend das PDF-Format (Portable Document Format) bevorzugt [ADS-97]. Dieses von Adobe® kreierte Format ist ein offener de-facto Standard geworden, mit dem elektronische Dokumente weltweit in einfacher Form übertragen werden können. Es beschreibt plattformunabhängig alle im Dokument genutzten Fonds, Formatierungen, Farben, eingebettete Grafiken usf. Ein weiterer Vorteil ist, daß mit kostenfrei vertriebenen Werkzeugen die Files visualisiert oder gedruckt werden können.

Eine wichtige Besonderheit bei der Arbeit mit einer solchen Archivkomponente im PDM-System ergibt sich im Änderungewesen, da hier konventionelle Dokumente und CAD-Dokumente unterschiedlich zu behandeln sind (vgl. Kapiel 5.6).

Im Moment der Änderung einer konventionellen Zeichnung ist auch zu entscheiden, welches Werkzeug für die Änderung verwendet wird.

Eine Möglichkeit besteht darin, daß die Papierdokumente weiterhin über das Zeichnungsarchiv ausgeliehen werden. Nach erfolgter Änderung werden die Zeichnungen wieder eingescannt und der Scann-File an den über die Änderung im PDM-System angelegten neuen Stammsatz zugeordnet.

Sinnvoller erscheint es, die Änderungen nur noch über den Rechner durchzuführen. Im Moment der notwendigen Änderung einer Altzeichnung muß entschieden werden, ob sich die Überführung in ein CAD-Dokument lohnt (das Teil wird noch über längere Zeit aktiv bleiben; es handelt sich um eine größere Änderung) oder ob die Änderung auf dem konventionellen Dokument erfolgen soll (das Teil wird in absehbarer Zeit inaktiv; nur kleine Änderung erforderlich).

Eine Änderung auf dem konventionellen Dokument kann dann am Rechner unter Nutzung von sogenannten Pixel-Editoren erfolgen. Diese ermöglichen eine direkte Änderung am Pixelfile, wie Löschen von Elementen, Eingabe neuer grafischer Elemente oder Texte. Nach durchgeführter Änderung kann man dann das Ergebnis entweder wieder als vollständigen Pixel-File ablegen oder ein sogenanntes Hybridformat erzeugen. Im ersten Fall werden alle durchgeführten Änderungen in das ursprüngliche Pixelformat konvertiert. Damit stehen diese Änderungen bei einer weiteren Änderung nicht mehr direkt zur Verfügung und können lediglich mit den einfachen Werkzeugen des Pixeleditors bearbeitet werden.

Wird ein Hybridformat erzeugt, so speichert das System den ursprünglichen Pixelfile und in einem weiteren File alle durchgeführten Änderungen. Diese stehen später auch direkt wieder zur Verfügung und können damit auch intelligenter geändert werden. Allerdings hat sich diese Arbeitsweise in der Praxis nicht durchgesetzt.

Wird entschieden, im Rahmen der Änderung eine Überführung in ein CAD-Format vorzunehmen, so ist dies vom Arbeitsaufwand einer Neukonstruktion gleichzusetzen. Trotzdem führt bei wichtigen Teilen kein Weg an dieser Arbeit vorbei. Bereits seit Mitte der 80er Jahre erfolgten Versuche, Zeichnungen im Pixelformat automatisch zu interpretieren und in CAD-Formate zu überführen. Sie haben zu keinen produktiv einsetzbaren Systemen geführt, da zum einen die Fehlerrate viel zu hoch geblieben ist und zum anderen es kaum möglich war, die im CAD-System benötigte Struktur der Zeichnung (z.B. Layerbelegungen; Parametrisierung) zu erzeugen [GUB-89, FKM-96].

Auch die Hilfestellung durch Überlagerungsverfahren führt nur zu einer geringen Verbesserung der Situation. Hier wird der Pixelfile im Hintergrund gezeigt und man kann auf einem übergeordneten Layer die neue Zeichnung konstruieren.

All diese Unterstützungsmethoden verlieren jedoch in einer Zeit, in der die meisten Unternehmen mehr und mehr auf die Nutzung von 3D-Systemen übergehen, an Bedeutung. Denn jetzt geht es nicht mehr darum, eine konventionelle Zeichnung in eine CAD-Zeichnung zu überführen. Vielmehr muß jetzt ein vollwertiges 3D-Modell erzeugt werden. Und dies erfordert in jedem Fall eine Neukonstruktion des Modells.

5.2.4 Dokumentenstrukturen

Viele Unterlagen, sowohl im technischen Bereich, als auch im Bereich der administrativen Dokumente bestehen nicht nur aus einer einzelnen Komponente. Briefe und andere Schreiben, wie Angebote oder Aufträge, sind oft über mehrere Seiten verfaßt. Solche Seiten werden meist auch in einem File des Erzeugersystems abgespeichert. Dies gilt auch für gescannte Unterlagen. Auch hier ist es möglich, mehrere Seiten in einem Imagefile abzulegen. Man spricht in diesem Fall von (multi-page. In all diesen Fällen entsteht im PDM-System auch nur ein zugeordneter Metadatensatz (Bild 5-14).

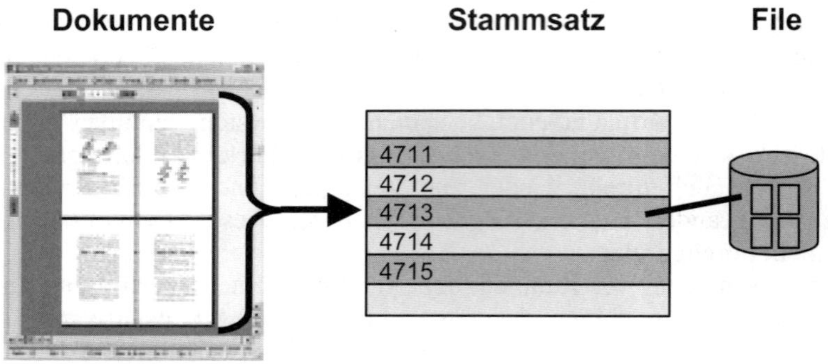

Bild 5-14: Verwaltung mehrseitiger Dokumente

Technische Zeichnungen bestehen häufig aus mehreren Blättern. Hierzu wurde bereits weiter vorn ausgeführt, daß je nach Erzeugersystem diese einzelnen Blätter in einem File (z.B. SolidWorks – dann wird auch nur ein Stammsatz angelegt) oder auch in jeweils einem File (z.B. ME10 – dann werden Stammsätze für jedes Blatt angelegt) gespeichert werden können (Bild 5-15).

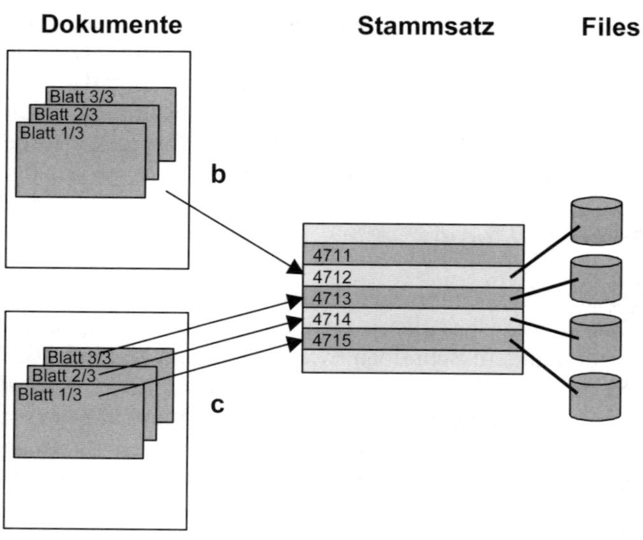

Bild 5-15: Verwaltung von Zeichnungen mit mehreren Blättern

Besonders im Fall der Office Dokumente wird oft übersehen, daß diese durch derart eingebundene Komponenten oft sehr kompliziert strukturiert sind. Ein Beispiel dafür kann das Manuskript zu dem vorliegenden Buch sein.

Während der laufende Text mit einem Textverarbeitungssystem (WORD) bearbeitet ist, wurden die meisten Bilder in einem speziellen Grafikprogramm (POWERPOINT) bearbeitet. Die fertigen Bilder hat man dann in das Textdokument eingefügt. Dies bedeutet, daß im PDM-System Stammdaten und Files getrennt für das Basisdokument sowie die eingefügten Objekte bestehen (Bild 5-16).

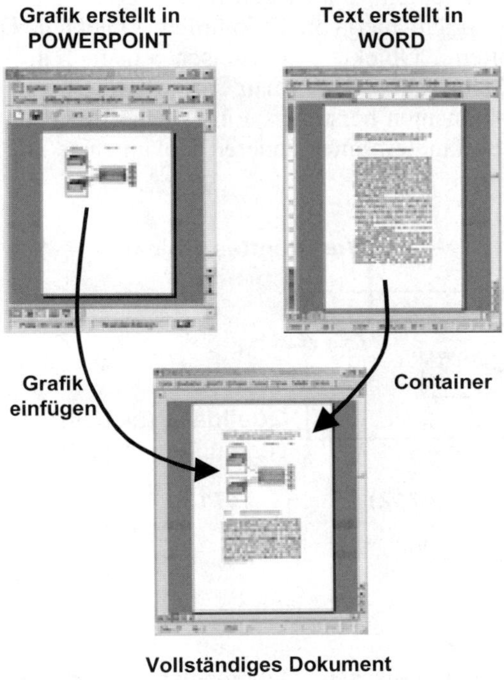

Bild 5-16: Erstellung strukturierter Dokumente

Diese Vorgehensweise hat eine ganze Reihe von Vorteilen gegenüber einer geschlossenen Bearbeitung in nur einem System bzw. Dokument. So stehen in speziellen Bearbeitungssystemen meist auch bessere, weil angepaßte Funktionen und Werkzeuge, zur Verfügung. Weiterhin können die Komponenten vor allem bei großen Dokumenten, einfacher bearbeitet werden, da diese Komponenten dann kleiner sind und z.B. schneller geladen und gespeichert werden. Und schließlich ist eine getrennte Verwaltung eine Voraussetzung für eine Mehrfachverwendung, was vor allem bei der Erstellung von Dokumentationen und Katalogen sehr wichtig ist (vgl. Kapitel 5.7 – Publishing).

Wie in Bild 5-17 dargestellt, muß man dabei zwei unterschiedliche Methoden des Einfügens unterscheiden.

So kann man ein Objekt (z.B. eine Graphik), die im PDM-System bereits vorhanden ist, komplett in das Basisdokument einbinden. Man spricht von eingebetteten Objekten. Diese verlieren dann ihre Beziehung zum Ursprungsobjekt. Ändert sich dieses, so erfolgt keine Änderung des eingebetteten Objektes. Dies bedeutet auch, daß im PDM-System keine Beziehung zwischen beiden Dokumenten aufgebaut wird.

Wünscht man, daß eine Änderung des Quellobjektes auch eine Aktualisierung aller Verwendungen nach sich zieht, so lädt man das einzufügende Objekt nicht komplett ein, sondern erzeugt einen Link zwischen Container und Objekt. Man spricht hier von verknüpften Objekten. Da die Änderung aller verknüpften Objekte dynamisch auch in allen Containerdokumenten erfolgen soll, muß man im PDM-System eine Beziehung zwischen den Dokumenten herstellen. Eine solche Beziehung, die angibt, welches Dokument Bestandteil eines anderen Dokumentes ist, nennt man Strukturbeziehung.

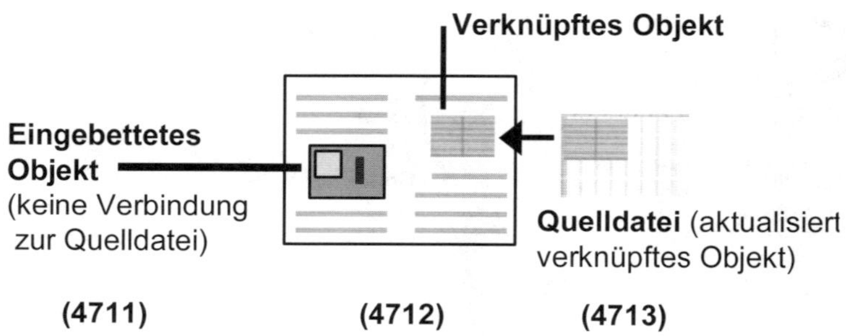

Bild 5-17: Eingefügte Objekte

Die Bildung von Strukturen zwischen Dokumenten ist immer dann erforderlich, wenn eine Mehrfachverwendung eines Dokumentes möglich ist. Denn nur so kann garantiert werden, daß ein geladenes Containerdokument immer den wirklich aktuellsten Stand darstellt. Über Methoden des Ladens und Speicherns von strukturierten Dokumenten sei auf Kapitel 4 verwiesen.

Diese Beziehungen sind in Bild 5-18 dargestellt. Für jedes der einzeln existierenden Dokumente (der zwei Containerdokumente, der Tabelle und dem Grafikobjekt) wird im PDM-System ein Stammsatz angelegt. Da die Tabelle in die Container verknüpft wurde, so wird im PDM-System zwischen den Stammdaten der Container und der Tabelle je eine Strukturbeziehung aufgebaut. Das jeweils eingebundene Grafikobjekt erhält keine Verknüpfung im PDM-System. Damit kann später auch keine Aktualisierung erfolgen.

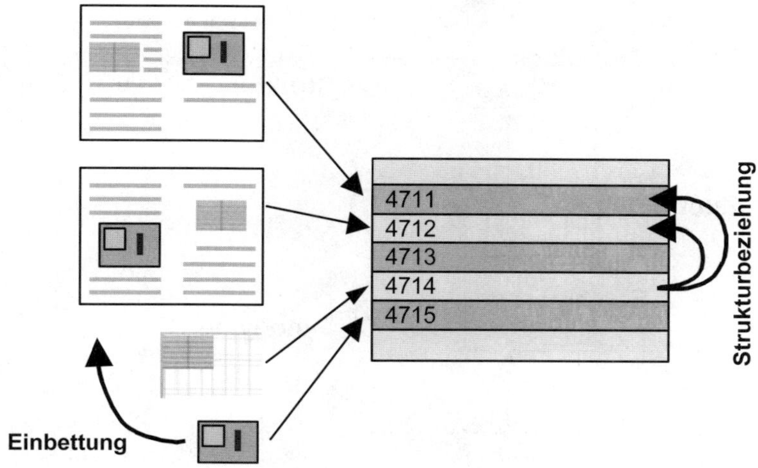

Bild 5-18: Strukturen verknüpfter Dokumente

Diese bisher an Office-Dokumenten dargestellten Strukturbeziehungen sind vor allem bei technischen Dokumenten, wie den 3D-Modellen, unverzichtbar. Da derartige Modelle sehr groß werden können und vor allem die einzelnen Komponenten meist eine hohe Wiederverwendung aufweisen, ist eine Verknüpfung der einzelnen Komponenten die Regel. Einzelheiten hierzu siehe Kapitel 7.

5.3 Gruppentechnik

Mit Hilfe verschiedener bekannter Methoden der Gruppentechnik soll dem Anwender die Möglichkeit gegeben werden, auf einzelne Objekte schneller und gezielter zugreifen zu können [VAJ-92]. Dazu werden Merkmale definiert und zur Auswahl angeboten, die Gruppen ähnlicher Objekte einer Klasse (z.B. Artikel oder Dokumente) zusammenfassen (vgl. Kapitel 4.2). Im Folgenden soll auf die Umsetzung einiger Varianten der Gruppentechnik in PDM-Systemen näher eingegangen werden.

5.3.1 Schlagworte

Die Schlagworttechnik gehört zu den ahierarchischen Ordnungssystemen. Um die häufig sehr große Zahl einzelner Schlagworte in einer für den Anwender sinnvollen Art ordnen zu können, werden meist Kataloge aufgebaut (Bild 5-19).

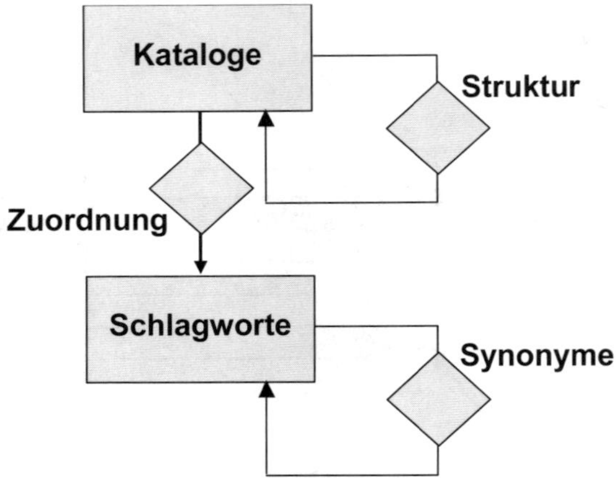

Bild 5-19: Datenmodell eines Schlagwortverzeichnisses

Kataloge enthalten alle zu einem typischen Anwendungsgebiet benötigten Schlagworte. Damit wird die Auswahl bestimmter Schlagworte stark vereinfacht. Um die natürliche Unschärfe bei der Auswahl der für eine Suchanfrage sinnvollen Worte besser abbilden zu können, besteht die Möglichkeit, Beziehungen zwischen den Schlagworten aufzubauen und damit zulässige Synonyme festzulegen. Bild 5-20 zeigt als Beispiel einen kleinen Ausschnitt eines Kataloges zum Themengebiet „Auto".

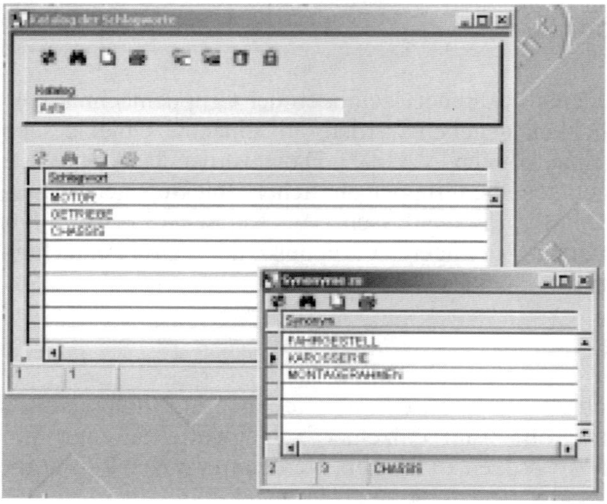

Bild 5-20: Zuordnung von Synonymen zu Schlagworten

Dem Schlagwort „Chassis“ sind dabei die Synonyme „Fahrgestell“, Karosserie“ sowie „Montagerahmen“ zugeordnet. Bei einer Suchanfrage ergibt die Anwendung aller Synonyme die gleiche Treffermenge (Bild 5-21).

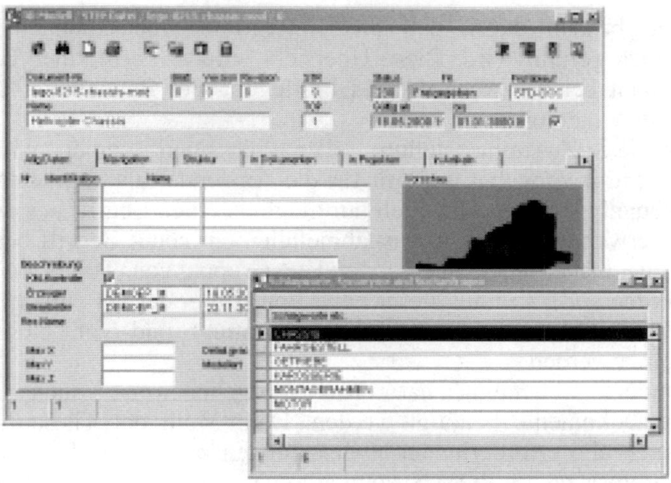

Bild 5-21: Zugriff auf ein Dokument über Schlagworte

Es gibt verschiedene Ansätze, die Suche mit Schlagworten effizienter zu gestalten und auch bei großen Datenbeständen über eine ausreichende Zahl angegebener Schlagworte die Ergebnismenge ausreichend schnell einzuschränken. So kann unter Nutzung des Verfahrens der formalen Begriffsanalyse jedes Objekt zunächst mit einer beliebigen Anzahl von Schlagworten indexiert werden. Die Suche erfolgt dann inkrementell durch Angabe von Schlagworten. Dem Benutzer werden im Auswahlprozeß laufend die Menge noch nutzbarer weiterer Schlagworte angeboten, so daß die Ergebnismenge nicht leer ist. Diese Methode scheint für eine effektive und zielgerichtete Nutzung von Schlagworten sehr interessant. [LIN-95]

5.3.2 Thesauri

Der Thesaurus, als ein hierarchisches Ordnungsverfahren, wird bei der Stammsatzverwaltung besonders häufig für die Benennung (als eines der am häufigsten genutzten Suchfelder) verwendet.

Die Benennung gibt meist einen geläufigen Hinweis auf die Art oder Funktion des Objektes (z.B. „Welle“, „Getriebegehäuse“, etc.) Werden die Benennungen neuer Teile verantwortungsbewußt vergeben, so eignen sie sich durchaus, die Objekte sinnvoll in Gruppen einzuteilen. Der gewählte Begriff für die Benennung ist dann gleichzeitig das identifizierende Merkmal dieser Gruppe. Problematisch ist dieses Vorgehen vor allem dann, wenn die Benennung frei vergebbar ist und nicht weiter kontrolliert wird. Durch unzweckmäßig gewählte Namen und besonders durch ähnliche Schreibweisen, die für gleiche Gruppen von Objekten stehen, kommt es oft dazu, daß Suchanfragen über die Benennung zu keinem sicheren Ergebnis kommen oder zumindest durch notwendige Mehrfachanfragen sehr aufwendig werden können.

Ein Ausweg besteht darin, daß im Hintergrund eine Übersicht aller zulässigen Namen geführt wird. Diese Übersicht wird in Form einer Tabelle angelegt und steht bei der Auswahl und Festlegung der Benennung für ein neues Objekt zur Verfügung.

Diese geordnete Zusammenstellung aller zulässigen Namen wird im Unternehmen zentral verwaltet und gilt für die Anwender als abgeschlossen. D.h. bei der Neuanlage ist es prinzipiell nur möglich, einen Begriff aus diesem Thesaurus zu verwenden. Wird in Ausnahmefällen ein neuer Begriff benötigt (z.B., wenn eine bisher noch nie verwendete Gruppe von Teilen erstmals angewandt werden soll), so muß dieser neue Begriff bei der verantwortlichen Abteilung (meist der zentralen Normung) beantragt und von dieser im Thesaurus ergänzt werden.

Eine besondere Bedeutung hat diese Vorgehensweise auch, wenn mehrsprachige Dokumente benötigt werden. Dann stellt der Thesaurus im Hintergrund auch alle erforderlichen Übersetzungen bereit, die dann bei der Anlage des Stammsatzes im PDM-System automatisch ergänzt werden. Da es dem Nutzer in vielen Fällen überhaupt nicht möglich ist, alle benötigten Übersetzungen selbst vorzunehmen (oft können diese auf den verfügbaren ein- und Ausgabegeräten gar nicht gehandelt werden, z.B. bei vielen asiatischen Sprachen), führt nur die Verwendung einer solchen Auswahltabelle zu vernünftigen Ergebnissen. Übrigens ist im Zuge der Produkthaftung die Forderung an korrekte Übersetzungen so groß, daß selbst für die Einträge im Thesaurus Freigabeprozeduren angewandt werden, die vor der Nutzung eines neuen Eintrages eine Prüfung und Freigabe erfordern.

In Bild 5-22 erfolgt eine derartige Auswahl.

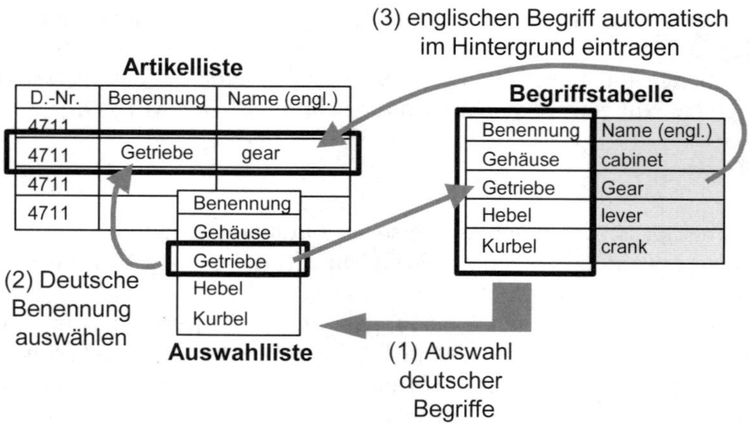

Bild 5-22: Arbeit mit Begriffsauswahllisten

Man kann folgende Schritten erkennen:

1. Aus einer Begriffstabelle wird eine Auswahlliste mit Begriffen der aktuellen Sprache (hier deutsch) zusammengestellt und dem Anwender zur Ermittlung der benötigten Benennung angeboten
2. Der gewählte Begriff wird in das deutschsprachige Benennungsfeld der Artikelliste übernommen.
3. Im Hintergrund wird mit diesem Begriff in der Begriffstabelle der zugeordnete englischsprachige Begriff ermittelt.
4. Dieser englischsprachige Begriff wird automatisch im Hintergrund im Artikelstammsatz ergänzt.

Werden Benennungen in der beschriebenen Art und Weise vergeben, so führt eine Suchanfrage nach einem speziellen Namen (auch hier wird die Auswahl möglicher Suchbegriffe über den Thesaurus unterstützt) zu einem Überblick aller Objekte, der mit dem Begriff beschriebenen Klasse.

5.3.3 Sachmerkmalleisten

Sollen Objekte durch zusätzliche Attribute beschrieben werden, so bietet sich, sofern es sich um Attribute handelt, welche nicht für alle Objekte, sondern nur für eine bestimmte Teilmenge relevant sind, die Verwendung von *Sachmerkmalleisten* an (vgl. Kapitel 4.2).

Sachmerkmalleisten bringen vor allem dann Vorteile, wenn viele Gruppen von Objekten (*Gegenstandsgruppen*) mit sehr unterschiedlichen Eigenschaften zu beschreiben sind. Die Voraussetzung dafür ist, daß jeder Gegenstandsgruppe individuell Merkmale zugeordnet werden können, welche andere Gruppen nicht zwangsläufig auch belegen müssen. Eine Aufnahme in den Stammsatz scheidet damit von vornherein aus.

Vielmehr wird entsprechend Bild 5-23 eine neue Objektklasse für Gegenstandsgruppen eingeführt. Gegenstandsgruppen beschreiben jeweils eine Gruppe ähnlicher Objekte, die sich durch gleiche Attribute auszeichnen. Jede Gruppe wird mit dem Gruppennamen, dem Klassencode und einer Reihe weiterer Eigenschaften beschrieben. Zusätzlich ist es möglich, jeder Gruppe beliebig viele Attributdefinitionen (Sachmerkmale) zuzuordnen. Dies sind Sachmerkmale, welche alle Mitglieder der jeweiligen Gruppe besitzen. Sie sind neben einer Identifikation (Kennbuchstabe) und einer Benennung auch durch den Datentyp (z.B. numerisches oder alphanumerisches Attribut) festgelegt. Da Sachmerkmalleisten erst in Abhängigkeit einer konkreten betrieblichen Anwendung definiert werden und jede Gruppe eine zuvor nicht festlegbare Anzahl von Attributen beliebigen Typs erhalten kann, ist die Entscheidung für das rechentechnische Datenmodell der Attribute nicht trivial. Dies gilt vor allem, weil Forderungen nach einfacher Handhabung und flexibler Erweiterbarkeit sowie hoher Performance auch bei großen Objektmengen nicht leicht gleichzeitig erfüllt werden können. Die Ablage von allen Merkmalen in einer einzigen Tabelle und eine Auswertung über die separate Definition der einzelnen Felder führt häufig zu schlechten Antwortzeiten. Eine Organisation mit separaten Tabellen für die einzelnen

Klassen hat wiederum Nachteile für die Administration sowie das Behandeln von vererbten Attributen.

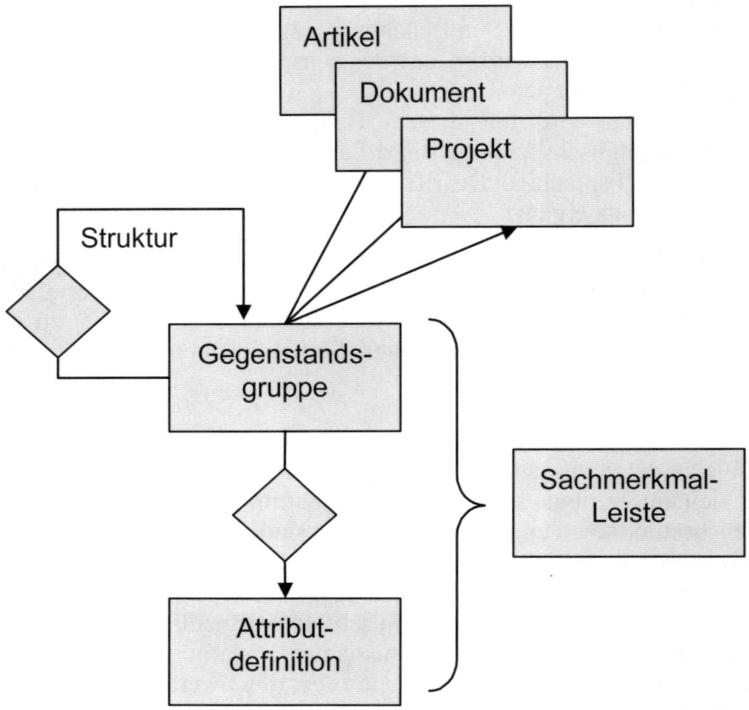

Bild 5-23: Vereinfachtes Datenmodell eines Sachmerkmalleisten-Moduls

Gruppen können weiter strukturiert werden. Jede untergeordnete Gruppe beschreibt dann lediglich eine Teilmenge der übergeordneten Gruppe und kann weitere (spezifische) Attribute erhalten. Interessant ist die in den meisten Realisierungen vorgesehene Möglichkeit der Vererbung Attributdefinitionen. Damit stehen in übergeordneten Gruppen definierte Attribute auch allen untergeordneten Gruppen zur Verfügung. Dies vereinfacht die Beschreibung der einzelnen Gegenstandsgruppen und erleichtert dem Anwender die Suche nach einzelnen Objekten, da er mit den „globalen" Attributen auch gruppenübergreifend suchen kann. Bild 5-24 zeigt dies am Beispiel der Artikel-Gegenstandsgruppe „Lager".

Ausschnittweise ist dargestellt, wie die Gegenstandsgruppe „Lager" durch die Unterordnung von Teilgruppen („Gleitlager", „Wälzlager") weiter detailliert wird.

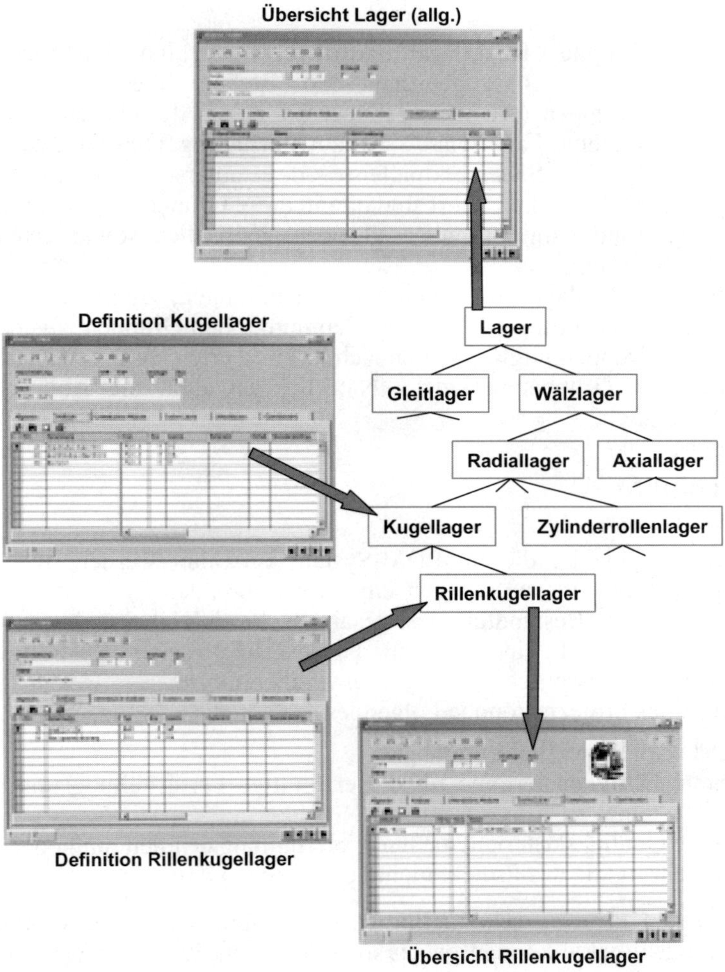

Bild 5-24: Gegenstandsgruppenstruktur für die Klasse „Lager"

Dies kann über mehrere Stufen fortgeführt werden:

- Wälzlager
  - Axiallager
    - ...
  - Radiallager
    - Kugellager
      - Rillenkugellager
      - ...
    - Zylinderrollenlager
      - ...
    - ...

Werden der Gruppe „Kugellager“ Attribute (hier „Innendurchmesser“, „Außendurchmesser“, ...) zugeordnet, so stehen diese auch den untergeordneten Gruppen („Rillenkugellager“) - neben den diesen Gruppen spezifischen Attributen („Lagerreihe“, ...) - zur Verfügung. Dies wird deutlich, wenn man sich die Sachmerkmalleiste der untersten Gruppe (hier „Rillenkugellager“) betrachtet. Dort sind alle in diese Gruppe aufgenommenen Artikel sichtbar und dann mit allen gruppenspezifischen sowie vererbten Attributen beschrieben.

Sinnvoll ist die Ablage von bildhaften Darstellungen, zumindest für die untersten Gegenstandsgruppen. Diese werden immer den Gruppen zugeordnet (da sie für alle Gruppenmitglieder identisch ist) und erleichtern vor allem die Interpretation der Gruppenmerkmale. Natürlich ist auch die Ablage von Videos o.Ä. möglich.

5.4 Projekte

Die meisten Objekte, die im PDM-System verwaltet werden, wie z.B. Artikel oder Dokumente, unterliegen einer fortwährenden Bearbeitung oder Änderung. Sie sind Bestandteil des gesamten Produktlebenszyklus. Jeder Änderungsvorgang stellt einen Prozeß dar, der bzgl. seiner Restriktionen, Zielstellungen und Ressourcen in *Projekten* verankert wird.

Die Ziele eines Projekts können Folgendes umfassen:

- eine Liste des Projektlieferumfangs,
- bestimmte Fälligkeitstermine für die endgültige Fertigstellung und auch für Meilensteine,
- bestimmte Qualitätskriterien, die der Lieferumfang erfüllen muß oder
- Kostengrenzen, die das Projekt nicht überschreiten darf.

Damit können Projekte sehr vielfältige Charaktere haben. Entwicklungs- oder Änderungsprojekte können genau so erfaßt sein, wie Auftragsprojekte. Das Projekt wird als Konstrukt genutzt, um alle bei der Bearbeitung eines Prozesses anfallenden und benötigten Daten ablauforientiert zu strukturieren und einzelnen Teilaufgaben zuordnen zu können. Die Zielstellungen können dabei sehr breit gefächert sein und von der reinen Ordnungsfunktion für Produktdaten bis zum Controlling der Projekte reichen.

Zwar gibt es auf dem Markt eine ganze Reihe von spezifischen Projektmanagementprogrammen, aber es erweist sich als vorteilhaft, derartige Funktionalitäten in PDM einzubeziehen, da dort bereits die in erster Linie benötigten Daten gepflegt werden:

- Angebote und Verträge stellen Ablaufrahmen und Aktivitäten bereit
- Kunden- und Partnerdaten
- Informationen über Mitarbeiter und Arbeitsplatzbeschreibungen
- Projekt-spezifische Konfigurationsdaten
- Produktstrukturen
- Dokumente, wie Zeichnungen und Spezifikationen

Im Kern steht dabei die klassische Verwaltung von Projektstrukturen. So kann ein Projekt zunächst in feinere Teilprojekte gegliedert werden, die Aufgaben für bestimmte Teams oder Aufgaben, die zu einem bestimmten Termin beendet sein müssen, zusammenfaßt. Diesen Teilprojekten werden dann die betroffenen Daten, wie Dokumente oder Artikel zugeordnet. Die Strukturbildung ist im PDM System dabei sehr flexibel (z.B. Kopieren von Projektstrukturen) und bzgl. ihrer Tiefe unbegrenzt. Es stehen natürlich auch an dieser Stelle Werkzeuge für eine hochwertige Auswertung der Strukturen (wie Strukturauflösungen oder Verwendungsnachweise) zur Verfügung.

Über die klassische Verwaltung solcher reinen Projektstrukturen geht das erweiterte Projektmanagement hinaus (Bild 5-25), wie es PLM-Systeme anbieten.

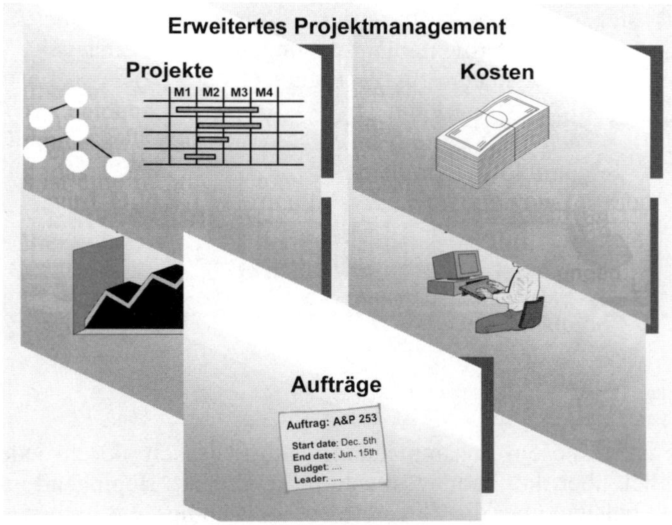

Bild 5-25: Komponenten des erweiterten Projektmanagement im PLM

Dabei werden die zuvor genannten weiteren Komponenten des PDM-Systems genutzt, so daß sich erweiterte Möglichkeiten in Richtung

- Kosten- und Budgetplanung,
- Ressourcenplanung,
- Aktivitätskontrolle (Rückmeldung und Kontrolle) und
- Auftrags- und Kundenmanagement

ergeben.

Die enge Zusammenführung von Projektmanagement und PDM-Funktionalität beseitigt die bei konventionellen Projektmanagementsystemen vorhandene Trennung von Produkt- und Prozeßdaten (die oft genug zu duplizierten Informationen führen) und führt auch Projektplanung und Projektausführung näher zusammen.

In diesem Zusammenhang ist natürlich die Vielfalt der mit dem PDM-System gekoppelten weiteren Applikationen, die bei der Projektbearbeitung eine große Rolle spielen (wie CAD oder DTP), ein großer Vorteil. Gerade bei Unternehmen mit großem Engineering- und Entwicklungsanteil (engineering to order, Kleinserienfertigung) ist dies wichtig. PDM-Systeme mit integriertem Projektmanagement bieten hier durchaus die Chance, auf weitere komplexe Software wie ERP, zu verzichten. Denn in diesen Fällen bietet das auf PDM basierte Projektmanagement einen besonders hohen Grad an Flexibilität bei der Planung, Durchführung und Kontrolle der Entwicklungsaufgaben.

Den Elementen der Projektstruktur werden dabei im zweiten Schritt Materialien und erforderliche Arbeitsschritte (Jobs) zugeordnet. Als Basis einer einfachen Kalkulation werden weiterhin Materialkosten sowie geschätzte Arbeitsschrittkosten ergänzt. In der Auswertung stehen dann Preiskalkulationen, Projektablaufplanungen oder auch Ressourcenbelegungsübersichten zur Verfügung (Bild 5-26).

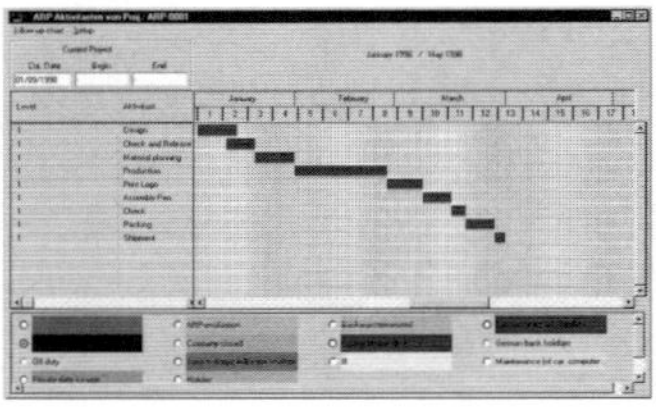

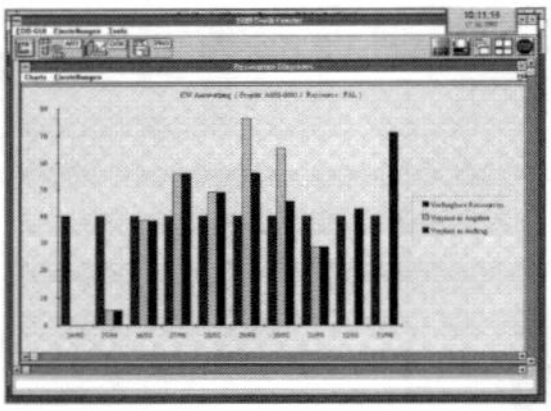

Bild 5-26: Zeit- und Ressourcenplanung im PLM

Interessant ist in diesem Zusammenhang natürlich auch, der zu jeder Zeit genaue Überblick über die Planungssituation des Projekt. Beginnend mit dem ersten Angebot entsteht über die Zeitachse ein vollständige Zusammenstellung aller evtl. Folgeangebote und Aufträge incl. der diesen zugeordneten Artikel (Bild 5-27). Ausgehend vom im System abgelegten Preis jeden Artikels ist es auf einfache Weise möglich eine überschlägige Kalkulation für jedes Angebot, den resultierenden Auftrag und somit das gesamte Projekt abzuleiten.

Große Vorteile ergeben sich, wenn die Projektbearbeitung im PDM-System eng mit dem Workflow bzw. der Anforderungsverfolgung synchronisiert wird.

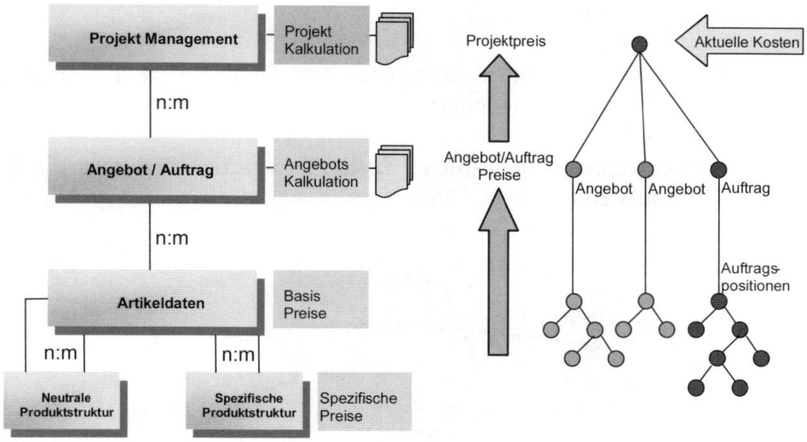

Bild 5-27: Mitlaufendes Projektmanagement über Angebot und Auftrag

5.5 Freigabe- und Änderungswesen

Der Entwicklungsfortschritt jeder Produktkomponente wird im PDM-System durch einen wiederholten Zyklus von Freigabe und Änderung beschrieben.

Freigabewesen

Nach Kapitel 4.5 werden Freigaben durch die Bearbeitung von sogenannten *Prüfabläufen* vorgenommen. Diese legen alle erlaubten Übergänge zwischen einem beliebigen Status und seinen potentiellen Nachfolgern fest. Jedem im PDM-System angelegten Objekt muß zwingend ein derartiger Prüfablauf zugeordnet werden.

Alle im System verfügbaren Prüfabläufe sind aus einer beliebigen Anzahl von *Zuständen* zusammengesetzt, welche über *Ablaufschritte* verknüpft sind (Bild 5-28). Ein Zustand (oder auch *Status*) eines Prüfablaufes stammt aus der Menge aller in der Statusverwaltung definierten *Ablaufzustände*. Diese werden unabhängig von einem bestimmten Prüfablauf beschrieben und stehen allen potentiellen Abläufen zur Verfügung. Jeder Zustand ist u.a. beschrieben durch

- *Status*;
  d.h. den Namen des Zustandes
- *Reifegrad;*
  (siehe dazu Kapitel 4.2)
- *Fortschrittskenner*;
  Diese Zahl ist ein Pseudonym für die Statusangabe und dient systemintern für die Kennzeichnung eines Zustandes. Dies ist insbesondere sinnvoll

und erforderlich, da die Statusangabe sprachabhängig ist und ggf. auch später geändert werden kann.

- *Release-Flag*(R);
  Mit diesem Flag wird ein Kennzeichen für solche Zustände festgelegt, in denen ein Objekt als freigegeben gilt.
- *Modify-Flag(M);*
  Dieses Flag kennzeichnet solche Zustände, aus denen heraus die Kopie auf eine neue Version eines Objektes zulässig ist.

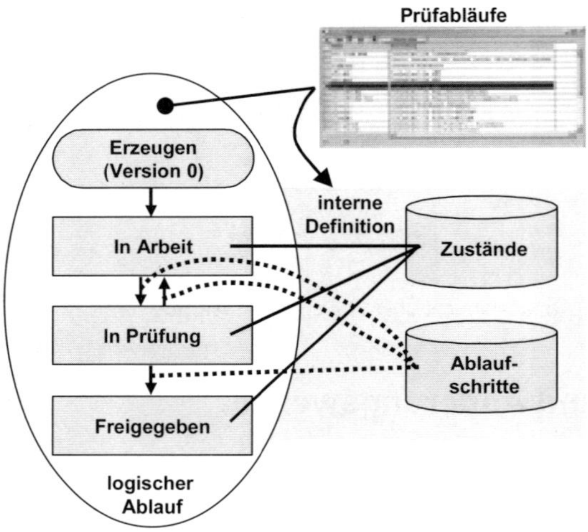

Bild 5-28: Abbildung eines Prüfablaufes über Zustände und Schritte

Prüfabläufe entstehen im PDM System durch eine (heute meist grafisch durchgeführte) Verknüpfung der für den Ablauf relevanten Zustände (Bild 5-29). Dabei können alle benötigten Zustände aus der Liste der Ablaufzustände ausgewählt werden, während die Übergänge zwischen jeweils einem Status und seinem Nachfolger in zwei Schritten festgelegt werden müssen. Im ersten Schritt kann grafisch der Übergang durch eine gerichtete Beziehung zwischen den zwei beteiligten Zuständen festgelegt werden.

Im zweiten Schritt ist es notwendig die spezifischen Merkmale des Überganges durch Angabe weiterer Daten zu präzisieren.

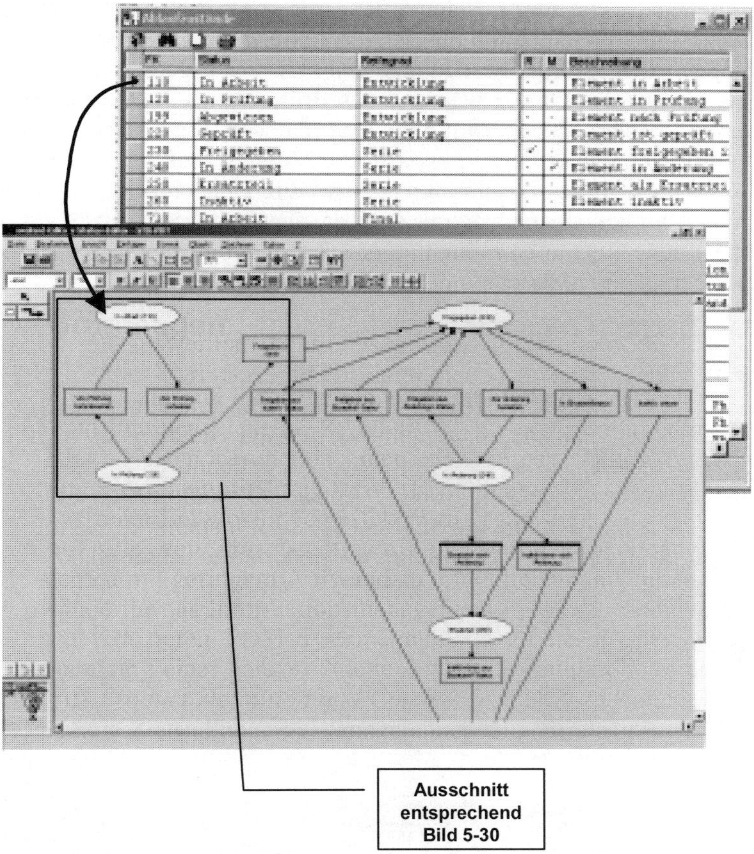

Bild 5-29: Modellierung eines Prüfablaufes durch Zusammenstellung von Ablaufzuständen (Quelle: axalant)

Dies umfaßt drei Gruppen von Angaben (Bild 5-30). Zuerst muß festgelegt werden, wer zur Durchführung des Statuswechsels berechtigt ist. Dazu wird die berechtigte Nutzergruppe angegeben oder die Rolle festgelegt, die der Durchführende besitzen muß (z.B. muß derjenige, der ein Dokument aus dem Zustand „Normungsprüfung“ freigibt, entweder der Gruppe der „Normung“ angehören oder die Rolle „Normungsmitarbeiter“ besitzen).

Ein Zustandswechsel ist zumeist damit verbunden, daß das betreffende Objekt im neuen Zustand geänderte Rechte für einen Zugriff erfordert. Wichtig ist dabei vor allem, daß meist der bisherige Verantwortliche nachfolgend keinen weiteren Zugriff auf das Objekt besitzt. Gibt z.B. ein Bearbeiter ein Dokument zur Prüfung, so wird er fortan selbst keinen weiteren Änderungszugriff auf das Dokument besitzen. Wird ein Artikel freigegeben, so kann künftig kein Nutzer weiter Änderungen an dieser Artikelversion vornehmen. Aus diesem Grunde werden für jede Zustandsänderung Angaben über den neuen Eigentümer („Eigentümer“ und „Gruppe“) sowie die diesem Eigentümer zugeordneten neuen Zugriffsrechte festgelegt. An dieser Stelle sei darauf hingewiesen, daß die Festlegung der Folge von Eigentümern und deren Zugriffsrechte auf das Objekt während des Prüfablaufes genau überlegt sein will. Denn in vielen Fällen wird von einem neuen Eigentümer (z.B. dem „Prüfer“) erwartet, daß er besonders kritische Eingriffe (z.B. „Löschen“) nicht durchführen darf. Eine Beschränkung der Zugriffsrechte für den neuen Eigentümer führt jedoch nicht zum Ziel, da dieser sich ja selbst (als neuer Eigentümer) neue Rechte einräumen kann. Hier ist es ratsam, Eigentümer als nicht-reale Personen einzurichten.

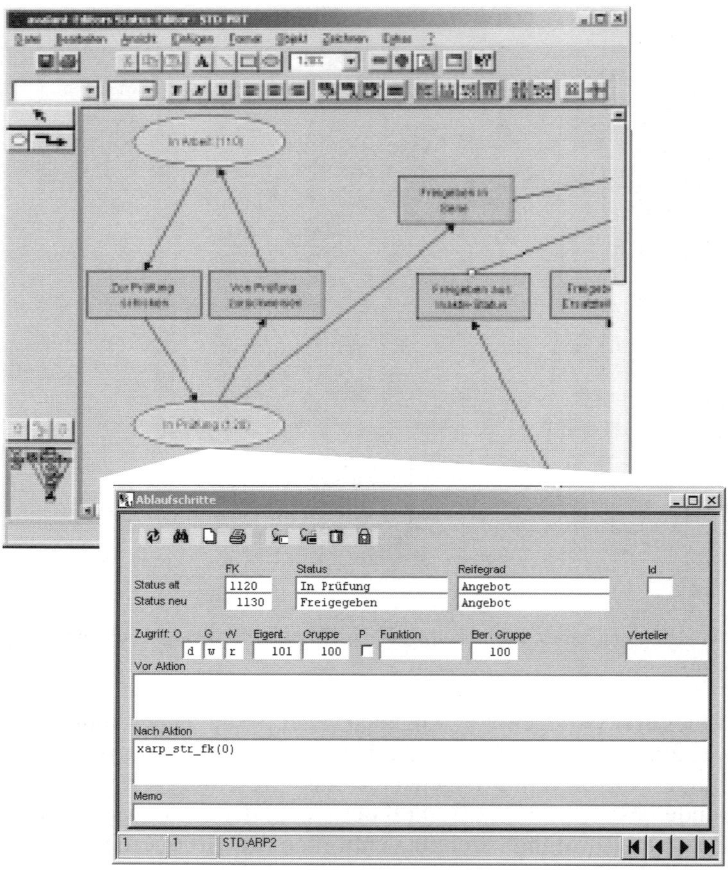

Bild 5-30: Detaillieren der Merkmale eines Ablaufschrittes (Quelle: axalant)

Schließlich können einem Ablaufschritt Funktionen zugeordnet werden (hier: „Vor Aktion“ und „Nach Aktion“). Diese werden jeweils bei einem Prüfschritt ausgeführt. Während eine „Vor Aktion“-Funktion genutzt werden kann, um fällige Prüfungen auf Zulässigkeit der Zustandsänderung vorzunehmen, kann man mit der „Nach Aktion“-Funktion Maßnahmen nach erfolgreicher Zustandsänderung veranlassen. Dies könnte z.B. die Übergabe von Daten an das ERP-System sein oder auch die Generierung eines Pixelfiles für die Ablage im Archiv.

Änderungswesen

Ergänzend zu den Einführungen in Kapitel 4.2 sowie den Ausführungen in Kapitel 7 zur Änderung von Dokumenten soll mit Bild 5-31 ein kurzer Überblick über das grundlegende Zusammenspiel zwischen Prüfablauf und dem Ablauf der Änderung eines PDM-Objektes gegeben werden.

Die Vorgehensweise bei der Änderung der verschiedenen Objekte im PDM-System ist bis auf wenige Unterschiede grundlegend gleich.

Dabei sei „Änderung“ hier stets im Sinne von „Versionierung“ verstanden. Es geht also nicht um eine Bearbeitung eines Objektes im gleichen Zustand. Die Versionierung im PDM-System dient dazu, Änderungen so zu ermöglichen, daß auf Zustände aller älteren Versionen des Objektes weiter zugegriffen werden kann.

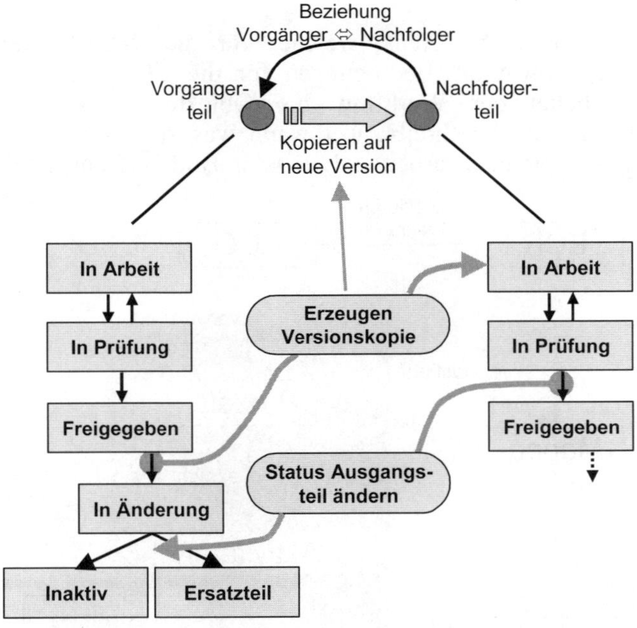

Bild 5-31: Ablauf bei der Änderung eines Objektes

Außerdem muß sichergestellt werden, daß neue Versionen nur gesteuert von solchen Objekten angefertigt werden können, die auch den dazu erforderlichen Zustand besitzen. Dazu dient das weiter vorn vorgestellte „Modify-Flag“ in der Zustandsverwaltung. Vor der Versionierung muß also das Ausgangsobjekt in einen Zustand geführt werden, der dieses Flag besitzt.

Dies ist üblicherweise ein Nachfolgezustand, der der Freigabe des Objektes folgt (in Bild 5-31: „in Änderung“). Dieser Ausgangszustand drückt aus, daß das betreffende Objekt ggw. bereits eine zum Zwecke der weiteren Änderung erforderliche neue Version besitzt, trotzdem aber noch die aktuelle freigegebene Version repräsentiert. Von diesem Zustand aus wird im PDM System eine (Versions-)Kopie des Objektes angefertigt. Diese Kopie erhält üblicherweise alle Strukturen und Beziehungen des Vorgängers sowie im Falle von Dokumenten auch eine Kopie des zugeordneten Files. Um später leichter Sequenzen von Änderungszuständen verfolgen zu können, werden jeweils Vorgänger- und Nachfolgerversion über eine eigene Beziehung miteinander referenziert.

Der Nachfolger wird nun genau wie zuvor der Vorgänger im Rahmen seiner Bearbeitung einem Prüfablauf unterzogen. Nach Fertigstellung zum Zeitpunkt der Freigabe erfolgt dann ein Setzen des Vorgängers auf „Inaktiv“ bzw. „Ersatzteil“.

5.6 Workflow - Management

In Erweiterung des Freigabewesens, welches für die PDM-Objekte alle zulässigen Zustände sowie die Bedingungen für die Übergänge zwischen ihnen festgelegt, bettet der Workflow die Objekte in den gesamten Änderungsprozeß ein und beschreibt, wer wann was zu tun hat, um einen Änderungsauftrag komplett abzuarbeiten. Dies ist in Bild 5-32 dargestellt.

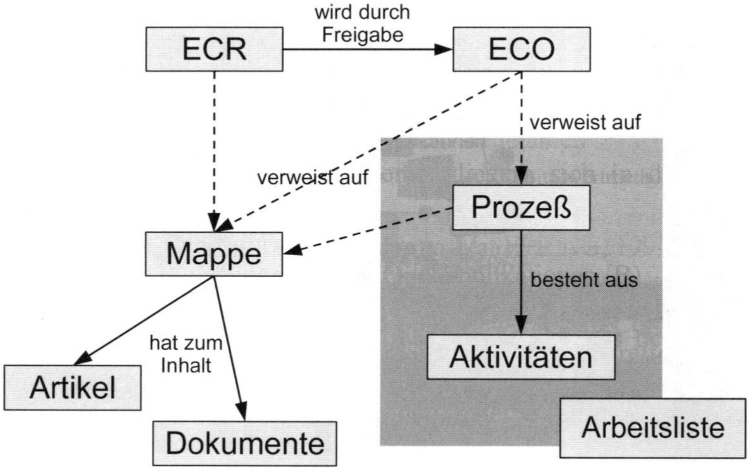

Bild 5-32: Komponenten eines Workflow in einem PDM-System

Einstiegspunkt für einen Workflow ist der Änderungsauftrag (*engineering chance order – ECO*). Der Änderungsauftrag geht durch Freigabe aus einem bestätigten Änderungsantrag (engineering chance request – ECR) hervor und beschreibt alle zu einem Änderungsanliegen benötigten Ressourcen.

Dazu zählen einerseits alle von der Änderung betroffenen Objekte. Dies sind üblicherweise zumeist Artikel und/oder Dokumente. Alle zu einem Auftrag gehörenden Artikel und Dokumente werden in einer sogenannten *Mappe* zusammengefaßt. Eine Mappe ist ein PDM-Objekt, das verschiedene Objekte auch unterschiedlicher Klassen (Artikel, Dokumente, ...) aufnehmen kann. Da eine Mappe eine Nummer und einen Namen besitzt, ist sie viel leichter zu handhaben, als die Menge der einzelnen Dokumente. Eine derartige Mappe kann im Laufe der Bearbeitung auch jederzeit weitere Objekte aufnehmen. Zudem erleichtert eine Mappe die Ausführung bestimmter Methoden für alle enthaltenen Objekte. So können z.B. bei der Abarbeitung des Änderungsauftrags alle betroffenen Objekte (die in der Mappe enthalten sind) in den Status „in Änderung" überführt werden.

Die Bearbeitung eines Änderungsauftrags erfolgt durch unterschiedliche Personen in einem Unternehmen und stellt einen wichtigen Geschäftprozess dar. Je nach Charakter des Änderungsauftrags wird der zugehörige Geschäftsprozess unterschiedlich gestaltet sein und unterschiedliche Personen in dessen Ausführung involviert sein. Dies wird durch verschiedene, zumeist vordefinierte, Workflow-Prozesse im PDM-System abgebildet. Ein Workflow-Prozess besteht aus einer Menge einzeln abzuarbeitender Aktivitäten.

Jede Aktivität besteht aus einer textuellen Beschreibung und der Zuordnung aller für die Bearbeitung benötigten Ressourcen (über Benutzer, Gruppen, Rollen oder Genehmigungsverteiler).

Die Verkettung erfolgt durch die Festlegung aller Vorgänger- und Nachfolgeraktionen zu jeder Einzelaktivität. Dabei ist es in vielen Fällen notwendig, nicht nur einfache Sequenzen zu beschreiben. Vielmehr wird die notwendige Reihenfolge der Bearbeitung der Aktivitäten durch teilweise komplexe logische Verknüpfungen und Schleifenbildungen festgelegt.

Eine Workflow-Engine steuert die Bearbeitung eines Workflow-Prozesses indem die Aktivitäten entsprechend ihrer Verkettung den jeweils zuständigen Ressourcen zur Bearbeitung vorgelegt werden. Dies erfolgt durch Eintragung einzelner Arbeitsaufträge eine zentrale Arbeitsliste.

Ein im Workflow-System integrierter Benachrichtigungsdienst stellt sicher, daß ein betroffener Nutzer in einfacher Weise die notwendige Information erhält und auch auf einfache Weise Zugriff auf alle betroffenen Objekte des PDM-Systems erhält. Dazu werden Workflows in der Regel an mailing-Systeme angebunden.

Diese leiten die Anforderungen incl. der zu bearbeitenden Objekte bzw. Links auf diese Objekte an Nutzer weiter. Gleichzeitig wird eine Rückmeldung über abgeschlossene Aktionen erwartet. Auch diese können wiederum über eine mail erfolgen, in diesem Fall mit dem PDM-System als Empfänger.. Dieses wertet die Nachricht aus, setzt den neuen Status des Workflow und veranlaßt die Benachrichtigung der nunmehr betroffenen Ressourcen.

5.7 Publishing

Wenn bisher über Dokumente gesprochen wurde, so ging es doch vor allem um solche, die im Rahmen der Entwicklung und Produktplanung anfallen und zur Definition des Produktes dienen. Dazu gehören natürlich alle mit den CAD-Systemen erstellten Modelle und Zeichnungen, aber auch Testberichte, Änderungsanträge, Aufträge etc. (Primär- und Sekundärdokumente; vgl. Abschnitt 3.1). Große Bedeutung für die Unternehmen haben aber auch solche Dokumente, die dem Verständnis oder der Bedienbarkeit des Produktes dienen, wie z.B. Montage- und Bedienanleitungen, Ersatzteilkataloge, Handbücher zur Störungsbeseitigung oder Inbetriebnahmeanweisungen (Tertiärdokumente). Solche Dokumente werden später Bestandteil des auszuliefernden Produktes selbst. Die Erstellung dieser Art von Dokumenten ist besonders kritisch, da sie einerseits als Bestandteil des Produktes zum Zeitpunkt der Auslieferung bereitstehen müssen, andererseits aber von ihrer Struktur und dem Inhalt sehr stark von der ausgelieferten Variante des Produktes abhängen.

Meist liegt deshalb der Zeitpunkt für die Erstellung solcher Dokumentationen nach der Beendigung der Produktplanung, oft sogar erst in der letzten Phase der Produktion. Der Hauptgrund dafür ist, daß die Dokumentation sehr stark von der konkret ausgelieferten Struktur der Maschine oder Anlage abhängt und sich diese oft noch bis zuletzt im Detail ändern kann. Auch greifen die Tertiärdokumente auf die Primär- und Sekundärdokumente zurück (z.B. Auszüge technischer Zeichnungen als Bestandteil einer Montage- oder Bedienanleitung) und können erst nach deren Fertigstellung bearbeitet werden.

In der Dokumentationsplanungsphase wird die Struktur der künftigen Dokumentation festgelegt. Dazu zählt die Zusammenstellung aller Dokumentationsarten (oft auch von Kundenforderungen geprägt). Um die Planung dann abzuschließen zu können, muß die Struktur des auszuliefernden Produktes genau bekannt sein. Aus diesem Grund kann man diese Phase auch erst kurz vor Abschluß des Produktionsanlaufes abschließen. Anschließend müssen die Dokumentationsabschnitte mit Inhalt gefüllt werden. Dieser besteht z.B. aus Textbausteinen und Bildern. Oft wird dabei ein direkter Bezug zu Informationen der Produktstruktur (Stücklisten) oder zu den technischen Dokumenten (Zeichnungen, Modellansichten) hergestellt.

In der letzten Phase wird die Dokumentation in einer vom Kunden gewünschten Form erzeugt [WER-98]. Dies kann traditionell auf Papier, immer häufiger jedoch auf CD oder einem anderen elektronischen Medium geschehen. Auch eine Bereitstellung über das Internet wird für bestimmte Dokumente zunehmend gefordert. Dies ist insbesondere für alle Arten von Katalogen sinnvoll. Zielstellung bei der Erstellung von Produktdokumentationen und Katalogen ist, diese mit Beginn der Produktion bereits zur Verfügung zu haben. Außerdem sollte es möglich sein, Änderungen am Produkt sofort auch in adäquate Änderungen der Dokumentation einfließen zu lassen.

PDM-Systeme bieten hervorragende Voraussetzungen, diesen Prozeß der Dokumentationserstellung (verkürzt als Publishing bezeichnet) zu unterstützen:

- Im PDM System sind bereits alle technischen Dokumente, inclusive ihrer Versionen und Änderungszustände abgelegt.
- Das PDM-System kann leicht mit allen weiteren für die Dokumentationserstellung benötigten Werkzeugen, wie DTP-Systemen, gekoppelt werden.
- Das PDM-System hat oft eine direkte Verbindung zum ERP-System und kann deshalb alle auftragsspezifischen Informationen abfragen.
- Die erzeugte Dokumentation kann wiederum im PDM-System abgelegt werden.

Der Grundgedanke für derartige Publishing-Konzepte sieht deshalb eine Bereitstellung der einzelnen Bestandteile oder Module der Dokumentation (auch als Infoobjekte bezeichnet) in einer Form vor, die es erlaubt,

- die Dokumente strukturiert zu beschreiben.
- Dokumentstrukturen unabhängig vom konkreten Inhalt vorzugeben.
- eine hohe Unabhängigkeit von den verwendeten Bearbeitungs- und Verteilungssystemen zu erreichen.
- Multimedia zu unterstützen.
- eine langfristige Verarbeitbarkeit der Daten zu sichern.

Diesen Anforderungen kommt besonders die bereits 1986 mit ISO8879 standardisierte „Standard Generalized Markup Language" (SGML) entgegen [GOF-94, WRI-92]. Diese eignet sich, da sie eine Trennung von Struktur, Inhalt und Format der Dokumentationsmoduln unterstützt gut zur Beschreibung der Dokumente und. Dies wird auch dadurch unterstützt, daß SGML nicht auf eine feste Menge von Elementen beschränkt ist. Vielmehr kann der Anwender innerhalb einer Klasse von Dokumenten eigene Elemente einschließlich der benötigten Beziehungen festlegen. Damit bietet SGML gute Möglichkeiten, den Inhalt der Dokumente strukturiert zu analysieren und semantische Einheiten direkt anzusprechen und zu manipulieren (wie z.B. den „Titel", den „Sicherheitshinweis", ...). Leider hat SGML gerade auch in Bezug auf die breite Nutzung den Nachteil der komplexen Struktur und ineffizienten Handhabung. Als Weiterentwicklung wird deshalb ggw. die Extensible Markup Language (XML) immer bedeutungsvoller [BIR-00, SCR-01]. Da sie besonders im Zusammenhang mit WEB-Publizierungen eingesetzt wird, soll auf XML näher im Kapitel 6 eingegangen werden.

Bild 5-33 zeigt den Ablauf der Erstellung einer Dokumentation. Als Schritt 1 wird im Rahmen der Entwicklung und Konstruktion die konstruktive Struktur (as designed; vgl. Abschnitt 4.6) des Produktes festgelegt. Diese Struktur beinhaltet alle möglichen Varianten und ist nicht an einen bestimmten Auftrag bzw. Kunden angepaßt. Für jede Komponente (Teil wie Baugruppe) innerhalb dieser Struktur erstellt man in Schritt 2 jeweils alle relevanten Dokumentationsbausteine. Je nach Eigenart des Teiles oder der Baugruppe können das sehr unterschiedliche Dokumentenbausteine sein. Auch müssen nicht alle Komponenten alle Arten von Dokumentenbausteinen besitzen. So existieren z.B. für ein Einzelteil keine Montagehinweise. Da diese Dokumentenbausteine selbst als Dokumentation nicht brauchbar sind, sondern nur Informationseinheiten darstellen, die später erst zur Dokumentation zu kombinieren sind, spricht man auch von Infoobjekten. Für wiederverwendete Teile existieren die Infoobjekte bereits, für neue Teile müssen sie vor der Erstellung der Dokumentation bereitgestellt werden. Im dritten Schritt wird die Produktstruktur an einen konkreten Auftrag angepaßt. Komponenten, die nicht zur gewählten Variante gehören entfallen. Bestimmte Komponenten können auch kundenspezifisch neu hinzu kommen. Anschließend ist es im Rahmen des Publishings nun möglich, durch Zusammenstellung aller

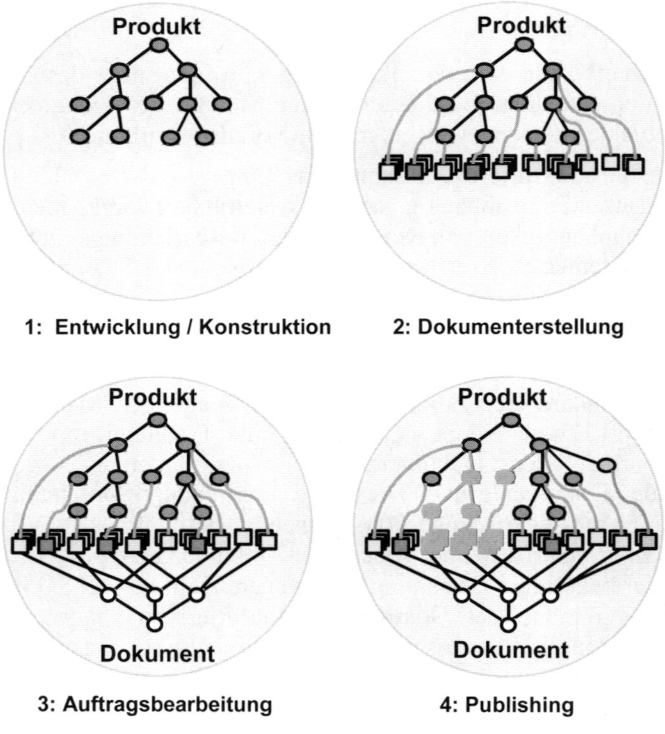

Bild 5-33: Produkt- und Dokumentenstruktur bei der Erzeugung einer elektronischen Dokumentation

Infoobjekte aller Strukturelemente die benötigte Dokumentation zu erzeugen (Schritt 4).

Für alle Produktkomponenten muß festgelegt werden, welche Dokumentation für sie sinnvoll ist. Alle Infoobjekte, die gleichartige Informationen zu Produktkomponenten geben (z.B. Tätigkeitsbeschreibung für die Wartung, Warnungen beim Auftreten einer Störung, etc.) werden in Infoobjektklassen zusammengefaßt (Bild 5-34). Diese Klassen lassen sich hierarchisch gliedern und umfassen alle existierenden Arten von Infoobjekten. Bei der Erstellung der Infoobjekte muß für jede Produktkomponente festgelegt werden, welche Infoobjektklasse zutrifft. Diese Zusammenstellung wird Infoobjektliste der Produktkomponente genannt. Für jede Klasse in dieser Liste sind dann entweder die entsprechenden Infoobjekte anzufertigen bzw. müssen diese (im Falle von Zukaufteilen) vom Zulieferer bereitgestellt werden.

Eine sehr übersichtliche Darstellung ergibt sich, wenn in einer Matrix allen Elementen der Produktstruktur auf der einen Seite alle Klassen der Infoobjekte gegenübergestellt werden (Bild 5-34).

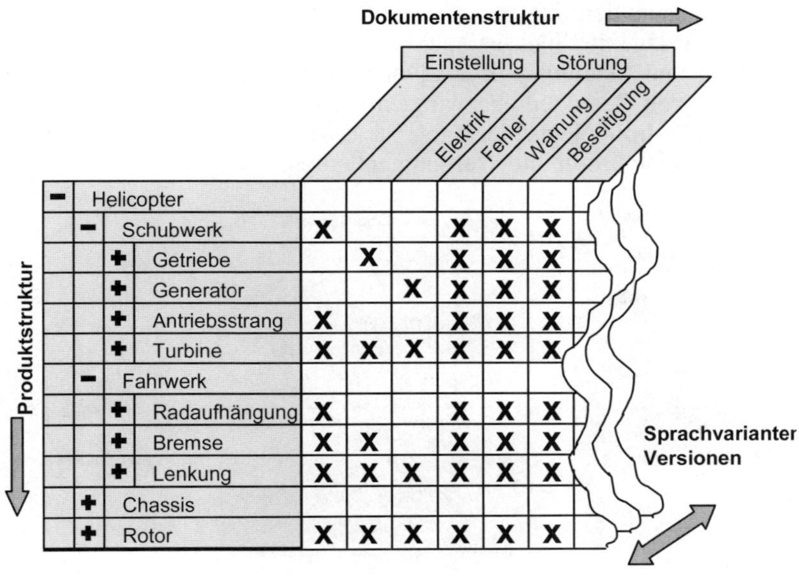

Bild 5-34: Übersicht über die Infoobjekte in einer Redaktionsmatrix

Im Schnittpunkt der Produktstruktur zur Dokumentenstruktur wird nun dargestellt, ob das betreffende Infoobjekt relevant ist. Durch verschiedene Symbolik in den Schnittpunkten kann weiterhin angezeigt werden, welchen Status das Infoobjekt besitzt (existiert noch nicht vorhanden, aber noch nicht freigegeben, freigegeben). Man nennt diese Darstellung Redaktionsmatrix, da sie eines der wichtigsten Hilfsmittel der redaktionellen Zusammenstellung einer Dokumentation ist. Für jedes Produkt gibt es in Abhängigkeit der jeweiligen Version bzw. benötigten Sprache verschiedene Redaktionsmatrizen.

Bild 5-35 zeigt, wie dieser Ablauf unter Verwendung eines PDM-Systemes durchgängig bearbeitet werden kann.

Dabei hat das PDM-System die bekannten Schnittstellen zu

- Produktentwicklung
  im wesentlichen über die CAD-Schnittstellen, so daß die as-designed-Struktur sowie alle engineering-Dokumente abgelegt werden können sowie
- den verwendeten Systemen der Auftragsabwicklung
  meist dem ERP-System; so können dem PDM-System die Informationen zu den relevanten Aufträgen zur Verfügung gestellt werden.

Zusätzlich zu den üblichen Verwaltungsformen für die Stammdaten und die Files wird eine spezielle Verwaltung der SGML-Daten eingesetzt. Dies ist erforderlich, da an den Zugriff auf diese Daten spezielle Forderungen gerichtet sind. Eine Ablage in Files ist nicht sinnvoll, da man dadurch die direkte Auswertung und Manipulation der Dokumentenstruktur verliert. Gerade dies wird jedoch von Redakteuren zwingend gefordert. So muß es z.B. möglich sein, sich alle Infoobjekte anzeigen zu lassen, die einen bestimmten Titel besitzen oder eine bestimmte Warnung enthalten.

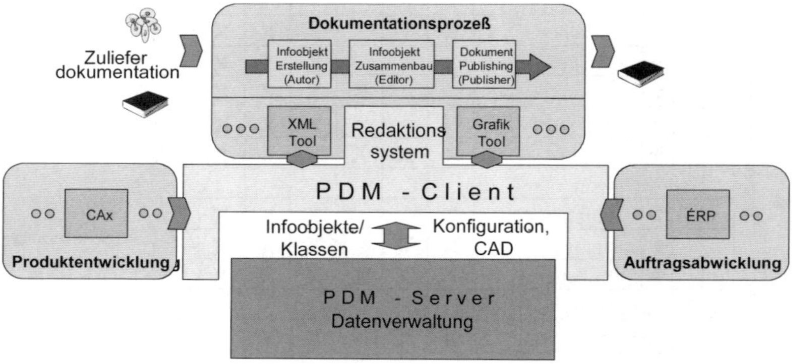

Bild 5-35: Ablauf der Dokumentationserzeugung

Eine Ablage der Komponenten von SGML-Dokumenten in der für relationale Datenbanken typischen Art (Strukturabbildung über Relationstabelle) dargestellt, scheidet aus Performancegründen aus.

Als Folge werden spezielle Speicherformen verwendet, die Struktur der Dokumente auch ohne Benutzung von Strukturtabellen ermöglichen. Die Struktur kann dann z.B. über hierarchische Schlüssel beschrieben werden. Es ist aber auch möglich, eine spezielle SGML-Datenbank an das PDM-System anzubinden.

Die für die Dokumentation benötigten Grafiken werden demgegenüber jedoch weiterhin meist als Files in Sicherheitsbereichen gespeichert.

Die Oberfläche, welche dem Nutzer die Erstellung und Bearbeitung der Infoobjekte erlaubt (Autorensystem), eine Kombination der Infoobjekte zu Dokumentationen gestattet (Editor) sowie letztlich die Erzeugung der geforderten Medien unterstützt (Publishing) nennt man Redaktionssystem.

5.8 Digital Mock-Up

Alle Unternehmen sind daran interessiert, daß potentielle Fehler eines Produktes möglichst frühzeitig, d.h., noch während der Entwicklungsphase, erkannt werden. Je früher ein Fehler entdeckt und bereinigt wird, um so geringer sind die daraus erwachsenden Kosten (Bild 5-36).

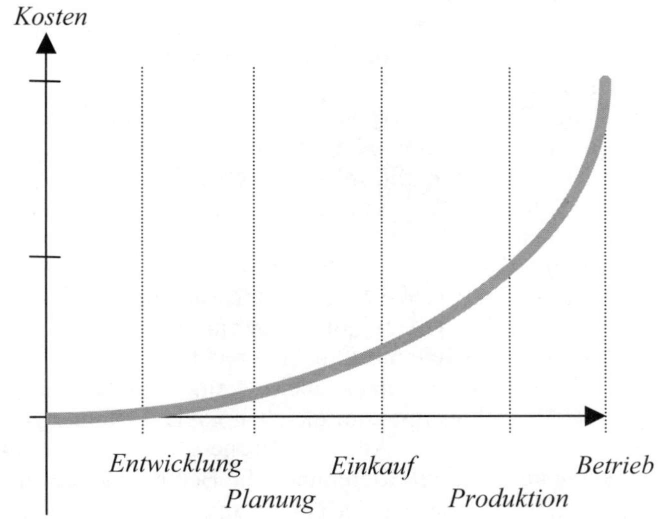

Bild 5-36: Kosten zur Behebung eines Fehlers in Abhängigkeit des Zeitpunktes der Entdeckung

In der traditionell organisierten Entwicklung wird dem u.a. durch die Fertigung von Prototypen entsprochen. Die Zwang zur Kostenreduktion auch bei der Fertigung von Prototypen führt aber dazu, daß die von Prototypen abhängigen Untersuchungen immer noch relativ spät im Entwicklungsprozeß durchgeführt werden müssen und die Zahl der untersuchbaren Varianten gering bleiben.

Mit dem Einsatz von 3D-CAD-Systemen entsteht die Möglichkeit, die zunehmend vollständige räumliche Modellierung der Teile und Baugruppen für eine virtuelle Simulation wichtiger Zusammenhänge auszunutzen. Man spricht hier vom digital Mock-up [SPK-97].

Solch wichtige Untersuchungen, wie die Kontrolle auf evtl. Kollisionen von Bauteilen im fertigen Produkt, Vermessungen kritischer Abstände zwischen Teilen oder der Simulation von Zusammenbauschritten oder Wartungsmaßnahmen kann man anhand des virtuellen Modells sehr zuverlässig durchführen. Allerdings ist es auch notwendig, DMU durch eine Reihe von technischen und organisatorischen Maßnahmen geeignet vorzubereiten [LAC-99].

DMU ist nur durchführbar, wenn alle Teile, die in die Untersuchung einbezogen werden müssen, als räumliche Modelle vorliegen [LAC-99]. Dies hat zur Folge, daß ein Einsatz von 2D-CAD nicht in Frage kommt. Nicht die fertigungsorientierte technische Zeichnung, sondern das möglichst vollständige räumliche Modell aller Teile sind die Voraussetzung für weitergehendere Untersuchungen.

Aber auch die Verfügbarkeit von 3D-Modellen stellt die beabsichtigte virtuelle Simulation noch nicht sicher. Dies hat mehrere Gründe.

Einmal entstehen bei einer durchgehenden 3D-Modellierung riesige Datenmengen. So bestehen Automobile aus mehreren 100.000 Teilen, im Flugzeugbau geht es um bis zu 1 Millionen und im Schiffbau bis zu 10 Millionen Teile. Da für eine typische Untersuchung im Rahmen des DMU oft die kompletten Produkte oder zumindest sehr große Baugruppen zusammenhängend verfügbar sein müssen, stehen hier GigaBytes von Daten zur Disposition. Solch große Assemblies lassen sich selbst mit sehr großen Computern nicht mehr laden.

Weiterhin ist die Komplexität dieser Produkte oft sehr hoch. Sie sind gekennzeichnet durch eine große Strukturtiefe (bis zu 10 Ebenen) und eine hohe Variantenvielfalt. Die CAD-Funktionen zur Auswahl und Manipulation von Produktvarianten wird dem meist nicht gerecht.

Schließlich kann man durchaus nicht immer sicherstellen, daß alle Komponenten des Produktes mit dem gleichen CAD-System erzeugt wurden. Zwar fordern speziell große Automobilfirmen, um dieses Problem zu umgehen, zunehmend von ihren Lieferanten die Benutzung des eigenen CAD-Systems. Trotzdem tritt immer wieder der Zwang ein, in einen Zusammenbau auch nicht homogene Modelle zu integrieren.

All diese Restriktionen führen dazu, daß ein direktes digital Mock-up unter zu Hilfenahme des CAD-Systems unmöglich ist. Der Bewältigung des Problems kommt ein wesentlicher Umstand zu Hilfe. Die Größe der originären CAD-Files entsteht ja vor allem dadurch, daß diese alle Informationen bereitstellen müssen, die benötigt werden, um das Modell selbst beliebig zu erweitern oder ändern zu können. Im Rahmen des DMU ist dies jedoch nicht notwendig. Hier geht es um die Simulation des Zusammenbaues von Teilen, nicht um die Änderung der Teile selbst. Damit wird es möglich, mit Ersatzgeometrien zu arbeiten. Diese sind durch ihr wesentlich reduziertes Datenvolumen kleiner. Es können also wesentlich mehr Modelle gleichzeitig geladen werden und die Ladezeiten werden drastisch reduziert. Ein weiterer Vorteil solcher Ersatzgeometrien ist auch, daß sie sich wegen ihrer geringen Größe neben dem DMU auch für das einfache Betrachten in 3D-Viewern eignen und es damit möglich machen, Zusammenbauten auf einfacheren Rechnern bzw. auf Rechnern auf denen das CAD-System nicht verfügbar ist, zu betrachten.

Es gibt verschiedene Formate, die relativ weit verbreitet sind (u.a. DirectModel [HWP-98], VRML [ISO-97]). Die Entscheidung für eines dieser Formate fällt in der Regel mit der Entscheidung für das DMU-tool. Die Erstellung erfolgt über Konverter, die die CAD-Formate in eines der DMU-File-Formate umwandeln. Dieser Konvertierungsprozeß ist leider recht aufwendig und eine generelle und automatische Erzeugung beim Speichern der CAD-Files ist aus Performancegründen nicht sinnvoll. Vielmehr erfolgt die Konvertierung entweder speziell im Hinblick auf eine beabsichtigte DMU-Untersuchung oder sie wird im batch durchgeführt (Bild 5-37).

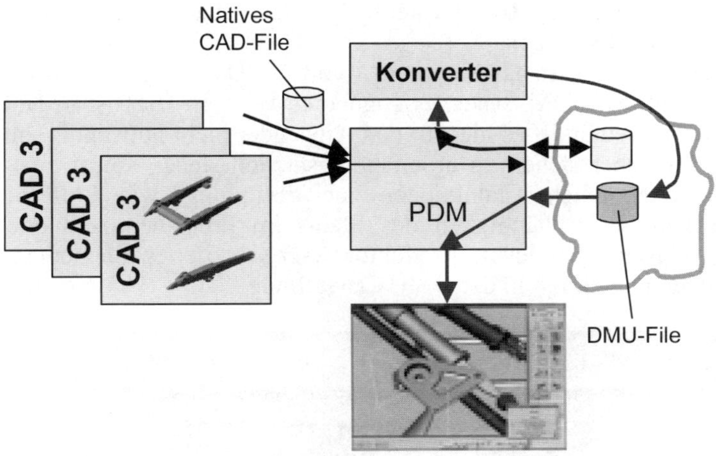

Bild 5-37: Bereitstellung von Files für das DMU

Damit müssen für jedes Teil bzw. Baugruppe parallel zum CAD-File weitere Repräsentationen verwaltet werden. Aus mehreren Gründen sollte dies direkt im PDM-System erfolgen:

- Nur das PDM-System stellt sicher, daß bei einem DMU auch die korrekten Versionen der einzelnen Files benutzt werden. Es ist nur so eine Nachvollziehbarkeit der Ergebnisse gesichert.
- Oft sind die zu untersuchenden Produkte in einer hohen Variantenvielfalt verfügbar. Der Konfiguration sinnvoller Produktvarianten kommt ein sehr hoher Stellenwert zu. Es ist aber manuell kaum noch möglich, dies zu tun. Nur mit Hilfe des Konfiguarionsmanagements im PDM-System können einfach und zuverlässig die einzelnen zu untersuchenden Varianten abgeleitet werden.

Der letzte Punkt stellt auch klar, daß eigentlich nicht die Dokumente selbst, sondern die Artikel Gegenstand der Konfiguration sind. Es ist deshalb für die Zusammenstellung wichtig, eine enge Bindung an das ERP-System zu schaffen. Nur dieses stellt Informationen über die auftragsbezogene Struktur bereit.

Jedes der beteiligten CAD-Systeme speichert sein natives CAD-Format als Dokument im PDM-System ab. Sind mehrere Systeme im Einsatz, so entsteht eine Produktstruktur, bei der die den einzelnen Artikeln zugeordneten Dokumente durch unterschiedlich formatierte Files dargestellt werden. Ein gemeinsames Laden einer solchen Struktur ist nicht möglich. Im zweiten Schritt erzeugt ein Konverter aus den verschiedenen CAD-Files ein einheitliches, für das jeweilige DMU System geeignetes Format und legt dieses wiederum im PDM-System ab. Damit hat nun jedes Dokument der Struktur zwei zugeordnete Files.

Möchte man diese Struktur im DMU untersuchen, so werden nunmehr alle über den Konverter bereitgestellten Files ausgecheckt und dem DMU-Werkzeug übergeben.

Besonders einfach ist das Arbeiten, wenn die DMU-Funktionen direkt in der Oberfläche des PDM-Systemes angeboten werden. Dies ist in Bild 5-38 dargestellt. Zum einen ist es hier für den Anwender nicht notwendig, mit zwei verschiedenen Oberflächen zu arbeiten. Zusätzlich stehen sofort eine Reihe weiterer, sehr nützlicher Funktionen zur Verfügung, wie Einfärben der einzelnen Teile in Abhängigkeit des Status im Freigabeprozeß oder eine direkte Synchronisation der im Produktbrowser selektierten Elemente mit der entsprechenden Selektion in der DMU-Darstellung.

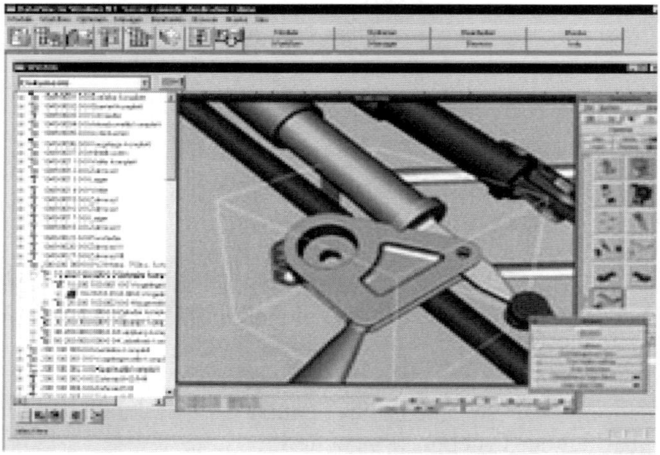

Bild 5-38: DMU-Funktionen als Bestandteil des PDM-clients

5.9 I/O Management

Der besondere Anspruch eines PDM-Systems liegt in seiner Integrationsfunktion liegt, d.h. der Fähigkeit, Daten von den verschiedensten Systemen zu übernehmen bzw. diesen zu übergeben.

Eine besondere Position nehmen hier all die Funktionen ein, die es ermöglichen, externe Daten zu erfassen bzw. zu produzieren. Dies können sowohl externe Datenformate, als auch konventionelle Dokumente (z.B. Drucke oder Zeichnungen) sein. An dieser Stelle soll das Input- /Output-Management auf all die Prozesse eingeschränkt sein, die der Eingabe bzw. Ausgabe von Stammdaten bzw. Dokumenten in bzw. aus Papier bzw. vergleichbaren Formaten dienen. Auf weitere Möglichkeiten spezielle

Datenformate zu bearbeiten, wird u.a. ausführlich in Kapitel 7 bzgl. der Anbindung von CAD-Systemen und in Kapitel 8 bzgl. des Ein- und Ausladens von binären Daten eingegangen.

Data Capturing

Eine häufige Forderung an PDM-Systeme besteht darin, konventionelle Dokumente in möglichst einfacher Form speichern zu können. Dies wird dadurch erschwert, daß diese Dokumente zuerst in ein für das PDM-System handhabbares Format umgewandelt werden müssen. Dies wird durch *Scanner* ermöglicht. Scanner wandeln Dokumente in Papierform durch Abtasten in ein digitales Format um. Je nach dem Umfang der zu erwartenden Dokumente, stehen hier sehr verschiedene Techniken zur Verfügung. Vom einfachen Flachbettscanner, dem die Dokumente einzeln manuell zuzuführen sind, bis zur hocheffizienten Erfassungsautomaten reicht die Palette. Hier muß man sich in Abhängigkeit des zu erwartenden Aufkommens sowie des verfügbaren Budgets entscheiden. Allerdings gibt es gerade bei nur sporadisch anfallenden Aufträgen durchaus auch die Möglichkeit, auf externe Dienstleister zuzugreifen. Dies hat neben der gesparten Investition vor allem auch den Vorteil, daß der Dienstleister meist besonders hochwertige Hardware zur Verfügung hat und auch auf Grund seiner Erfahrung mit guten Ergebnissen zu rechnen ist.

Bei Lösungen, die auf die Erfassung großer Mengen an externen Dokumenten zugeschnitten sind und neben der reinen Abtastung der Unterlagen durch den Scanner auch Werkzeuge zur Nachbearbeitung enthalten, spricht man vom *Data Capturing*. Bild 5-39 zeigt den typischen Ablauf einer Dokumentenerfassung beim Data capturing.

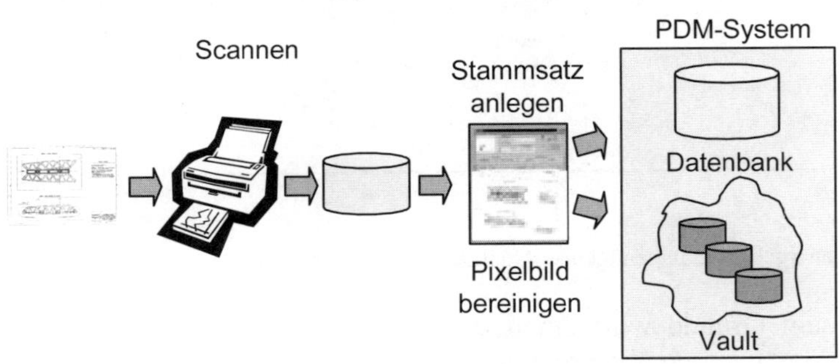

Bild 5-39: Ablauf eines Data Capturing

Im ersten Schritt wird das externe Dokument nach dem Scannen als File zwischengespeichert. Anschließend wird im PDM-System ein Dokumentenstammsatz für das neue Dokument angelegt. Die Nummer des Dokumentes wird entweder manuell vergeben oder mittels eines Nummerngenerators eingesetzt. Im nachfolgenden Dialogschritt werden dem Anwender sowohl der (noch unvollständige) Stammsatz als auch das gescannte Dokument angeboten. Jetzt muß der Anwender den Stammsatz ergänzen. Oft werden wichtige Informationen des Dokumentes, wie der Name, direkt aus der Pixeldarstellung übernommen. Dies kann manuell durch den Vergleich mit dem Pixelbild erfolgen. Möglich ist auch der Einsatz von Texterkennungssoftware (*OCR*). Allerdings wird dies durch die Vielfalt der Dokumentenformate und die damit erschwerte Erkennung einzelner Informationseinheiten („Wo steht die Benennung?") sehr erschwert. Teilweise stehen Barcodes auf den Dokumenten zur Verfügung, die eine sehr schnelle und sichere Übernahme von Textinformationen ermöglichen. Anschließend kann der Anwender das erfaßte Pixelbild des Dokumentes bearbeiten.

Auf Funktionen für diese Nachbearbeitung ist großer Wert zu legen. Denn als Ergebnis des Scannens erhält man meist eine Darstellung, die in der Qualität nicht den Ansprüchen genügt. Bild 5-40 zeigt ein derartiges Scan-Ergebnis, welches als ungenügend einzustufen ist.

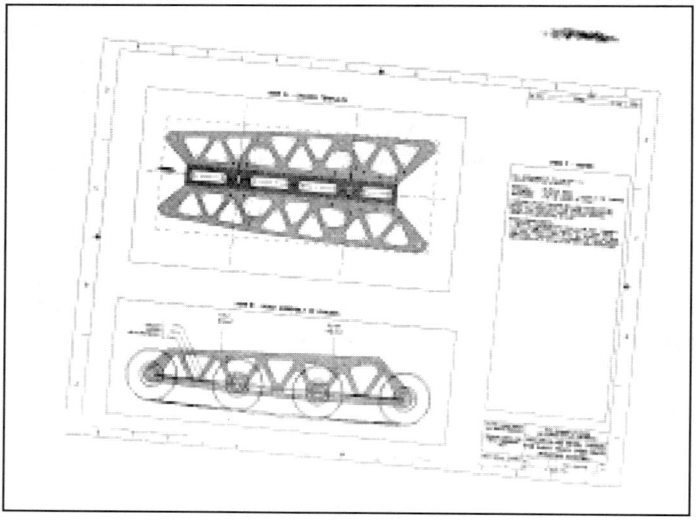

Bild 5-40: Scanergebnis in ungenügender Qualität (nach: Spicer)

Aus diesem Grunde wird ein derartiges Dokument üblicherweise sofort nach dem Erfassen noch überarbeitet.

Das Bild 5-41 zeigt Funktionen für das Bearbeiten von gescannten Dokumenten. In [NIK-98, NIK-99] sind generelle Anforderungen an Viewer für PDM-Systeme zusammengefasst.

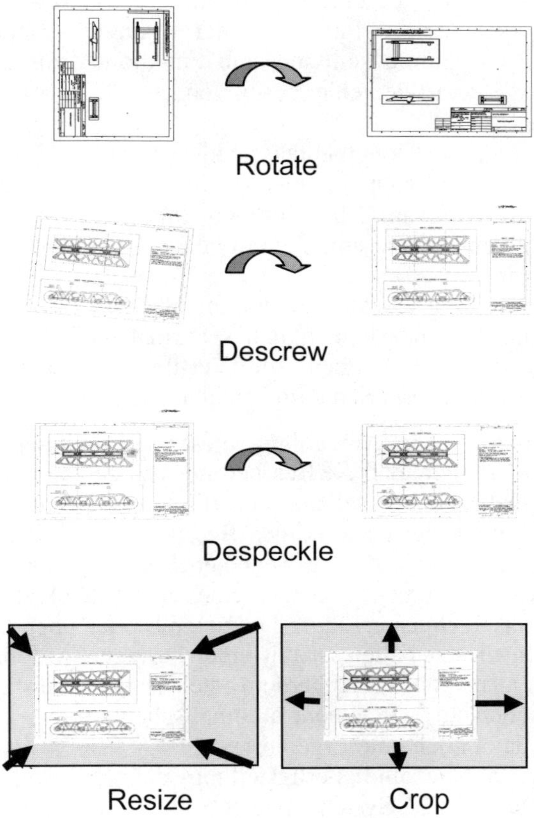

Bild 5-41: Funktionen zum Bearbeiten von Scangut

Typische Mängel gescannter Dokumente sind :

- verdrehte Darstellung (*rotate*)
  Wurde das Dokument mit falscher Ausrichtung im Scanner eingelegt (90 oder 180 Grad verdeht), so kann es im Eingabeprogramm wieder korrekt positioniert werden.
- schiefe Dokumentdarstellung (*descrew*)
  Hat man das Dokument nicht exakt im Scanner ausgerichtet, so wird auch der erhaltene File eine schiefe Darstellung enthalten. Das Erfassungsprogramm stellt dazu eine Funktion bereit, die eine nachträgliche Ausrichtung des Bildes ermöglicht
- verschmutzte Darstellung (*despeckle*)
  Scanner müssen so eingestellt werden, daß sie Fehler der Papiervorlage möglichst nicht erfassen, trotzdem aber keine wichtigen Details des Dokumentinhaltes weglassen.
  Trotz dieser Einstellung wird jeder Scann eine Vielzahl von kleineren

Fehlern enthalten, die sich durch graue Hintergründe oder viele kleinere Fehlstellen (schwarze Punkte oder kurze Linien) zeigen. Das Erfassungsprogramm stellt deshalb Funktionen zur Säuberung des Bildes bereit, die derartige Fehler beseitigen.

- falsche Größe (*resize*)
  Oft wird ein zu großer Dokumentausschnitt gescannt. Dies liegt entweder daran, daß das Papierdokument einen größeren, nicht genutzten Anteil hat oder daß die Scannfläche größer als das Dokument war. Es wird deshalb eine Anpassung der Größe des Dokumentes ermöglicht.
- unübliches Format (*crop*)
  Nach der Bearbeitung eines Rasterdokumentes tritt oft der Fall ein, daß das Bearbeitungsergebnis kein übliches Format mehr besitzt (z.B. A4). Es stehen deshalb Funktionen zur Verfügung, die die Größe des Dokumentes wieder an ein Standardformat anpassen.

Der Leser soll durch die Aufzählung dieser Bearbeitungsmöglichkeiten nicht den Eindruck erhalten, daß die Bearbeitung von gescannten Dokumenten so kompliziert ist, daß es besser sei, auf die Erfassung ganz zu verzichten.

So hängt der Umfang der notwendigen Bearbeitungsschritte stark von der Qualität des Scangutes sowie des verwendeten Eingabegerätes ab. Viele der heute zu erwartenden Dokumente besitzen eine recht gute Qualität. Es handelt sich um selbst über Rechner erzeugte Dokumente oder über Druckvorlagen oder Formulare. In diesen Fällen ist mit einer geringen Anforderung an die Nachbearbeitung auszugehen. Außerdem stehen die meisten der zuvor genannten Funktionen auch in einem automatischen Modus zur Verfügung und bringen auch dann noch gute Ergebnisse.

Nach Stammsatzanlage und Fertigstellung des Scannbildes wird das Dokument incl. File im PDM-System abgelegt.

Drucken

Die Ausgabe der Datenbestände einer Applikation gehört zu den Standardfunktionen, die jeder Anwender zurecht erwartet. Jedes Office-Programm bietet die Möglichkeit, per einfachem Knopfdruck einen Ausdruck des erzeugten Dokumentes zu erstellen. Trotzdem tun sich viele PDM-Systeme bei der Bereitstellung hochwertiger Ausgabefunktionen recht schwer. Der Grund liegt vor allem in den komplexen Datenstrukturen, die zum Erzeugen einer Druckausgabe auszuwerten sind. Selbst recht simpel anzuschauende Ausgaben, wie z.B. eine Stückliste, bedürfen intern recht aufwendiger Datenbankanalysen. Im Falle der angesprochenen Stückliste müssen für die Druckaufbereitung (Bild 5-42):

- ausgewählte Felder des Stammsatzes des Oberteiles (Baugruppe) gelesen (z.B. Nummer und Benennung) werden.
- bestimmte Informationen aller Struktur-Relationssätze ermittelt werden (z.B. Stückzahlen).
- Daten der über die Struktur-Relationen gefundenen Unterteile (Stücklistenpositionen) ergänzt werden.

Gegebenenfalls wird evtl. auch noch erwartet, daß bildhafte Darstellungen, die dem Stammsatz zugeordnet sind, mit auf dem Druck erscheinen. In diesem Fall muß zusätzlich das betreffende File ausgecheckt und auf dem Druckbild positioniert werden.

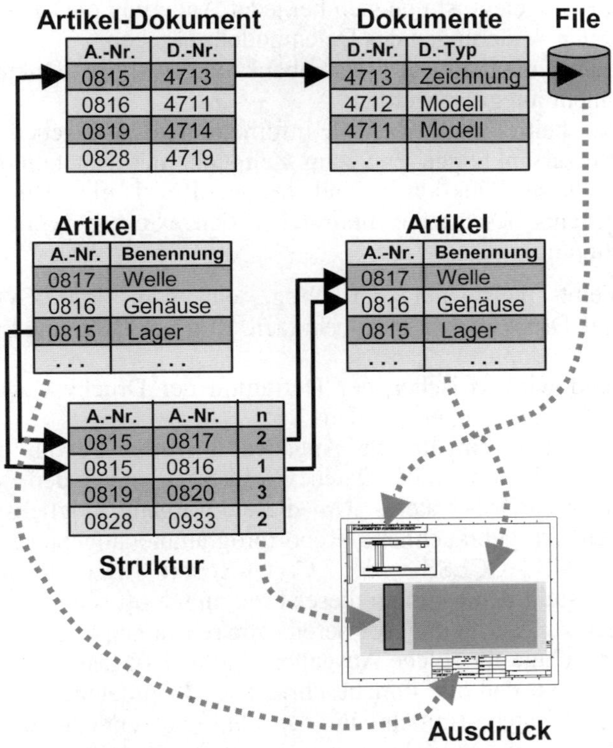

Bild 5-42: Druckaufbereitung aus Metadaten und Dokumenten eines PDM-Systems

Grundsätzlich kann der Druck entweder unter Nutzung kommerzieller Werkzeuge, wie den Ausgabetools der Datenbanken (z.B. SQL-Forms von ORACLE) oder Datenbank-unabhängigen neutralen Programmen (z.B. Cristal-Report) erfolgen. Die Anwendung dieser Programme hat den Vorteil einer oft recht einfachen Handhabung und guter Performance, speziell bei großen Datenmengen. Außerdem sind die Gestaltungsmöglichkeiten und zugehörige Layout-Editoren auf sehr hohem Niveau.

Allerdings gibt es hier auch einige Probleme:

- Um einen Ausdruck aufbereiten zu können, greifen diese Programme direkt auf das Datenmodell der Datenbank zu. Dieses ist bei PDM-Systemen meist sehr kompliziert und für den Anwender nicht ohne weiteres verständlich. Auch sollte man nie direkt auf die Datenbank zugreifen, da bei PDM-Systemen die Logik des Modells im PDM-Repository abgelegt ist und sich bei jeder Änderung oder Erweiterung am System auch Änderungen des Datenmodells ergeben.
- Daten, die außerhalb der Datenbank liegen (z.B. Dokumentenfiles) können nicht integriert werden.
- Oft sollen beim Ausdruck auch Informationen ausgegeben werden, die durch Nutzerfunktionen erst zum Zeitpunkt der Darstellung berechnet werden. Diese Funktionen sind in der Regel mit den Mitteln des PDM-Systems beschrieben und stehen den externen Werkzeugen nicht zur Verfügung.

Somit bleibt meist nur der Weg, ein vom PDM-System direkt bereitgestelltes Druckwerkzeug zu benutzen. Bild 5-43 zeigt die Struktur einer derartigen Anwendung.

Grundlegend wird zwischen der Definition der Druckvorlagen und dem direkten Druckvorgang unterschieden.

Die Druckvorlage enthält alle Angaben über das Layout des Druckes (Formate, Fonds, Positionen der Daten, Grafiken, ...) sowie den Bezug auf die Datenobjekte des PDM-Systems. Um diesen Vorgang möglichst einfach zu halten werden oft gebräuchliche Reportprogramme angebunden, wie z.B. MS-WORD, MS-ACCESS oder Crytal-Report. Der Printmodul des PDM-Systems stellt den Editoren dieser Programme oft schon Prototypen von Druckvorlagen zur Verfügung, die bereits alle relevanten Daten als Platzhalter enthalten. Grundlage für solche Ausgaben sind meist Maskendefinitionen des PDM-Systemes, so daß alle dort beschriebenen Kopfdaten, evtl. Unterlisten, kalkulatorische Daten (mittels in den Masken enthaltener Funktionen berechnete Daten, die so nicht in der Datenbank enthalten sind) oder auch Grafiken berücksichtigt werden können. Der Anwender kann nun mittels dieser Editoren die Layouts fertigstellen. Anschließend werden die Layouts in die Verwaltung des PDM-Printmoduls übernommen.

Beim eigentlichen Druckvorgang greift der Printmodul auf die Druckvorlage zurück. Aus der dazugehörigen Definition können alle benötigten Daten bzw. Files ermittelt werden, die der Printmodul unmittelbar erzeugt und temporär ablegt. Diese temporäre Zwischenspeicherung garantiert konsistente Druckergebnisse, auch wenn evtl. kurz nach Druckauslösung eine Änderung der Daten durch andere Nutzer erfolgt.

Es ist nun sowohl möglich, direkt lokal auf dem eigenen Rechner zu drucken, als auch eine Druckanforderung für einen zentralen Druck zu erzeugen. Der lokale Druck hat den Nachteil, daß der Arbeitsrechner mit der Druckerzeugung belastet wird. Somit wird diese Variante meist nur bei kleineren Ausgaben (einzelne Seiten; einfache Datenaufbereitung) verwendet. Der Vorteil ist, daß es auf einfache Weise möglich ist, den Druck vor der eigentlichen Ausgabe zum Anschauen anzubieten (Preview) sowie die

Unabhängigkeit von der Belastung eines zentralen Druckservers. Im Falle des lokalen Druckes werden die temporären Datenfiles direkt an die Ausgabeapplikation (z.B. MS-ACCESS) übergeben und der Druckvorgang ausgelöst.

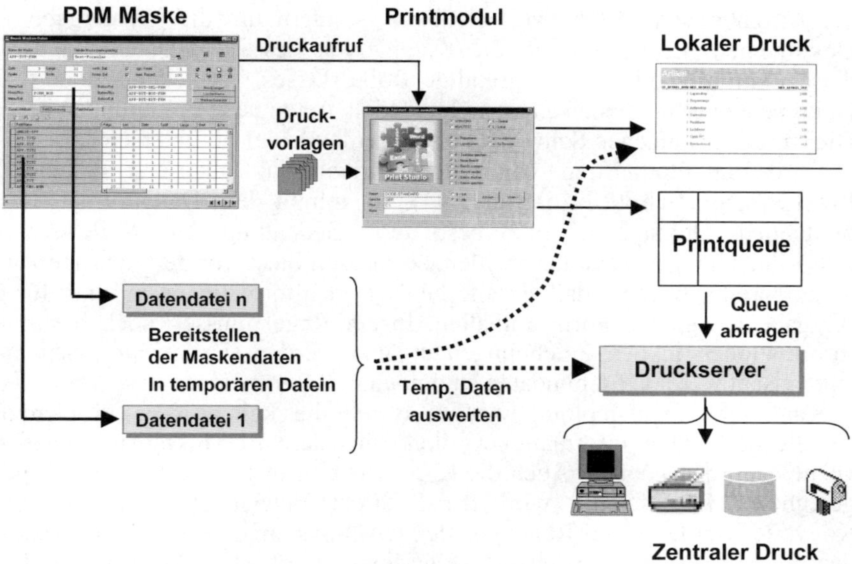

Bild 5-43: Zentraler und lokaler Druck aus PDM-Systemen

Bei größeren Datenvolumen bzw. komplexerer Datenaufbereitung (z.B. notwendiger Integration großer Grafiken) wird meist auf einem zentralen Druckserver gearbeitet. In diesem Fall schreibt der Printmodul eine Anforderung in die Print-Queue des PDM-Systemes und stellt alle erzeugten temporären Datenfiles in einem zentralen Arbeitsbereich zur Verfügung. Auf dieser Print-Queue arbeiten ein oder mehrere spezielle Druckserver, d.h. Ausgabeprogramme, die auf speziell dafür reservierten Rechnern im Netz laufen. Diese werten die Queue sequentiell aus, generieren die Druckdaten und veranlassen den Druck auf dem vom Anwender ausgewählten Drucker. Für den Anwender besteht vor allem der Vorteil, daß er von den Druckprozessen lokal nichts bemerkt und er ohne Einschränkungen weiterarbeiten kann.

Selbstverständlich bieten solche Ausgabemoduln meist neben dem eigentlichen Druck auch Möglichkeiten, die Darstellung lokal als File bereitzustellen oder auch als e-Mail zu versenden.

Eine weitere Anwendungsmöglichkeit besteht darin, daß der erzeugte Druck selbst wieder als Dokument im PDM-System abgelegt wird. Dies ist vor allem interessant, wenn Berichte aus den im PDM-System gespeicherten Daten erzeugt werden müssen, die selbst Dokumentencharakter besitzen und dementsprechend zu archivieren sind.

Plotten

Im Gegensatz zum Drucken geht es beim Plotten nicht vordergründig um die Ausgabe von Daten der Datenbank, sondern um die Wiedergabe von Dokumenten. Insofern spielt die Komplexität des PDM-Datenmodells bei dieser Aufgabe keine vordergründige Rolle. Da es sich jedoch zumeist um Dokumente verbindlichen Charakters handelt, treten neue Forderungen hervor. Die damit verbundenen Schwierigkeiten werden leider oft unterschätzt.

Wird ein Plottauftrag von einem Arbeitsplatz abgesetzt (Client des PDM-System; Schritt 1 in Bild 5-44), so kommt dem Datenformat der zu plottenden Dokumente eine besondere Bedeutung zu. Sollen native CAD-Zeichnungen geplottet werden, so müssen diese vor der Ausgabe zuerst so aufbereitet werden, daß sie alle benötigten Informationen in einer für die Ausgabe geeigneten Form enthalten. In der Regel müssen noch bestimmte Informationen in den Zeichnungen ergänzt werden (Rahmen müssen noch zugemischt werden; Stammdaten sind noch in Rahmenfelder zu schreiben; ...).

Kann direkt lokal geplottet werden, so stellt dies kein größeres Problem dar, da alle benötigten Informationen direkt aus dem PDM-System nach CAD geladen werden können. Auch die Konvertierung in ein für das Ausgabegerät geeignetes Datenformat wird meist direkt unterstützt. Dazu geeignete Konverter werden in der Regel von den CAD-Systemanbietern gemeinsam mit dem CAD-System vertrieben. Allerdings wird die Ausgabe größerer Zeichnungsmengen oder größerer Formate in der Regel nicht lokal erfolgen. Die dazu geeigneten Geräte sind groß und teuer und werden zentral für alle Nutzer betrieben. Auch wird häufig der Plottauftrag nicht im Dialog, sondern automatisch, z.B. im Rahmen einer Freigabe, ausgelöst.

So muß also auch die Aufbereitung der CAD-Daten im Hintergrund erfolgen. Dazu läuft auf einem zentralen Server (meist der auch für die Plott-Ausgabe genutzte Rechner) ein CAD-System im Batch-Betrieb, d.h. ohne Dialoganteil. Dieses erhält vom PDM-System einen Konvertierungsauftrag (3) in Form des nativen CAD-Files sowie der relevanten Stammdaten. Das CAD-System erzeugt aus den Eingangsdaten einen druckfertiges Ausgabeformat (4).

Diese Funktionen beruhen allerdings meist auf der Verfügbarkeit einer CAD-Lizenz. Diese Bedingung stellt durchaus bereits einen nicht zu unterschätzenden Kostenfaktor dar. Um das Problem zu mindern, bieten viele CAD-Anbieter Lizenzen mit eingeschränkter Funktionalität an. Diese Lizenzen gestatten keine Änderungen an der Zeichnung. Gerade bei der Ausgabe von native-Formaten im Hintergrund muß darüber hinaus sehr sorgsam geplant werden, daß die Druckausgabe auch qualitativ ausreichend und der Inhalt korrekt ist. Besonders bei der umfänglichen Nutzung von Zeichnungs-Layern, d.h. der Zusammenfassung von bestimmten Klassen von Zeichnungsinhalten die einzeln aus- und einschaltbar sind, muß gesichert sein, daß auf der Druckausgabe auch genau die benötigten Layer sichtbar sind.

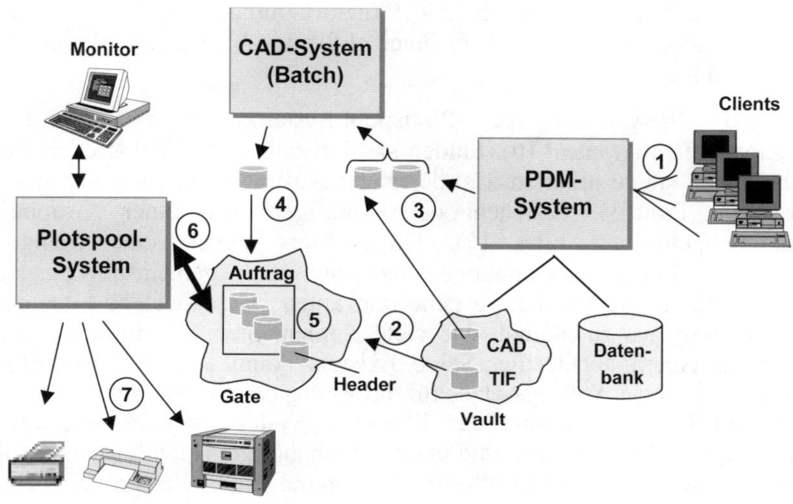

Bild 5-44: Ausgabe von Zeichnungen über ein Plottspool-System

Das CAD-System erzeugt nun nicht direkt eine Plottausgabe auf einem der verfügbaren Geräte, sondern stellt den Ausgabefile einem Plottspool-System zur Verfügung. Diese Programme erledigen alle spezifischen Funktionen, die bei der Ausgabe von Zeichnungen benötigt werden [MUL-95; DIE-99]. Dies sind:

- freie Bestimmung des Plottzeitpunkt,
- freie Auswahl des Ausgabegerätes,
- Papieroptimierung,
- freie Auswahl des Zeichnungsmediums,
- Nutzung von Stempeltexten;
  Stempel sind feste Texte, die auf der Zeichnung plaziert werden können; typisch ist z.B. eine Kennzeichnung mit dem Text „Nur zur Information“ für noch nicht freigegebene Zeichnungen
- Löschkennung,
- Erstellungsdatum,
- Prioritätsstufen;
  Über die Vergabe von Prioritäten kann die Reihenfolge der Plottaufträge gesteuert werden
- Faltprogramme ,
- Einstellbarkeit des Skalierungsfaktors bzw. wahlweise auch eine automatische Skalierung,
- Einstellbarkeit der Anzahl der Kopien,
- Parametrierbare Zeichnungsbeschriftung (z.B. Benutzerkennung, Verteiler, Skalierungsfaktor),

- Fertig- bzw. Fehlermeldungen an den Benutzer und
- Verwaltung von Abrechnungsinformationen (Accounting); damit wird es möglich, das Plottaufkommen einzelnen Abteilungen zuzuordnen und somit zu einer aufwandsabhängigen Abrechnung zu kommen.

Meist überwachen die Plottspool-Systeme einen oder mehrere Eingabebereiche (Gates) (6). Finden sie dort einen abgeschlossenen Auftrag, so beginnen sie zu arbeiten. Ein derartiger Auftrag kann entweder aus einem einzelnen Plottfile bestehen oder häufiger aus einer Gruppe von zusammengehörigen Files (5). Diese Files stellen eine Menge von zusammengehörigen Zeichnungen dar, die auch gemeinsam ausgegeben werden sollen. Die für die Ausgabe relevanten Daten (welche Files gehören zum Auftrag, wo zu plotten, wie viele Kopien, Stempelanforderungen, etc.) stehen in einem Headerfile. Seine Existenz kann auch als Kriterium des ansonsten fertigen Auftragssatzes für das Plottspool-System gelten.

Abschließend übernimmt das Plottspool-System je nach angefordertem Ausgabegerät die Konvertierung in das dort benötigte Datenformat. Zu diesem Zweck bieten die meisten Plottspool-Systeme eine sehr große Anzahl an Ausgabegeräten (vom Laserdrucker bis zum großen Plottzentrum) an. Über einen angeschlossenen Monitor kann der Bediener den Stand der einzelnen Aufträge überwachen und auch Informationen zur Abrechnung der Auftrage (accounting) ersehen.

Einfacher wird der gesamte Ablauf, wenn im PDM-System bereits Fileformate abgelegt sind, welche nicht mehr über das CAD-System aufbereitet werden müssen (z.B. TIFF- oder PDF-Files). Diese entstehen oft bereits zum Zwecke des Viewens bzw. für die Archivierung im Rahmen der Abspeicherung der Zeichnung oder spätestens zum Zeitpunkt der Zeichnungsfreigabe. Natürlich verlagern sich die technischen Forderungen lediglich in einen vorgelagerten Schritt. Da diese Konvertierung jedoch für Viewing bzw. Archivierung sowieso notwendig ist, verringert sich der Gesamtaufwand sehr. Diese können dem Plottspool-System dann direkt übergeben werden (2).

5.10 Verteilte PDM Systeme - Datenreplikation

Bereits in Kapitel 2 wurde begründet, warum PDM-Systeme in aktuellen Anwendungsumgebungen zunehmend in der Lage sein müssen auch verteilte und föderierte Informationen zu verwalten [DOM-00]. Immer häufiger besteht heute für den Ingenieur die Notwendigkeit auf Daten zuzugreifen, die nicht Bestandteil seines lokalen PDM-Systems sind. Dies betrifft einmal die Arbeit in PDM-Anwendungen, die in territorial verteilten Installationen des Unternehmens liegen.

Die Unternehmen sind zunehmend darauf angewiesen, ihre verschiedenen Unternehmensbereiche und Niederlassungen miteinander zu vernetzen. Durch Firmenübernahmen oder –verschmelzungen entstehen immer mehr territorial verteilte Zweigunternehmen. Auch bei der Gründung von neuen

Unternehmensniederlassungen spielt es eine immer größere Rolle, in die Nähe von Reservoirs benötigter Facharbeiter oder in die Nähe der künftigen Kunden zu kommen, als einen bereits existierenden Standort zu erweitern. In der Regel kann man hier davon ausgehen, daß in diesen Fällen überall das gleiche PDM-System verwendet wird. Die Anforderung liegt also darin, an allen Standorten Zugriff auf zuverlässig aktuelle Daten und Dokumente zu erhalten. Dabei stehen solche Fragestellungen, wie Zugriffskontrolle, Konfliktbehandlung bei Änderungen und die Performance des Zugriffs im Vordergrund. Je nach den zur Verfügung stehenden technischen Verbindungen der Standorte stehen hier unterschiedliche Methoden der Kopplung zur Verfügung. Auf Grund der Annahme, Daten zwischen verschiedenen Lokationen des gleichen PDM-Systemes auszutauschen, spricht man auch von *Replikation* in *homogenen Umgebungen.*

Erweitert werden müssen die bei der Replikation angewandten Verfahren bei der Arbeit in heterogenen Umgebungen, d.h., wenn Daten mit anderen Anwendungen oder fremden PDM-Systemen auszutauschen sind, wie dies vor allem bei der Zusammenarbeit mit Zulieferern oder Kunden auftritt. Man spricht hier allg. vom *Datenaustausch.* Diese Funktionalität wird dem Product Definition and Commerce zugeordnet und detaillierter in Kapitel 6 besprochen.

Bei der Arbeit in homogenen Umgebungen kann davon ausgegangen werden, daß auf allen Standorten identische Systeme arbeiten und die Datenstrukturen und Fileformate kompatible sind [LAM-00].

Unterschiedliche Arbeitsweisen sind vor allem in Abhängigkeit folgender Kriterien sinnvoll:

- der Qualität der zwischen den Standorten verfügbaren Netzverbindungen; Diese unterscheiden sich insbesondere durch die Übertragungskapazität und Verfügbarkeit. Ist es notwendig, häufig auf verteilte Daten zuzugreifen, so muß in Abhängigkeit der Netzqualität entschieden werden, ob es möglich, ist die Daten jeweils über das Netz zu laden oder eine lokale Ablage vorzusehen.
- der am Standort geplanten Zugriffsmethode;
  Hier muß man vor allem zwischen Entwicklungsstandorten (Lese-Schreib-Zugriff) und Fertigungsstätten (reiner Lese-Zugriff) unterscheiden.
- der Zugriffsberechtigung

In allen Fällen hat es sich als notwendig erwiesen, mit einer sogenannten Sternverbindung zu arbeiten. D.h. ein Standort wird zum Master erklärt. Der Master muß nach einem festzulegenden Intervall immer Kenntnis über den Status aller im Netz existierenden Daten besitzen. Alle anderen Standorte greifen auf diesen Master zu (Bild 5-45).

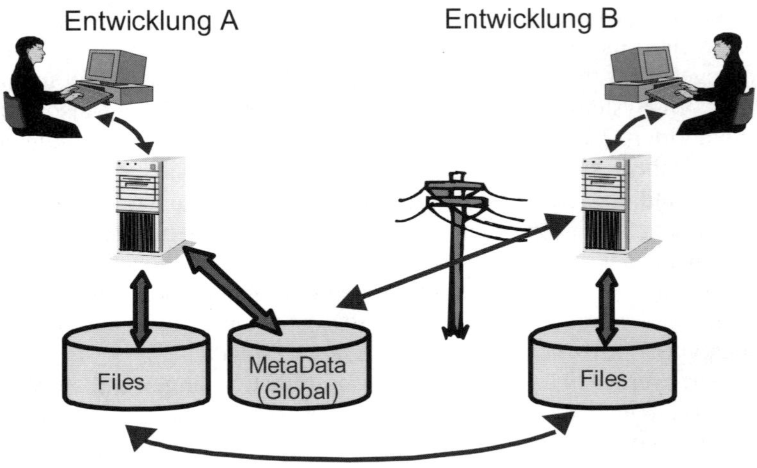

Bild 5-45: Homogenes Netz bei guter Verbindung

Kann man von einer guten bis sehr guten Verbindung zwischen den Standorten ausgehen, so ist es unter Umständen möglich, daß von allen Standorten (z.B. B) auf das Mastersystem (A) direkt zugegriffen wird. Neben den Einstellungen des Systems werden die Metadaten und auch die benötigten Files jeweils über das Netz gelesen. Systemeinstellungen, also Informationen über die aktuelle Version des Datenmodells, und Metadaten bereiten in der Regel keine Probleme, da es sich um recht geringe Datenmengen handelt. Andererseits lassen sich bei einem derartigen Direktzugriff viele Probleme vollständig verteilter Systeme vermeiden. Die Zugriffsberechtigung, der aktuellen Freigabestatus oder auch Informationen darüber, wer ggw. gerade eine Änderung an einem Teil durchführt, stehen immer zuverlässig zur Verfügung.

Problematischer ist der Netzzugriff auf die Geometriefiles. Schon bei lokaler Arbeitsweise ist die Performance der CAD-Anwendungen oft sehr kritisch. Werden die gesamten Geometriedaten (oft im Gigabyte-Bereich) immer über das Netz gelesen oder geschrieben, so sind unakzeptable Performancewerte zu erwarten. Dies auch, wenn man selbstverständlich davon ausgeht, daß zumindest der Zugriff während (!) der CAD-Arbeit auf einem lokalen Cache des CAD-Systems aufsetzt.

Um dieses Problem in den Griff zu bekommen setzt man häufig einen Cache auch für das PDM-System ein. Dieser arbeitet so, daß alle auf einen Standort über das Netz geladenen Files, bevor sie dem anfordernden Nutzer, zur Verfügung gestellt werden, zuvor in einem lokalen Speicherbereich abgelegt werden. Dort bleiben die Files auch nach Beendigung der Arbeiten liegen. Bei einem späteren wiederholten Zugriff auf das PDM-System wird nach dem Lesen der Metadaten und vor dem Zugriff auf die Geometriefiles eine Zusammenstellung aller benötigten Files incl. der gerade aktuellen Versionsinformationen erzeugt. Mit dieser Zusammenstellung wird der lokale Cache geprüft. Nur die Files, die lokal nicht oder in einer veralteten Version vorhanden sind, werden vom Master-PDM-System geladen. Mit dieser Arbeitsweise läßt sich eine weit performantere Arbeitsweise erreichen.

Lokal geänderte Daten werden beim Beenden der Arbeit allerdings immer auf den Master-Bereich zurückgeschrieben. Insofern bringt diese Arbeitsweise natürlich auch besonders für solche Standorte große Vorteile, die sowieso nur lesend auf die zentralen Daten zugreifen müssen.

Steht nur eine langsame Verbindung zur Verfügung oder ist davon auszugehen, daß die Verbindung nicht zuverlässig verfügbar ist, so kann man mit der soeben dargestellten Lösung nicht arbeiten. Es wird dann notwendig, jeden Standort vollständig autonom zu verwalten. Man spricht von Replikation (Bild 5-46).

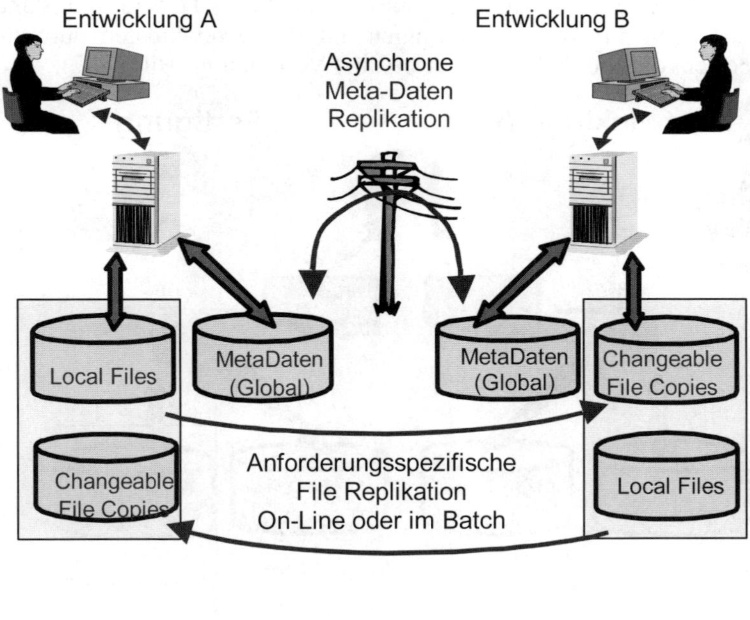

Bild 5-46: Homogenes Netz bei schlechter Verbindung

Bei dieser Vorgehensweise besitzt jeder Standort eine komplette PDM-Instanz inklusive aller Metadaten. Beim Zugriff auf ein bestimmtes Dokument wird dann auch nur diese lokale PDM-Instanz angesprochen. Um die Informationen konsistent zu halten, werden die Metadaten in bestimmten Zeitintervallen abgeglichen. Da dies meist asynchron geschieht, kann es vorkommen, daß ein Dokument gleichzeitig auf verschiedenen Instanzen verändert wird. Beim Abgleich prüft das System derartige Fälle und führt bei Bedarf Konfliktbehandlungen durch. Dabei ist es oft durchaus sehr kompliziert, sinnvolle Maßnahmen zu ergreifen, ohne die Konsistenz der Dokumente (incl. der Dokumentenstrukturen) zu verletzen. Am besten ist es allerdings, derartige Möglichkeiten von vornherein auszuschließen. Dies ist z.B. möglich, indem entweder Dokumente von vornherein nur auf bestimmten, festgelegten Instanzen geändert werden dürfen oder indem Änderungen so anzumelden sind, daß das System im Rahmen eines Abgleichs vor der Durchführung der Änderung die Zugriffsrechte prüfen und ggf. modifizieren kann.

Bei der beschriebenen Arbeitsweise bleiben Files üblicherweise am jeweils letzten Bearbeitungsort lokal gespeichert. Erst beim Zugriff auf ein Dokument wird geprüft, ob der zugehörige File aktuell lokal vorhanden ist. Ist dies nicht der Fall, so wird er wahlweise online (vorzugsweise bei kleineren Files) oder zeitversetzt im Batch (bei großen Files oder File-Strukturen) auf den jeweiligen Standort geladen.

Vor allem Fertigungsstätten liegen oft entfernt von der Entwicklung und sind in vielen Fällen auch nur über schlechte Netzverbindungen zu erreichen. In diesen Fällen ist eine direkte Online-Verbindung mit dem Master-PDM-System oft gar nicht sinnvoll möglich. Da derartige Standorte aber meist auch gar keine Änderungen auf den Produktdaten durchführen sollen, besteht die Möglichkeit einer off-line Verbindung (Bild 5-47).

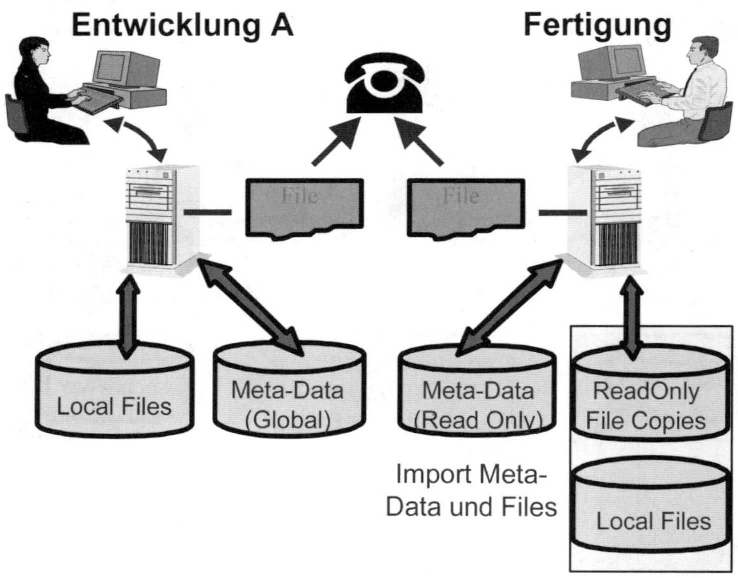

Bild 5-47: Off-line-Anbindung von Fertigungsstätten in homogenen Netzen

Die Fertigungsstätte besitzt dann zwar eine eigene Instanz des PDM-Systems, allerdings besteht auf alle darin enthaltenen Daten, soweit diese aus dem Master-System übernommen wurden, nur Lesezugriff.

Die Bereitstellung der Daten erfolgt dabei unter Nutzung eines Übergabefiles. Dieser enthält einen Export aller für die Fertigungsstätte relevanten Metadaten und Files. Dieser Übergabefile kann entweder über eine Online-Verbindung überspielt oder auch z.B. auf einer CD versandt werden.

Lokal wird der File dann per Importfunktionalität in das PDM-System eingespielt. Bei Bedarf stehen die PDM-Funktionen auch der Fertigungsstätte zur Verwaltung eigener Daten zur Verfügung.

Sporadische Nutzer der PDM-Daten oder solche entfernten Anwender, die nur kurzfristig oder selten auf die Daten zugreifen müssen (wie z.B. externe Ingenieurbüros) können schließlich vollständig ohne lokale Daten arbeiten. Entsprechend Bild 5-48 erfolgt dann ein direktes einloggen auf das Master-PDM-System. Je nach Sicherheitsstandards kann dies über das Internet oder eine spezielle Einwählverbindung erfolgen. Damit stehen die PDM-Daten auch solchen Nutzern zur Verfügung, die von Unterwegs z.B. über ein WAP-Handy oder ein über Modem an ein Handy angeschlossenen Laptop arbeiten müssen.

Die Frage, ob ein externes Büro sich überhaupt direkt auf das Master-System oder evtl. nur auf eine Kopie verbinden darf, muß von Fall zu Fall entschieden werden.

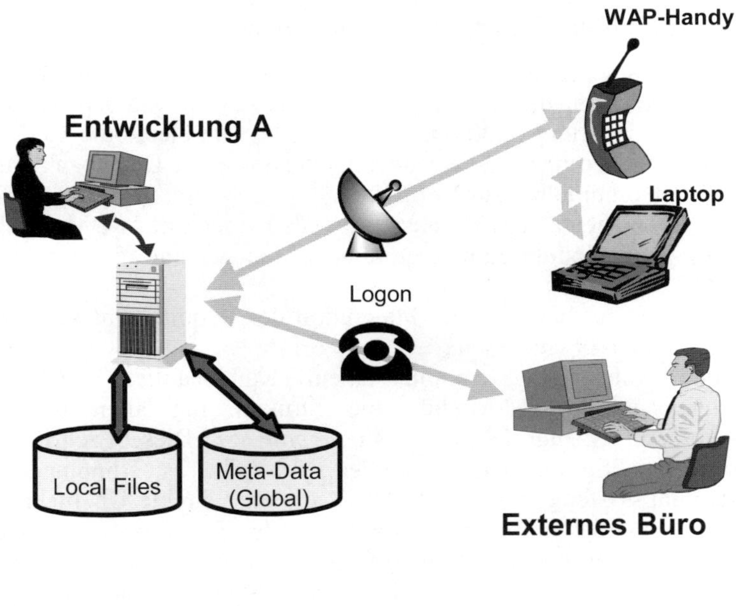

Bild 5-48: Externer Zugriff auf ein lokales PDM-System

5.11 Requirement Management

Abschließend soll noch auf eine im PDM-Bereich gegenwärtig noch selten anzutreffende Funktionalität hingewiesen werden, die allerdings aufgrund der zunehmend komplexen Anforderungen an ein Produkt sowie der immer intensiveren Kommunikation zwischen Auftraggebern und Auftragnehmern immer mehr Bedeutung bekommt – dem Verwalten der Produktanforderungen.

Anforderungen an das zu entwickelnde Produkt werden im Rahmen eines Kunden-, Entwicklungs- oder Änderungsauftrages als einer der ersten Schritte definiert. Sie dienen als Vorgabe und Maßstab für die Entwicklung der ersten konzeptionellen Modelle sowie als Maßstab für im weiteren Prozeß durchgeführte Arbeiten. Diese müssen immer gegen die bestehenden Anforderungen geprüft werden und ggf. die Anforderungsdefinition modifiziert werden. Systeme, die diese Tätigkeiten unterstützen, nennt man *Requirement Traceability Systeme* (*RTM*).

Es gibt bereits seit längerem unabhängig arbeitende spezialisierte RTM-Systeme, wie z.B. RequisitePro [REQ-00] oder DOORS [DOO-00]. Ein Nachteil dieser spezialisierten Lösungen ist

- deren Entkopplung von den eigentlichen Produktdaten, die zumeist im PDM System verwaltet werden.
- die oft unzureichenden Integrationen zu weiteren Erzeugersystemen, wie den CAD-Systemen.
- problematischer Zugriff auf verteilt liegende Informationen (u.A. in verschiedenen Niederlassungen des Unternehmens).

Darüber hinaus verfügen PDM-Systeme bereits von Haus aus über gute Infrastrukturfunktionen, die u.a. einen einfachen Zugriff auf den Workflow zulassen. Auch Sicherungsfunktionen für die Files (im electronic vault) und die Metadaten (Sicherungs- und Recoverymaßnahmen der Datenbank) stehen im PDM-System unmittelbar zur Verfügung.

So kann man heute davon ausgehen, daß moderne PDM Systeme zunehmend eigene Moduln zum Requirement-Management anbieten werden [IPS-00], [MAL-00].

Grundlegend kann man sich die Integration der Requirement-Verwaltung entsprechend Bild 5-49 vorstellen.

Ausgehend von z.B. dem in einem Kundenauftrag enthaltenen Anforderungen wird RTM-Modul eine Struktur mit allen relevanten Einzelforderungen erzeugt (*Requirement Capturing).* Dieser Schritt sollte bereits softwareseitig unterstützt werden. So gibt es Kopplungen an Textverarbeitungssysteme, wie z.B. WORD, die eine direkte Übernahme der Anforderungen in die Anforderungsdatenbank des PDM-Systems erlauben (Bild 5-50). Die so aufgenommenen Anforderungen können anschließend im Dialog weiter ergänzt und angepaßt (Prioritäten, Statusinformationen) sowie auch Beziehungen zwischen ihnen aufgebaut werden (gegenseitige Abhängigkeit der Anforderungen, Varianten und Alternativen von Anforderungen).

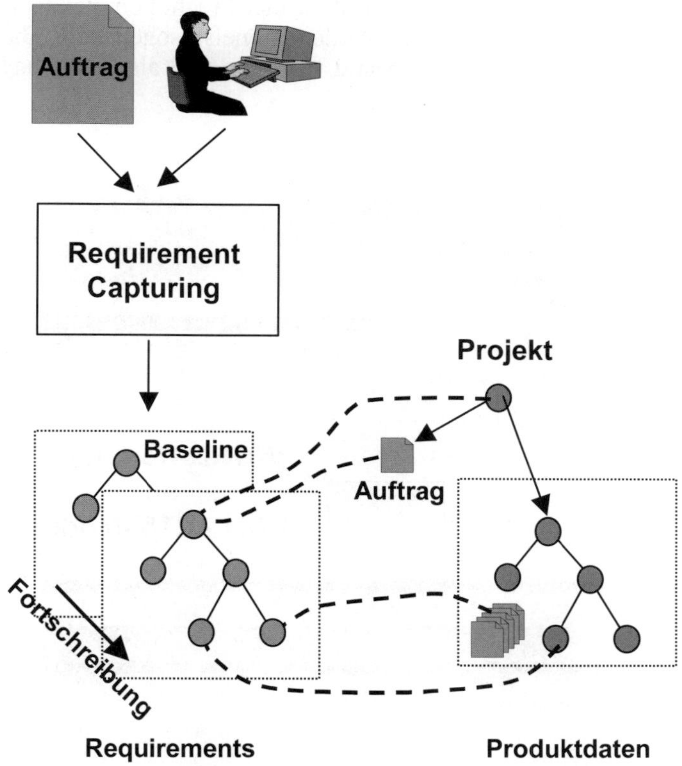

Bild 5-49: Verwaltung von Requirements im PDM-System

Die Dokumente, welche die Anforderungen enthalten, werden zumeist selbst im PDM-System abgelegt. Damit sollen alle Requirements-Beziehungen zu den Ursprungsdokumenten (Auftrag) bekommen können. Weiterhin wird in vielen Fällen ein zum Vorgang gehörendes Projekt angelegt. Diesem müssen die zugrundeliegenden Dokumente ebenso, wie auch die Anforderungen zugeordnet werden.

Auf der Basis dieser Anforderungen erfolgen jetzt alle weiteren Entwicklungsschritte, die zum schrittweisen Entstehen der Produktdaten führen. Dies können Dokumente (z.B. CAD-Modelle), Produktstrukturen etc. sein. Es ist wichtig, daß diese neuen Objekte den ihnen zugrundeliegenden Anforderungen zugeordnet werden. Wie fein das möglich (und sinnvoll) ist, hängt sowohl von der Granularität der Anforderungsbeschreibungen als auch der Detailliertheit der Produktdaten ab. In vielen Fällen werden die Anforderungen deshalb auch nicht z.B. direkt auf das CAD-Modell, sondern auf daraus durch Analysen abgeleitete Informationen, wie sie z.B. in FEM-Modellen oder Testberichten enthalten sind, verweisen.

Damit ist es nun sowohl möglich, den Erfüllungsgrad der Anforderungen zu verfolgen oder auch die Anforderungen fortzuschreiben (Historie der

Anforderungen). Da die Anforderungsstruktur meist recht komplex ist und der Erfüllungsgrad sich laufend ändert, werden zumeist sogenannte Baselines erzeugt, die einen augenblicklichen Stand festlegen und als Grundlage eines späteren Vergleiches dienen.

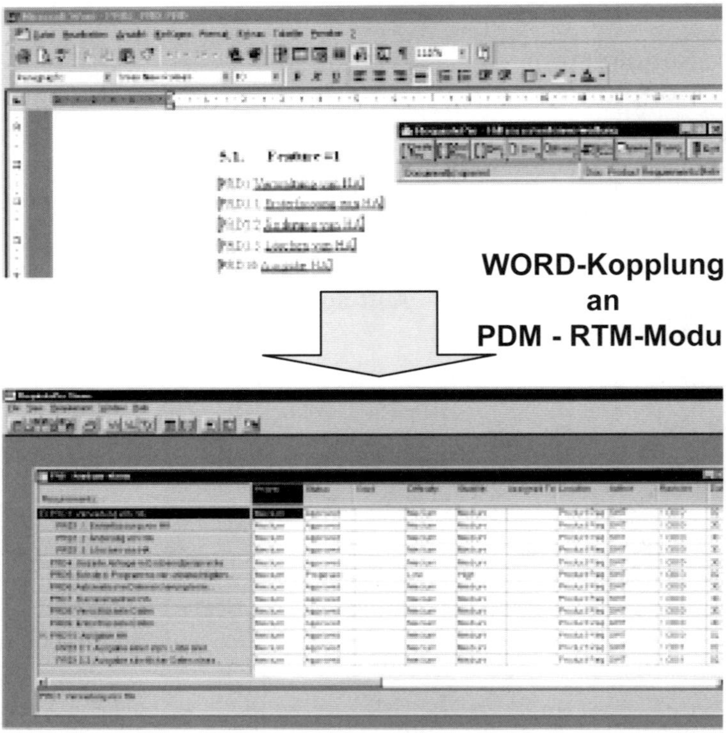

Bild 5-50: Erfassung von Requirements direkt aus einem Auftragsdokument

6 Product Definition and Commerce (PDC)

6.1 Grundlagen

Anwendungen, die auf die Nutzung und Publikation von Informationen in unternehmensinternen (INTRANET) wie unternehmensexternen (INTERNET) Netzen beruhen nehmen eine immer wichtigere Position im Engineering Prozeß ein. Erst mit der Verfügbarkeit solcher Funktionen wird es möglich, verteilte Entwicklungen effektiv zu organisieren, dem Ingenieur den Zugriff auf alle von ihm benötigten Informationen unabhängig von den Quellsystemen mit geringem Aufwand zu ermöglichen und dem Unternehmen die Aufwände für das Informationsmanagement in Beschaffung und Vertrieb drastisch zu reduzieren. PDM-Systeme unterstützen diese Arbeitsweisen durch die Bereitstellung einer ganzen Palette erweiterter Funktionen, die man unter dem Begriff *Product Definition and Commerce* (PDC) zusammenfaßt und die durch folgende Zielstellungen gekennzeichnet sind (Bild 6-1):

- Präsentation und Management von Informationen
  - *Engineering Warehouse* (EW);
    Einfache und integrierte Präsentation von in verschiedenen unternehmensinternen wie –externen Quellapplikationen befindlicher Daten
  - *Enterprise Application Integration* (EAI)
    Methoden, um Daten unterschiedlicher Quellapplikationen zu lesen, auszutauschen und zu synchronisieren
- Organisation der Ingenieurtätigkeit
  - *Engineering Collaboration* (eCol)
    Aufbau und Betrieb virtueller Projekträume, die die Zusammenarbeit von lokal verteilten Entwicklungsteams ermöglichen.
- Zusammenarbeit mit Zulieferern
  - *Supply Chain Management* (SCM)
    Verzahnung des internen Geschäftsprozesses mit dem von Partnern und Zulieferern bzgl. Daten und Funktionen.
- Angebot eigener Produktinformationen
  - *e-Commerce* (eCom)
    Vertrieb und Einkauf von Waren über virtuelle Marktplätze oder den Direktzugriff auf Portale von Zulieferern oder Kunden.

Die einzelnen Konzepte stehen dabei miteinander in enger Verflechtung. So erweitert EAI das Engineering Warehouse um Möglichkeiten, Daten nicht nur auszuwerten, sondern auch miteinander in den Ursprungssystemen abzugleichen. Engineering Collaboration nimmt auch bei der Durchführung eines Supply Chain eine wichtige Rolle ein, da hier in vielen Fällen auch die Zulieferer direkt in den Entwicklungsprozeß eingebunden werden müssen. Trotzdem sollen im Folgenden die einzelnen Bereiche getrennt vorgestellt werden, da dies dem besseren Verständnis der jeweiligen Vorgehensweisen dient.

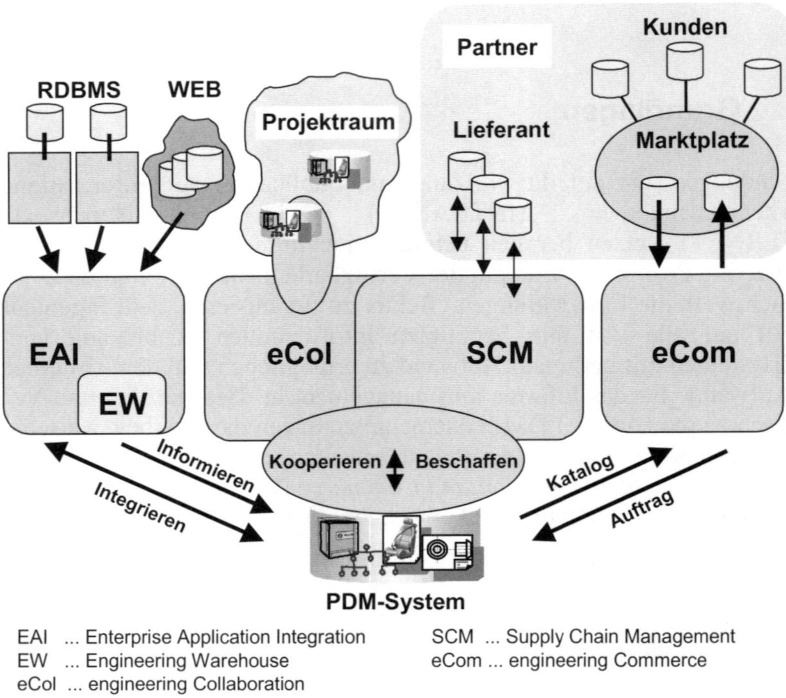

Bild 6-1: PDC-Komponenten eines PDM-Systems

6.2 Engineering Warehouse

Die Zielstellung der Engineering Warehouse Konzepte besteht darin, dem Endanwender den Zugriff auf die sehr große Menge von Informationen, welche in einer Vielzahl unterschiedlicher Applikationen enthalten sind, drastisch zu vereinfachen. Während noch vor wenigen Jahren die Anbieter versuchten die Informationen möglichst vieler Applikationen in wenigen Anwendungen zusammenzuführen, setzt sich heute mehr und mehr das Verständnis dafür durch, daß dies mit vertretbarem Aufwand weder machbar noch sinnvoll ist.

Ein Grund dafür ist, daß in den meisten Unternehmen sehr viele über Jahre gewachsene Programmsysteme existieren, welche teilweise sehr große

Datenbestände verwalten. Dies trifft auf ERP-Systeme, PDM-Systeme, Lagerverwaltungssysteme, Programme zur Pflege der Kundenkontakte (*Customer Relation Management*, CRM) oder auch Programme aus dem Finanzbereich zu. Versuche, solche Systeme so zu erweitern, daß sie in der Lage sind auch alle Aufgaben der angrenzenden Bereiche mit zu übernehmen (eine Tendenz, der sich vor allem einige große Applikationen des ERP-Bereiches ergeben hatten) scheiterten in vielen Fällen vor allem an folgenden Problemen:

- die entstehenden Mammutapplikationen werden zunehmend starr und sind nur mit großem Aufwand zu administrieren
- in vielen Fällen wird bezogen auf einzelne Teilfunktionen nicht der hohe Leistungsstandard der Speziallösungen erreicht („all-in-one“ statt „best-in-class“)
- die Einführung incl. evtl. Ablösung bestehender Altsysteme kostet den Anwender riesige Summen (teilweise zweistellige Millionensummen)
- Upgrades werden immer komplizierter und kostspieliger

Als weiteres Problem des Aufbaues geschlossener, homogener Lösungen wird immer wichtiger, daß die Begrenzung auf die rein lokale Systemlandschaft immer schwieriger wird. Selbst wenn es gelingt die internen Funktionen mit einer minimalen Zahl von Applikationen abzubilden, steht zunehmend die Forderung einer Anbindung weiterer Standorte des Unternehmens, die Zusammenarbeit mit Zulieferern und Kunden oder der Zugriff auf zentrale Marktplätze und die Auswertung von im INTERNET angebotenen Informationsdatenbanken.

Insgesamt gesehen werden also Lösungen benötigt, die Konzepte anbieten, Daten, die in logisch und physisch völlig unterschiedlichen Quellsystemen liegen zusammenzuführen und dem Anwender anzubieten, ohne daß dieser wissentlich all die Quellsysteme individuell bearbeiten und bedienen muß. Man spricht vom *Engineering Warehouse* (Bild 6-2).

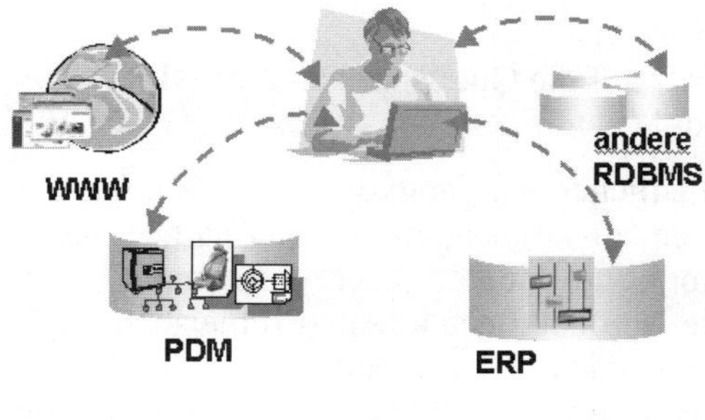

Bild 6-2: Datenquellen eines Engineering Warehouse

In Erweiterung und Fortführung des Engineering Warehouse werden Lösungen, die Geschäftsprozesse systemübergreifend unterstützen, indem

Zugriffe auf Daten unternehmensinterner wie -externer Applikationen unterstützt sowie der Fluß von Daten und die Abfolge von Funktionen systemübergreifend ermöglicht wird, unter dem Begriff *Enterprise Application Integration* (EAI) zusammengefaßt.

Das technische Konzept beider Zielstellungen ist grundsätzlich gleich und soll anhand von Bild 6-3 erläutert werden.

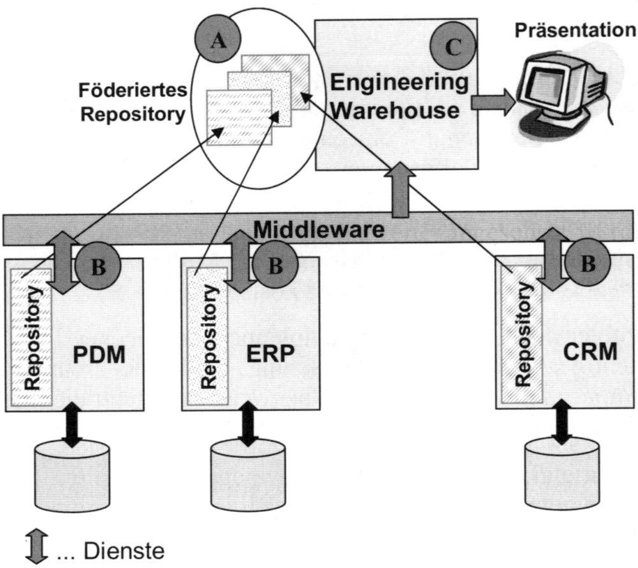

Bild 6-3: Funktionsprinzip eines Engineering Warehouse

Die Engineering Warehouse Systeme gliedern sich in drei wesentliche Bestandteile:

- das föderierte Repository (A)
- Konnektoren zum Zugriff auf die Quellapplikationen (B)
- einen Präsentationsmodul (C)

Um auf Daten unterschiedlicher Ausgangssysteme zugreifen und diese in logische Beziehungen setzen zu können, muß das Engineering Warehouse Informationen über das logische Modell jeder einzelnen Quellapplikation besitzen. Datenbankbasierte Applikationen arbeiten zumeist auf einer eigenen internen Definition des verwendeten Datenmodells – dem Repository (vgl. dazu auch Kapitel 8). Das *Repository* enthält Informationen über alle im System verwalteten Daten, deren logische Verknüpfung und die Formate der Daten. In vielen Fällen wird dieses Repository selbst in der Datenbank verwaltet. Kenntnis des Repositories erlaubt einen zielgerichteten Zugriff auf die Daten, das navigieren im Datensystem und eine korrekte Repräsentation. Die Engineering Warehouse Applikation legt nun von allen Systemen, auf die zugegriffen werden soll ein Abbild des relevanten Ausschnittes dieses

Repositories an. Darüber hinaus enthält es Werkzeuge, die es erlauben logische Verbindungen zwischen den einzelnen Modellelementen herzustellen (Bild 6-4). So können die einzelnen Informationen zu Strukturen zusammengefaßt werden (Überblick über logisch zusammengehörige Einzelinformationen), oder es werden Relationen zwischen den Daten hergestellt (so daß Daten, die voneinander abhängig sind abgebildet werden können). Man nennt dieses Applikationsübergreifende Modell ein *föderiertes Repository*.

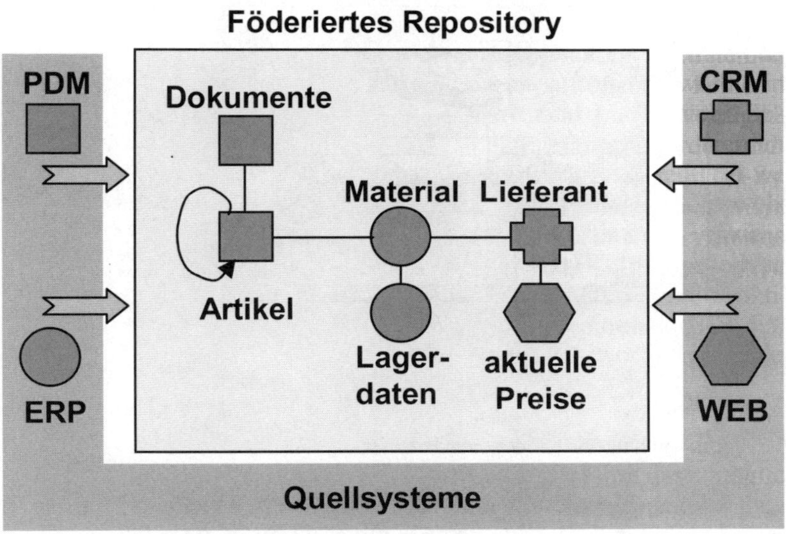

Bild 6-4: Aufbau eines föderierten Repository

Allerdings ist es auch bei Kenntnis des logischen Modells einer Applikation in keinem Fall möglich, direkt auf die Daten zuzugreifen. Vielmehr muß man dazu auf die von den Applikationen angebotenen Interfaces zugreifen. Diese können als einfache Funktionsbibliotheken angeboten werden. Eleganter ist die Arbeit mit solchen Systemen, welche moderne Middleware-Konzepte wie CORBA, Enterprise JavaBeans oder DCOM benutzen. Diese stellen alle für externe Nutzer (wie z.B. das Engineering Warehouse) relevanten und zulässigen Daten und Funktionen direkt zur Verfügung (*Dienste*). Dann wird lediglich noch eine Verbindung zum entsprechenden Middlewarekonzept benötigt und es kann dann direkt auf die dort angebotenen Dienste zugegriffen und über diese auch die in den beteiligten Applikationen abgelegten Daten ausgewertet werden.

Erfüllt das Engineering Warehouse beide Bedingungen ausreichend (Kenntnis über die logische Struktur der Daten sowie physischer Zugriff auf die se Daten) so ist des dem Anwender immer noch nicht möglich auf diese Daten zuzugreifen. Wie alle Systeme, die eine große Menge an teilweise komplex strukturierten Informationen anbieten, besteht das Problem in einer qualitativ ausreichenden Präsentation. Dabei hat es sich bewährt, die Daten in einem sogenannten föderierten (oder auch Engineering Warehouse-) Browser anzubieten. Dieser Browser bietet dem Anwender einfache Werkzeuge an, Datenbestände unterschiedlicher Quellen anzusprechen und anzuordnen (Bild 6-5).

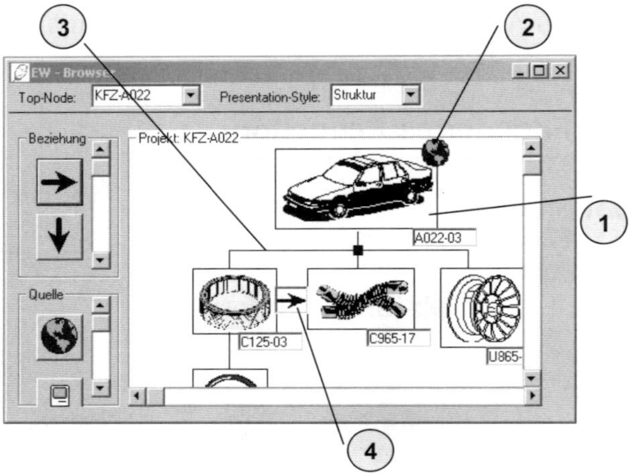

Bild 6-5: Präsentation in einem föderierten Browser

Dazu werden Objekte aus einer der verfügbaren Quellen (2) als grafische Symbole angeboten. Diese können per Drag&Drop in einer Übersicht plaziert (1) und dort per Strukturbeziehungen geordnet (3) und mit Relationen in gegenseitige Beziehungen gesetzt werden (4). Jedes derartige Szenario kann unter einem Namen abgelegt und jederzeit wieder aktiviert werden. Es stellt ein Nutzerspezifisch definiertes neues Geschäftsobjekt (*business object*) dar. Selbstverständlich kann der Nutzer solche Objekte selbst wieder kombinieren oder auch anderen Nutzern zur Verfügung stellen. Über einen Doppelklick auf das jeweilige Icon, werden die damit repräsentierten Daten selbst angeboten. Dies geschieht zumeist, indem die Funktionalität der zugehörige Applikation innerhalb des Engineering Warehouse (der wie ein Container arbeitet) angeboten wird. Man kennt aus dem Büroalltag derartige Funktionalität, wenn man z.B. innerhalb von WORD die in einem Dokument eingebettete EXCEL-Tabelle öffnet. Bild 6-6 zeigt eine derartige Repräsentation.

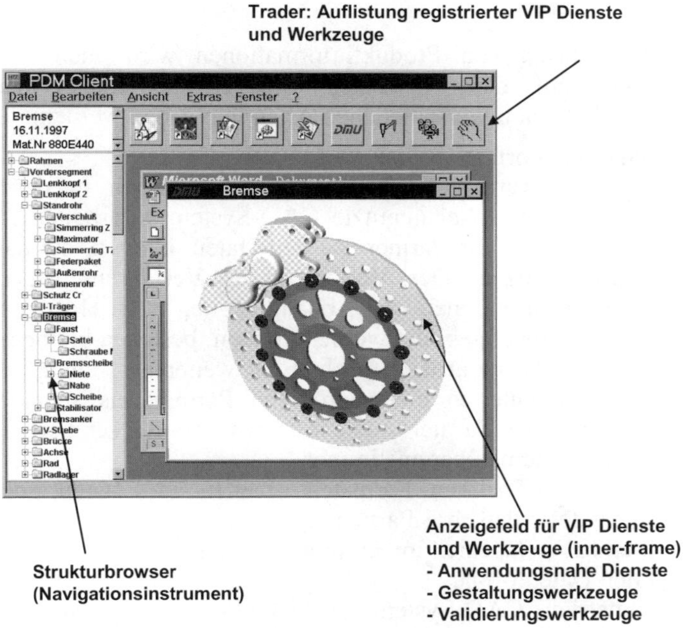

Bild 6-6: Präsentation von Daten im Engineering Warehouse (Quelle: iVIP)

6.3 Verfahren zum Austausch von Produktinformationen

Während noch 1989 ca. 60% der Entwicklungskapazitäten in der deutschen Automobilindustrie im eigenen Unternehmen eingesetzt wurden, sind 1999 bereits 80% externe Entwicklung vergeben worden. Die Zahl der Partner im Bereich CAD stieg bei VW von 14 in 1993 auf 991 im Jahre 1999. Dabei wurden 1999 ca. 555 Gbyte an Geometriedaten entgegen 0,2 Gbyte 1993 übertragen.

Schon diese Zahlen deuten an, welch große Bedeutung gerade in Branchen wie dem Automobilebau die Datenübertragung zwischen verschiedenen Partnern angenommen hat. Zunehmend ist die Forderung jedoch, nicht nur die Daten austauschen zu können, sondern auch die zugrundeliegenden Prozesse (Änderungs- und Freigabewesen; Workflow) eng zu verzahnen.

Alle im weiteren besprochenen Werkzeuge des engineering Collaboration, des Supply Chain Managements oder des eCommerce können deshalb nur funktionieren, wenn es gelingt die jeweils relevanten Produktinformationen möglichst verlustfrei an Partner und Kunden weiterzugeben bzw. von diesen zu übernehmen.

6.3.1 Austausch von Geometrie- und Strukturinformationen

Der Datenaustausch von Produktinformationen wird auch heute noch immer oft nur auf den Austausch von Geometriedaten beschränkt. Geometriedaten können in verschiedenen Arten übergeben werden:

- im nativen CAD-Format
  In diesem Fall werden die Geometrieinformationen in dem Format verteilt, wie sie das lokal genutzte CAD-System verarbeitet. Als Folge können natürlich nur die Partner mit den Daten arbeiten, die das gleiche CAD-System besitzen. Der Vorteil dieses Verfahrens ist, daß eine Vielzahl von Informationen und Abhängigkeiten (z:B. History-tree), die nur im nativen File abgebildet werden können, bestehen bleiben und eine problemlose Weiterarbeit ohne weiteres möglich ist.
  Für eine Weitergabe an einen größeren Partnerkreis scheidet dieses Verfahren meist aus, da nicht ohne weiteres vorausgesetzt werden kann, daß die CAD-Systeme übereinstimmen.
  Um trotzdem mit nativen Formaten arbeiten zu können, legen viele Auftraggeber fest, daß ihre Partner das CAD-System des Auftraggebers einzuführen haben (speziell im Automotive Bereich üblich).
- im neutralen Datenformat
  Um Geometrien CAD-System unabhängig weitergeben zu können, wurden mehrere neutrale Formate entwickelt (z.B. VRML für den 3D-CAD-Bereich).
  Als Voraussetzung benötigt man einen Konverter, der aus dem jeweiligen nativen Format, das neutrale Format erzeugt. Die neutralen Formate können dann in speziellen Viewern betrachtet und auch analysiert werden. Dies ist Grundlage der meisten Digital Mockup Applikationen. Für Kollisionsbetrachtungen, Strukturanalysen etc. reicht dieses Format meist aus. Eine direkte Nutzung zur Weiterführung der Entwicklungsarbeiten ist jedoch unmöglich.
- im neutralen Austauschformat
  Es gibt eine Reihe von Vorschlägen die nativen CAD-Formate in ein solches Zwischenformat umzuwandeln, daß ein weiteres CAD-System aus diesem Format mit einem Eingangskonverter wiederum sein eigenes CAD-Format erzeugen kann. Dann ist ein Austausch möglich, soweit jedes beteiligte CAD-System jeweils einen Konverter zur Erzeugung und einen Konverter zum Lesen des Übergabeformates besitzt. Bekannte Standards sind IGES (ANSI Y 14.26), VDAFS (DIN 66301) oder STEP (ISO 10303).
  Problematisch ist bei allen bekannten Übergabeverfahren, daß es meist nicht möglich ist, die Strukturen und Abhängigkeiten (z.B. Constrains; Parameter) des nativen Formates vollständig zu übergeben.

Eine lokale Nutzung derart bereitgestellter Geometrien ist aber oft mit großem Aufwand verbunden, da so wesentliche Informationen, wie die zugehörigen Stammdaten, Strukturinformationen, Stücklisten oder auch Berechtigungsinformationen nicht direkt übernommen werden.

Versuche dem Abhilfe zu schaffen, bestehen oft darin, den Partnern den direkten Zugriff auf das PDM-System des Auftraggebers zu ermöglichen. Dies hat natürlich dann seine Grenze, wenn der Partner selbst über ein PDM-System verfügt oder wiederum mit weiteren Partnern zusammenarbeitet (Bild 6-7).

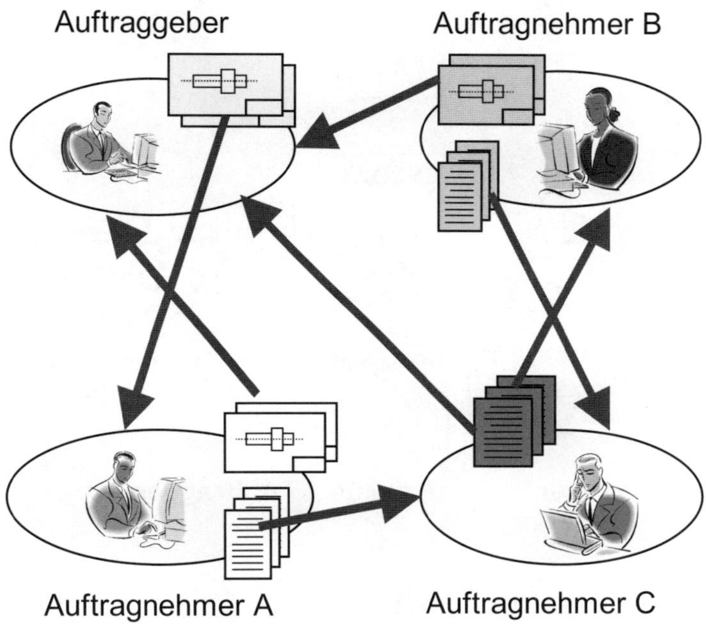

Bild 6-7: Zusammenarbeit im heterogenen Netz

In diesen Fällen wird er eine Arbeitsweise suchen, die es ermöglicht sein lokales PDM-System möglichst verlustfrei mit den PDM-Systemen seiner Partner zu heterogenen Netzen zu koppeln [DOM-00].

Der Aufbau *heterogener Netze* hat das Ziel verschiedene lokale PDM-Instanzen so zu verbinden, daß neben dem Austausch von Geometriedaten auch der Austausch der zugehörigen Metadaten möglich wird. Dies soll möglichst ohne die Entwicklung spezifischer Kopplungsmoduln für den Transfer zwischen je zwei konkreten Systemen möglich sein. Derartige Lösungen werden ggw. in vielen Unternehmen vorbereitet. Lange Zeit scheiterte die produktive Nutzung allerdings daran, daß es zwar für den neutralen Austausch der Geometriedaten eine Reihe von Standardvorschlägen gab, vergleichbare Normen für die Übergabe der PDM-Daten jedoch noch auf vergleichbar niedrigem Niveau lagen.

Unter der Voraussetzung des Einsatzes von STEP [AND-00], kann man den Austausch wie folgt beschreiben (Bild 6-8).

STEP, wie alle anderen Übertragungsstandards, geht davon aus, daß es ein für alle verbindliches Austauschformat gibt. Jeder Partner hat dafür zu sorgen, daß entsprechende Konverter aus den lokalen Formaten dieses Austauschformat erzeugen und, in der anderen Richtung, auch in der Lage sind, dieses Austauschformat zu lesen. Der Austausch von Produktinformationen muß in den Austausch der Geometriedaten und den der PDM-Informationen gegliedert werden.

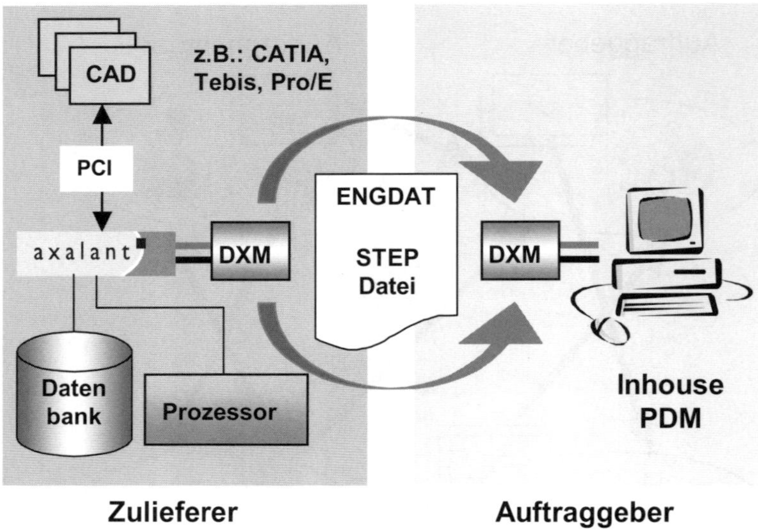

Bild 6-8: Datenaustausch über DXM und STEP

Das logische Kontrollzentrum für den Austausch ist das PDM-System. Über dieses veranlaßt der Anwender die Bereitstellung der für den Austausch benötigten Daten. Dazu werden durch das CAD-System Geometrie-STEP-Files und über einen PDM-STEP-Prozessor neutrales Metadatenformat bereitgestellt. Weiterhin muß ein sogenannter Export-Auftrag erzeugt werden. Diese Files müssen nun noch zu einem geschlossenen Auftrag zusammengefaßt werden, der dann verschickbar ist. Dies kann z.B. mit dem „Data Exchange Manager" (DXM) der ProSTEP GmbH durchgeführt werden. Als Ergebnis entsteht dann eine Nachricht im „ENGDAT"-Format (Engineering-Daten nach VDA 4951 [VDA-00]), die z.B. Informationen über Sender, Empfänger und die CAD-Datein enthält in einem maschinell lesbarem Format enthält. Auch weitere Daten, wie beispielsweise über das zugrundeliegende Projekt oder den Versionsstand, sind in ENGDAT enthalten.

Dieser Datensatz wird dann an den beabsichtigten Partner versandt und die Auftragsdaten im PDM-System abgelegt. So kann später problemlos jeder Austauschvorgang nachvollzogen werden. Evtl. aufgetretene Fehler sind gleichfalls abrufbar.

Der Import in das Partsystem erfolgt analog. Alle Daten des Auftrages werden über Prozessoren in das PDM-System eingelesen, CAD-Daten in das

Zielformat konvertiert und ein zugehöriger Importauftrag abgelegt. So kann auch auf der Empfängerseite jederzeit über die Importvorgänge recherchiert werden.

Wenngleich gerade in Europa der Datenaustausch auf der Basis von STEP der ggw. favorisierte Standard ist und auf langjährige Erfahrungen in Entwicklung und Standardisierung zurückschauen kann, kommen doch auch weitere Vorschläge in die Diskussion.

Besonders die auf dem Austauschformat XML (vgl. Abschnitt 6.3.2) basierten Definitionen entwickeln sich international stark. Dies liegt vor allem daran, daß XML als künftige Basis im Internet betrachtet werden kann. Daten, die in diesem Format vorliegen, haben also gute Voraussetzungen um im Internet einfach übertragen und ausgewertet werden zu können.

Ein Standard, der auf XML basiert ist PDX (*Product Definition eXchange*) [COV-00]. Der Focus dieses Standards liegt im Bereich der Elektronikindustrie und soll die Übertragung von Produktinformationen zwischen Endfertigern, Zulieferern und Ingenieurbüros sicherstellen helfen.

Die PDX Standard Gruppe ist eine Arbeitsgruppe der NEMI VFIIP (National Electronics Manufacturing Initiative, Virtual Factory Information Interchange Project). In dieser Gruppe arbeiten vor allem Mitglieder führender Firmen der Elektronikbranche mit, welche sich mit Fragen des Supply Chain in Herstellung oder Service beschäftigen, wie INTEL, Chipcenter, Agile oder PeopleSoft.

Als weitere Standardinitiative sei auf PDML verwiesen. Diese *Product Data Markup Language* ist vollständig auf den Einsatz von XML orientiert und soll gleichfalls dem Datenaustausch zwischen PDM-Systemen dienen [BUK-99]. Auch hier stand die Elektronikindustrie Pate (Joint Electronic Commerce Program Office - JECPO). Besonders interessant an PDML ist, daß dieser erklärtermaßen nicht etwa mit solchen Standards wie STEP in Konkurrenz treten will, sondern diesen aufgreift und weiterentwickelt. So geht PDML aus von:

- STEP als Basismodell für den Datenaustausch der Produktdaten
- EXPRESS zur Spezifikation des Datenmodells (speziell, da EXPRESS wesentlich mächtigere Beschreibungsmöglichkeiten als SGML oder XML anbietet)
- XML als Auszeichnungssprache für den Austauschvorgang (wobei Konverter von EXPRESS zu XML geschaffen werden)
- das INTERNET als Austauschplattform

Somit kann die Idee von PDML darin gesehen werden, die besten Feature bereits bekannter Technologien zu vereinen.

6.3.2 Verfahren der Datenübertragung

Für den Transport der Daten zwischen den Teilnehmern eines Datenaustausches gibt es vielfältige Möglichkeiten.

Gegenwärtig am verbreitetsten sind *INTERNET-basierte Lösungen* (Bild 6-9).

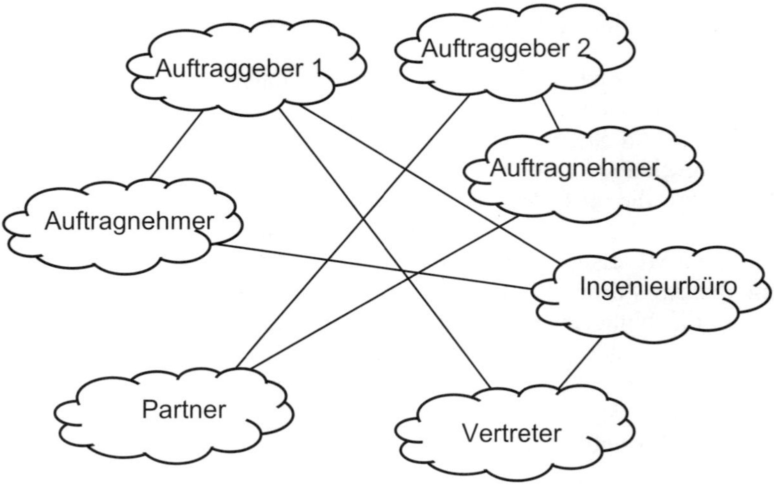

Bild 6-9: Kommunikation über das Internet

Ihr Vorteil liegt vor allem in der allg. Verfügbarkeit. Die Kommunikation geht davon aus, daß jeder Teilnehmer eine Verbindung zu einem Internet-Provider seiner Wahl hat sowie über die übliche Software (wie Internet-Explorer oder Netscape) verfügt. Bei der Arbeit über das Internet sind unterschiedliche Werkzeuge und natürlich auch Aufwendungen notwendig, je nachdem ob auf Informationen eines Anbieters zugegriffen oder auch eigene Informationen angeboten werden sollen. Da diese Techniken ggw. für viele Unternehmen eine besondere Bedeutung haben, soll darauf im Folgekapitel speziell eingegangen werden.

Neben den Vorteilen des geringen Aufwandes haben die Internet-basierten Lösungen vor allem mit den typischen Problemen dieses öffentlichen Netzes (wie Performance, Verfügbarkeit und Sicherheit) zu kämpfen. Außerdem müssen die Verbindungen zwischen allen Partnern sichergestellt werden. Dies bedeutet einen nicht unerheblichen Aufwand.

Den genannten Nachteilen wird bei den *Extranet-Lösungen* (Bild 6-10) entgegengewirkt, indem jeweils für einen Main-Contractor eine Kommunikationsplattform zur Verfügung gestellt wird, an die sich dann alle Partner koppeln.

Damit wird also jeweils eine Gesellschaft mit ihren Partnern verbunden. Für diese Gesellschaften kommt es dabei zu erheblichen Einsparungen, da sie nur noch eine Schnittstelle pflegen muß. Anders sieht es natürlich für die Lieferanten und Partner aus. Deren Aufwand wird nicht reduziert. Hat er mehrere Auftraggeber, so muß er auch mehrere Extranet-Kopplungen realisieren.

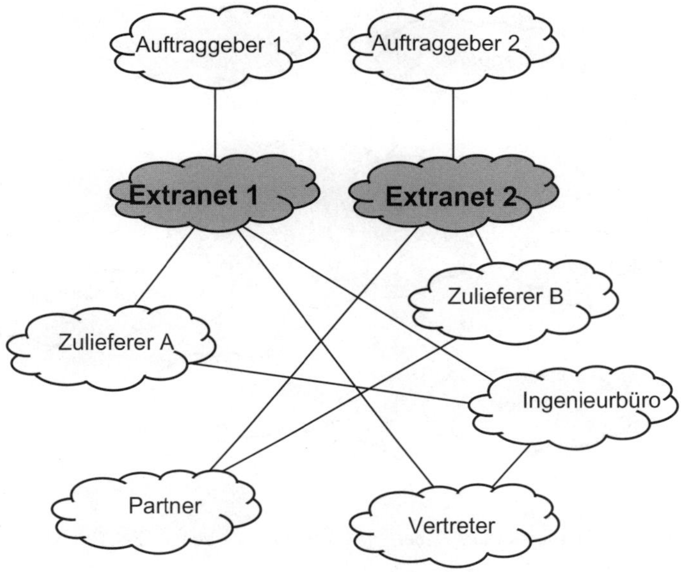

Bild 6-10: Kommunikation im Extranet

Um dem wachsenden Informationsfluß, der besonders in der Automobilindustrie herrscht, künftig besser zu bewältigen wird aber laufend daran gearbeitet bessere Kommunikationsstrukturen zu schaffen [FOL-98; KOP-98]. Vorhandene Plattformen sind zu starr, zu isoliert und auch zu teuer. Die große Zahl von Netzwerkumgebungen, Protokollen und Übertragungstechniken richtet vor allem für kleinere und mittlere Unternehmen Technologie- und Kostenhürden auf. Als ein Lösungsvorschlag gilt das „European Network Exchange" [NEU-00].

ENX ist ein virtual private network (VPN) und unterscheidet sich vom öffentlichen Internet durch solche Qualitätsmerkmale, wie Leistungsfähigkeit, Verfügbarkeit und Betriebsmanagement [ZIO-00]. Als besonderer Vorteil ist zu sehen, daß alle Beteiligten auf eine gemeinsame Plattform zugreifen können (Bild 6-11).

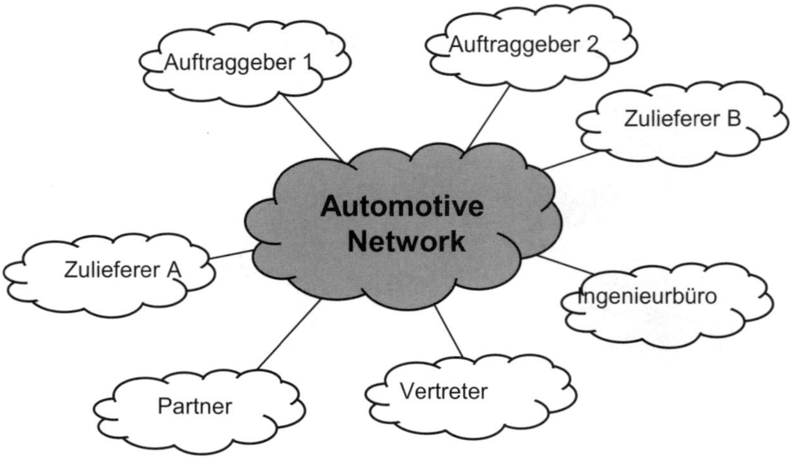

Bild 6-11: Kommunikation bei Anwendung von ENX als einheitlicher Kommunikationsplattform

In den USA ist ein vergleichbarer Standard (ANX) bereits seit 1998 im Einsatz, in Asien und Australien gibt es ebenfalls derartige Projekte. Geplant ist, die verschiedenen Netze zu einem weltumspannenden Globalwerk zusammenzuführen. (Bild 6-12).

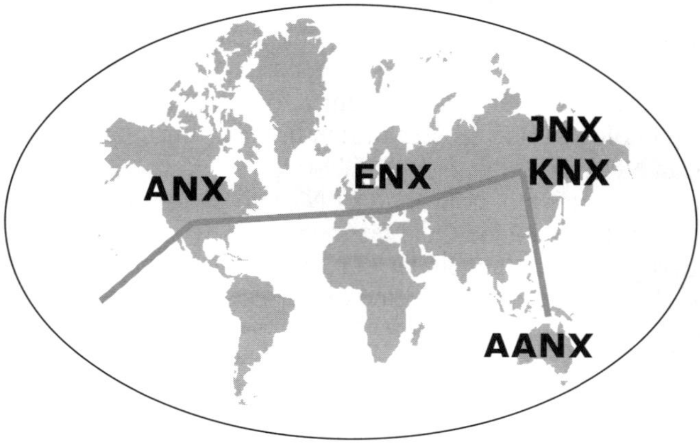

Bild 6-12: Aufbau eines weltweiten Kommunikationsnetzes (GNX)

6.3.3 Datenaustausch mit XML

Seit einigen Jahren wird, wenn es um Fragen des Datenaustausches geht, immer wieder (und zunehmend) über eine spezielle Spezifikation, die *Extensible Markup Language* (*XML*) gesprochen [MFH-99, WEI-99, BEH-99, SCR-01].

XML wurde von der World Wide Web Consortium (W3C) bereits 1996 als Entwurf und im Februar 1998 als Spezifikation vorgestellt. Der wesentliche Auslöser war, daß immer mehr Firmen Daten über das Internet austauschen wollten. Dort jedoch gab es einen klaren Standard mit der *Hypertext Markup Language* (*HTML*). Diese wurde bereits Ende der 80iger Jahre am Forschungszentrum der Europäischen Organisation für Kernforschung (CERN) entwickelt und konnte sich vor allem wegen ihrer einfachen Struktur auch im Internet durchsetzen. Solange das Internet vor allem für eine visuelle Informationsgewinnung genutzt wurde, war dies auch weitgehend problemlos. Seit Mitte der neunziger Jahre werden Internet-Anwendungen jedoch mehr und mehr als Front-Ends für Datenbankanwendungen und den Datenaustausch benutzt. Und hier stößt HTML klar an seine Grenzen.

Dies liegt daran, daß HTML eine WEB-Sprache ist, die auf einer nur sehr begrenzten Menge von Sprachelementen beruht. HTML wurde unter Anwendung einer weiteren, sehr universellen Metasprache definiert – der *Standard Generalized Markup Language* (*SGML*), die von der ISO 1986 eingeführt wurde. SGML dient dazu, Sprachen die man zur Auszeichnung von Dokumenten benutzen möchte zu definieren. Dies wird vor allem durch die Bereitstellung einer sogenannten Dokumententyp-Definition (DTD) getan. Diese legt alle verfügbaren Sprachelemente für die Beschreibung von Dokumenten mit der betreffenden Auszeichnungssprache fest. HTML-Dokumente können also nur die dort (in der HTML-DTD) enthaltenen Sprachelemente benutzen. Viele aktuelle Ansprüche, die an eine WEB-Sprache heute unter dem Aspekt des Datenaustausches, des Supply Chain und des e-Commerce gestellt werden, kann HTML nicht genügen. Versucht man Produktkataloge mit HTML zu beschreiben, so werden viele wesentliche Informationen verloren gehen. Versucht man mit hohem Aufwand spezielle Daten (z.B. Preisinformationen zu Kaufteilen) direkt aus der HTML-Seite zu extrahieren, so ist mit einer großen Fehleranfälligkeit zu rechnen. Dies liegt daran, daß es mit HTML vor allem nicht möglich ist, die übertragenen Informationen semantisch auszuzeichnen. Es wird also kein Element „PREIS“ geben (da dieses in der HTML-DTD natürlich nicht definiert wurde). Vielmehr müßte dies über Positionsfestlegungen und weitere Kontextfestlegungen erkannt werden. Würde die betreffende Seite umgestaltet, so würde auch der Parser einen falschen Wert für den Preis liefern. Bild 6-13 zeigt dies am Beispiel einer gegenwärtig noch üblichen HTML-Portal Seite eines WEB-Marktplatzes.

```
</table>
<div align=center>
<table border="0" cellPadding="2" cellSpacing="0" width="520">
<tr> <td <TD bgColor=#f7f7f7 width=*> <font color=#000000 face=Arial size=2> Baureihe</font> </td>
     <td <TD bgColor=#f7f7f7 width=200> <font color=#000000 face=Arial size=2>
         <select size="1" name="stvQuest1" align="left" onchange="stvjs_evaluateForm(1)">
         <option selected value="K">K</option>
         <option value="K .13">K .13</option>
         <option value="PK">PK</option>
         <option value="PK Befestigungsleisten BL">PK Befestigungsleisten BL</option>
         <option value="PK Universalleisten UL">PK Universalleisten UL</option></select>
     </font> </td> </tr>
<tr> <td <TD bgColor=#e5e5e5 width=*> <font color=#000000 face=Arial size=2> Baugröße:</font> </td>
</font> </td> </tr>
<tr> <td <TD bgColor=#f7f7f7 width=*> <font color=#000000 face=Arial size=2> Ausführung:</font> </t
</font> </td> </tr>
<tr> <td <TD bgColor=#e5e5e5 width=*> <font color=#000000 face=Arial size=2> Übersetzung:</font> </
</font> </td> </tr>
<tr><td>  </td><td>
<DIV align=right>
<font face="Arial Narrow"><small>powered by <A href=http://www.starvars.de target=top>sta
</td></tr>
```

Bild 6-13: Beispiel einer HTML-Portal Seite

Als Ausweg wurde ein Subset der SGML entwickelt, mit dem es auf einfache Art möglich ist eigene, an die jeweilige Aufgabe angepaßte Auszeichnungssprachen zu entwickeln. Dieses Subset ist XML. Es vereinfacht die recht kompliziert anzuwendende Metasprache SGML soweit, daß sie einer breiten Anwendung offen steht. Damit stellt sich die Nutzung von XML für die Beschreibung von Dokumenten entsprechend Bild 6-14 dar.

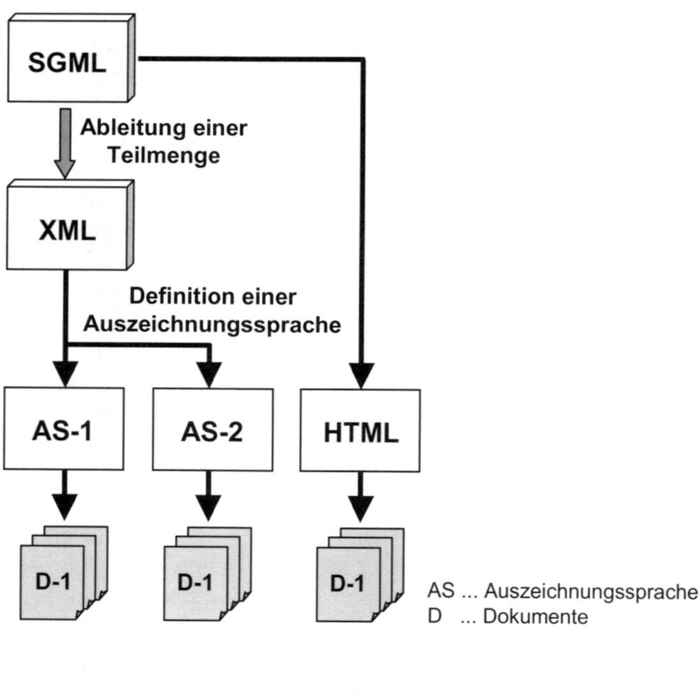

Bild 6-14: Beschreibung von Dokumenten mittels einer Auszeichnungssprache

Während XML genau wie SGML eine Metasprache zur Entwicklung von weiteren, problemabhängigen Auszeichnungssprachen ist, stellt HTML direkt eine solche (abgeschlossene) Auszeichnungssprache dar [FIH-00]. Die für die Datenübertragung benutzten Dokumente können dann je nach Aufgabe unter Nutzung einer der Auszeichnungssprachen beschrieben werden. Während die benötigte DTD im Falle von HTML quasi in die verwendeten Browser „einprogrammiert“ ist, ist sie bei XML-Dokumenten im sogenannten Prolog enthalten. Bild 6-15 zeigt ein Beispiel eines derartigen Dokumentes.

```
<?xml version=„1.0“ ?>
```

DTD

```
<!DOCTYPE Artikel [
  <!ELEMENT Artikel (Stammsatz) +>
  <!ELEMENT Stammsatz (Nummer, Version, Revision,
                       Benennung, Werkstoff)>
  <!ELEMENT Nummer     (#PCDATA)>
  <!ELEMENT Version    (#PCDATA)>
  <!ELEMENT Revision   (#PCDATA)>
  <!ELEMENT Benennung (#PCDATA)>
  <!ELEMENT Werkstoff  (#PCDATA)>
]>
```

Inhalt des Dokumentes

```
<Artikel>
 <Stammsatz>
  <Nummer>4711</Nummer>
  <Version>01</Version>
  <Revision>a</Revision>
  <Benennung>Schaltwelle</Benennung>
  <Werkstoff></Werkstoff>
 </Stammsatz>
</Artikel>
```

Bild 6-15: Beispiel eines XML-Dokumentes

Internet-Applikationen, welche dem Austausch von Daten dienen, werden bereits in kurzer Zeit ausschließlich mittels XML-basierter Dokumente arbeiten. Damit ist auch eine wesentliche Voraussetzung für die breite und einfache Nutzung von Daten über WEB-Portale gegeben.

Darüber hinaus setzt sich XML jedoch auch für den direkten Datenaustausch zwischen PDM-Systemen bzw. zwischen PDM-Systemen und weiteren externen Applikationen durch. Dabei darf allerdings nicht übersehen werden, daß mit der Anwendung von XML allein noch keine sinnvolle PDM-Datenübertragung möglich ist. Vielmehr bedarf es erst der Entwicklung einer geeigneten Auszeichnungssprache. Ob diese STEP als Grundlage wählt [SHB-99] oder z.B. PDML spielt dabei keine besondere Rolle. Insofern ist XML auch keine Alternative zu STEP, wie teilweise zu lesen ist. Auch die Kombination von STEP-basierter Produktdatenmodellierung mit XML-definierten Dokumenten, wie z.B. von [KAR-00] beschrieben, kann speziell im Hinblick auf die Publizierung von Produktinformationen interessant sein.

6.4 Engineering Collaboration

Immer häufiger besteht heute für den Ingenieur die Notwendigkeit in Teams zu arbeiten, deren Mitglieder nicht mehr in einem Büro oder einer Niederlassung des Unternehmens sitzen [EVE-96]. Vielmehr wird im Zuge der Globalisierung (Unternehmen schließen sich national oder auch international zusammen) auch die Entwicklungstätigkeit zunehmend auf verschiedene Standorte verteilt. Dies erfordert Methoden, sowohl die Entwicklungsunterlagen als auch die Prozesse standortübergreifend zu organisieren. Weiterhin wird diese Problematik noch durch die zunehmende Verflechtung von unternehmensinternen mit unternehmensexternen Prozessen verschärft. Speziell im Rahmen des Supply chain (vgl. Abschnitt 6.4) oder auch der intensiven Einbindung von externen Ingenieurbüros in den internen Ablauf der Produktentwicklung wird es erforderlich, auf Daten zuzugreifen, die nicht Bestandteil seines lokalen PDM-Systems sind. Handelt es sich um Entwicklungsdaten, die in lokal verteilten Instanzen des Unternehmens-PDM-Systemes abgelegt sind, so stehen mit den unterschiedlichen Replikationsverfahren technisch ausgereifte Lösungen bereit, auf die benötigten Daten zuzugreifen (siehe dazu Kapitel 5). Werden Informationen aus Fremdapplikationen benötigt, so kann der Ingenieur auf das Engineering warehouse zurückgreifen (Kapitel 6.2). Doch in jedem Fall erhält man lediglich Unterstützung beim Zugriff auf die Daten, nicht jedoch bei der Lösung des Problems, den Entwicklungsprozeß so zu gestalten, daß die an unterschiedlichen Orten arbeitenden Teams zielgerichtet und kontrolliert eine letztlich konsistente Produktbeschreibung erzielen.

Ob es sich um in verschiedenen Niederlassungen (verteilt) arbeitende Teams handelt oder interne Abteilungen mit Partnern oder Zulieferern an einem gemeinsamen Problem arbeiten müssen – in allen Fällen werden Werkzeuge benötigt, die ein Management solcher virtueller Teams unterstützt [REB-96].

Hierbei wird von *Collaborate Engineering* gesprochen. Dieses erweitert die traditionelle Projektorganisation der PDM-Systeme um virtuelle Projekträume zum Management der verteilten Entwicklungsarbeit.

Die virtuellen Projekträume organisieren alle ein Entwicklungsprojekt betreffenden Daten standortunabhängig. Ergänzt werden sie durch programmtechnische Hilfsmittel des *computer supported cooperative work* (CSCW), die es verteilt arbeitenden Teams erlauben, ihre an verschiedenen Orten laufenden Entwicklungsarbeiten bzgl. der Kommunikation und des Ablaufes zu koordinieren ohne direkte Meetings notwendig zu machen [KLA-98, LUE-99].

Dies wird in mehreren Schritten erreicht. Zunächst muß ein von allen Standorten zugänglicher Projektbereich angelegt werden. Darunter wird verstanden, daß alle für den Entwicklungsprozeß relevanten Objekte zusammengefaßt und mit Berechtigungen für die verschiedenen Teammitglieder versehen werden müssen (Bild 6-16). Dies kann z.B. ein Änderungsauftrag sein, dessen zugehörige Mappe die Dokumente enthält und dem als Ressourcen alle Teammitglieder zugeordnet wurden. Allerdings ist zu beachten, daß beim CSCW natürlich oft auch (aus der Sicht des lokalen PDM-Systems) externe Mitglieder zu berücksichtigen sind. Folgende Konzepte zum Aufbau eines Projektraums sind bekannt:

- lokal im PDM-System
  In diesem Fall liegen immer alle Projektdaten auf einem Rechnerknoten. Daten für andere Teammitglieder werden individuell diesem Projektraum entnommen und dem Anfordernden zugestellt.
- verteilt in einem Netz von PDM-Systemen
  Hier werden die Daten den Projektes in einem Netz von Verwaltungssystemen (heterogene PDM-Landschaft) abgelegt. Jedes Teammitglied hat auf alle Daten online-Zugriff. Das System sorgt für einen konsistenten Datenaustausch und –abgleich.
- in einem virtuellen Projektraum
  Ein von den lokalen PDM-Systemen unabhängiger Datenraum (oft auch *workspace* genannt), der über das Internet von allen erreichbar ist, speichert alle Projektdaten und stellt diese auf Anforderung zur Verfügung. Dies wird von einer Reihe von Dienstleistern als Netzservice angeboten.

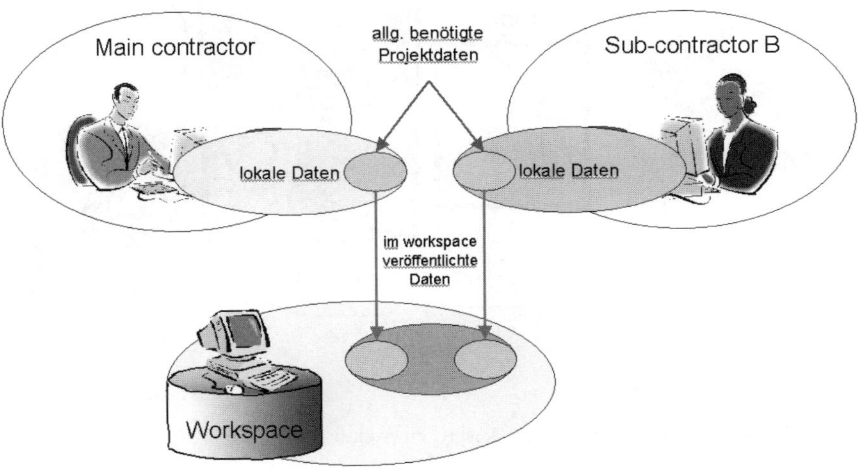

Bild 6-16: Zusammenführung von Daten im Workspace (Quelle: SIMNET)

Steht das Projekt mit seinen Daten zur Verfügung, so werden Werkzeuge benötigt, um eine Kommunikation zwischen den Projektmitarbeitern zu ermöglichen. Man unterscheidet dabei zwei verschiedene Vorgehensweisen:

- *asynchrones Collaboration*
  Bei der asynchronen Zusammenarbeit, greifen die Mitglieder des Projektteams zeitlich unabhängig voneinander auf die Daten im Projektraum zu. Eine Aktion eines Mitarbeiters ist für die anderen Mitarbeiter vorerst nicht sichtbar. Erst nach Beendigung seiner Tätigkeit

erfolgt gegebenenfalls die Benachrichtigung anderer Mitarbeiter, daß diese weitere Tätigkeiten durchführen müssen .

- *synchrones Collaboration*
  Im Falle der synchronen Collaboration greifen mehrere Mitarbeiter des Projektteams innerhalb einer Session zeitgleich auf bestimmte Daten im Projektraum zu. Es werden Werkzeuge zur Verfügung gestellt, die es den Teilnehmern der Session erlauben, Aktionen der anderen Mitarbeiter direkt zu verfolgen. Eine sofortige Kommunikation (Text-Mails, audiovisuell) ist möglich .

Im einfachsten Fall kann man dazu z.B. das NetMeeting aus dem WINDOWS-System verwenden. Mit diesem Programm kann der Anwender auf einfache Weise eine synchrone Kommunikation in drei verschiedenen Arbeitsbereichen eröffnen (Bild 6-17).

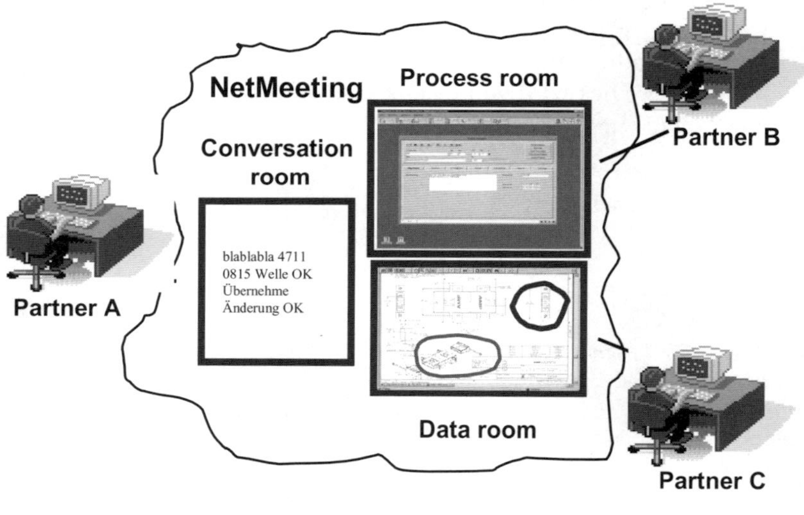

Bild 6-17: Netmeeting (Microsoft) als Beispiel eines einfachen CSCW

Die Funktionen dieser Bereiche sind:

- *Kommunikationsbereich*
  In diesem Bereich besteht die Möglichkeit sich mit den anderen Projektmitgliedern zu verständigen. Das kann sowohl über einen chat-Bereich in Form von Textnachrichten, als auch Sprachlich erfolgen.
- *Datenbereich*
  In diesem Bereich können Bilddaten versandt und allen am Meeting beteiligten Personen sichtbar gemacht werden. Zusätzlich ist es möglich, Markierungen mit individuellen Farben vorzunehmen. Allerdings sind die verwendbaren Datenformate sehr eingeschränkt.
- *Prozeßbereich*
  Es ist weiterhin möglich, seine aktive Applikation für andere Mitarbeiter freizuschalten. Dann sind diese in der Lage, auch auf dem Arbeitsplatz

eines anderen Mitarbeiters direkt zu agieren. So kann man bestimmte Arbeitsabläufe sehr einfach visualisieren.

Gestartet werden kann eine solche NetMeeting-Sitzung direkt aus dem PDM-System heraus, indem ein Projektmitglied ein Team für eine aktuelle Aufgabe zusammenstellt und dieses anwählen läßt. Anschließend stehen allen Mitgliedern dieser Gruppe dir zuvor genannten Funktionen zur Verfügung.

Der Hauptnachteil einer solch einfachen Lösung besteht vor allem darin, daß die Nutzung eines virtuellen Projektraumes nicht möglich ist, die Übertragung von Geometriedaten sehr eingeschränkt (oder unmöglich) ist, keine Kommentare (redlining der Diskussion im Datenraum) abgelegt wird und auch keine Überwachung und Steuerung des gesamten Entwicklungsprozesses unterstützt wird. So bleibt dies eine Lösung für kleine Teams und einfache Aufgaben. Um größere Projekte abzuwickeln, werden spezielle Collaboration Lösungen angeboten.

Diese arbeiten zumeist wie in Bild 6-18 dargestellt. Auf einem allg. zugänglichen Collaboration Server steht für jedes der zu bearbeitenden Projekte ein (begrenzter) Speicherbereich zur Verfügung. Dieser nimmt die für das Projekt relevanten Modelldaten auf und enthält einen Datenbereich, der die organisatorischen Informationen enthält. Zu letzteren gehören Informationen über die Komponenten des Modellraumes, den Status jedes Objektes, die zugelassenen Bearbeiter etc. Jeder Mitarbeiter kann sich auf diesem Server in seinen Projektraum anmelden. Die Kommunikation erfolgt dabei meist unter Verwendung eines normalen WEB-Browsers. Der Collaboration Server kann sowohl innerhalb des Unternehmens stehen, als auch vom Systemvertreiber zentral betrieben werden. In letzterem Fall, hat der Nutzer keinerlei Verantwortung für den Betrieb und nutzt das System auf einer Art Mietbasis.

Diese Form der Nutzung von Software wird gegenwärtig zunehmend populär. Man spricht vom Application Service Providing (ASP) [SIN-00]. ASP ist danach gekennzeichnet durch:

- der Betreiber vermietet Anwendungen oder Programmfunktionalitäten
- der Anwender ist nicht mehr der Besitzer der Softwarelizenzen
- Anwendungen werden zentral für eine große Anzahl von Nutzern gepflegt
- der ASP-Anbieter sorgt für Lizenzen, betrieb, Update etc.
- entfernter Zugriff über das Netz

Der Betreiber ist für die Sicherheit der Daten verantwortlich. Diese Betriebsart besitzt vor allem für kleinere Anwendungen eine Reihe von Vorteilen, wie:

- Personal- und Kosteneinsparung durch zentralen Betrieb
- Software kann vom Kunden über das Internet selbst konfiguriert werden, so daß weitere Ausgaben für das Customizing entfallen
- durch den zentralen Service wird das mobile Arbeiten unterstützt

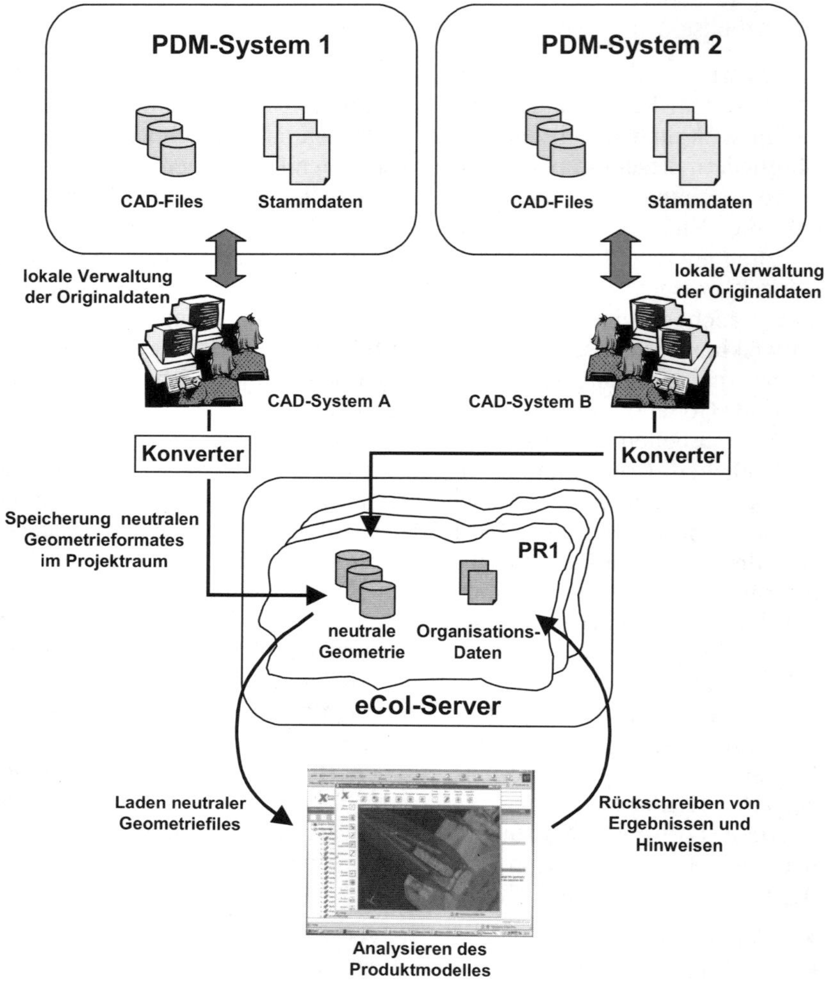

Bild 6-18: Arbeit mit einem Collaboration Server

Jeder Teilnehmer am Entwicklungsprojekt kann lokal mit seinen speziellen Applikationen arbeiten, wie z.B. einem CAD-System, das nicht notwendigerweise mit dem der anderen Teilnehmer identisch ist. Die Einsatzfähigkeit der Anwendung hängt allerdings stark von den verfügbaren Konvertern für die vorhandenen CAD-Systemen ab. Im Rahmen der lokalen Entwicklungsarbeiten erfolgt die Verwaltung aller Entwicklungsdaten im lokalen PDM-System. Nur Daten, die anderen Projektteilnehmern offen gelegt werden sollen, dies sind zumeist die Teilegeometrien, werden auf den Collaboration-Server gespeichert. Dazu ist für jedes CAD-System ein entsprechender Konverter notwendig, der das native CAD-Format in das neutrale Format umwandelt, dass das Collaboration-System verwendet (z.B. VRML). Dies bedeutet jedoch auch, daß nur Anwender aktiv beteiligt werden können, für deren CAD-System auch ein Konverter zur Verfügung steht.

Beim Zugriff auf Daten des Projektes werden alle relevanten (neutralen) Modellfiles zum Anwender geladen. Der Anwender kann dann die Modelle analysieren und z.B. die Paßfähigkeit zu eigenen Konstruktionen prüfen. Hat er Anmerkungen oder Aufgaben für andere Mitarbeiter so stellt er diese als Informationen zurück in den Projektraum (asynchrones Verfahren) oder diskutiert die Sachlage direkt mit den anderen betroffenen Mitarbeitern (synchrones Verfahren).

Der Vorteil der direkt an PDM angeschlossener Collaboration Tools besteht vor allem in der engen Verzahnung von

- Berechtigungs- und Mitarbeiterverwaltung,
  Durch Abgleich der Zugangsdaten zwischen PDM und Collaboration Tool kann auf einfache Weise die Systemsicherheit erhöht und der Verwaltungsaufwand bei Nutzer verringert werden.
- Verwaltungsinformationen zu den CAD-Files
  Da die nativen CAD-Files prinzipiell im PDM-System verwaltet werden, kann durch die Kopplung der Systeme sichergestellt werden, daß auch immer aktuelle Files im Projekt zur Verfügung stehen. Konvertierungen können im Rahmen der normalen Speichervorgänge automatisch durchgeführt werden.
- dem Freigabewesen
  Im Projektraum befindliche Teile erhalten bei den meisten Systemen Freigabeinformationen. Dies soll ermöglichen, daß Teile wahlweise zum Test oder zur verbindlichen Entwicklung benutzt werden können. Diese Stati sollten sinnvoller weise mit den Statusinformationen im PDM-System abgeglichen werden. An günstigsten ist, wenn derartige Entscheidungen nur im PDM-System erfolgen und an das Collaboration Tool weitergegeben werden.
- dem Workflow
  In der Regel hat nach erfolgter Aktion eines Mitarbeiters im projektraum ein weiterer Mitarbeiter zu reagieren. Dazu kann im Projektraum ein Anforderungstext abgelegt und die Übertragung an den anderen Mitarbeiter veranlaßt werden. Das kann z.B. durch versenden einer eMail erfolgen. Insbesondere für die asynchronen Verfahren ist dies sehr bedeutungsvoll. Da im PDM-System selbst bereits ein leistungsfähiger Workflow-Modul vorhanden ist, kann dieser sinnvoll auch für die Arbeit im virtuellen Projekt benutzt werden.

In Bild 6-19 ist eine typische Struktur einer synchronen Collaboration Umgebung dargestellt.

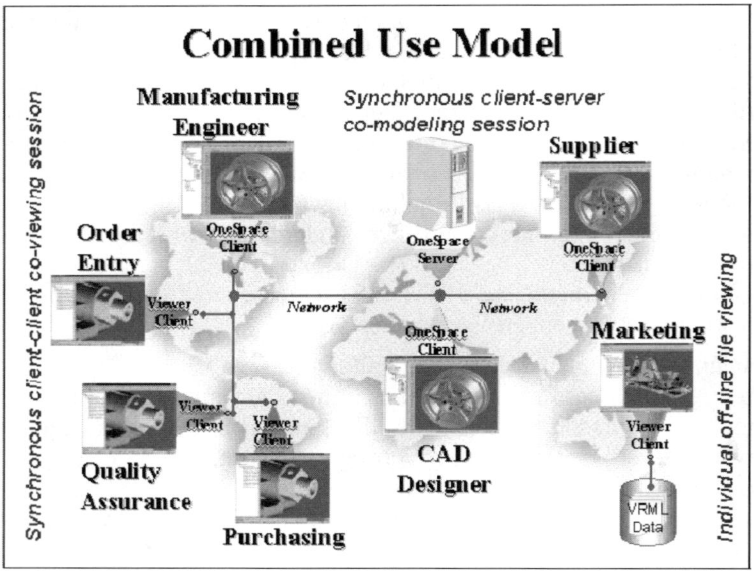

Bild 6-19: Beispiel einer synchronen Collaboration Umgebung (Quelle: OneSpace)

6.5 Anbindung von PDC an Supply Chain Management

In vielen Fällen gehört es zum Aufgabenbereich des Entwicklungsingenieurs, sich über das Angebot oder die technischen Parameter von Zukauf- oder Normteilen zu informieren. Damit setzt er den Startpunkt für eine künftige Zusammenarbeit mit einem Zulieferer oder er greift in eine bereits bestehende Beziehung ein. In beiden Fällen ist er jedoch Teil eines Prozeß, der die langfristige Zusammenarbeit mit den Zulieferern des Unternehmens organisiert. Dieser umfaßt die Information über ein Sortiment, die nachfolgende Auswahl und Bestellung sowie die Einbindung des Partners in den Ablauf des Fertigungsprozesses und die spätere Organisation des Ersatzteilwesens. Man nennt diesen Gesamtprozeß das *Supply Chain Management* (SCM). Das PDM unterstützt diesen Prozeß durch die Bereitstellung von Werkzeugen zur Anbahnung von erforderlichen Kontakten sowie der Bereitstellung und Verwaltung von Teileinformationen (technische wie kommerzielle) maßgeblich. PDM organisiert nicht den SCM Prozeß, sondern unterstützt ihn auch (*support SCM*).

Vorbei sind im wesentlichen die Zeiten, als die Auswahl von Zukaufteilen über die Auswertung von gedruckten Katalogen der Anbieter abgewickelt wurde. Zwar stehen immer noch Kataloge in Papierform zur Verfügung, doch werden diese zunehmend von CD's bzw. dem Angebot im INTERNET verdrängt. Gerade bei der Suche nach Anbietern bzw. für die Auswahl aus

Angeboten greift der Ingenieur zunehmend auf Homepages von bekannten Lieferadressen oder auch virtuelle Marktplätze zu. Dabei ist das Angebot an möglichen Quellen sehr groß. Neben unabhängigen Anbietern entstehen auch immer mehr Marktplätze durch gemeinsame Aktionen von Firmengruppen. Hier ist ebenso wie bei den Übertragungsstandards (ENX, vgl. Abschnitt 6.3.3) die Automobilbranche führend. So entsteht mit COVISINT ggw. ein großer Marktplatz für Autoteile-Zulieferer [GOL-01]. Diese gemeinsame Aktion von Daimler-Chrysler, Ford und GM hat mit einem Potential von über 740 Mrd.$ theoretische Chancen sich zum überhaupt weltgrößten Marktplatz zu entwickeln. Weitere Aktivitäten gehen direkt von solchen Firmen wie BMW oder VW bzw. auch von großen Anbietern, wie Bosch aus.

Um von einem PDM System Zugriff auf Informationen eines Anbieters bzw. eines Marktplatzes herstellen zu können, muß man Portal-Definitionen einrichten (Bild 6-20).

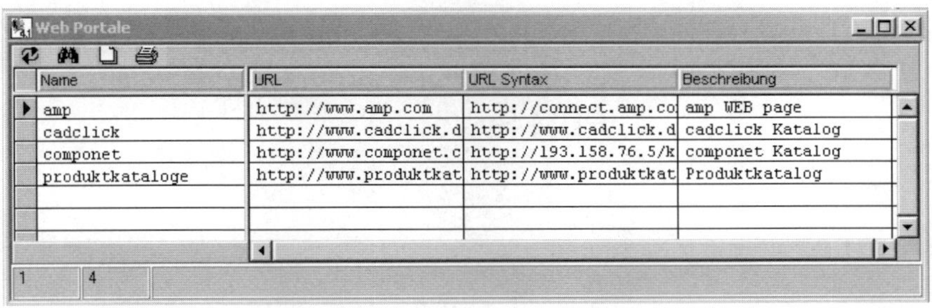

Bild 6-20: Portaldefinition für den Zugriff auf SCM Portale (Quelle: axalant)

Diese enthält die für einen schnellen Direktzugriff erforderlichen Angaben, wie die URL als Link auf die betreffende Home-Page sowie Informationen, wie auf eingebettete Informationen zugegriffen werden kann. Alle in der Liste der SCM-Portale enthaltenen Kontakte werden fortan direkt an der Benutzungsoberfläche angeboten und können aus dem PDM- System sehr einfach angewählt werden (Bild 6-21). Bild 6-22 zeigt dies am Beispiel des Zugriffes auf den deutschen Anbieter CadKlick. Dieser bietet einen Überblick auf ein breites Sortiment von Teilen des Maschinenbaues an. Sucht der Konstrukteur ein bestimmtes Zukaufteil, so kann er sowohl nach Produktklassen als auch direkt nach Anbietern recherchieren. Bereits nach wenigen Suchschritten, im Bild über die Selektion von Produktklasse und anschließend die Auswahl eines Anbieters, erhält er detaillierte Informationen über das gesuchte Teil (hier eine Kupplung). Zu dieser sind sowohl technische Parameter, wie auch geometrische Daten in Form von Geometriedateien verfügbar. Man kann unter einer relativ großen Anzahl an verschiedenen Formaten (DXM, STEP, JPEG, TIF, ...) auswählen und anschließend den zugehörigen File laden.

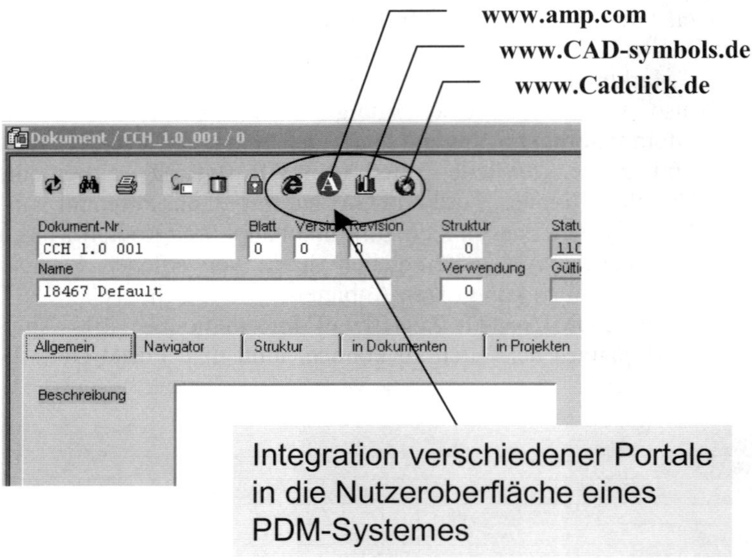

Bild 6-21: Portalzugriff in Nutzeroberfläche eines PDM-Systemes

Im PDM-System bestehen anschließend eine Reihe weitergehenderer Möglichkeiten. So kann man für ein derart recherchiertes Teil einen Artikel o./u. Dokumentenstammsatz anlegen und diesen direkt mit dem Eintrag im Portal des Anbieters verlinken. In diesem Fall bleiben die Detaildaten im Portal des Anbieters, werden künftig jedoch beim Zugriff auf den Eintrag im PDM-System direkt angeboten. Wurde ein Dokumentensatz angelegt, so besteht natürlich auch die Möglichkeit, den angeforderten Geometriefile im PDM-System dem Dokument zuzuordnen und lokal abzulegen.

Etwas problematischer ist die Übernahme der Metadaten, wie z.B. Bestellnummern, Benennungen oder auch der technischen oder kommerziellen Parameter. Die meisten ggw. verfügbaren Seiten sind noch traditionell im HTML Standard aufgebaut. Das bedeutet, daß der Zugriff auf einen bestimmten Wert durch sehr aufwendige und auch (gerade in Anbetracht auf mögliche Änderungen an der Seite) fehleranfällige Navigation im HTML-Quelltext erfolgen muß.

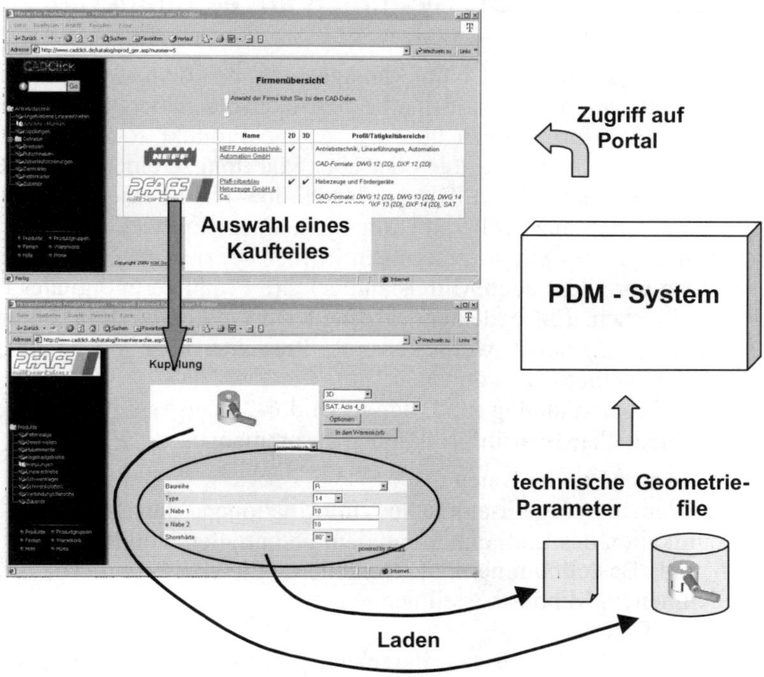

Bild 6-22: PDM-Zugriff auf ein SCM-Portal

Aus diesem Grund wird auch gerade bei der Kommunikation über Portale XML künftig eine sehr große Bedeutung spielen, da nur XML codierte Seiten das einfache Extrahieren technischer Werte ermöglicht. (vgl. Abschnitt 6.3.2) Stehen die technischen Parameter zur Verfügung, so können diese direkt in den Stammsatz des PDM-Systemes übernommen und weiterhin auch automatisch abgeglichen werden.

Ein Problem, welches auch mit XML nicht als gelöst betrachtet werden kann, besteht in der Notwendigkeit einen mit XML übernommener Katalog (bzw. Datenaustauschfile) zu konvertieren, wenn es in einer nicht direkt vorgesehenen XML-Format übertragen wurde. Dazu bietet die W3C eine Lösung an, mit Extensible Stylesheet Language Transformation (XSLT)-Scripts einen XML-Katalog in einen anderen XML-Katalog umzuwandeln. Doch scheitert ggw. dieses Vorgehen bei kompletten Katalogen schlicht an den Datenmengen, welche schon bei einigen tausend Teilen alle derzeit existierenden XSLT-Parser versagen lassen. [ADE-01] Auch aus diesem Grund werden die zuvor genannten gemeinsamen Marktplätze, wie COVISINT, schon wegen der Möglichkeit eines einheitlichen XML-Schemas eine große Bedeutung erlangen.

6.6 Anbindung von PDC Systemen an e-commerce

Im Gegensatz zum Supplier Chain Management, bei dem der Nutzer des PDM-Systems als Interessent auftritt, bezieht sich die Unterstützung des e-commerce darauf, Informationen über das eigene Produkt so aufzubereiten, daß es entweder über eigene Portale oder über Marktplätze einem potentiellen Kunden angeboten werden kann. Dieser Handel über das Internet nahm in den letzten Jahren einen immer größeren Umfang an. Diese Entwicklung vor allem im Beschaffungswesen zwingt immer mehr Firmen speziell im Zulieferbereich (und damit also vor allem auch Mittelständler) ihre Produkte in digitaler Form verfügbar zu machen. Ein bedeutender Anteil am Geschäftserfolg kann also am Vermögen festgemacht werden, seine Produkte über hochqualitative digitale Kataloge anbieten zu können.

Der digitale Produktkatalog muß, wie in Bild 6-23 dargestellt ist, aus einer Reihe unterschiedlicher Basisinformationen zusammengesetzt werden:

- Betriebswirtschaftliche Daten
  Dazu zählen alle organisatorischen Informationen, die der eindeutigen Kommunikation des Lieferanten mit dem potentiellen Kunden dienen, wie Teile- und Bestellnummern, Lieferzeiten, Lieferbedingungen, Preise, Bestelleinheiten, Mindestbestellmengen etc.
- Technische Daten
  Hiezu werden alle technischen Parameter gerechnet, die das Produkt z.B. bzgl. seiner Eigenschaften, seines möglichen Einsatzes, Leistungsfähigkeit beschreiben.
- Modelle und Zeichnungen
  Damit sich der Kunde eine genauere Vorstellung vom Produkt machen kann sowie auch, um die technischen Daten eindeutig zuordnen zu können werden in den meisten Fällen zumindest vereinfachte technische Zeichnungen oder auch Körpermodelle angeboten.
- Beziehungen und Strukturen
  In vielen Fällen ist es notwendig die Komponentenstruktur eines Produktes transparent zu machen oder auch die Abhängigkeiten zwischen einzelnen Produkten darzustellen. Insbesondere ist dies dann unumgänglich, wenn der Kunde in der Lage sein soll ein Produkt im Rahmen der Bestellung noch zu konfigurieren oder zugehörige Ersatzteile oder Zubehör aufzufinden.
- weitere Dokumente
  Oft soll auch ein bereits existierender Kunde über den digitalen Katalog schnellen Zugriff auf weiterführende Unterlagen, wie z.B. Dokumentationen (Montage-, Wartungs- oder Nutzungsdokumentationen) oder auch Spezialkataloge, wie z.B. Ersatzteilkataloge, erhalten können. Dies hat vor allem dann einen großen Vorteil, wenn auch diese Dokumente so aufgebaut sind, daß sie direkt auf Elemente des digitalen Kataloges verweisen können, bzw. ausgehend von einzelnen Produkten des Kataloges direkt an zutreffende Stellen relevanter Dokumentationen gesprungen werden kann.

- Marketingunterlagen
  Derartige Unterlagen seien als Repräsentanten für eine Vielzahl weiterer denkbarer Informationen genannt, die der Anbieter evtl. über den digitalen Katalog seinem Kundenkreis vermitteln möchte. Diese zielen zumeist darauf, weitere Informationen über das Unternehmen, neuartige Angebote oder auch anstehende Veranstaltungen zu verbreiten. Sie sind für die Gestaltung eines positiven Firmenimages sehr wichtig.

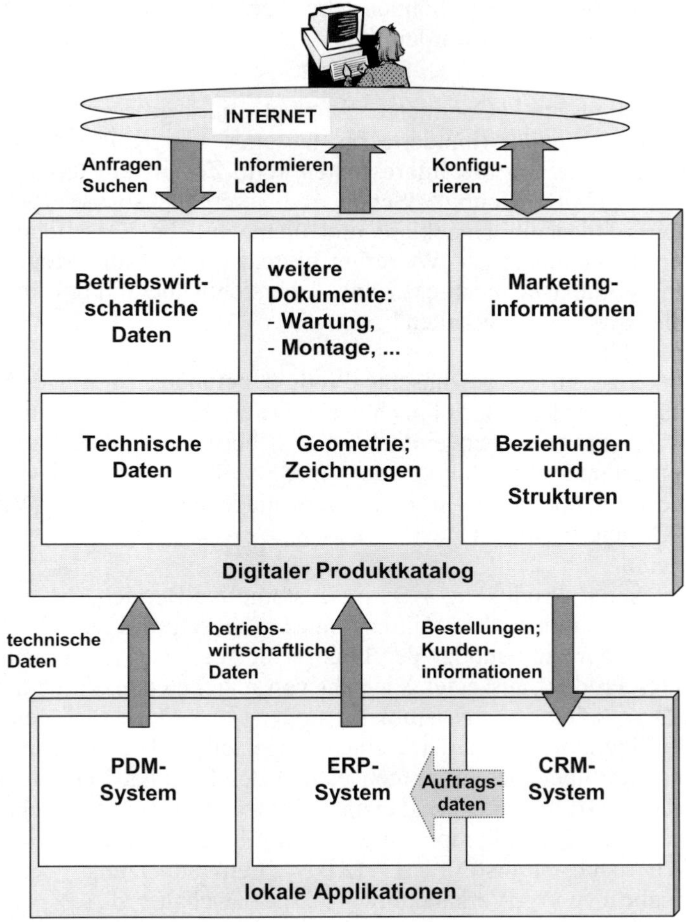

Bild 6-23: Komponenten und Zugriffe eines digitalen Produktkataloges

Diese Zusammenstellung zeigt, obwohl sie natürlich keinen abgeschlossenen Überblick über alle denkbaren Komponenten eines digitalen Kataloges geben kann, bereits, wie vielgestaltig die benötigten Daten sind.

In diesem Zusammenhang spielt das PDM-System eine besondere Rolle, da wesentliche technische Informationen über das Produkt in diesem abgelegt sind. Es enthält die vollständige Beschreibung aller möglichen

Produktvarianten mit ihren technischen Daten ebenso, wie die technischen Dokumente, welche die Komponenten des Produktes beschreiben. Mit Hilfe von Publishing Werkzeugen (vgl. Abschnitt 5.x) generiert und verwaltet das PDM-System darüber hinaus die meisten der relevanten Dokumentationen und Spezialkataloge. Spezielle betriebswirtschaftliche Daten werden aus dem ERP-System übernommen.

Ein Interessent wird auf den Katalog grundlegend über eine INTERNET-Verbindung zugreifen. Dabei können drei grundsätzliche Formen der Kommunikation unterschieden werden:

- Anfragen
  Da ein Katalog im eCommerce zumeist eine große Anzahl von Einzelangeboten enthält (hunderte bis tausende von Komponenten) ist eine gute Unterstützung des Interessenten beim Zugriff auf das von ihm gesuchte Angebot wichtig. Schon bei vergleichsweise geringen Teilezahlen ist deshalb eine klare und übersichtliche Klassifikation in Teilegruppen unumgänglich. Weiterhin besteht oft auch die Möglichkeit über eine Volltextsuche direkt eine Übersicht über möglicherweise zutreffende Angebote zu erhalten.
- Informieren; Laden
  Hat der Interessent das gewünschte Produkt gefunden so soll er in der Regel befähigt werden, speziell technische Daten, Katalogblätter und auch geometrische Informationen einfach zu sich herunterzuladen. Dies kann durch eingebundene Dokumente (z.B. PDF-Files) oder auch bereitstehende Geometrien in meist verschiedenen Formaten (VRML, STEP, DXM, etc.) erfolgen.
- Konfigurieren
  Bei komplexeren Produkten, z.B. im Automotive-Bereich, ist es nicht möglich eine einfache Bestellung eines abgeschlossenen Produktes abzugeben. Vielmehr benötigt der Interessent Werkzeuge, um sich sein gewünschtes Produkt aus einer Vielzahl von angebotenen Varianten und Optionen selbst zusammenzustellen. Dazu geeignete Produktkonfiguratoren bieten einen spezielle Dialog an, der Entscheidungen über die Zusammensetzung des Produktes aus der Sicht des Anwenders (z.B. „Lenkradheizung" gewünscht) in die technische Sicht, welche Einzelkomponenten aus Stücklistensicht wirklich erforderlich sind transformiert (z.B. „Lenkradheizung" erfordert „Lenkradnabe Typ x", „Verkabelung y", „Spezialschalter z", ...).

Eine durch Nutzung des eCommerce-Angebotes ausgelöste Bestellung wird nun durch Rückfluß der erforderlichen Informationen in das lokale System des Anbieters erfolgen. In vielen Fällen laufen die entsprechenden Informationen in ein System zur Verfolgung von Kundenkontakten (Customer relation management; CRM) ein. Dort werden alle Kundendaten gesammelt sowie intern notwendige weitere Aktionen, wie z.B. die Übergabe von Auftragsdaten an das ERP-System, aktiviert.

Bild 6-24 zeigt einen derartigen, in wesentlichen Teilen aus einem PDM-System abgeleiteten, digitalen Katalog am Beispiel des auf Spannzeuge spezialisierten Anbieters Gressel AG.

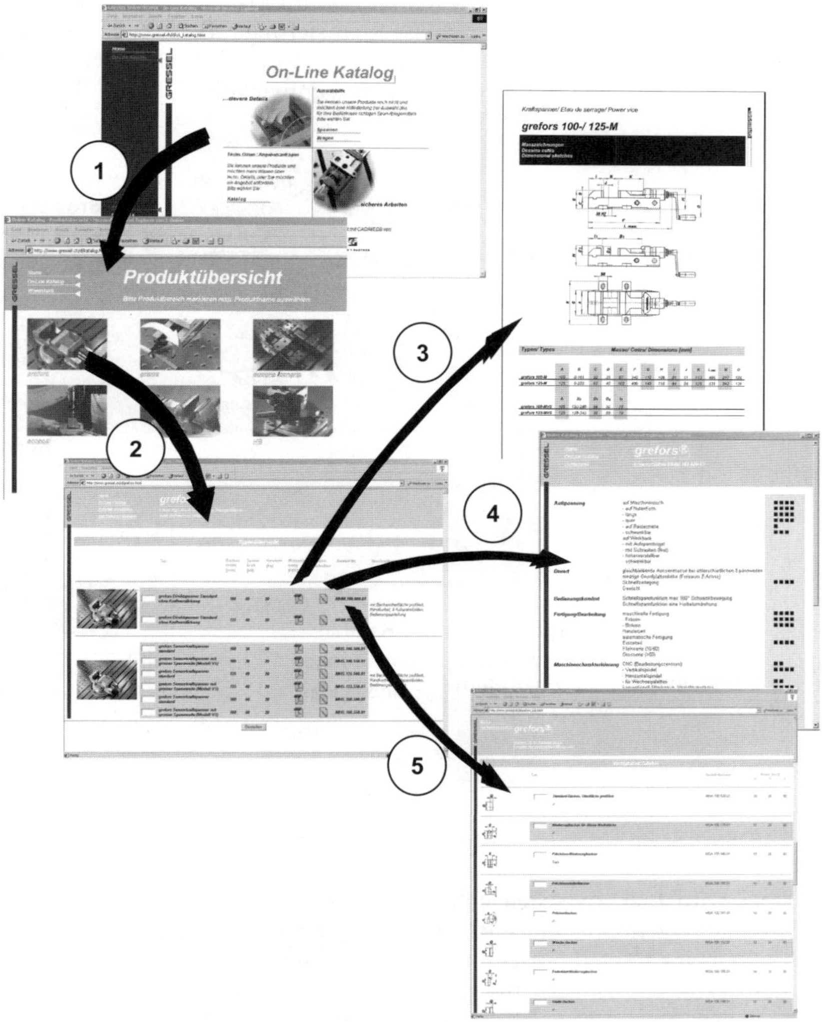

Bild 6-24: Struktur des digitalen Kataloges (Quelle: Gressel AG)

Nach Einwahl in den Katalog und Auswahl einer bestimmten Produktkategorie erhält der Anwender einen Überblick auf die verschiedenen darin verfügbaren Klassen von Produkten (1). Die Bestimmung einer dieser Klassen bietet anschließend eine Zusammenstellung aller darin enthaltenen Einzelprodukte (2). An dieser Stelle des Kataloges währe es nun möglich eine Bestellung für eines der Produkte auszulösen oder auch weitere detailliertere Informationen abzufragen, wie die grafische Darstellung (3), technische Eigenschaften (4) oder auch verfügbares Zubehör (5).

Die Struktur eines derartigen Kataloges ist im Prinzip unabhängig von der Art und Weise seiner technischen Realisierung. Bild 6-25 zeigt eine Lösungsvariante, welche ihre zentralen Informationen innerhalb einer PDC-Lösung aus einem PDM-System heraus entwickelt.

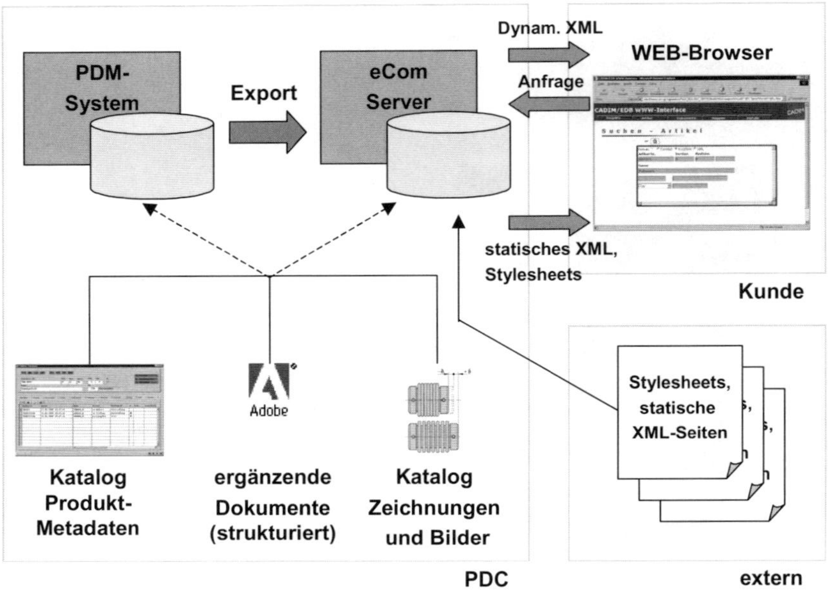

Bild 6-25: Struktur eines eCommerce-Servers

Dabei wird hier zwischen einem eCommerce-Server und einem internen PDM-System getrennt. Dies ist eine von vielen Unternehmen vorgesehene Architektur. Ihr Vorteil besteht in der klaren Trennung von solchen Daten, die für den externen zugriff freigegeben sind und allen weiteren nur lokal zugänglichen Daten. Dies erhöht auf der einen Seite die Transparenz solcher Systeme und ist auf der anderen Seite vor allem ein wichtiger Sicherheitsfaktor. Insbesondere ist es möglich, den eCommerce-Server außerhalb des internen Firewall zu plazieren, so daß die, die sensiblen Unternehmensdaten enthaltene PDM-Datenbank, nicht dem externen zugriff geöffnet werden muß. Während in der internen PDM-Datenbank alle technischen Produktdaten und Dokumente abgelegt sind, werden erst nach deren Aufbereitung und Strukturierung (z.B. mittels eines Publisher Moduls) die entstehenden Katalogdaten auf den eCommerce-Server exportiert. Dort sind dann auch weitere Dokumente eingebunden.

Die Präsentation des digitalen Kataloges im INTERNET geschieht heute zumeist unter Nutzung von XML als Beschreibungssprache. Damit ist Übertragung der Katalogdaten in einer für den externen Nutzer gut auswertbaren Form einfach möglich (vgl. Abschnitt 6.3.2). meist ist es vorteilhaft oder gar notwendig, daß dem Kunden nicht nur statische Informationen angeboten werden, sondern daß in Abhängigkeit seiner Anfrage ein dynamisches Informationsangebot aus der im eCommerce Server enthaltenen Datenbank erzeugt wird. Dies erfolgt, indem feste XML-Informationen (statische Komponenten der WEB-Seiten) mit dynamisch aus der Datenbank erzeugten XML-Inhalten kombiniert werden. Das Layout der Darstellung kann über sogenannte Stylesheets weitgehend frei festgelegt werden.

Auf ein Problem, auf welches der Nutzer solcher Angebote stößt wurde schon bei der Besprechung der Unterstützung des Supply Chain Managements hingewiesen. Zwar ist ein derart aufgebauter XML-basierter Katalog prinzipiell gut auswertbar, allerdings gibt es ggw. keinen allg. akzeptierten Standard für die XML-Struktur. In der Folge muß ein Anwender bei jedem Anbieter damit rechnen, die Auswertung des Kataloges auf eine andere Art vornehmen zu müssen. Diesem Problem widmen sich ggw. eine Vielzahl sowohl von traditionellen Nutzern derartiger Kataloge (z.B. Projekt COVISINT im Automobilbereich [COV-00]), als auch weiterer nationaler und internationaler Systemanbieter (z.B. Microsoft mit BizTalk [MCS-01]) oder auch nationale und internationale Gremien (z.B. Internet-Marktplatz „Supply On“ [CW-01]).

7 Integrationen

7.1 Bedeutung von Integrationen für PDM-Systeme

Das PDM-System bildet das Rückgrat des Datenbackbones eines Unternehmens. Dieser Funktion kann es nur gerecht werden, wenn

- alle Informationen, die für die Produktentstehung wesentlich, sind abgegriffen und
- Informationen, die eine innerhalb der Produktentstehung verwendete Applikation erzeugt, abgelegt werden können.

Wie schon vorn erläutert wurde, müssen dabei nicht alle Daten direkt im PDM-System auch physikalisch abgespeichert sein. Die Verwendung *föderierter Techniken* (vgl. Abschnitt 5.11) erlauben auch den Zugriff auf Daten fremder Programme [MOF-97]. Trotzdem kann man dieses Vorgehen nicht vollständig verallgemeinern. In vielen Fällen ist es notwendig, die Daten direkt in das PDM-System zu übernehmen. Dies hat verschiedene Ursachen.

So liegen die Daten vieler Applikationen in einem nativen Format vor. Von einem *nativen Fileformat* spricht man, wenn der Hersteller eines Programms die Daten so abspeichert, dass diese nicht über standardisierte, herstellerunabhängige Prozeduren ausgewertet werden können. Die meisten CAD-Systeme arbeiten bei der Speicherung der erzeugten Geometrien in dieser Form. Insbesondere die Forderung nach hoher Performance sowie die Notwendigkeit sehr komplexe Zusammenhänge in komprimierter Form abzulegen, machen das in den meisten Fällen unabdingbar. Leider können diese Daten nicht direkt ausgewertet werden. So ist es von Außen nicht möglich Informationen über Strukturzusammenhänge (Welches Einzelteil ist in welcher Baugruppe verwendet?) abzufragen oder Texte in die Zeichnungsrahmen von Drawings einzuschreiben. Solche Funktionen können vom Anwender lediglich im Dialog mit dem CAD-SysteM-Selbst bearbeitet werden.

Andere Applikationen (wie fast alle modernen ERP-Systeme) nutzen für ihre Datenverwaltung unabhängige Datenbanken, wie z.B. ORACLE oder SQL*Server. Damit würde die Auswertung der enthaltenen Daten über standardisierte Zugriffsmethoden (z.B. SQL) möglich werden. Allerdings liegen die Daten in einer Vielzahl verschiedener Tabellen und sind komplex miteinander verknüpft. Diese für eine sinnvolle Arbeit mit diesen Daten unverzichtbare Logik ist nur teilweise aus der Datenbank ableitbar. Große Teile davon hat der jeweilige Hersteller in den Zugriffsfunktionen abgelegt.

Auch muß man bedenken, dass es jederzeit möglich ist, dass sich das zugrundeliegende Modell ändert. Dann führen alle Zugriffe, die direkt mit Datenbankmitteln durchgeführt werden, zu Fehlern. Kein Produzent wird es deshalb zulassen, dass fremde Applikationen auf diesem Weg arbeiten.

In beiden Fällen bleibt, wenn man auf die Datenbestände der Applikationen zugreifen, diese auswerten, ändern oder neu erzeugen will, nur der Weg über die angebotenen Zugriffsfunktionen. Die Nutzung dieser als API *(**A**pplication **P**rogramming **I**nterface)* bezeichneten Schnittstellen setzen meist umfangreiche Programmiererfahrungen voraus und sind deshalb keinesfalls ein Hilfsmittel für den normalen Anwender. Erschwerend kommt hinzu, dass die API's genau so „native" sind, wie die Organisationsformen der zugrundeliegenden Datenbestände.

PDM-Systeme setzen auf diese Schnittstellen auf und bieten damit solche Verbindungen zu den meisten gängigen Programmsystemen (CAD, ERP, ...) an, die es erlauben die entsprechenden Daten gemeinsam im PDM-System zu organisieren und zwischen den verschiedenen Systemen auszutauschen. Man spricht hier meist von *Integrationen* oder *Kopplungen.*

7.2 Formen des PDM-Zugriffes auf externe Applikationen

Das Zusammenwirken eines PDM-Systems mit einer externen Applikation ist auf verschiedenen Wegen möglich. Diese unterscheiden sich vor allem durch

- die Tiefe der Einbindung in den Dialog des Ursprungssystems
- die Möglichkeit Abläufe des Ursprungssystems direkt zu kontrollieren

Üblich sind die folgenden Formen der Anbindung

- *Launching*
  Dies ist die einfachste Form der Anbindung (Bild 7-1). Dabei ermöglicht das PDM-System lediglich, dass der Anwender vom PDM-System aus das zu einem Dokument gehörende File auscheckt, das zugehörige Erzeugersystem startet und das File in das System lädt. So kann der Anwender sich bei der Recherche voll auf die hochleistungsfähigen Recherchefunktionen des PDM-Systems konzentrieren. Die Kenntnis des zum jeweiligen Dokument gehörenden Fileformates und damit auch des benötigten Bearbeitungssystems ist für ihn nicht notwendig. Dies ist eine für die Arbeit mit dem Verwaltungssystem sehr wichtige Forderung. So ist es heute selbst bei recht einfachen Dokumenten nicht mehr ohne weiteres möglich, auf das verwendete Erzeugersystem zu schließen. Eine einfache Tabelle kann, ohne dass man dies dem gedruckten Dokument ansieht, mit einer Tabellenkalkulation (z.B. EXCEL), einer Textbearbeitung (z.B. WORD) oder auch einem Grafikprogramm (z.B. POWERPOINT) erzeugt worden sein.

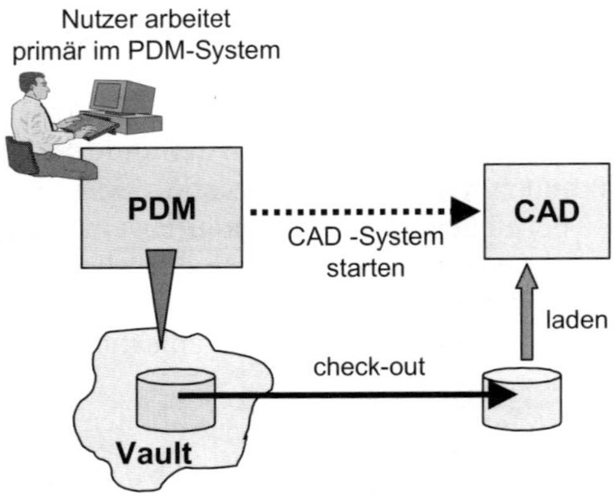

Bild 7-1: Launching von Applikationen

- *Kopplung*
  Man spricht von einer Kopplung, wenn das PDM-System durch Nutzung der API des Erzeugersystems Zugriff auf die internen Informationen der jeweiligen Daten (in den Files der CAD-Systeme ebenso, wie in den Datenbankstrukturen eines ERP-Systems) hat. Bild 7-2 zeigt das Prinzip einer Kopplung.

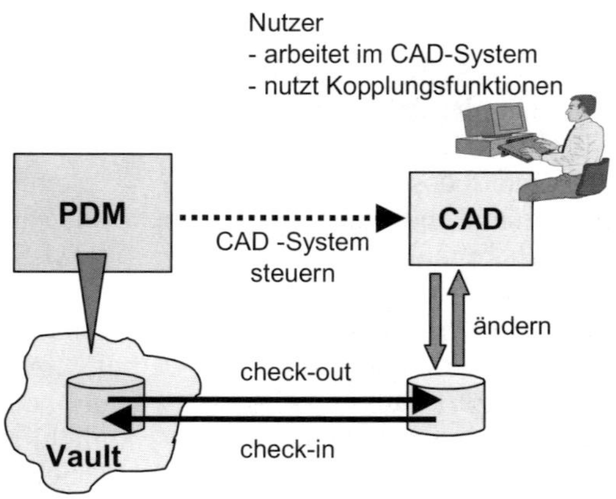

Bild 7-2: Koppeln von Applikationen

Damit ist es dann möglich, die von der externen Applikation erzeugten Daten auszuwerten (z.B. Strukturen einer Assembly für die Erzeugung einer Stückliste) oder auch Daten zu ändern (Einschreiben von

Zeichnungskopftexten). Erst Kopplungen lassen die Rückspeicherung von Daten in das PDM-System zu. Bei Kopplungen werden alle im CAD-System benötigten Funktionen, wie „Lade Dokument", „Speichern" usw., als Menüpunkte angeboten.

- *Integrationen*
  Integrationen sind die höchste Form der Verbindung zweier Systeme. Neben den schon bei Kopplungen verfügbaren Menüfunktionen bieten Integrationen weitergehende Dialogformen an [STE-97]. Dazu zählt z.B. die Einbindung von PDM-Informationen in die grafischen Funktionen des CAD-Systemes, wie z.B. den Strukturbrowser. Weiterhin werden von der Integration Ereignisse, die in der externen Applikation auftreten, direkt behandelt. Ein solches Ereignis ist z.B. ein auftretender Fehler beim Versuch auf ein File zuzugreifen, das lokal nicht (mehr) verfügbar ist. Dieser Fehler kann dann von der Integration abgefangen werden und zum automatischen auschecken des benötigten Files aus dem PDM-System führen. Integrationen stellen damit das für den Anwender höchste Niveau der Nutzung von PDM-Funktionen in seinem verwendeten Erzeugersystem dar. Er kann sich voll auf die ihm vertraute Benutzungsoberfläche konzentrieren ohne dabei auf die PDM-Funktionen zu verzichten. Evtl. Fehlerzustände können weitreichend behandelt werden. Bild 7-3 zeigt diese dritte Möglichkeit.

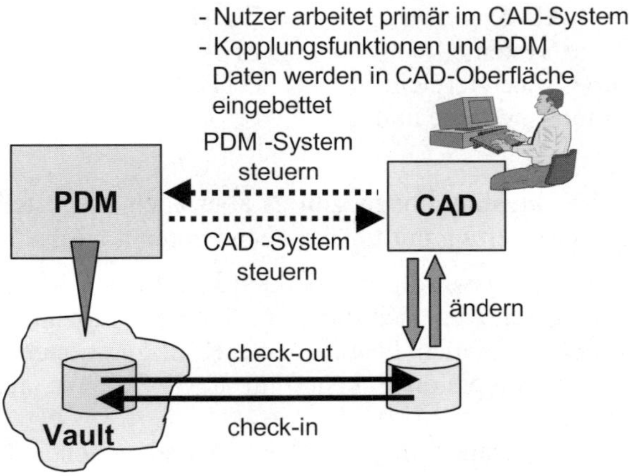

Bild 7-3: Integrationen von Applikationen

Angemerkt sei an dieser Stelle, dass umgangssprachlich oft nicht zwischen Integrationen und Kopplungen sauber unterschieden wird. Dies hat verschiedene Ursachen. So ist der Anspruch an die Bindung zwischen den Systemen teilweise recht unterschiedlich. In vielen Fällen ist eine sehr tiefe Integration gar nicht notwendig. Auch die Tiefe der Integrationen ist, bedingt sowohl durch die Spezifikation der Entwicklung als auch die vom

Erzeugersystem bereitgestellten Möglichkeiten, recht unterschiedlich. Viele Integrationen besitzen z.B. keine Behandlung von Systemereignissen der Erzeugersysteme. In den weiteren Ausführungen soll begrifflich zwischen Kopplung und Integration nicht mehr weiter besonders unterschieden werden.

7.3 Klassen von Integrationen

Externe Applikationen, mit denen PDM-Systeme gekoppelt werden können, erzeugen und bearbeiten sehr unterschiedliche Daten. Grundsätzlich muß man unterscheiden zwischen in Datenbanken organisierten Daten unD-Solchen, die in Files auf Betriebssystemebene abgelegt werden.

Werden die Daten auf Fileebene verwaltet, so stehen hier zwei Kriterien im Vordergrund:

- Anzahl der Files pro Dokument und
- Beziehungen zwischen den Files verschiedener Dokumente

Um diesen auch für die Integrationsfunktionen sehr wichtigen Unterschieden in der Betrachtung besser gerecht werden zu können, werden üblicherweise folgende Klassen von Erzeugersystemen unterschieden

- CAD-Systeme,
  - mechanische 2D-CAD-Systeme; 2D-MCAD
  - mechanische 3D-CAD-Systeme; 3D-MCAD
  - elektrische CAD-Systeme; ECAD
  - elektronische Systeme; EDA
  - Systeme im Office-Bereich; DTP
- CAD- nahe Verwaltungssysteme und
- ERP-Systeme

Aus der Sicht der Verwaltungsfunktionen gibt es aber auch Fragestellungen, denen diese traditionelle Gliederung nur unzureichend gerecht wird:

- Welche Art von verwaltungswürdigen Objekten kennt das CAD-System? 3D-CAD-Systeme unterscheiden sich durchaus durch die Anzahl, Art und Benennung von solch speziellen Features wie Konfigurationen, Hüllen etc. Das System CATIA/Version 5 kennt für CAD-Systeme als neues Objekt das „Produkt".
- Gibt es Beziehungen zwischen diesen Objekten und welcher Art sind diese?
  So wurden 2D-CAD-Systeme oft mit speziellen Objekten und Abhängigkeiten erweitert, die es auch bei diesen Systemen erlauben Stücklisten abzuleiten.

Nur eine genaue Kenntnis dieser Objekte und Abhängigkeiten ermöglicht eine für das System effiziente Integration zu entwickeln.

Darüber hinaus kann ein PDM-System natürlich zu einer Vielzahl weiterer Applikationen Kopplungen aufweisen:

- Berechnungsprogramme
- NC-Systeme

- Qualitätsmanagement-Systeme
- Projektmanagement-Systeme
- Mail- und Organisationssoftware
- WEB-Browser

Im folgenden soll auf typische Integrationstypen (CAD und ERP) exemplarisch eingegangen werden um die jeweils spezifischen Anforderungen und Voraussetzungen zu verdeutlichen.

7.4 Integrationen mechanischer CAD-Systeme

7.4.1 Grundlagen

Die mechanischen CAD-Systeme nehmen innerhalb der mit PDM-Systemen gekoppelten Systeme den weitaus größten Bereich ein. Die meisten Einführungen von PDM-Systemen nehmen ihren Start im Umfeld eines mechanischen CAD-Systems.

Während noch bis in die zweite Hälfte der 90er Jahre die 2D-Systeme die Dominanz hatten, stehen heute ganz klar 3D-Anwendungen im Mittelpunkt . Dies hat weitreichende Konsequenzen für die Einführung eines PDM-Systems und beginnt bei der Nutzung des CAD- Systems.

Zwar kommt das Modell einer 3D-Darstellung dem zu entwickelnden Produkt viel näher als die zeichnerische Darstellung, doch war es ein Irrtum zu glauben, dass damit auch automatisch die Produktivität der Anwendung steigt. Zuvor muß der Konstrukteur sich von zwar sehr abstrakten, aber über viele Jahre in ihrer Anwendung eingeübten Werkzeugen und Funktionen im 2D-Bereich lösen. Erfahrungen und Vorgehensweisen, die zuvor sinnvoll und notwendig waren erweisen sich plötzlich als unbrauchbar. Die Arbeit im 3D-Bereich stellt gerade beim Ändern einer Konstruktion hohe Anforderungen. Voraussetzungen, die nicht schon bei der Erstellung der Geometrie beachtet wurden, führen später soweit, dass eine Änderung praktisch einer Neukonstruktion vom Aufwand her entspricht. Nicht nur, dass die Arbeit im dreidimensionalen Raum vom Anwender eine völlig neue Arbeitsweise voraussetzt; auch die Randbedingungen der Datenorganisation fordern eine Anpassung der Systemnutzung.

So stehen die Teilmodelle eines 3D-Systemes (die Einzelteile – oder *Parts*; die Baugruppen – oder *Assemblies*; die Zeichnungen – oder *Drawings*) in einem direkten Zusammenhang. Diese Beziehungen sind bei 2D-Anwendungen nur logischer Form, d.h. der Anwender kennt zwar die Beziehungen zwischen den Einzelteilen einer Konstruktion und die Strukturbeziehungen zur Baugruppe, diese sind aber nicht in den Files abgelegt. Auch wenn es viele 2D-CAD-Systeme zulassen Positionsnummern in Baugruppenzeichnungen auszuwerten um z.B. eine Stückliste abzuleiten, ist es unmöglich die Struktur eines Produktes auszulesen und die Art und Anzahl der enthaltenen Komponenten zu ermitteln. Diese Informationen enthält jedoch ein 3D-Modell . Allerdings bringt dieser Informationsumfang mit sich, dass die Handhabung der Vielzahl von logisch verketteten Files ohne eine entsprechende Verwaltungssoftware nicht mehr handhabbar ist. Jeder File mit einem veränderten Namen, jeder File, der in ein anderes Verzeichnis verschoben wurde führt dazu, dass sich die Modelle nicht mehr laden und bearbeiten lassen. Die Erstellung von neuen Versionen oder Kopien der gleichen Baugruppe ist manuell kaum noch möglich.

Man sollte durchaus auch daran denken, daß gerade moderne CAD-Systeme mit ihrer unglaublich hohe Zahl von Features und Funktionen bei unsachgemäßer Anwendung zu großen Schwierigkeiten führen können. Würde man es den Anwendern erlauben alle vorhandenen Möglichkeiten auszunutzen, so erhielte man bereits nach kurzer Zeit technische Unterlagen in Form von Modellfiles, Strukturen und abgeleiteten Dokumenten, die weder von der Verwaltungssoftware sauber organisiert noch von den Anwendern überblickt werden könnten. Der Aufbau einer sehr präzisen Konstruktionssystematik und die Bereitstellung detaillierter Arbeitsvorschriften sind unerläßlich.

7.4.2 Modellelemente einer 3D-Kopplung

Bei der Kopplung eines 3D-CAD-Systems an PDM muß man mehrere verschiedene Betrachtungsebenen berücksichtigen.

Arbeitsgegenstand für den Anwender ist immer die Darstellung im CAD-System (Bild 7-4).

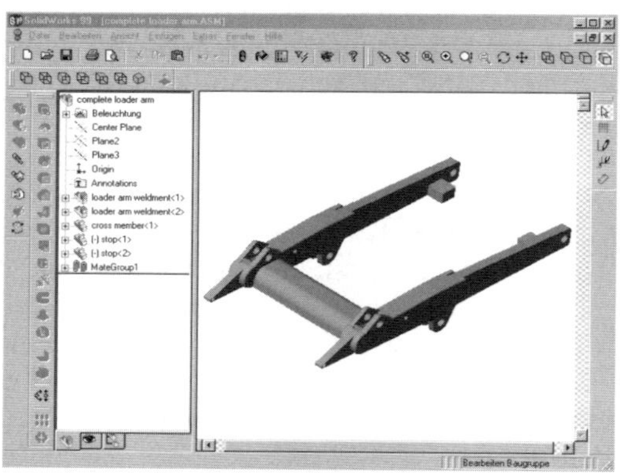

Bild 7-4: Darstellung einer Baugruppe im CAD-System am Beispiel „Ladearm" (Bearbeitungssystem: SolidWorks)

Diese zeigt ihm den bearbeiteten Produktausschnitt z.B. in einer schattierten Vollkörperdarstellung. Diese kommt dem realen Aussehen am nächsten und bietet einen guten Überblick über den Konstruktionsstand. Ergänzend zu dieser Darstellung steht dem Konstrukteur in den meisten Systemen ein Browser zur Verfügung.

Dieser zeigt die Struktur der bearbeiteten Baugruppe. Wichtig für die weiteren Betrachtungen ist dabei die Abhängigkeit zwischen den einzelnen Elementen. Grundsätzlich unterscheidet man:

- *Assembly*
  Dies ist das Modell einer Baugruppe (z.B. Ladearm; komplett). Ein Assembly kann weitere Assemblies (Unterbaugruppen) enthalten (z.B. „Ladearm; Schweißteil“).
- *Part*
  Die kleinste Einheit einer Assembly ist das Part. Es entspricht dem Einzelteil und kann nicht weiter in selbstständige Elemente zerlegt werden (z.B. „Vorderteil“, „Mittelteil“ usf.).
- *Drawing*
  Die Drawing ist die graphische Darstellung einer Assembly oder eines Parts. Es können z.B. Schnitte oder Projektionen eines oder mehrerer Ausgangsobjekte dargestellt werden.

Bild 7-5 zeigt die logische Struktur des Ladearms.

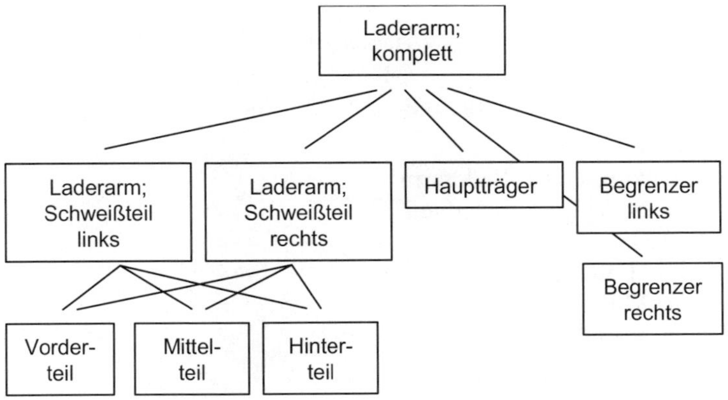

Bild 7-5: Logische Struktur des kompletten Ladearms

In den meisten modernen Systemen werden diese Grundelemente in jeweils einem separaten File abgelegt. Arbeitet ein Anwender also z.B. an einer Baugruppe entsprechend Bild 7-5 entsteht eine Filestruktur entsprechend Bild 7-6.

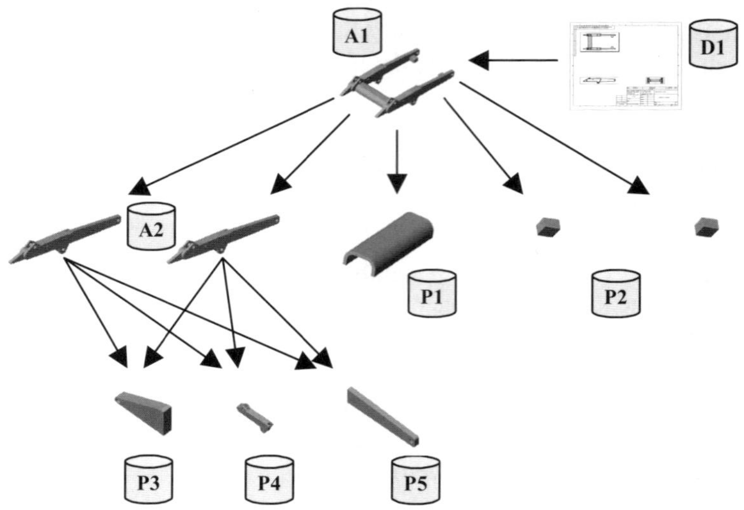

Bild 7-6: Strukturelemente des Laderarmes nach Bild 7-4 / 7-5

Dabei ist folgende Filestruktur zu erkennen:

- 2 Assembly-Files (A)
  - den kompletten Laderarm
  - das Ladearm-Schweißteil
- 5 Partfiles (P)
  - das Hinterteil
  - das Mittelteil
  - das Vorderteil
  - den Hauptträger
  - den Begrenzer
- 1 Drawingfile (D)
  - die Zusammenbauzeichnung

Die separate Ablage in verschiedenen Files ist für die Verwaltung in einem angeschlossenen PDM-System sehr wichtig, da sie die Voraussetzung für eine einfache und effiziente Behandlung der Modellstrukturen für Versionierungen, die Erstellung von Kopien sowie die Mehrfachverwendung von Parts oder Assemblies in übergeordneten Assemblies ist.

Einige vor allem ältere CAD-Systeme legen jedoch auch mehrere Modellelemente in nur einem File ab. Hier muß man mit Einschränkungen bei der Handhabung rechnen. So ist es z.B. nicht möglich einzelne Teile, deren Modelle in einem gemeinsamen File abgelegt sind, separat freizugeben oder zu ändern. Jede Änderung erfordert die Anlage einer physikalischen Kopie des Files und würde somit unweigerlich zur Duplizierung auch der anderen enthaltenen Objekte führen.

Besondere Beachtung verdient die Tatsache, dass das CAD-System die Referenzen zwischen den einzelnen Modellen in den Files selbst ablegt. Dies erfolgt üblicherweise über die Notiz der Filenamen aller enthaltenen Untermodelle. Jede Änderung der Namen von Modellfiles führt damit zu einem fehlerhaften Aufbau des Gesamtmodells. Dies muß bei der Verwaltung im PDM-System beachtet werden (vgl. Abschnitt 7.4.4). Dieser zuvor beschriebenen Darstellungsebene innerhalb des CAD-Systems steht im weiteren die Abbildung auf Dokumente innerhalb des PDM-Systems gegenüber (Bild 7-7). Jedem einzelnen Modellelement (Assembly, Part, Drawing) entspricht hier ein einzelnes Dokument. Dieses beschreibt die Modellkomponente mit den typischen Attributen, wie Dokumentennummer, Benennung etc. (vgl. Kapitel 3). Ihr zugeordnet ist das CAD-File. Damit das PDM-System dem CAD-System bei einem Ladevorgang alle benötigten Einzelfiles zur Verfügung stellen kann, verwaltet es auch die Strukturbeziehungen. Ist ein Teil in der übergeordneten Gruppe mehrfach enthalten, so werden im PDM-System die Strukturen meist gleichfalls mehrfach gespeichert. So besteht die Möglichkeit jede einzelne Modellposition separat anzusprechen.

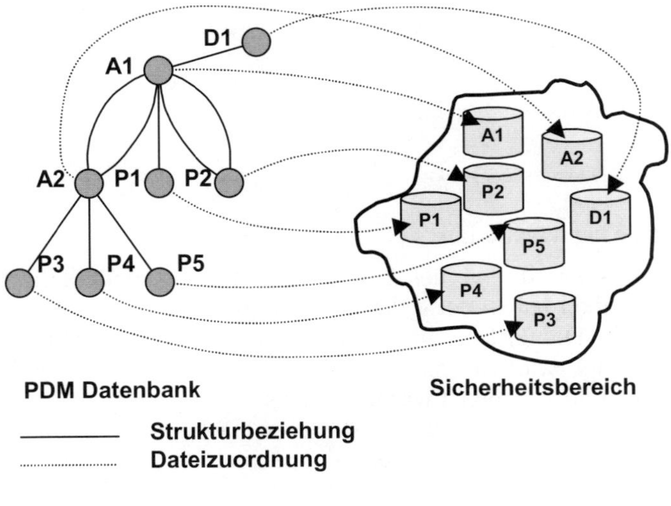

Bild 7-7: Speicherung der Assembly im PDM-System

Um das Gesamtmodell nach dem Check-Out im CAD-System laden zu können, wird, wenn das CAD-System die Referenzierung zwischen den einzelnen Objekten intern sauber verwaltet, natürlich jede Komponente physisch nur einmal benötigt. In diesem Fall würde eine einzelne Strukturrelation ausreichen.

Aus dieser Dokumentenstruktur kann schließlich die Artikelstruktur abgeleitet werden (Bild 7-8).

Diese entspricht häufig in weiten Teilen der Dokumentenstruktur (und damit der Struktur des Geometriemodells). Allerdings sind auch Unterschiede möglich. So verschmelzen mehrfache Strukturbeziehungen zu nur noch einer einzigen Beziehung. Diese trägt dann als Attribut die Anzahl der enthaltenen Elemente und ist die Grundlage der Stückliste.

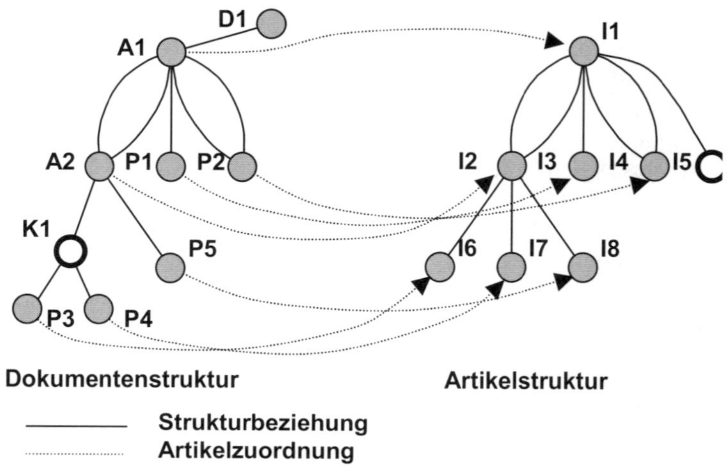

Bild 7-8: Artikel- und Dokumentenstruktur

Die Stückliste kann weiterhin

- Artikel enthalten, die in der Dokumentenstruktur nicht auftreten (I5) Derartige Artikel haben entweder gar kein zugeordnetes Dokument oder repräsentieren Dokumente, die nicht mit dem zuvor betrachteten CAD-System erzeugt wurden (z.B. ein Textdokument, welches mit einem Office-Programm bearbeitet wurde; elektrische Bauteile)
- keine Artikel für bestimmte existierende Dokumente enthalten (K1) Dies tritt häufig bei konstruktiven Hilfsgeometrien auf. Diese müssen in der Dokumentenstruktur vorhanden sein damit das PDM-System die Files verwalten kann. Andererseits stellen sie keine für den Fertigungsprozeß relevanten Produktteile dar und haben somit nichts in der Stückliste zu suchen.

7.4.3 Die Grundfunktionen Laden und Speichern

Nachdem die bei der Verwaltung von 3D-Modellen auftretenden Objekte beschrieben wurden, sollen nun an einem Beispiel typische Grundfunktionen näher erläutert werden.

Der Speichervorgang läuft in mehreren Einzelschritten ab. Zuerst wird die aktuelle Geometrie mit den Funktionen des CAD-Systems gespeichert. Dies erfolgt in ein temporäres Arbeitsverzeichnis welches bei der Einrichtung der Integrationssoftware festgelegt wurde. Generell gilt, dass der Anwender immer auf lokalen Kopien der Files arbeitet, die in seinem persönlichen lokalen Verzeichnis liegen. Erfolgt die Speicherung das erste mal, so vergibt die Integration temporäre Namen für die einzelnen Files.

Weiterhin durchsucht die Integration die gesamte Geometrie und ermittelt die Strukturinformationen. Dabei werden neben den Vater- Sohn-Beziehungen - meist beschrieben durch die Filenamen- weitere Informationen ermittelt. Dazu zählen die Angabe, welche Komponente ein Konstruktionsteil und welche Komponente ein Normteil ist.

Für Normteile gelten einige Besonderheiten, auf die etwas später gesondert eingegangen wird.

Viele CAD-Systeme bieten auch Funktionen an, die es erlauben Modelle gewollt unvollständig zu laden bzw. darzustellen. Dies ist sehr sinnvoll, da heute immer mehr versucht wird, komplette Produkte geschlossen zu modellieren. Dadurch entstehen immer größere Modelle (mehrere tausend Einzelkomponenten). Diese sind auch für moderne Computer nur sehr schwer zu verarbeiten. Zum einen stellen derart große Modellstrukturen enorme Ansprüche an Hauptspeicher (mehrere Gigabyte sind keine Seltenheit) und an die Leistung von Prozessor und Graphikkarte. Aber selbst bei derart ausgebauten Rechnern sind immer noch bedeutende Performanceprobleme zu erwarten (u.a. lange Ladezeiten; Schwierigkeiten bei der Manipulation). Zum anderen ist es aber sehr oft gar nicht notwendig alle Einzelteile einer Baugruppe gleichzeitig manipulieren zu wollen. Dies nutzen CAD-Systeme aus und bieten verschiedene Funktionen an, die es gestatten mit vereinfachten Geometrien oder Ausschnitten des kompletten Modells zu arbeiten.

Eine dieser Möglichkeiten besteht darin, beim Laden und bearbeiten einer Baugruppe alle nicht direkt benötigten Teile oder Unterbaugruppen zu deaktivieren und unsichtbar zu machen.

Diese deaktivierten Komponenten werden dann nicht mit geladen. Man nennt einen Zustand einer Assembly, der sich durch eine genau festgelegte Ordnung aktiver und inaktiver Komponenten auszeichnet eine *Konfiguration*. Pro Assembly ist es möglich mehrere solcher Konfigurationen zu definieren. Bild 7-9 zeigt zwei mögliche Konfigurationen des Ladearmes, dessen logische Struktur anhand Bild 7-5 erläutert wurde. Während in Konfiguration 1 der komplette rechte Ladearm inklusiv des rechten Begrenzers deaktiviert ist, umfaßt Konfiguration 2 lediglich die beiden Vorderteile sowie den Hauptträger.

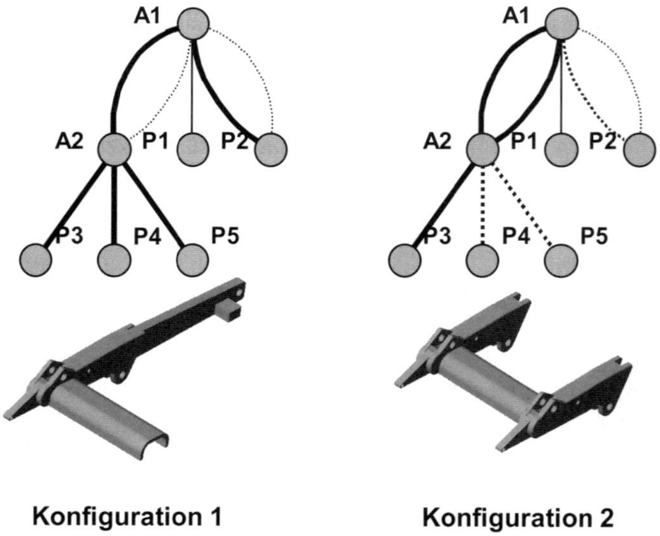

Bild 7-9: Konfigurationsstrukturen

Eine weitere Möglichkeit besteht darin, nur eine vereinfachte Hüllgeometrie („*Hüllen*") bereitzustellen. Dann ist die Betrachtung der Einbauverhältnisse besonders leicht möglich.

Die hier geschilderten Funktionen bringen für eine PDM-Integration allerdings recht große Probleme mit sich. Wird ein derartig konfiguriertes Gebilde gespeichert, so hat das PDM-System keinen Zugriff mehr auf alle in einer unterdrückten Komponente enthaltenen Teile. Besonders bei einer Erstspeicherung ist dies fatal. Wird die Baugruppe später wieder aus dem PDM-System geladen, ist dieses nicht in der Lage alle Strukturkomponenten bereitzustellen. Eine Aktivierung zuvor unterdrückter Elemente ist dann nicht mehr möglich.

Für dieses Problem gibt es verschiedene Lösungen. Am einfachsten ist es, den Anwender auf die Existenz nicht mehr auflösbarer Baugruppen aufmerksam zu machen und aufzufordern diese zuvor separat zu speichern. Diese Lösung hat den Vorteil einer recht einfachen Implementierung. Außerdem ist mit einer guten Performance der Kopplung zu rechnen, da es keiner weitergehenderen Untersuchung unterdrückter Elemente bedarf. Für viele Anwendungsfälle ist dieses Vorgehen durchaus ausreichend.

Komfortabler arbeiten Integrationen, die im Falle unterdrückter Teilgruppen diese automatisch öffnen und die Struktur analysieren. In diesem Falle ist immer garantiert, dass im PDM-System vollständige Informationen vorliegen und dies ohne einen Eingriff des Anwenders. Bei einer sehr umfangreichen Anwendung der Konfigurationstechnologie ist diese Vorgehensweise kaum verzichtbar. Allerdings wird damit die eigentliche Zielsetzung der unterdrückten Teile verletzt, denn durch das erzwungene

Nachladen entstehen beim Speichern erwartungsgemäß Performanceprobleme. In der Praxis läßt sich dieser Nachteil allerdings stark relativieren. So werden üblicherweise Teilmodelle in einem CAD-System gekennzeichnet, sobald diese geändert wurden. Dies kann in zwei verschiedenen Formen geschehen:

- *Timestamp*
  Das CAD-System erhöht einen jedem Objekt zugeordneten Zähler bei jedem ändernden Zugriff. Der Vergleich des Zählers zu zwei verschiedenen Zeitpunkten gibt Ausschluß darüber, ob in der Zwischenzeit Änderungen durchgeführt wurden (Timestamps sind ungleich) oder nicht (Timestamps sind identisch). Timestamps werden nie auf Null zurückgesetzt und können sitzungsübergreifend ausgewertet werden.
- *Dirty-Flag*
  In diesem Fall unterscheidet das System nur die Zustände „unverändert" (Dirty-Flag=FALSE) oder „geändert" (Dirty-Flag=TRUE). Bei jedem Laden eines Objektes steht das Flag auf FALSE, so daß eine sitzungsübergreifende Auswertung nicht möglich ist.

Das PDM-Systeme nutzen diese Kennzeichnungen aus und Speichern nur wirklich modifizierte Teile zurück. Um dies z.B. im Falle der Timestamps feststellen zu können, speichert das PDM-System jeweils den aktuelle Wert zum Zeitpunkt des Speicherns mit in die Datenbank ab.
Dies heißt in der Praxis, dass

- bei einer Erstspeicherung die Zeit für das Nachladen und Öffnen von unterdrückten Gruppen in Kauf genommen werden muß. Dies ist vertretbar und sinnvoll, da jede Komponente sowieso im PDM-System abgelegt werden muß.
- bei späteren Rückspeicherungen wird für jede Komponente der aktuelle Timestamp mit dem zuletzt in der Datenbank abgelegten Timestamp verglichen. Stimmen diese nicht überein, so wird das entsprechende Element nicht weiter berücksichtigt. Ein evtl. unterdrücktes Teil wird also auch nicht geladen. Nur wenn das aktuelle Timestamp nicht mehr mit dem gespeicherten übereinstimmt, so wird die Komponente bei Speichervorgang berücksichtigt bzw. eine unterdrückte Komponente geladen und analysiert.

Diese Vorgehensweise erlaubt eine bzgl. der Performance sehr effiziente Arbeitsweise der Speicherungsvorgänge.

Nachdem das PDM-System nunmehr alle relevanten Informationen ermittelt hat wird in der PDM-Datenbank recherchiert, welche der Komponenten schon existieren. Das weitere Vorgehen richtet sich jetzt nach dem Ergebnis der Recherche.

Für bereits existierende Dokumente werden lediglich die Stammattribute aktualisiert. Dazu zählt auch das besprochenen Timestamp.

Für noch nicht bekannte Komponenten wird ein neuer Dokumentenstammsatz angelegt. Im Rahmen der Einführung einer Integration kann festgelegt werden welche Attribute mit Standardwerten belegt werden und für welche Angaben ein Dialog erforderlich ist. Dazu stehen verschiedene Quellen zur Verfügung:

Die Dokumentennummer wird üblicherweise entweder manuell eingetragen oder über einen Nummerngenerator erzeugt.
Die Benennung kann evtl. aus dem Namen des Files der Komponente ermittelt werden. Dies ist natürlich nur möglich, wenn nicht die Integration selbst einen Arbeitsnamen für das File erzeugt hat. Beide Möglichkeiten schließen einander aus.

Andere Attribute, wie Prüfablauf oder Erststatus können im PDM-System als Default eingestellt werden. Informationen über den Anwender, der die Speicherung durchführt werden den Anmeldeinformationen des PDM-Systems oder der Betriebssystemumgebung entnommen.

Natürlich muß für neue Teile auch festgelegt werden, welchem Dokumententyp diese angehören sollen. Dafür gibt es folgende Varianten:

- Es gibt für jedes CAD-System bzw. für jeden Komponententyp (Assembly, Part, Drawing) einen fest eingestellten Dokumententyp. Diese sehr einfache Regelung hat allerdings den Nachteil, dass speziell bei der Nutzung mehrerer verschiedener Erzeugersysteme funktionell durchaus gleiche Teile in verschiedenen Ordnern abgelegt sind. Dies ist sowohl funktionell fraglich und erschwert auch die spätere Recherche.
- Der Anwender ordnet sich einem bestimmten Entwicklungsprojekt zu. Dieses hat wiederum eine klare Zuordnung zu bestimmten Dokumententypen („Entwicklung“, „Versuch“, „Anlagenbau“, ...). Damit ist eine dialogarme Speicherung bei klarer funktioneller Gliederung möglich.
- Schließlich kann der Anwender bei Speichern aufgefordert werden pro Komponente eine Zuordnung vorzunehmen. Dies ist selbstverständlich die bei einfachem Systemaufbau flexibelste Art. Allerdings führt sie zu meist unakzeptablem Aufwand beim Speichervorgang.

Bei geschicktem Aufbau des Gesamtsystems ist es also durchaus möglich, dass auch bei einer Erstspeicherung kaum ein Dialog notwendig wird oder auch eine vollautomatische Ablage möglich ist. Dies ist in seiner Bedeutung kaum zu überschätzen, da der Aufwand beim Ablegen einer großen Baugruppe (tausende Teile) sehr hoch werden kann.

Schließlich können nun die im Arbeitsverzeichnis liegenden Geometriefiles übernommen werden. Dazu werden den Dokumenten in der Datenbank Fileeinträge zugeordnet und der Fileserver erhält die Befehle die Geometriefiles in den entsprechenden Sicherheitsbereich zu kopieren. Wie vorn dargelegt wurde, erhalten dabei alle Files neue kryptische Namen. Dies ist für den Nutzer ohne Bedeutung, da mit diesen Namen nur das System intern hantiert.

Auf hier mögliche weitere Aktionen, wie Zuordnung von Artikeln und Projekten, der Klassifizierung, Thumbnails oder Digital-Mock-Up wird in einem späteren Abschnitt eingegangen.

Einfacher ist das Laden einer Baugruppe aus dem PDM-System. Zum Zwecke des Ladens wird dem Anwender eine Dokumenten Liste im PDM-System zur Verfügung gestellt. Hier hat er dir Möglichkeit durch

Angabe von Suchkriterien für beliebige Attribute (Nummer, Benennung, Speicherzeiten, Anwendernamen, Prüfabläufe, etc.) das gewünschte Dokument zu suchen. Hat er es gefunden, kann der Ladevorgang starten. Dazu ermittelt das PDM-System alle benötigten Komponenten durch Auswertung der Dokumentenstruktur. Die zugehörigen Files werden über den Fileserver ausgecheckt und in das Arbeitsverzeichnis übertragen.

Zwei Voraussetzungen sind dabei zu beachten. Zum einen muß der Anwender das Recht haben auf die Komponenten zuzugreifen. Dies wird durch das System geprüft. Dokumente, auf die überhaupt keine Zugriffberechtigungen bestehen, werden vom System gar nicht angeboten, spielen hier also keine weitere Rolle. Besteht auf die selektierten Dokumente kein Recht zur Änderung, so bietet das PDM-System an, die Komponenten nach CAD zu laden, weist allerdings darauf hin, dass die Möglichkeit einer Änderung incl. Rückspeicherung nicht besteht. Trotzdem ist es in vielen Fällen sinnvoll, den Ladevorgang fortzusetzen. Entweder, da es nur um eine Auswertung des Modells geht oder da das Modell als Vorbild eines neu zu erstellenden Modells genutzt werden soll. Dann erfolgt nach der Änderung eine Rückspeicherung unter einem neuen Namen.

Zum anderen müssen sich die Dokumente, die geändert werden sollen im PDM-System in einem entsprechenden Status befinden. Es ist eine feste Regel, dass niemals ein Originaldokument, speziell wenn dieses bereits freigegeben wurde, geändert werden kann. Soll ein derartiges Dokument nun zum Zwecke der Änderung in das CAD-System geladen werden, so muß dieses im PDM-System zuvor auf eine neue Version kopiert werden. Dieser Vorgang wird in einem späteren Abschnitt detaillierter erläutert.

Anschließend erhält das CAD-System den Befehl mit dem Laden zu beginnen. Damit ist die Arbeit der Integration beendet.

7.4.4 Strukturen und Referenzen

Nach dem zuvor beschriebenen Speichervorgang wäre ohne weitere Funktionalität ein recht unangenehmer Effekt zu bemerken. Besitzt das CAD-System einen internen Browser, der die Struktur der geladenen Komponenten darstellt, so bezieht sich dieser meist auf die Namen der geladenen Teile. Diese haben jedoch meist keinen direkten Bezug auf Ordnungskriterien wie die Nummer der Dokumente, da die Filenamen vor dem ersten Ablegen im PDM-System vergeben wurden. Damit wird es dem Anwender sehr erschwert, einen Bezug von den Komponenten im CAD-System zu den eigentlichen Dokumenten herzustellen. Aber selbst wenn man die Namen der Files bereits beim ersten speichern sinnvollerweise mit dem Namen oder der Nummer des Dokumentes abgestimmt hatte, so stimmen diese Angaben spätestens nach einer evtl. Korrektur im PDM-System nicht mehr.

Es bietet sich hier an, die Filenamen beim Auschecken vom PDM-System sinnvoll umzubenennen. Dies ist natürlich prinzipiell kein Problem. Da allerdings die Strukturbeziehungen zwischen den Modellfiles im CAD-System über die Filenamen verwaltet werden, muß es zu Fehlern kommen, wenn einzelne Filenamen extern geändert wurden.

Abhilfe bieten hier nur solche CAD-Systeme, die API Funktionen anbieten um die in den Geometriefiles enthaltenen Referenzen umzusetzen. Sind derartige Funktionen verfügbar so erfolgt das laden in folgenden Stufen:

- Alle Files werden in das Arbeitsverzeichnis ausgecheckt.
- Nun wird geprüft, ob die Files einen Namen besitzen, der einen aktuellen Bezug zu den Attributen des Dokumentes besitzt. Im Rahmen des Customizings wird festgelegt, wie die Filenamen logisch aufzubauen sind. In vielen Fällen hat sich eine Kombination aus „Dokumentennummer“+“Versionszähler“+“Blattnummer“+“Benennung“ als sinnvoll erwiesen. Zwar ist ein derartiger Name bereits recht lang, aber der Informationsgehalt im CAD-Browser ist auch entsprechend hoch. Soweit man zu eindeutigen Filenamen kommt ist auch jedes andere Konstrukt denk- und einstellbar.
- War der Filename nicht mehr aktuell, so wird das File umbenannt und alle Geometriefiles, die eine Referenz auf das betreffende File besitzen werden aktualisiert, indem die alte auf die neue Referenz umgestellt wird. Dieser Vorgang geht meist recht zügig vonstatten, so dass es nicht zu großen Performanceproblemen kommt. Auch ist eine notwendige Umbenennung meist nur selten notwendig, da die betreffenden Attribute nicht häufig geändert werden.
- Schließlich kann das geänderte Gebilde in das CAD-System geladen werden.

Außer der Änderung der Referenzen vor dem Ladevorgang auf der Fileebene (wie z.B. bei SolidEdge oder SolidWorks), kann dieser Vorgang auch nach dem Laden direkt im CAD-System-Memory durchgeführt werden. Dies ist zum Beispiel bei Pro/Engineer oder UNIGRAPHICS der Fall.

Da eine derartige Aktualisierung beim Laden des Dokumentes gemacht wird, ist es natürlich wichtig zu wissen, wie die beim letzten Speichern in den übergeordneten Komponenten benutzten Referenzen eingestellt waren. Da jedes Teil in der Regel mehrfach verbaut ist, reicht es nicht mehr, die Filenamen nur dem Dokument selbst zuzuordnen. Vielmehr wird es nötig die aktuellen Namen der Files auf der Strukturbeziehung zur übergeordneten Komponente festzuhalten. Nur so ist es möglich die Aktualisierung der Referenzen pro Teileverwendung immer korrekt auszuführen. Dieses Kantenattribut muß andererseits bei jedem Speichervorgang mit aktualisiert werden.

Wie der Filename aus den Attributen des Dokumentenstammsatzes erzeugt werden soll, wird im Rahmen des Customizings eingestellt. Dazu stellen PDM-Systeme entsprechende Beschreibungsmittel bereit (Bild 7-10). Der Filename wird dann entsprechend dieser Beschreibungssequenz zusammengesetzt, wobei beachtet wird, dass ein den Konventionen des Betriebssystems entsprechender Name entsteht. So sind viele Sonderzeichen sowie Steuerzeichen verboten. Derartige Zeichen werden zum Beispiel durch Unterstreichungszeichen ersetzt.

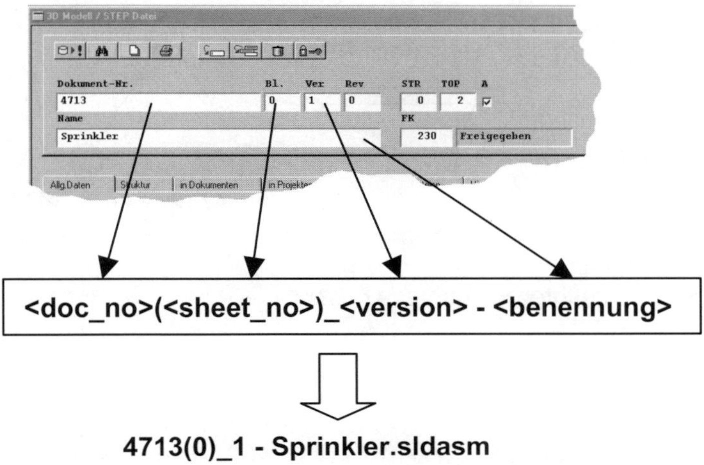

Bild 7-10: Generierung von Filenamen

CAD-Systeme ohne derartige Funktionen bieten nur die Möglichkeit mit konstanten Filenamen zu arbeiten. Dies erfordert entweder eine sehr saubere Benennung der Files bereits beim ersten Speichervorgang oder die Akzeptanz, dass im Browser des Systems keine direkten Angaben der Verwaltungsinformationen stehen. Dies ist vor allem bei älteren CAD-Systemen heute durchaus noch Praxis, wird allerdings von den Anwendern immer weniger akzeptiert. Als weiteres Problem der Dokumentenstrukturen muß man beachten, dass es durchaus möglich ist, dass im PDM-System auch Dokumente in die Struktur einbezogen werden sollen, die nicht mit dem entsprechenden CAD-System erzeugt wurden. Dies ist manuell mit den Mitteln des PDM-Systems jederzeit möglich. Aus diesem Grunde sollte in den Strukturen auch immer vermerkt werden, welche Komponenten durch die CAD-Integration erzeugt wurden.

7.4.5 Normteile und Wiedererkennung von Komponenten

Komponenten, die bereits in das PDM-System gespeichert wurden, müssen bei einem späteren Speichervorgang als solche wiedererkennt werden. Wäre dies nicht der Fall, so würde bei mehrfachem Speichern des gleichen Teiles jedesmal ein neuer Stammsatz im PDM-System angelegt werden.
Besonders tritt dieses Problem beim Urladen von bereits existierenden Baugruppen auf (Bild 7-11).

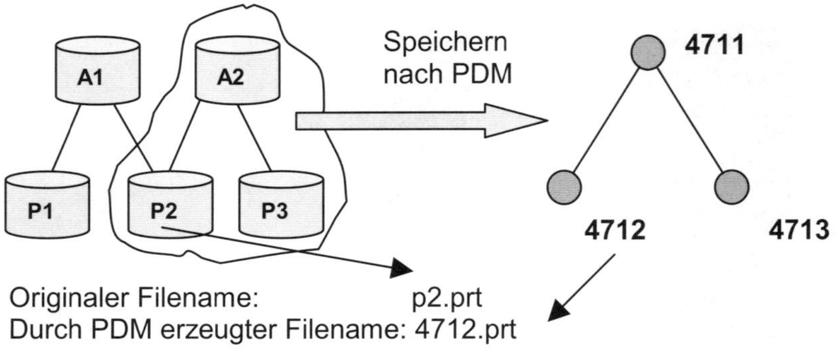

Bild 7-11: Laden existierender Baugruppen

Wird Baugruppe A2 gespeichert, so werden bei einem späteren Bearbeitungsschritt die Namen der Files entsprechend der Systemeinstellungen geändert. Damit wird vom PDM-System der ursprüngliche Filename p2.prt intern als 4712.prt generiert. Wird daraufhin später die Baugruppe A1 gespeichert, so besteht keine Möglichkeit mehr das mehrfach verwendete Teil P2 dem bereits existierenden Dokument 4712 zuzuordnen.

Dieser Effekt wird durch folgende Maßnahmen behoben:

- Jedem gespeicherten File wird eine versteckte Information eingeschrieben („user-property"). Diese enthält die Identifikation des zugeordneten Dokumentenstammsatzes im PDM-System.
- Jeder Dokumentenstammsatz im PDM-System erhält als Attribut den Ursprungsfilenamen des Geometriefiles zum Zeitpunkt des ersten Speicherns.

Später wird beim Speichern einer CAD-Komponente sowohl geprüft, ob das user-property im File existiert, als auch, ob der entsprechende Filename bereits im PDM-System als Ursprungsfilename vorhanden ist. Damit sind später folgende Fälle unterscheidbar:

1. Fall
   - user-property existiert und ist einem Dokument zuordenbar;
   - Filename ist mit Ursprungsname identisch
     ↳ Die Komponente wurde bereits unter diesem Dokument gespeichert
2. Fall
   - user-property existiert und ist einem Dokument zuordenbar;
   - Filename ist mit Ursprungsname nicht identisch
     ↳ Die Komponente wurde früher unter dem gefundenen Dokument gespeichert unD-Später manuell umbenannt. Der Anwender muß entscheiden, ob er zuordnen oder ein neues Dokument erzeugen will.
3. Fall
   - user-property existiert nicht;

- Filename ist mit dem Ursprungsfilenamen eines Dokumentes identisch
  ↳ Die Komponente hat zufällig den gleichen Namen wir eine bereits gespeicherte, ohne mit dieser identisch zu sein. Es muß ein neues Dokument angelegt werden.

4. Fall
- user-property existiert nicht;
- Filename ist keinem Dokument zuordenbar
  ↳ Die Komponente wurde noch nicht gespeichert und wird neu angelegt.

5. Fall
- user-property existiert, kann aber keinem Dokument zugeordnet werden;
  ↳ Die Komponente wurde früher bereits gespeichert, dass Dokument im PDM-System später aber wieder gelöscht. Es muß ein neues Dokument angelegt werden.

Alle Fälle außer 1. und 4. stellen besondere Zustände dar und sollten immer durch Einbeziehung des Anwenders entschieden werden.

Diese Vorgehensweise stößt bei der Arbeit mit Normteilen jedoch an ihre Grenzen. Normteile werden meist direkt über ein spezielles Normteilesystem ausgesucht und die Geometrien von diesem System dem CAD-System übergeben.

Wurde ein derartiges Teil im PDM-System gespeichert und entsprechend gekennzeichnet, so kann das erstellte Dokument später trotzdem nicht ohne weiteres wiedererkannt werden. Der Grund besteht darin, dass das gleiche Normteil bei einer künftigen wiederholten Verwendung vom Normteilesystem physikalisch neu erzeugt wird. Dieses neue Geometriefile trägt keine der durch die Integration vergebenen Kennzeichen und erscheint deshalb wie ein neues Teil.

Allerdings tragen Normteile meist ein spezielles Attribut, durch das sie sich von den Konstruktionsteilen unterscheiden. Dieses Attribut kann von der Kopplung ausgewertet werden. Die Speicherung von Normteilen erfolgt dann in abgewandelter Form:

- Es wird davon ausgegangen, dass die Namen der Files von Normteilen bereits vom Normteilesystem sinnvoll vergeben wurden und damit ausreichend aussagekräftig sind. Diese Namen werden im Dokumentenstammsatz im PDM-System gespeichert. Wird von der Kopplung ein Normteil erkannt, so wird nur noch auf dieses Kennzeichen getestet.
- Beim Laden von Normteilen erfolgt keine Änderung der Filenamen.

7.4.6 Versionieren und Kopieren

Sowohl das Erstellen einer neuen Version wie auch die Anfertigung der Kopie einer Komponente sind immer mit Eingriffen in die Struktur der gesamten Baugruppe verbunden. In beiden Fällen muß genau festgelegt werden, wie die Beziehungen zu enthaltenen Teilen sowie zu solchen Elementen, in denen die betrachtete Komponente enthalten ist, behandelt werden sollen. Falsch gesetzte Strukturbeziehungen im PDM-System führen unweigerlich zu korrupten Baugruppen, die sich im CAD-System nicht mehr bearbeiten lassen.

Anhand von Bild 7-12 soll dies veranschaulicht werden. Die Ausgangssituation sei eine dreistufige Baugruppe, deren Element sich alle in der Version 0 befinden. In Teilbild I wird eine kompatible („austauschbare") Änderung an der Teilbaugruppe C angenommen.

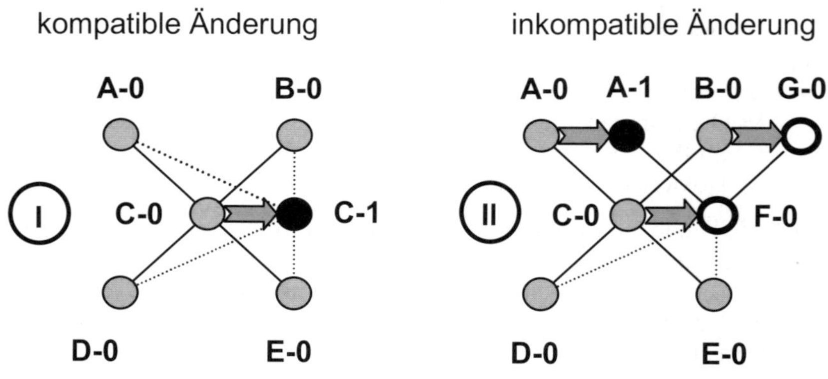

Bild 7-12: Versionierung einer Assemblystruktur

Damit erhält diese Baugruppe eine neue Revisionsnummer, kann jedoch in den übergeordneten Baugruppen ohne weiteres angewandt werden. Dort ist keine Änderung erforderlich. In Teilbild II sei die Änderung an C dagegen inkompatibel („nicht austauschbar"). Dies bedeutet dass eine logisch neue Einheit F0 aus C0 entsteht. Wichtig ist hier, dass die neue Nummer in diesem Fall nicht für ein wirklich neues Modell vergeben wird, sondern dass das Modell durch Änderung aus dem Modell von C0 hervorgegangen ist. Für die übergeordneten Assemblies sind zwei Möglichkeiten gegeben.

Ist die Anwendung von F0 in Baugruppe A0 wiederum kompatible, so wird A0 auf A1 geändert. Ergäbe sich für Baugruppe B0 jedoch eine inkompatible Änderung, so muß nun auch B0 auf die neue Einheit G0 geändert werden.

Diese Vorgehensweise baut direkt auf den in Kapitel 4.5 erläuterten Regeln des Änderungswesens nach DIN 6772 auf. Man sollte allerdings bedenken, dass eine Änderung im Bereich von 3D-Modellen (Assembly-Struktur) weitergehendere Forderungen hervorruft. Die Entscheidung für eine Änderung muß besonders verantwortungsbewußt getroffen werden. Ist eine Änderung aus der Sicht der Einsetzbarkeit des Teiles (oder der Baugruppe) im Produkt aus funktioneller Sicht kompatibel, so kann dies trotzdem bedeuten, dass die am Modell vorgenommene Änderung dazu führt, dass alle oder einige der übergeordneten Modelle nicht mehr im CAD-System bearbeitbar sind. Dies wird immer dann eintreten, wenn an geometrischen Komponenten geändert wurde, auf die von anderen Strukturelementen referenziert wird. Dies ist teilweise nur sehr schwer festzustellen, da derartige Referenzen unabhängig der Verwendungsstruktur auftreten können.

Wichtig ist wiederum, dass das PDM-System nach einer derart durchgeführten Änderung, die immer innerhalb des PDM-Systems durchgeführt wird, die Referenzen der Assemblies aktualisieren muß. Wie weiter vorn dargestellt wurde, wird der Index üblicherweise mit als Bestandteil der Filenamen benutzt. Dies hat den Vorteil, dass im CAD-Browser immer die Information vorhanden ist, auf welcher aktuellen Version jedes Teiles ggw. gearbeitet wird. Außerdem ist eine physikalische Eindeutigkeit zwischen den verschiedenen Versionskopien eines Teiles auch außerhalb des PDM-Systems gegeben. Gerade bei der Bearbeitung einer noch nicht freigegebenen Baugruppe ist dies wichtig. Da sich diese ja noch im Status „In Arbeit" befindet ist es durchaus möglich, dass zum Zwecke der Anpassung vorübergehend mehrere Versionen enthaltener Komponenten im Arbeitsverzeichnis befinden. Wäre der Index kein Bestandteil des Filenamens, so würde es zu einer jeweiligen Überschreibung der Geometrien kommen.

Die bisher besprochenen Änderungen finden auf dem Niveau der Dokumente statt. Natürlich müssen diese Änderungen entsprechend auch auf die zugeordneten Artikel übertragen werden. Meist werden Änderungen am Dokument auch am Artikel durchgeführt. Dies ist allerdings nicht zwingend, da Modelländerungen möglich sind, die für den Artikel vollständig irrelevant sind. Dazu zählen z.B. Modellkonvertierungen (upgrade des Bearbeitungssystems), die zum Zwecke der Kompatibilität notwendig werden können.

Eine sehr nützliche Funktion des PDM-Systems ist das Anfertigen von Kopien ganzer Assemblystrukturen. Diese Anforderung kann aus zwei unterschiedlichen Sichten heraus gestellt werden. In vielen Fällen sollen vorhandene Baugruppenkomponenten für neue Produkte wiederverwendet werden. In diesem Fall wird man, wie in Bild 7-13/I dargestellt für die neue Einheit einen neuen Stammsatz anlegen und diesem eine Kopie des Assemblyfiles der vorhandenen Baugruppe zuordnen.

Oft soll jedoch auch eine Baugruppe komplett gedoppelt werden. Dann muß man, wie in Bild 7-13/II dargestellt wird, von allen Komponenten Kopien auf Dokumente mit neuen Nummern gemacht und ausschließlich die neuen Dokumente über Strukturbeziehungen verknüpft. Beziehungen zur Ausgangsstruktur bestehen nicht. Da sich mit der Änderung der Nummern auch die Filenamen ändern, ist natürlich wieder eine Umsetzung aller Referenzen notwendig.

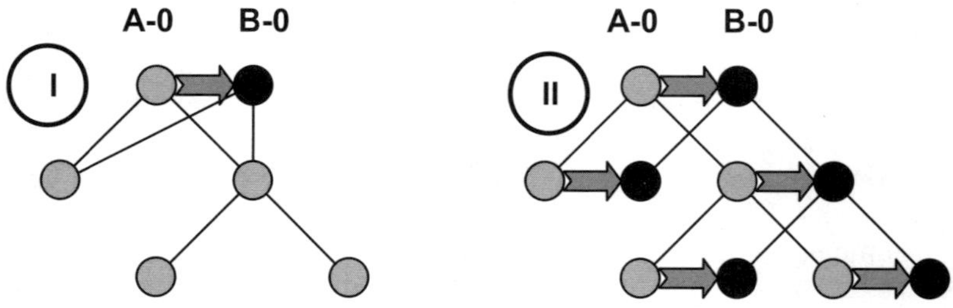

Bild 7-13: Kopieren von Assemblystrukturen

7.4.7 Zeichnungen

Von allen Parts sowie Assemblies können im CAD-System Zeichnungen abgeleitet werden. Anders als bei 2D-CAD-Systemen sind in 3D-CAD-Systemen auch bei der Verwaltung von Zeichnungen Strukturen zu beachten.

In der Dokumentenstruktur des PDM-Systems liegen Drawings zumeist über den Teilen bzw. Assemblies, d.h. in der Drawing dargestellte Geometrien werden als Komponenten der Zeichnung betrachtet (Bild 7-14).

Dies hat mehrere Vorteile. Zum einen entspricht eine derartige Speicherung der Freigabelogik. Eine Zeichnung kann sinnvollerweise erst freigegeben werden, wenn alle in ihr dargestellten Geometrien ebenfalls freigegeben sind. Weiterhin ist es durchaus möglich, dass in einer Zeichnung die Darstellung der Geometrien verschiedener Teile oder Baugruppen enthalten ist (Komponenten A1 und A2 sind in der Drawing D1 dargestellt; Bild 7-14/I).

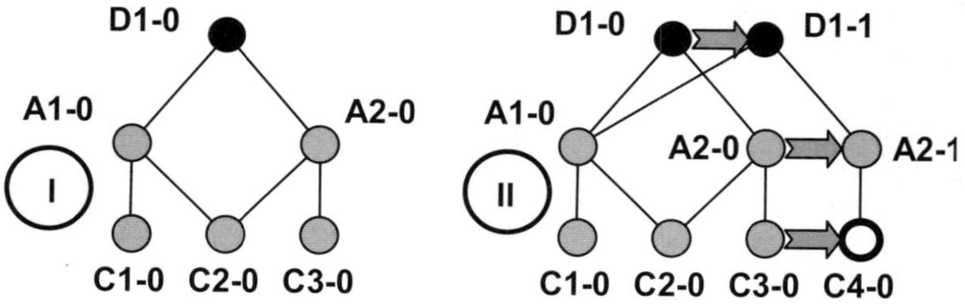

Bild 7-14: Struktur und Änderung von Zeichnungen

Da Änderungen an der Geometrie eines Teiles in aller Regel auch Änderungen an der zugehörigen Zeichnung nach sich ziehen, wird eine Zeichnung bei der Änderung eines Parts oder Assemblies immer mit geändert

(Bild 7-14/II). Die Beziehungen zu den enthaltenen Geometrien bleibt dabei erhalten.

Zeichnungen können, wie in Bild 7-15 dargestellt, in drei verschiedene Bestandteile zerlegt werden, die auch unterschiedlich vom PDM-System verwaltet werden:

- graphische Darstellung des Teiles (I)
  Dieser Teil der Zeichnung wird vom PDM-System als File in den Sicherheitsbereich kopiert.
- Inhalt des Zeichnungskopfes (II)
  Hier stehen alle Verwaltungsinformationen der Zeichnung. Diese werden vom PDM-System in der Datenbank abgelegt. Im Folgenden wird die dazu benutze Technologie näher erläutert.
- Zeichnungsrahmen (III)
  Der Rahmen ist eine über lange Zeiträume statische graphische Information, die außerdem für alle Zeichnungen des gleichen Types und gleichen Formates identisch ist. Aus diesem Grunde werden Rahmenfiles meist nicht im PDM-System gehalten, sondern in einem dem CAD-System zugeordneten Arbeitsbereich entnommen.

Bezüglich der Verwaltung der Zeichnungen gibt es zwei verschiedene Arbeitsweisen:

- Der Zeichnungsrahmen wird beim Speichern der Zeichnung gelöscht. Beim Laden einer Zeichnung erfolgt dann ein erneutes Zumischen der entsprechenden Rahmengraphik. Dies hat den Vorteil, dass der Speicherplatz immer identischer Informationen gespart wird und außerdem die Aktualisierung evtl. geänderter Rahmen sehr einfach ist.
- Der Zeichnungsrahmen wird gemeinsam mit der Zeichnung gespeichert. Heute spielt der Speicherplatz keine vordergründige Rolle bei der Entscheidung für die Arbeitsweise mehr. Dafür stehen solche Forderungen wie Performance im Vordergrund. Diesem Aspekt kommt diese Arbeitsweise sehr entgegen. Das erneute Zumischen des Zeichnungsrahmens, das teilweise recht zeitaufwendig ist, wird damit vermieden. Außerdem kann die Zeichnung nach einem auschecken auch ohne Zutun des CAD-Systems sofort benutzt werden.
  In diesem Fall sollte man allerdings bedenken, daß die Stammdaten sich evtl. in der Zwischenzeit geändert haben können. Eine Aktualisierung des Files ist deshalb also trotzdem anzuraten.

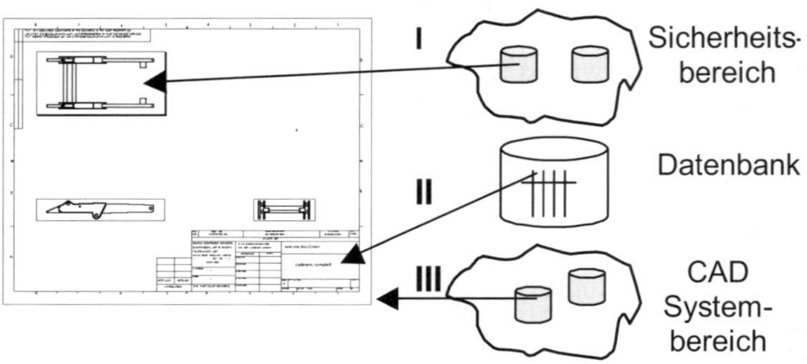

Bild 7-15: Verwaltung der Komponenten einer Zeichnung

Meist wünscht man sowohl Inhalte des Zeichnungskopfes in die zugehörigen Felder der Datenbank zu schreiben, als auch den Zeichnungskopf aus der Datenbank zu aktualisieren.

Als Voraussetzung dafür müssen im Rahmen der Projektierung der Anwendung folgende Angaben definiert werden:

- Festlegung der Informationen (Texte) in der Zeichnung,
- Zuordnungsvorschrift Rahmeninformation zu Datenbankfeldern und
- Konvertierungsfunktionen zur Anpassung der Datenbankinhalte an das gewünschte Ausgabeformat

Informationen in der Zeichnung kann man in drei verschiedenen Arten kennzeichnen:

- *Positionen*
  Die Texte, die für eine Übernahme in die Datenbank vorgesehen sind bzw. die mit Inhalten von Datenbankfeldern aktualisiert werden sollen, werden auf Grund ihrer absoluten Position im Zeichnungsrahmen erkannt. Dazu muß für jedes einzelne Zeichnungsformat eine Mappingtabelle erzeugt werden, die die Basis der Zuordnung ist. An dieser Position erwartet die Integration den in die Datenbank zu übernehmenden Text bzw. an dieser Position wird das Datum der Datenbank geschrieben. Dieses Konzept hat den Vorteil auch bei CAD-Systemen mit eingeschränkter Funktionalität der API nutzbar zu sein. Sind in den Mappingtabellen auch Fontinformationen enthalten, so kann an einer beliebigen, nicht präparierten Stelle der Zeichnung Text plaziert werden. Platzhalter sind nicht notwendig.
- *Platzhalter* über Namenserkennung
  Bei dieser Methode werden in der Zeichnung an alle Positionen, an denen Ausgaben erfolgen sollen, Platzhaltertexte gesetzt. Jeder Text erhält einen Systemnamen. Problematisch ist, dass bei einigen CAD-Systemen die internen Systemnamen, die für eine Auswertung benötigt werden, manuell nur schwer oder gar nicht beeinflußt werden können. Die Integration scannt dann die gesamte Zeichnungsstruktur und ersetzt

alle gefundenen Platzhalter mit den von der Datenbank erhaltenen Daten. In umgekehrter Weise können die gefundenen Texte natürlich auch in Felder der Datenbank geschrieben werden. Das Format der Ausgabe kann in einfacher Form durch Formatierung des Platzhaltertextes erfolgen. Leider ist das scannen der Struktur einer großen Zeichnung sehr zeitaufwendig und führt zu oft unakzeptabler Performance der Integration.

- Platzhalter mit Anbindung an *Properties*
  Viele aktuelle CAD-Systeme (speziell unter dem PC-Betriebssystem Windows) erlauben das Setzen von sogenannten Properties. Dies sind Eigenschaften, die der Applikation global bereitstehen. Einige davon sind vordefiniert (Autor, Thema, letztes Speicherdatum, ...), weitere kann man sich beliebig selbst definieren (user property). In der Zeichnung gesetzte Texte können dann eine feste Bindung an eines der existierenden Properties erhalten. Sehr von Vorteil ist, dass die Integration bei dieser Methode per API nur noch die Ausprägung der betreffenden Properties an zentraler Stelle ändern muß und dann automatisch alle Texte, die mit dem Property verbunden sind, aktualisiert werden. Dies führt zu einfacheren Integrationsfunktionen und insbesondere zu einer wesentliche besseren Performance.

Üblich ist, dass folgende Informationen auf einfache Weise in die Zeichnung übernommen werden können:

- Alle Attribute des zugeordneten Dokumentes (Drawing)
- Attribute des dem zugrundeliegenden Modells (Assembly oder Part) zugeordneten Dokumentes
- Attribute des zugeordneten Artikels (meist ist auch hier der Bezug über das zugrundeliegende Modell erforderlich)
- Attribute eines evtl. zugeordneten Projektes
- Attribute der Dokumentenhistorie

Es muss darauf hingewiesen werden, dass speziell Daten der zugeordneten Historie oft recht aufwendig zusammengestellt werden müssen. Aus der Historie des Dokumentes erhält man alle die Daten, die

- die Änderungsgeschichte des Dokumentes beschreiben (geändert am, geändert von, Änderungsversion, Änderungstext)
- die Freigabe der Ursprungszeichnung beschreiben (gezeichnet von/am; geprüft von/am; freigegeben von/am)

Bild 7-16 zeigt diesen Sachverhalt.

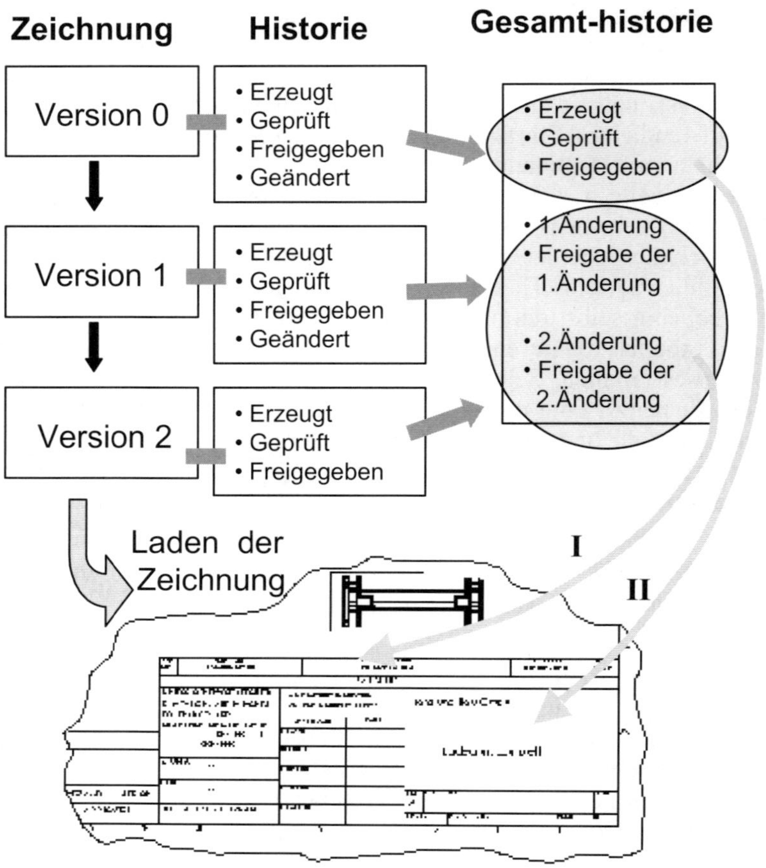

Bild 7-16: Zusammenstellung von Zeichnungskopfdaten aus der Dokumentenhistorie

Problematisch ist dabei, dass diese Informationen aus verschiedenen Versionen des Dokumentes gelesen werden müssen. Historisch bedingt stehen in der Zeichnung (auch eines späteren Änderungszustandes der Zeichnung) immer die Angaben des ursprünglich für die Zeichnung verantwortlichen Bearbeiters (Teil I).

Im Abschnitt der Änderungsinformationen (Teil II) werden alle Änderungsangaben der Zeichnung vom Ursprungsoriginal bis zur aktuellen Version gesammelt. Diese Angaben muß die Kopplung aus der Verkettung der Historien aller Versionen der Zeichnung (*Gesamthistorie*) ermitteln.

7.4.8 Thumbnails

Ein wichtiger Vorteil von PDM-Systemen ist der schnelle Zugriff auf Dokumente. Über die abgelegten alphanumerischen Daten des Stammsatzes kann komfortabel nach einem bestimmten Dokument gesucht werden. Schwieriger ist es jedoch, möglichst einfach und schnell prüfen zu können, ob das gefundene Dokument auch wirklich den erwarteten Inhalt aufweist. Auch, wenn man die korrekten Einträge für Nummer oder Namen nicht kennt, wünscht man sich die Möglichkeit durch eine einfache Vorschau in den Inhalt des Dokumentes das jeweils richtige herauszufinden.

Um eine derartige Funktion bereitzustellen, sind die nativen CAD-Formate schlecht geeignet. Einmal ist, um diese zu betrachten, meist eine Installation des zugehörigen CAD-Systemes erforderlich. Zum anderen sind die Datenmengen des Originalfiles für ein schnelles Laden viel zu groß.

Auf der anderen Seite sind für eine Vorabinformation bei weitem auch nicht alle Einzelheiten der Originaldarstellung notwendig. Vielmehr wünscht man, dass sich die Bilder direkt mit den Stammsatzdaten in einer Bildschirmmaske darstellen lassen und die Ladezeit für die Bilder so gering ist, dass das „blättern" zwischen mehreren Dokumenten nicht merklich behindert wird. Bild 7-17 verdeutlicht die Nutzung von Thumbnails.

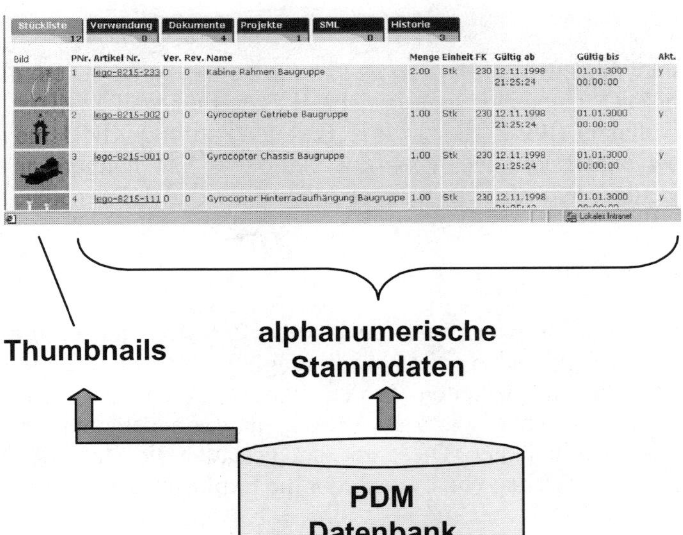

Bild 7-17: Darstellung von Thumbnails

In diesem Konflikt hilft man sich, indem das CAD-Format in ein einfach ladbares, standardisiertes Format umgewandelt wird. Bei dieser Konvertierung erfolgt eine starke Reduktion der Daten. Meist werden dabei Pixelformate von z.B. 100x100 Pixel erzeugt. Typische Formate sind z.B. TIF oder GIF. Die

Datenmengen bewegen sich zwischen 5kB und 40kB und sind von modernen Datenbanken auch leicht zu bewältigen. Diese kleinen Abbilder lassen sich jetzt einfach gemeinsam mit den Stammdaten in der Datenbank ablegen. Man spricht dabei von einem „*Thumbnail*“, da die Darstellung dann meist nicht viel größer als ein Daumen-Fingernagel ist. Für eine Vorauswahl ist dies jedoch genug. Zur Erstellung der Thumbnails bieten manche CAD-Systeme von Haus aus Speichermöglichkeiten an. Bei anderen Systemen speichert man vollständige Pixelbilder, so wie sie für die Ablage in einem digitalen Archiv benötigt werden und konvertiert anschließend diese Darstellungen. Dazu kann man in vielen Fällen einfach einen bereits vorhandenen Viewer benutzen (Bild 7-18).

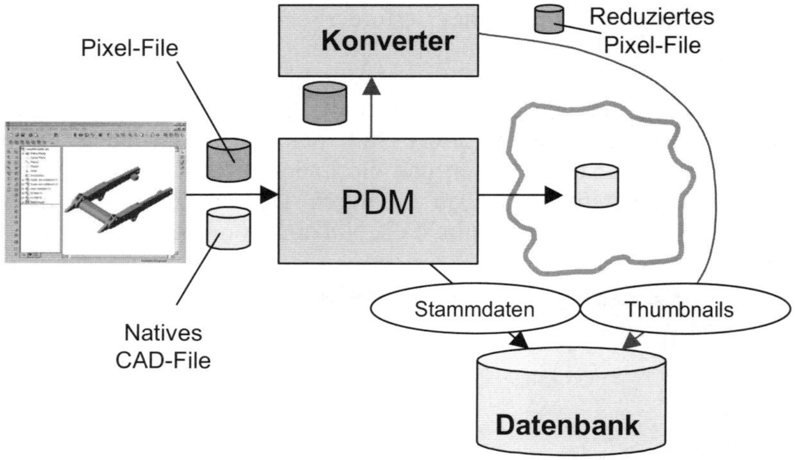

Bild 7-18: Erzeugung von Thumbnails

In ähnlicher Form kann man auch von 3D-Modellen vereinfachte Darstellungen erzeugen. Dabei ist es sowohl möglich ebene Pixeldarstellungen wie gerade beschrieben abzuleiten. In den meisten Fällen nutzt man jedoch andere Darstellungsformate, wie z.B. VRML, das von den meisten CAD-Systemen erzeugt werden kann. Diese Formate gestatten die Manipulation der 3D-Modelle, wie das Drehen von Teilen oder die Explosion von Baugruppen.

7.6 ERP Kopplungen

7.6.1 Einführung

Bereits in Kapitel 2 wurde erläutert, dass sich der Engineering Prozeß mit dem „produkt backbone“ und der Produktionsprozeß mit dem „production backbone“ im Bereich der Fertigungsplanung überschneiden. Das PDM-System verwaltet die im Laufe der Produktentwicklung anfallenden Daten und ist das Werkzeug, diese aus funktioneller Sicht aufzubereiten. Als Voraussetzung der Auftragsbearbeitung und Fertigungsplanung müssen die resultierenden Informationen schließlich an die Programme zur Fertigungsplanung und –steuerung übergeben werden.

Schon seit dem Erscheinen der ersten PDM-Systeme auf dem Markt begann nun die Diskussion über die Aufgabenteilung zwischen PDM und ERP.

Zum einen ist dies eine Frage der Gestaltung der Schnittstelle zwischen PDM und ERP. Als Resultat der Kopplung des PDM an CAD entstehen im PDM-System neben den Dokumenten und deren Strukturen auch Artikel mit deren Struktur (Stücklisten). Hier ist zu klären, welches der Systeme die Hoheit über die Artikel besitzt, wo neue Artikel angelegt werden und welches System Stücklisten aufbaut und wie diese gepflegt werden.

Zum anderen haben viele ERP-System-Anbieter in den letzten Jahren zunehmend den PDM-Markt entdeckt und ihre Systeme mit PDM-Funktionen ausgestattet. Dies führt dazu, dass beide Systeme teilweise redundant sind. Der Anwender muß entscheiden, ob er für die Produktdatenverwaltung nur das ERP-System benutzt oder ob er diesem ein spezielles PDM-System vorschaltet. Dadurch entsteht ein nicht einfach zu lösender Konflikt [LEM-00]. Zum einen sollte man immer bestrebt sein, so wenig wie möglich Schnittstellen zwischen verschiedenen Systemen aufzubauen. Dies gilt zumindest, soweit es für die Schnittstellen keinen anerkannten Standard und darauf aufbauend eine zuverlässige Wartung und Weiterentwicklung gibt. Zum anderen ist die ausschließliche Nutzung eines „globalen“ Systems für eine Vielzahl, teilweise sehr unterschiedlicher Aufgaben mit einer Reihe von Nachteilen verbunden. So können diese Systeme in den seltensten Fällen diese Aufgaben durchgängig gut und effizient unterstützen. Zum einen stehen oft keine angepaßten Werkzeuge zur Verfügung, um derartige Systeme an die spezifischen Anforderungen der verschiedenen Anwendervorstellungen anzupassen. Zum anderen muß man bedenken, dass auch manche Grundprinzipien den Anforderungen nicht gerecht werden können. Hier sei nur an das bei ERP-Systemen verbreitete Buchungskonzept erinnert. Dieses bewirkt eine zentrale jedoch asynchrone Eintragung von neuen Informationen. Dies ist jedoch bei der Handhabung gerade von strukturierten Daten, wie sie bei der Speicherung von Assemblystrukturen auftreten, sehr hinderlich, da zum Aufbau einer neuen Strukturbeziehung jeweils auf die Buchung des übergeordneten Objektes gewartet werden muß. Dies führt bei den so Performance-kritischen CAD-Kopplungen zu nur schwer zu lösenden Konflikten.

Bei der Entscheidung ein ERP-System mit einem PDM-System zu ergänzen spielt also vor allem die Qualität der Anforderungen an die Gesamtlösung eine Rolle. Bild 7-19 zeigt die integrierte ERP-Lösung, mit PDM als Bestandteil von ERP. Diese kommt vor allem in Frage, wenn

- geringe Anforderungen an die CAD-Integration gestellt werden; dies gilt, wenn
    - überwiegend 2D-CAD-Systeme zum Einsatz kommen
    - 3D-CAD-Systeme mit einem lokalen Verwaltungssystem betrieben werden (vgl. Abschnitt 7.7)

- nur die Zeichnungen, welche aus 3D-CAD-Systemen abgeleitet werden, im ERP System abgelegt werden
- keine Anforderungen an verteilte Entwicklungsumgebungen gestellt werden

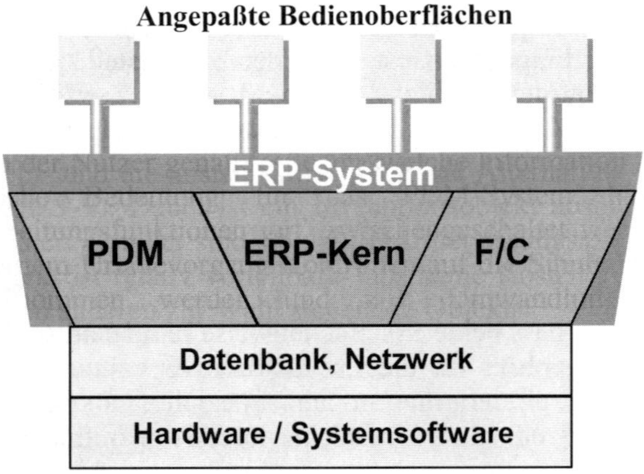

Bild 7-19: Struktur integrierter ERP Lösungen

Im Gegensatz dazu gehen die best-in-class-Lösungen davon aus, jeweils auf bestimmte Aufgaben zugeschnittene Lösungen einzusetzen (Bild 7-20).

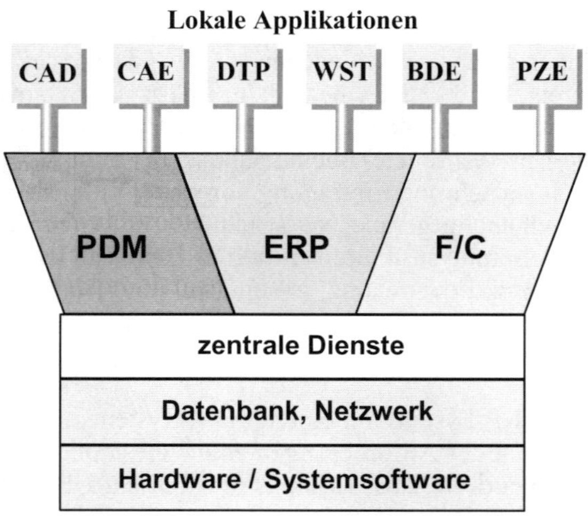

Bild 7-20: PDM als selbständige Applikation im CAPE Konzept (best in class)

Hier werden ERP-System um Programme z.B. aus den Bereichen Financial und Controlling oder der Produktdatenverwaltung ergänzt. Man spricht auch vom CAPE-Konzept („Concurrent Art of Product Environment“, nach [GAR-00]). Diese erfüllen jeweils spezifische Funktionen, kommunizieren über einen Datenbackbone und greifen auf gemeinsam benötigte, zentrale Dienste, wie Workflow, Mail oder Office-Programme zurück.

7.6.2 Aufgabenverteilung zwischen PDM und ERP

Das zentrale Integrationsinstrument, um die technischen Daten des PDM-Systems mit den dispositiven Daten des ERP-Systems zu verknüpfen, bilden die Stamm- und Strukturdaten des Produktes. Da sowohl ERP- als auch PDM-Systeme Möglichkeiten bieten, solche Daten zu speichern, kann man über die Art und Weise, wie man die Verwaltung dieser Daten zwischen PDM- und ERP- System verteilt, einige typische Grundvarianten ableiten. Dabei wird die Abgrenzung der Varianten über folgende Kernstrukturen gebildet:

- CAD – Modellstruktur,
- Konstruktionsstückliste (as designed) und
- Fertigungsstückliste (should build)

Grundsätzlich unterscheidet man entsprechend Bild 7-21 drei mögliche Varianten der Aufgabenteilung.

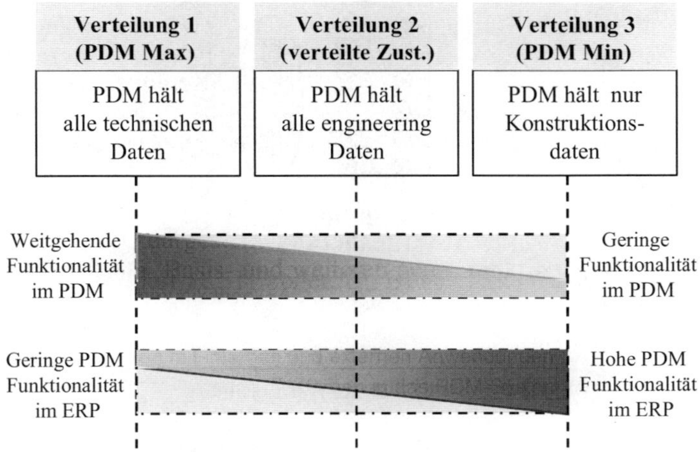

Bild 7-21: Optionen der Aufgabenteilung zwischen ERP und PDM

Grundsätzlich für alle besprochenen Varianten gilt, dass die aus der Modellstruktur des CAD-Systemes gewonnene Stückliste im PDM-System gehalten wird. Diese enthält alle möglichen Ausprägungen und Varianten der Konstruktion und ist die Grundlage für die Ableitung neuer Varianten, dem Digital-Mock-up und der Ableitung der (am Kunden- oder Änderungsauftrag orientierten) Konstruktionsstückliste (as designed).

In Variante 1 nach Bild 7-21 geht man davon aus, dass das vorgeschaltete PDM-System sämtliche technischen Daten enthält. In dieser

Maximalausbaustufe des PDM-Systems wird die Konstruktionsstückliste und weiterhin die aus dieser abgeleiteten Fertigungsstücklisten (as planed/ should build) in diesem abgelegt (Bild 7-22).

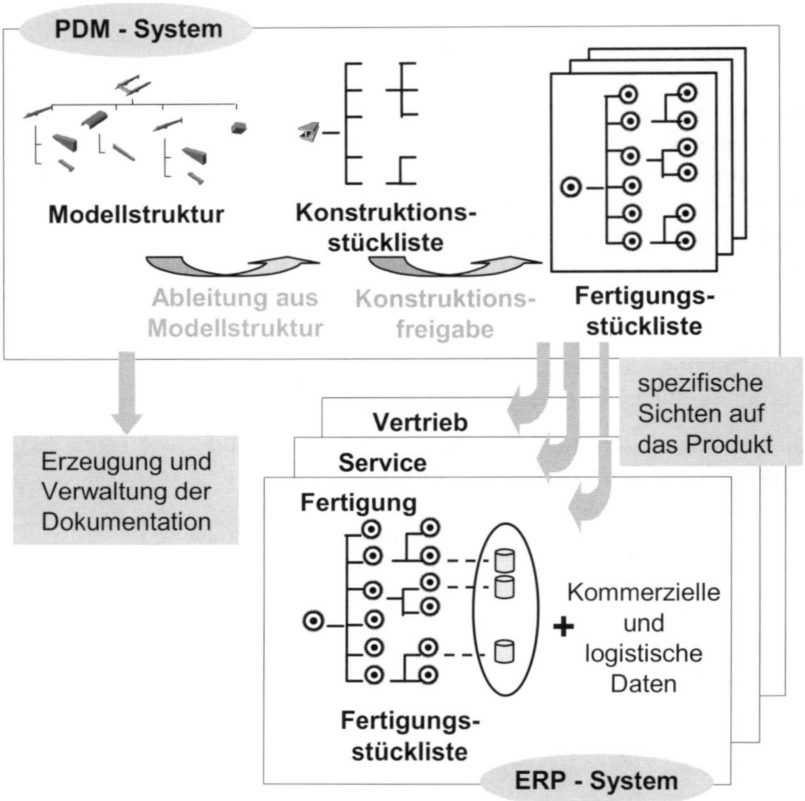

Bild 7-22: Nutzung des PDM-Systems mit maximaler Funktionalität

Für die weitere Fertigungsplanung und –steuerung werden von den Fertigungsstücklisten 1:1 Kopien in das ERP-System übertragen. Dort werden sie um weitere kommerzielle und logistische Daten ergänzt. Auch spezielle Sichten für weitere Abteilungen, wie Service und Vertrieb können aus der Darstellung im PDM-System abgeleitet werden. Da das PDM-System neben der Produktstruktur auch alle Dokumente enthält, kann die für ein bestimmtes Produkt benötigten Dokumentationen sehr einfach generiert und verwaltet werden.

Es ergeben sich für diese Variante folgende Charakteristika

- ein gemeinsames Werkzeug für Gestaltung und Konstruktion
- eine zentrale Stückliste im globalen PDM-System
- Hohe Datenkonsistenz, da alle Relationen zwischen den verschiedenen Strukturdarstellungen des Produktes sowie der Dokumente in einem System liegen
- Gesamtdokumentation wird unter Kontrolle des PDM-Systems erzeugt
- das Interface zwischen den Systemen ist sehr komplex

Bei Variante 2 geht man davon aus, dass die Fertigungsstücklisten ausschließlich im ERP System verwaltet werden (Bild 7-23). Dazu wird nach der Konstruktionsfreigabe eine Kopie der Konstruktionsstückliste dem ERP System übergeben und in diesem die benötigten Fertigungsstücklisten abgeleitet.

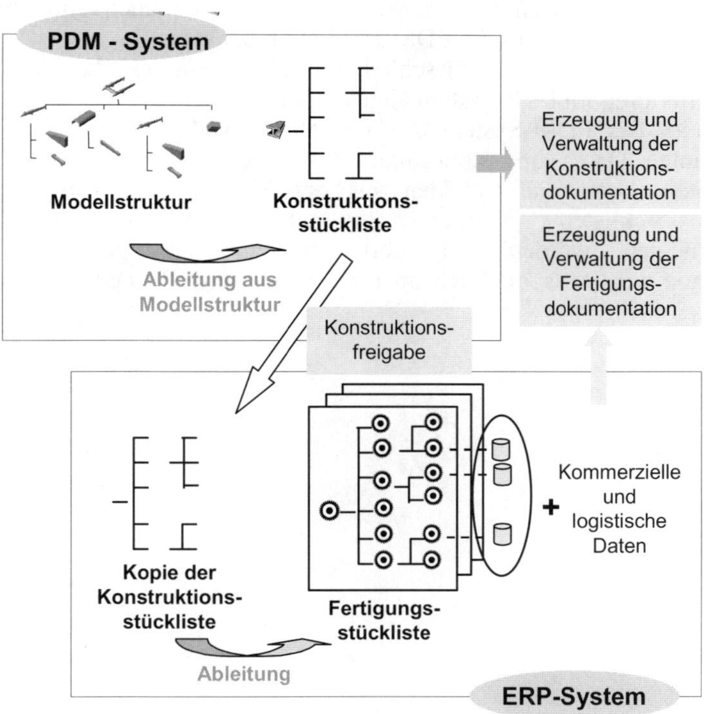

Bild 7-23: Verteilte Verantwortung zwischen PDM und ERP

Kennzeichen dieser Variante sind:

- das ERP-System muß PDM Funktionen teilweise mit übernehmen
- die Art der Kopplung der Systeme birgt ein hohes Risiko inkonsistenter Daten
- die Freigabe- und Änderungsprozesse sind komplex, da sie zwischen zwei verschiedenen Applikationen abgestimmt werden müssen
- das Interface selbst ist recht einfach

Berücksichtigt man, dass die Verantwortung für die Konstruktionsstückliste klar im Entwicklungsbereich liegt und in diesem das PDM-System das wesentliche Arbeitssystem ist und andererseits die Ableitung von Fertigungsunterlagen incl. der Fertigungsstückliste klar in den Verantwortungsbereich des ERP-Systems fällt, so kann die Variante nach Bild 7-23 als die prinzipiell empfehlenswerte angesehen werden. Über Online-Schnittstellen (vgl. PDMenabler; Kapitel 8) währe hier auch ein direkter zugriff des ERP-Systemes auf die PDM-Strukturen denkbar.

Die letzte Variante (Bild 7-24) schließlich geht davon aus, dass lediglich die Modellstrukturen im ERP System abgelegt werden.

Damit bleibt das PDM-System das zentrale Verwaltungssystem für alle CAD relevanten Daten und koordiniert das concurrent engineering. Alle anderen Daten, beginnend mit den aus der Modellstruktur abgeleiteten Konstruktionsstücklisten werden im ERP System verwaltet. Artikelstammdaten werden nur dort angelegt und geändert. Die Dokumentation wird ausschließlich im ERP System erstellt. Das notwendige Interface ist einfach.

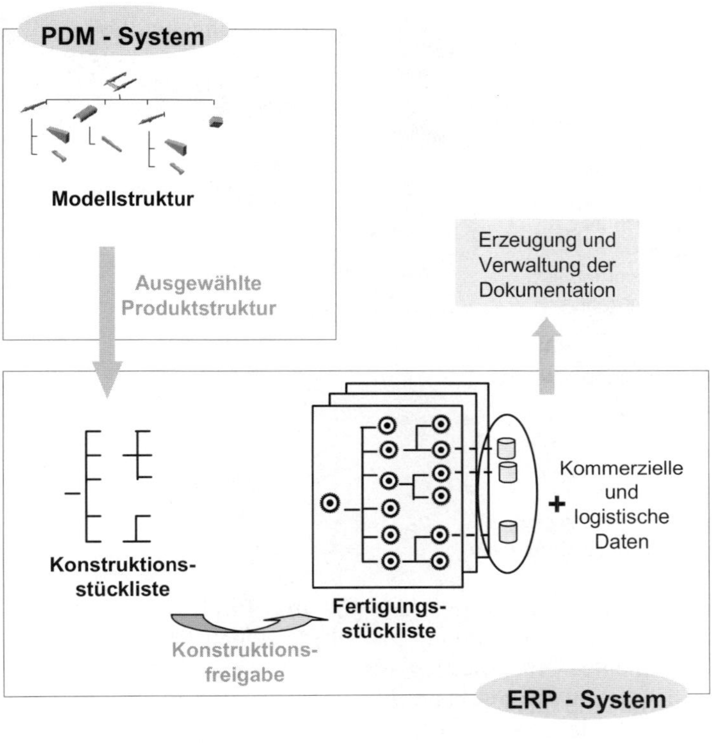

Bild 7-24: Nutzung des PDM-Systems ausschließlich für CAD nahe Informationen

7.6.3 Dokumente im ERP System

Durch seine Vielzahl von Schnittstellen an die diversen Erzeugersysteme wie CAD, EDA oder DTP hat das PDM-System Zugriff auf alle im Entwicklungsprozeß anfallenden Dokumente. Nachdem im letzten Abschnitt darüber diskutiert worden ist, welche Varianten es für die Verteilung der Produktstammdaten und Stücklisten gibt, stellt sich nun natürlich auch die Frage, welche Dokumente im ERP System verfügbar sein müssen.

Grundsätzlich wird im ERP System nur der Zugriff auf solche Dokumente benötigt, welche für die aktuelle Produktion relevant sind (Bild 7-25). Im PDM-System werden alle Entwicklungsvarianten dokumentiert. Dies betrifft auch solche, die nie Serienreife erlangt haben oder keinen aktuellen Markt besitzen. Dies ist für künftige Entwicklungsarbeiten sehr wichtig, da in solchen „unfertigen“ oder aus der Produktion genommenen Produkten ein hohes know-how enthalten sein kann.

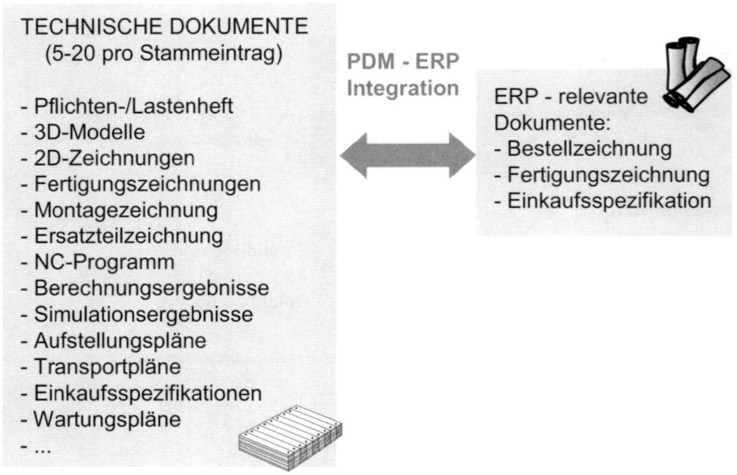

Bild 7-25: Dokumente im ERP System

Dem ERP-System werden nur die für die Produktion freigegebenen Produktinformationen zur Verfügung gestellt. Dies betrifft in gleichem Maße auch die Dokumente. Nur die logistisch relevanten Dokumente werden innerhalb der ERP-Anwendung benötigt. Eine sehr elegante Möglichkeit, die sich hier bietet, besteht darin, dass PDM und ERP-Systeme auf einen gemeinsamen Archivbereich zugreifen können (Bild 7-26). Das PDM-System legt dazu für alle freigegebenen, logistisch relevanten Dokumente einen Anker-Stammsatz im ERP System an. Dieser dient lediglich zur Identifikation des Dokumentes (einfache Suche direkt im ERP System) und beinhaltet eine Referenz auf das im gemeinsamen Speicherbereich liegende Dokument. Damit kann dieses Dokument direkt vom ERP System geladen und über ein geeignetes Programm dargestellt werden.

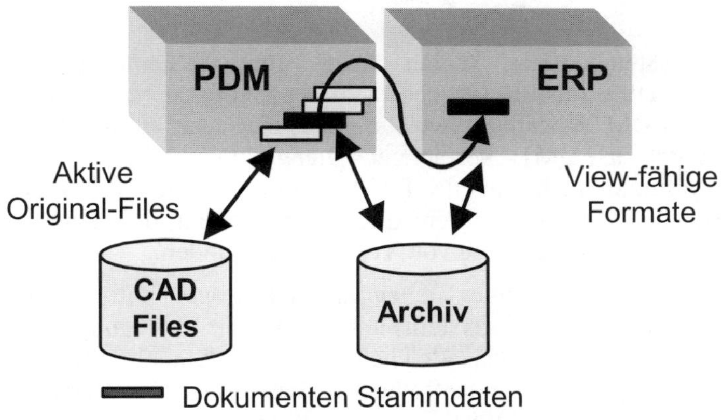

Bild 7-26: Gemeinsames Dokumentenarchiv von PDM und ERP

Um diesen Vorgang für alle Dokumente auch ohne Verfügbarkeit der Erstellungssysteme einfach möglich zu machen, wird dabei nur mit neutralen Datenformaten gearbeitet (Bild 7-27). Diese stellt das PDM-System zur Verfügung, indem es die originalen Dokumentenformate vor der Freigabe in das neutrale Format umwandelt. Durchgesetzt haben sich hier vor allem TIF-F für Zeichnungen und PDF für Office-Dokumente. Die Hoheit über die Dokumente bleiben beim PDM-System und werden nur über dieses geändert.

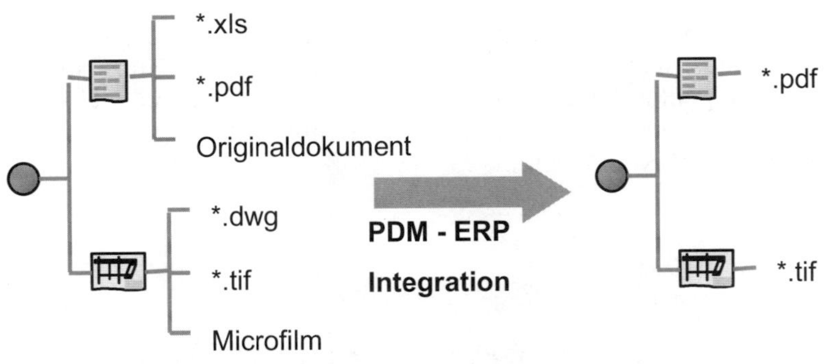

Bild 7-27: Dokumentenformate im ERP-System

7.7 CAD nahe Verwaltungssysteme

Viele CAD-Systemanbieter statten heute ihre Systeme mit lokalen Verwaltungssystemen aus. Im Gegensatz zu den zentralen, vom CAD-System unabhängigen PDM Systemen, welche man meist als „enterprise PDM-System“ (kurz: E-PDM) bezeichnet, nennt man die CAD nahen Verwaltungssysteme auch „lokale PDM-Systeme“ (kurz: L-PDM). Diese gestatten es, die Modellstrukturen direkt im Umfeld des CAD-Systems abzulegen. Damit sind eine Reihe von Vorteilen verbunden:

- die Verwaltungsprogramme stehen in der Regel sofort bei einem Versionswechsel des CAD-Systems unmittelbar zur Verfügung
- da es sich meist um den gleichen Anbieter handelt, stehen diesen Verwaltungsprogrammen eine Reihe von Funktionen zur Verfügung, die Fremdanbietern nicht zur Verfügung stehen. Dies äußert sich dies in einer sehr engen Verflechtung der Programme (komfortable Analysefunktionen) sowie einer hohen Performance

Andererseits muß man auch eine Reihe von Nachteilen in Kauf nehmen:

- die Systeme sind stark an dem zugehörigen CAD-System orientiert. Schnittstellen zu weiteren CAD-Systemen stehen nicht oder auf einem geringeren Niveau zur Verfügung
- die verfügbaren Schnittstellen zu den Verwaltungssystemen sind auf einem meist recht hohen Niveau; Allerdings stehen keine Direktzugriffsfunktionen zu den CAD-Files zur Verfügung. Ist es erforderlich Eingriffe direkt im CAD-File vorzunehmen (z.B. Einträge in der Zeichnung), so ist eine zusätzliche direkte CAD-Kopplung notwendig (Bild 7-28).
- Das verfügbare Datenmodell ist meist sehr eingeschränkt und beschränkt sich auf nur sehr wenige verfügbare Objekte. Eine Nutzerspezifische Erweiterung mit z.B. weiteren Datenobjekten ist meist unmöglich.
- ein Anpassen der Funktionen oder der Benutzeroberfläche ist meist nur sehr eingeschränkt möglich

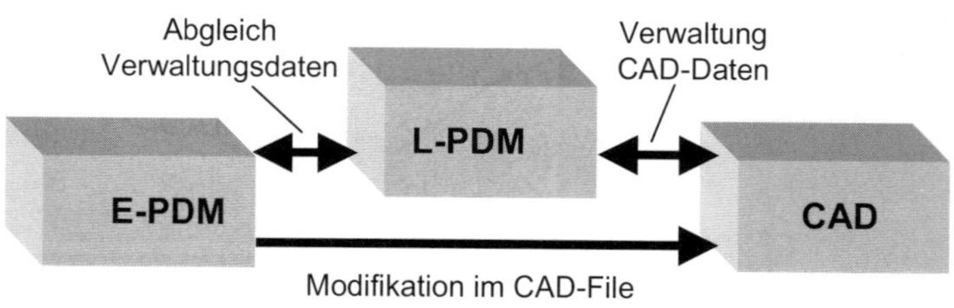

Bild 7-28: Kommunikation zwischen Enterprise-PDM, Lokal-PDM und CAD-System

Grundsätzlich gibt es auch bei der Einbeziehung der lokalen PDM-Systeme in der Frage der Aufgabenverteilung zum enterprise PDM-System ähnliche Varianten wie beim Zusammenwirken zwischen ERP und PDM (Bild 7-29). Verteilung 1 ist die klassische Form. Hier wird, selbst wenn es ein L-PDM zum CAD-System gibt, auf dessen Funktionalität verzichtet und eine direkte Schnittstelle zum CAD-System bevorzugt.

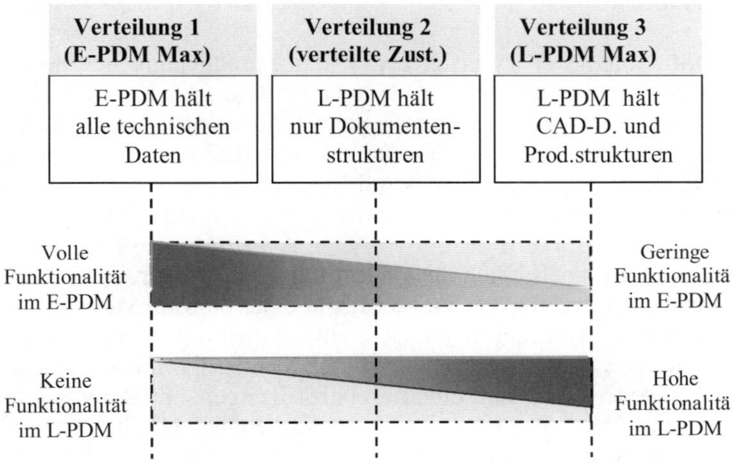

Bild 7-29: Funktionsteilung zwischen Lokal-PDM und Enterprise-PDM

Verbreiterter ist der Ansatz nach Variante 2, das L-PDM für die Verwaltung der augenblicklich aktiven CAD-Dokumente und -strukturen zu benutzen. Diese Daten werden beim Beginn eines Änderungszyklus aus dem E-PDM entnommen und lokal abgelegt. Während der Bearbeitungsphase behält das L-PDM die vollständige Hoheit über die Daten. Erst nach Abschluß der Arbeiten gehen die Dokumente und Strukturen zurück ins E-PDM. Das E-PDM ist das dominante System über alle existierenden Daten, Zugriffsrechte und Nutzer. Auch alle Datenaustauschfunktionen werden vom E-PDM aus gesteuert. Nur dieses ist in der Lage einen kontrollierten und reproduzierbaren Transfer von konstruktiven Produktdaten zu garantieren. Dies wird um so wichtiger, je mehr unterschiedliche CAD-Systeme im Einsatz sind.

Ein weitgehendes Übertragen der Verwaltungsfunktionen an das L-PDM (Variante 3) ist nur möglich, wenn keine komplexeren Funktionen, wie Versionierung oder Verteilung zwischen verschiedenen Standorten benötigt werden.

8 Architektur und Systemfunktionen

Damit PDM-Systeme die Vielfalt der in den vorangegangenen Abschnitten besprochenen Funktionen erfüllen können, ist es erforderlich neben den für den Endanwender eigentlich interessanten Funktionen auch solche zur Verfügung zu stellen, die die Funktionsfähigkeit des Gesamtsystems garantieren. Dazu zählt die Nutzer- und Berechtigungsverwaltung, Methoden zum sicheren Datentransfer oder auch Verfahren für den Backup der gespeicherten Daten.

Zugleich ist es unerläßlich, das Gesamtsystem zu strukturieren. PDM-Systeme haben im praktischen Einsatz heute eine Vielzahl von sich teilweise widersprechenden Anforderungen zu erfüllen. So sollen die Systeme sich leicht installieren lassen und möglichst viele Standardkomponenten benutzen. Andererseits fordert man, daß eine möglichst weitgehende Anpassung an die Anforderungen einer bestimmten Einsatzumgebung möglich ist. Da die Anwendungen wegen ihrer großen Zahl an verfügbaren Moduln auch komplexe Datenmodelle besitzen, benötigen die PDM-Systeme besondere Werkzeuge, um diesen Forderungen entsprechen zu können.

Im Folgenden soll nun auf solche typischen Systemeigenschaften von PDM-Systemen eingegangen werden, die es erlauben diese hohen Ansprüche weitgehend erfüllen zu können.

8.1 Modellierung von PDM Systemen

8.1.1 Komponenten

PDM-Systeme sind typische Datenbankapplikationen. Aus diesem Grund läßt sich ihr Aufbau auch sehr gut mit den geläufigen Instrumentarien der Datenbanktechnologie darstellen.

Zunächst muß man entsprechend Bild 8-1 bei der Betrachtung eines PDM-Systems zwischen den Nutzerdaten selbst (z.B. den Stammdaten der abgelegten Dokumente) sowie den Daten unterscheiden, die den Aufbau der Nutzerdaten (z.B. Datentyp wie String oder Integer; interne Verweise um Strukturen aufbauen zu können) beschreiben. Bevor man das PDM-System anwenden kann, müssen alle benötigten Objekte (wie z.B. Stammdatensätze, Datensätze zur Beschreibung von Strukturen etc.) zuvor definiert werden. Dazu gehören auch Angaben, wie die einzelnen Objekte voneinander abhängen und welche grundlegenden Bedingungen einzuhalten sind, damit die

Daten im System noch sinnvoll (konsistent) sind. In der Datenbanktechnologie spricht man hier von der Definition eines *Datenbankschemas*. Nun sind aber PDM-Anwendungen äußerst komplexe Applikationen, die außer den direkt mit den Mitteln der Datenbank beschreibbaren Schemata viele weitere Definitionen benötigen. Dazu zählt die Struktur und Organisation aller außerhalb der Datenbank liegenden Daten (z.B. der Files in den Sicherheitsbereichen), die Art der Datenrepräsentation für einzelne Nutzer oder die Integration in größere Komplexe mit CAD-Systemen und ERP. Fortschrittliche Systeme bieten die Möglichkeit auch solche Definitionen in einer einfach auswertbaren und vor allem bei Bedarf leicht veränderbaren Form zu speichern. Man spricht dann von einem *Repository* (Verwahrungsort). Das Repository enthält auch alle Informationen die festlegen, wie die Daten des Systems während seiner Nutzung angelegt, geändert, abgefragt und gelöscht werden können. Auf der Ebene einer Datenbank wird zwischen Konstrukten zur Definition des Datenbankschemas (der Datendefinitionssprache, DDL) sowie zur Manipulation der Daten selbst (Datenmanipulationssprache, DML) unterschieden. Diese Werkzeuge stehen einem Anwender eines PDM-Systems jedoch nicht zur Verfügung.

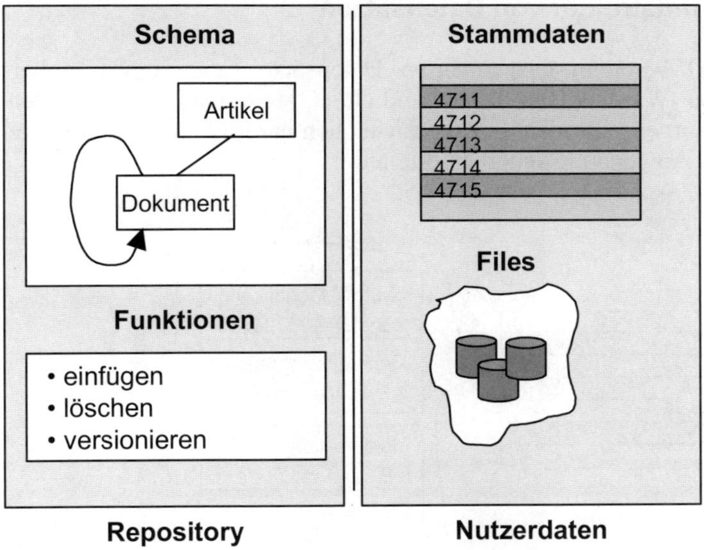

Bild 8-1: Komponenten in PDM-Systemen

Da ein Eingriff in das PDM-Modellschema ohne tiefe Kenntnisse des Schemas zu schweren Fehlern führen kann und auch Änderungen durch spätere Versionen des Systems jederzeit möglich sind, ist weder eine direkte Nutzung der DDL zur Änderung des Modellschemas noch der DML zur Änderung der Daten zulässig. Vielmehr enthält das PDM-System in

Systemfunktionen gekapselte Methoden zur Manipulation. Diese garantieren bei ihrer Anwendung immer eine Wahrung der Konsistenz des Gesamtsystems.

Fügt man in ein PDM-System unter Anwendung der Manipulationsfunktionen Daten ein (die dann natürlich den im Repository festgelegten Bedingungen entsprechen werden), so entsteht eine *Schemaausprägung*. Jede solche Schemaausprägung ist durch die in der Datenbank abgelegte Metadaten sowie die in den Sicherheitsbereichen gespeicherten Files geprägt.

Ein *Sicherheitsbereich* (auch *vault* genannt) ist dabei ein im Betriebssystem reservierter und geschützter Bereich. Meist liegt er auf einer magnetischen Festplatte, jedoch sind Sicherheitsbereiche auch auf anderen Datenträgern, wie Bändern oder CD-ROM's möglich. Die dort abgelegten Files sind dann nur über das PDM-System zugreifbar. Oft sind die Files auch vom PDM-System speziell signiert, um jedem evtl. illegalen Zugriff zu begegnen.

Die Metadaten besitzen zur Sicherstellung eines jederzeit konsistenten Zugriffes über das PDM-System eine etwas komplexere Struktur, die im Folgenden beschrieben wird.

8.1.2 Grundstruktur von Datensätzen

Alle im PDM-System gespeicherten Datensätze haben einen einheitliche Grundaufbau. Wie aus Bild 8-2 ersichtlich ist, kann man zunächst jeden Satz in einen internen, für den Nutzer nicht sichtbaren Teil und den Teil der eigentlichen Anwendungsdaten unterteilen.

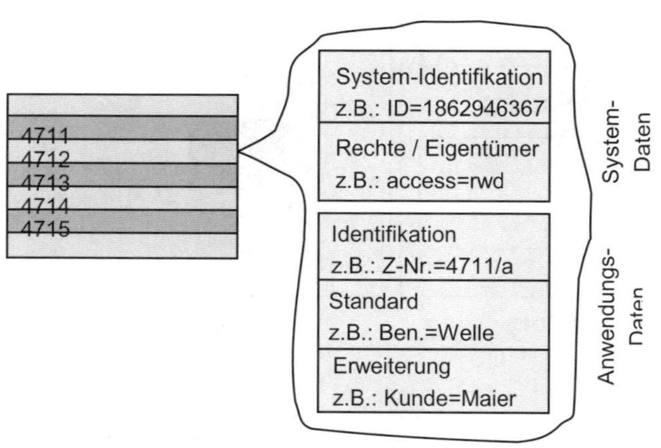

Bild 8-2: Struktur von Anwendungsstammsätzen

Die eindeutige Identifikation von Datensätzen ist eine grundlegende Forderung an das System. Es ist allerdings schwierig, dies unter Nutzung von solchen Daten zu erreichen, die aus der Sicht des Endnutzers relevant sind (z.B. der Zeichnungsnummer der Dokumentensätze). Denn die Definition und Auswahl dieser Daten hängt sehr stark von den Einsatzbedingungen des

Systems ab. Dabei können sich der Aufbau und die Bedeutung einzelner Felder ändern, es können Felder entfallen oder auch neue Felder mit (aus der Sicht des Nutzers) identifizierender Bedeutung hinzukommen.

Aus diesen Gründen besitzen alle Datensätze einen internen, absolut eindeutigen Schlüssel. Dieser wird für alle Abhängigkeiten und Beziehungen des Objektes benutzt, tritt aber nach außen nicht in Erscheinung. Mit der immer größeren Bedeutung verteilter PDM-Anwendungen, muß dieser Schlüssel sogar nicht nur innerhalb einer PDM-Instanz eindeutig sein. Vielmehr besteht die Forderung, weltweit eindeutige Identifikatoren zu benutzen (GUID - global unique identifier).

Weiterhin werden in diesem Satzteil alle weiteren Informationen verwaltet, die eine klare Zuordnung zu Eigentümern und eine sichere Zugriffskontrolle durch das System ermöglichen:

- Nutzerkennzeichen (UIC)
- Gruppenkennzeichen (GIC)
- Datum der Erstellung des Satzes
- Datum der letzten Änderung
- Zugriffrechte für user-group-world
- Versionskennzeichen des Satzes

Zu diesen Feldern kommen nun alle eigentlich für den Anwender relevanten Daten hinzu. Diese können ein oder mehrere Felder enthalten, die auch aus der Anwendersicht zu einer eindeutigen Identifikation führen. Das ist in den meisten Fällen sinnvoll, aber nicht zwingend erforderlich. So könnte es durchaus zulässig sein, daß ein Objekt angelegt werden kann, obwohl es keine eindeutige Identifizierung innerhalb der betreffenden Objektklasse besitzt. Man kann solch eine Organisation z.B. bei der Artikelverwaltung im Bereich der Einzelfertigung (z.B. Werkzeugbau) finden. Da ein Artikel dort meist sowieso nur einmal benötigt wird, währe es ein unnötiger Aufwand jedem Artikel eine eindeutige Nummer zuzuteilen. Vielmehr wird die Eindeutigkeit über die Einbindung in die Stückliste und die Positionsnummer sichergestellt. Und da natürlich auch jeder dieser Posten einen absolut eindeutigen internen Schlüssel besitzt (um den sich der Anwender nicht zu kümmern braucht), hat das PDM-System keine Probleme mit dieser Vorgehensweise.

Welche Felder weiterhin benutzt werden, hängt ausschließlich vom Objekttyp sowie den konkreten Einsatzbedingungen ab. Die PDM-Anbieter haben alle nach ihrer Erfahrung üblicherweise benötigten Felder im Standard des Systems vorgesehen. Dieser deckt einfachere Anwendungsfälle ab. Im Rahmen der Systemeinführung kann jedoch eine Erweiterung um nutzerspezifische Felder jederzeit vorgenommen werden (vgl. Abschnitt 8.4).

8.1.3 Grundelemente eines Repository

Es hat sich bereits seit Mitte der siebziger Jahre als unbedingt sinnvoll erwiesen, bei der Definition und Architektur datenbankbasierter Applikationen eine mehrschichtigen Modellansatz zu wählen (nach dem ANSI Standards Planning And Requirments Committee - kurz ANSI/SPARC; vgl. auch

[SCS-83]). Angewandt auf ein PDM-System ergibt sich eine 3-Ebenen-Architektur nach Bild 8-3 mit der Ebene der physikalischen Abbildung, der Ebene der Geschäftsobjekte und der *Präsentationsebene.*

Die Ebene der physikalischen Abbildung beschreibt, wie die Daten auf der Ebene der Datenbank dargestellt werden. Dort werden die Tabellen und Abhängigkeiten sowie alle Restriktionen bzgl. des Zugriffes auf die Daten aus Datenbanksicht festgelegt. Die Objekte der Datenbankebene sind (aus Anwendungssicht) sehr einfacher Natur. Ein Arbeiten mit diesen ist deshalb sehr entfernt von den im jeweiligen Fachbereich üblichen Objekten und Funktionen. Es ist deshalb erforderlich, oberhalb dieser Ebene Mittel anzubieten, die für den Aufbau solcher Objekte geeignet sind, welche der Sicht des Anwenders möglichst entsprechen.

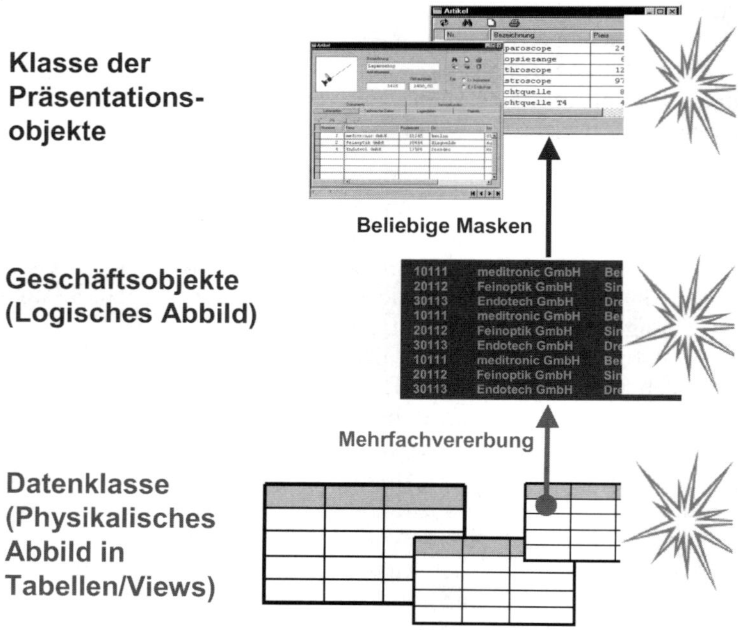

Bild 8-3: Schemaebenen eines PDM-Systemes (Quelle: PISA GmbH)

Man nennt diese Objekte *Geschäftsobjekte*, oder im englischen *busineß-objects*. Die Geschäftsobjekte setzen auf den Elementen der Datenebene auf. Sie fassen einzelne oder mehrere der dort beschriebenen Objekte (also im einfachsten Fall Tabellen) so zusammen, daß alle für den technischen Sachverhalt benötigten Informationen enthalten sind. Bild 8-4 zeigt dies am Beispiel des Geschäftsobjektes „Stückliste". Dabei wird auf die Datenobjekte „Artikel" und „Artikel-Artikel-Zuordnung" zugegriffen und die für die gewünschte Stücklistensicht benötigten Informationen berücksichtigt.

Es ist damit sowohl möglich mehrere Geschäftsobjekte zu definieren, die auf die gleichen Datenobjekte aufbauen (z.B. kann eine zweite Stücklistensicht aus den Datenobjekten des Bildes 8-4 festgelegt werden). Weiterhin können diese Geschäftsobjekte auch wiederum aus ihresgleichen aufgebaut sein. Diese Strukturierung hat mehrere Vorteile. Zum einen erleichtern sie die Wartung eines solchen Systems drastisch, da häufig benötigte Objekte nur einmal definiert werden müssen. Zum anderen läßt sich damit natürlich auch die Fehleranfälligkeit einschränken, da die geringere notwendige Zahl solcher Objekte es ermöglicht, diese auch gründlicher auszutesten.

Auf der Ebene der Geschäftsobjekte wird allerdings noch keinerlei Festlegung über die Darstellung der Informationen gemacht. Dies erfolgt erst in der darüberliegenden *Präsentationsebene*. Auf dieser Ebene wird definiert wie die Geschäftsobjekte dargestellt werden sollen. Es kommen also graphische Informationen wie Positionen der Felder, Farben der Darstellung, eingefügte Bitmaps hinzu.

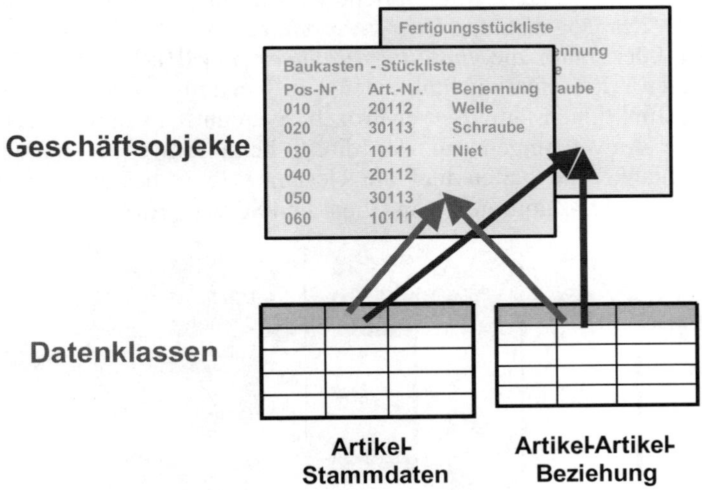

Bild 8-4: Ableitung von Geschäftsobjekten aus Datenklassen

Auch muß erst auf dieser Ebene entschieden werden, welche Technologie für die Darstellung benutzt werden soll (z.B. WEB-client oder nativer WINDOWS-client; vgl. Abschnitt 8.2.3).

Auch hier ist es wiederum möglich auf eine beliebige Anzahl von Geschäftsobjekten in einem Präsentationsobjekt zurückzugreifen. Solch typische Präsentationsobjekte sind z.B. Formulare und Listen. Und auch hier ist wieder möglich, Präsentationsobjekte selbst zu strukturieren um den Aufwand für häufig wiederkehrende Darstellungen zu verringern.

8.2 Schichten in PDM-Applikationen

8.2.1 Grundlagen

Die Architektur von PDM-Anwendungen hat sich im Laufe ihrer Geschichte grundlegend geändert (Bild 8-5). Anfänglich, d.h. Mitte der 80er Jahre, wahren vor allem monolithischen Anwendungen anzutreffen. Diese sind durch eine geschlossene Applikation gekennzeichnet, die über eigene Schnittstellen auch den Zugriff auf eine (meist propritäre) Datenbasis abwickelte. Mit der immer größeren Bedeutung kommerzieller, meist relationaler Datenbanken entstanden Ende der 80er Jahre Systeme, die statt der eigenen Datenorganisation auf solche Datenbanksysteme aufsetzten und somit schon einen Teil der Verwaltungsfunktionen aus der eigentlichen PDM-Applikation heraustrennten. Man spricht wegen der nun vorhandenen zwei Ebenen von der sogenannten *two-tier-architecture*. Aus dieser entstand Anfang der 90er Jahre die *three-tier-architecture* [SHI-95, DAD-96]. Bei diesen waren Präsentationsfunktionen in einem client-Prozeß und Anwendungsfunktionen im Server-Prozeß getrennt. Dadurch wurde es möglich, die Anwendungen auf der direkt beim Anwender befindlichen Software schlanker zu halten und die Gesamtsysteme besser zu verteilen. Typisch war eine 1:1-Zuordnung von Client und Server-Prozess.

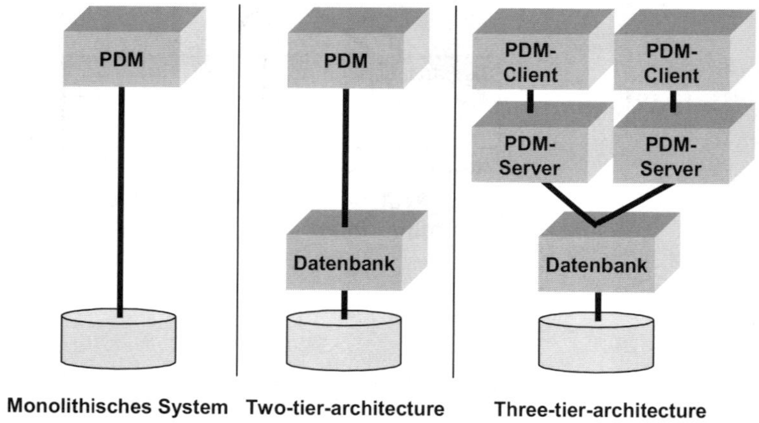

Bild 8-5: Architekturarten von PDM-Anwendungen

Auch moderne Applikationen besitzen noch diese 3-Ebenen-Gliederung. Allerdings hat sich die Technologie in den Schichten verändert, um immer dringenderen Forderungen nach rechnerunabhängiger Implementierung, Zugriff von den verschiedensten Dialoggeräten (speziell auch über das Internet) und immer besserer Verteilung der aufwendigen Geschäftsfunktionen gerecht werden zu können. Im Ergebnis ist heute eine Struktur nach Bild 8-6 üblich. Auf der untersten Ebene, der *Datenhaltungsschicht*, liegen die Werkzeuge zur Ablage und dem Management aller Daten. Das sind zum einen Datenbanken für alle Metadaten, die über Datenbankbetriebssysteme manipuliert werden. Für große Datenobjekte, wie dies speziell alle Files der Dokumente sind, ist es heute noch üblich, diese nicht in der Datenbank direkt abzulegen, sonder extern über spezielle Programme, die *Fileserver*, direkt auf den Massenspeichern zu verwalten.

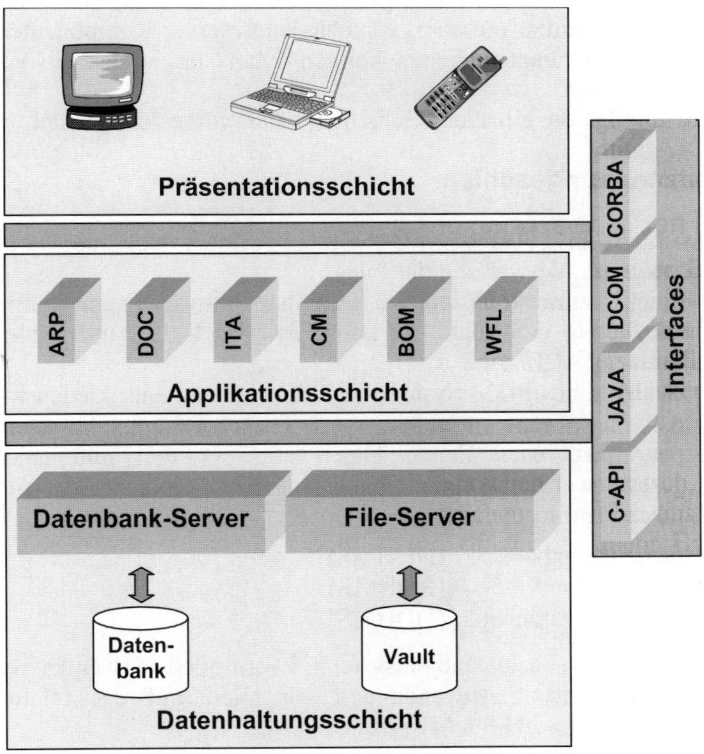

Bild 8-6: Multi-tier-Architektur eines PDM Systems

Die eigentliche Geschäftslogik (Artikel- und Dokumentenverwaltung, Projektmanagement, Workflow usw.) wird in der über der Datenhaltungsschicht liegenden *Applikationsschicht* realisiert. Die Konzepte, nach denen die Applikationsfunktionen aufgebaut sind, haben sich in den letzten Jahren grundlegend gewandelt.

Der Zugriff auf die PDM-Objekte und -funktionen erfolgt in der obersten Schicht, der *Präsentationsschicht*. Sie ist für die Aufbereitung der Daten und die Kommunikation mit dem Anwender verantwortlich. Da die Zugriffe auf sehr unterschiedliche Weise möglich sind (Desktop-Computer, Laptops, WEB-Browser, drahtlose WAP-Geräte), werden hier viele unterschiedliche Technologien angewandt. Auch die Darstellungsformen müssen jeweils an die technischen Möglichkeiten des Dialoggerätes angepasst sein.

Zwischen den genannten Schichten werden heute zumeist standardisierte Schnittstellen, wie CORBA, DCOM oder Enterprise JavaBeans benutzt. Über diese Protokolle stehen alle PDM-Objekte und –Funktionen auch externen Applikationen zur Verfügung.

Damit gibt es keine feste Bindung einzelner client-server-kombinationen mehr. Jeder client nutzt mehrere verschiedene Server-Komponenten, die wiederum mehrere Clients bedienen können. Man spricht deshalb von der *multi-tier-architecture*.

Im weiteren sollen die einzelnen Schichten näher vorgestellt werden.

8.2.2 Datenhaltungsschicht

Auf dem untersten Level der PDM-Systeme findet man die Datenbank sowie Werkzeuge zur Verwaltung der Files.

Heute werden kaum noch eigene Datenbankentwicklungen eingesetzt. Vielmehr läuft hier in der Regel ein kommerzielles Datenbanksystem (z.B. SQL-Server oder ORACLE).

Bei dem Design eines PDM-Systems muß hier bereits entschieden werden, welches Datenbankkonzept verwendet wird. Dieses Datenbankkonzept legt Grundprinzipien fest, nach denen Daten abgelegt und miteinander in Beziehung gesetzt werden können [MAR-81]. Man unterscheidet mehrere unterschiedliche Formen, wie z.B. die

- hierarchische Datenbank (HDBMS)
- relationale Datenbank (RDBMS)
- objektorientierte Datenbank (ODBMS)

Während hierarchische Datenbanksysteme kaum noch verwendet werden, setzen heute die meisten Anwendungen vor allem auf das relationalen Datenbankkonzept auf [GRI-90, MEI-98].

Nach diesem Modell wird jedes Objekt der Realität durch eine Menge von Eigenschaften (z.B. ein Artikel durch seine Nummer, die Benennung, usw.) beschrieben, die in ihrer Gesamtheit auch als Tupel bezeichnet werden [COD-70]. Die Menge aller Tupel der gleichen Art wird Relation genannt. Die Tupel lassen sich gut in Tabellenform darstellen, wobei dann ein derartiges Tupel einer Zeile entspricht. Dieses Konzept soll in einem Beispiel in Bild 8-7 dargestellt werden. Dabei geht es um die Zuordnung von Dokumenten zu Artikeln.

Alle Eigenschaften von Artikeln werden dann in mit einer Relation beschrieben und in einer Tabelle (T1) abgelegt. Gleiches gilt für die

Dokumente (T2). Auch die Beziehung zwischen Artikeln und Dokumenten wird über eine Relation festgelegt. Diese enthält dann zumindest die Identifikatoren der jeweils zugeordneten Artikel und Dokumente (Ablage in Tabelle T3).

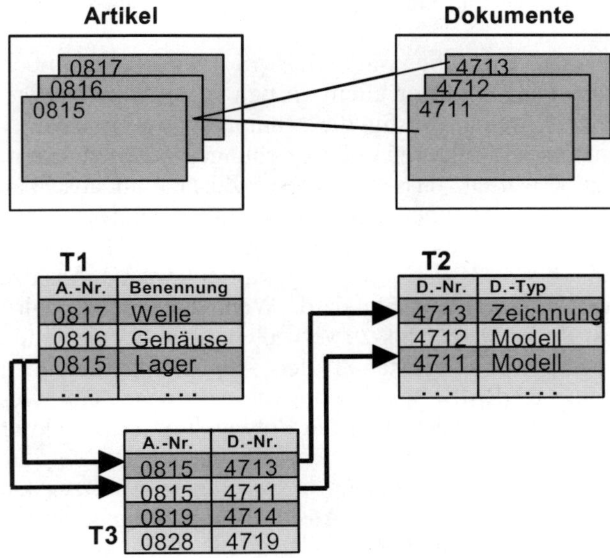

Bild 8-7: Modellierung von Beziehungen in relationaler Form

Im Unterschied zu dieser relationalen Modellierung ist die objektorientierten Betrachtung, wie sie in ODBMS verwendet wird, dadurch gekennzeichnet, daß man nicht mehr zwischen der Modellierung der Daten einer Komponente (z.B. aller Felder, die zur Darstellung eines Dokumentes benötigt werden) und der Definition der zur Arbeit mit dieser Komponente benötigten Funktionen trennt [DIT-89, HEU-92]. Vielmehr wird beides im sogenannten Objekt gekapselt. Für den Anwender tritt dieses Objekt dann vor allem durch drei Kategorien auf:

- *Eigenschaften*
  Eigenschaften von Objekten können gelesen und (falls die Berechtigung vorliegt) geändert werden. Dazu würden solche Eigenschaften, wie Dokumentennummer, Benennung, Werkstoff etc. gehören.
- *Methoden*
  Diese umfassen alle erlaubten Funktionen, die auf das Objekt angewandt werden können, wie z.B. „Anlegen eines neuen Dokumentes", „Löschen eines Dokumentes", „Check-In des zugeordneten Files", usw.
- *Ereignisse*
  Ereignisse treten auf und aktivieren automatisch bestimmte vordefinierte

Funktionen, wenn mit dem betreffenden Objekt bestimmte Änderungen auftreten. Dazu zählen „ein Objekt wird neu angelegt", „das Objekt wurde gerade geändert", „das Objekt soll gelöscht werden".

Weiterhin können Objekte zu komplexeren Objekten zusammengesetzt werden, die dann die Eigenschaften der untergeordneten Objekte erben. Dies ist ein für die komfortable und sichere Erweiterung des Gesamtsystems sehr wichtiges Konzept.

Bisher haben sich Versuche mit ODBMS zu arbeiten noch nicht durchsetzen können. Dies liegt vor allem an den schlechten Werten für die Performance solcher Systeme, die für die Manipulation von vielen 100.000 Daten bei sehr komplexen Strukturen und Beziehungen geeignet sein müssen.

Allerdings ist zu erwarten, dass sich dieser Zustand in absehbarer Zeit ändern wird. Dies liegt zum einen daran, dass zunehmend ausgereifte und stärker standardisierte Systeme angeboten werden. Außerdem ist die Entwicklung auf der Basis von objektorientierten Ansätzen im Applikationsbereich bereits heute Standard. Wenn es möglich wird, diese Objekte auch direkt in der Datenbank zu verwalten, ohne wie heute üblich ein aufwendiges Mapping der Objekte in der Applikationsschicht auf die Tabellenstruktur im RDBMS zu benötigen, so wird ein wesentlich effizienteres Gesamtsystem erreicht und die Entwicklungsaufwände drastisch reduziert.

Als Kompromiss zwischen den beiden besprochenen Ansätzen kann hier die Einbeziehung von objektorientierten Ansätzen in relationale Datenbanken (objekt-relationale Systeme; u.a. ORACLE 8i, vgl. dazu auch [LON-00]) angesehen werden.

Bei den heute laufenden PDM-Systemen wird die Handhabung und Modellierung der Objekte zumeist noch in den Applikationsserver verschoben. Dieser stellt dem Anwender nach außen Objekte zur Verfügung und bildet diese in der Datenbank auf relationale Strukturen ab. Der Vorteil dieser Vorgehensweise liegt darin, daß es dem erfahrenen Administrator möglich ist, die Performance solcher Applikationen durch den gezielten Eingriff in das Datenbankmodell zu optimieren. Dabei stehen ihm alle üblichen Datenbankfeature, wie Aufbau von Views, setzen von Indizes oder Verteilung der Last auf verschiedene Tablespaces (d.h. einzelne Komponenten der Datenbank werden in verschiedene physikalische Files verteilt, die auch auf unterschiedlichen Ressourcen liegen können) zur Verfügung. Obwohl die Nachbildung von Objekten außerhalb der Datenbank nicht die eleganteste Lösung darstellt, ist die Transparenz und Performance ggw. insgesamt noch am besten.

Das Repository des PDM-Systems beschreibt, wie die PDM-Daten in den Objekten des Datenbanksystems (Tabellen, views, constraints, ...) abgelegt werden. Als Zugriff auf diese Objekte dient bei relationalen Datenbanken die Sprache SQL [GRO-99]. Der Zugriff auf die Datenbank mittels SQL im direkten Dialog ist normalerweise nicht zulässig. Die Gefahr bei derartigen Eingriffen Daten zu zerstören, oder die sehr komplexen Konsistenzregeln zu verletzen wäre viel zu groß. Auf der anderen Seite wird SQL aber auch intern von den PDM-Zugriffsfunktionen genutzt. Leider stehen trotz der Normung dieser Zugriffssprache in den einzelnen Datenbanksystemen unterschiedliche Dialekte zur Verfügung. Deshalb ist es nicht möglich mit einer einheitlichen Schnittstelle alle verschiedenen Datenbanken, die in Frage kommen können, einheitlich anzusprechen.

Soll das PDM-System mit mehreren verschiedenen Datenbanksystemen arbeiten (dies ist für die meisten Anbieter unverzichtbar), so bleibt nur die Möglichkeit, eine neutrale Zwischenschicht einzufügen. Diese stellt in Richtung zum Applikationsserver eine einheitliche Schnittstelle zur Verfügung und transformiert die Zugriffe nach unten jeweils auf die spezifischen SQL-Dialekte der einzelnen Datenbanken. Dazu stehen heute eine ganze Reihe von kommerziellen Schnittstellen zur Verfügung. Genannt seien Standards wie ODBC, ADO oder OLE-DB [WOO-99] für RDBMS oder CORBA für ODBMS [AMI-99; SHU-00]. Viele Anbieter nutzen aber auch noch eigene proprietäre Schnittstellen.

Wenngleich sich auch bei der Möglichkeit größere Objekte, wie z.B. die bei der Dokumentenverwaltung auftretenden Files, direkt in der Datenbank zu verwalten gegenwärtig weitere Fortschritte gemacht werden, wird doch in der Regel eine vom Datenbanksystem unabhängige Verwaltung vorgezogen. Aus diesem Grunde wird parallel zum Datenbanksystem eine weitere Applikation – der *Fileserver* – benutzt. Dieser hat eine Schnittstelle, über die die Dienste der Applikationsebene die Ablage (check-in) und Rückstellung (check-out) der Files veranlassen können. Diese Funktionalität ist ein wichtiger Bestandteil der Datenhaltungsschicht, arbeitet jedoch ohne direkte Verbindung zum Datenbanksystem. Nur über Funktionen der Applikationsschicht, wird die Konsistenz von Filedienst und Datenbank gesichert. Dies ist ein wesentlicher Nachteil, so dass zu erwarten ist, dass künftig die Datenbank auch zum Management der Files direkt benutzt wird. Detailliertere Ausführungen zur Arbeitsweise des Fileservers können in Abschnitt 5.2.3 nachgelesen werden.

8.2.3 Applikationsschicht

In der Applikationsschicht wird die PDM-spezifische Logik und -Funktionalität bereitgestellt. Traditionell übernimmt dies ein sogenannter *Server*. Server zeichnen sich dadurch aus, dass sie auf der einen Seite den Zugriff auf die Objekte der Datenbank bzw. des Fileservers organisieren und auf der anderen Seite die Benutzungsoberfläche bedienen. Durch diese Trennung, besonders zwischen Präsentation auf der *client-Seite* und Funktionalität auf der *Server-Seite,* wird es möglich, aufwendige Funktionen vom Anwender fern zu halten, die Applikation auf dem client-Rechner klein zu halten und Server-Dienste zentral zur Verfügung stellen zu können.

Wie bereits bei der Diskussion der Datenbanken erwähnt, stellen die Applikationsserver heute im Falle der Arbeit mit einem RDBMS auch die eigentlich benötigten Objekte zur Verfügung, daß heißt sie transformieren unter Nutzung des PDM-Repositories die relational gespeicherten Elemente der Datenbank in die PDM-relevanten Geschäftsobjekte.

Da dieser Server den Großteil der PDM-Funktionalität bereitstellen muß, handelt es sich um eine äußerst umfangreiche Komponente. Auf der anderen Seite benötigt kaum ein Anwender alle Funktionen, die das PDM-System prinzipiell anbietet. Aus diesem Grund sind PDM-Server modular aufgebaut. Ein Modul umfaßt alle für eine funktionelle Einheit benötigte Ressourcen. Solch typische Moduln sind „Dokumentenmanagement", „Artikel", „Workflow" usw.

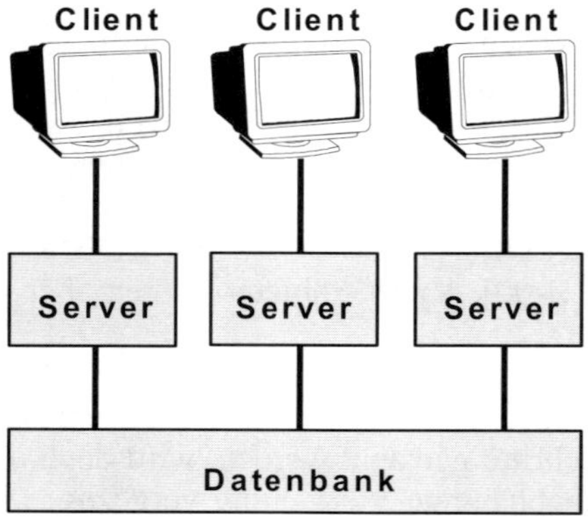

Bild 8-8: Applikations-Server als Bestandteil einer three-tier-Architektur

Applikationsserver müssen für alle aktiven Nutzer jeweils getrennte Ressourcen verwalten. Dies kann nach unterschiedlichen Methoden geschehen. Im einfachsten Fall wird für jeden Nutzer ein eigener Applikationsserver gestartet (Bild 8-8).

Dies hat den Vorteil, daß sich die unterschiedlichen Ressourcen der Anwender in einfacher Form trennen lassen. Das Problem eines Nutzers, der zum Absturz oder der Blockierung eines Serverprozesses führt hat keine Einflüsse auf andere Nutzer. Allerdings fordert diese Variante auch die größten Systemressourcen. Deshalb wird für die Variante der Serverprozeß oft mit auf dem Arbeitsplatzrechner des Anwenders gestartet, auf dem auch die Benutzungsoberfläche läuft. Problematisch wird dies jedoch bei allen Anwendungen, wo der Serverprozeß zentral arbeiten muß (z.B. bei allen Intra- oder Internetzugriffen).

Günstiger ist es in diesem Fall, wenn entsprechend Bild 8-9 mehrere Nutzer auf einen gemeinsamen Server zugreifen können. Sie teilen sich dann alle nicht auf einen Anwender festgelegten Ressourcen und erhalten individuell jeweils einen eigenen Adreßraum bereitgestellt (Thread). Damit steigt zwar die Abhängigkeit dieser Nutzergruppe, die Belastung des Systems sinkt jedoch.

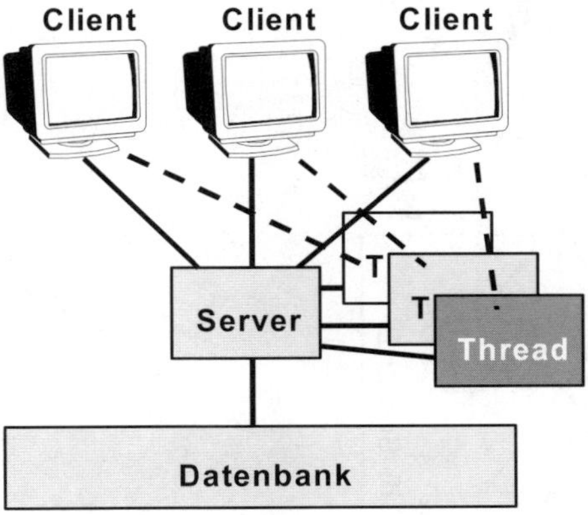

Bild 8-9: Applikationsserver mit Thread-Struktur

Die flexibelste Form der Modularisierung besteht darin, daß alle abgrenzbaren Funktionen eigene Prozesse werden (man nennt sie *Dienste*). Ein Nutzer startet dann client-seitig nur noch einen sehr schlanken eigenen Prozeß, der die nutzerspezifischen Daten sowie Statusinformationen enthält. Zur Ausführung von PDM-Funktionen ruft dann dieser Anwenderprozeß den jeweils benötigten Dienst auf. Es ist dabei für ihn völlig irrelevant, wo dieser Dienst gerade verfügbar ist. Der Dienst führt die erwartete Operation aus und stellt dem Client die angeforderten Daten zur Verfügung. Diese Art von verteilten Prozessen zeichnet sich vor allem dadurch aus, daß sie bei großen Anwendungen sich sehr flexibel an unterschiedliche verfügbare Ressourcen anpassen läßt. So ist es durchaus nicht mehr erforderlich, daß alle Dienste auf einem Rechner laufen. Auch können sehr intensiv genutzte Dienste mehrfach laufen.

Im Mittelpunkt steht damit nicht mehr ein bestimmter Server-Prozess. Vielmehr werden Eigenschaften und darauf arbeitende Methoden der relevanten PDM Objekten (vgl. Kapitel 5 und 6) betrachtet. Bereits seit den 90er Jahre sind verschiedene Technologien zum Aufbau solcher Dienste verfügbar. So haben sich insbesondere die Standards CORBA [BAK-97] und DCOM [SES-98] durchgesetzt. Beide Standards bieten Konzepte, um Objekte mit ihren Attributen und Methoden über Rechnergrenzen hinweg verfügbar zu machen.

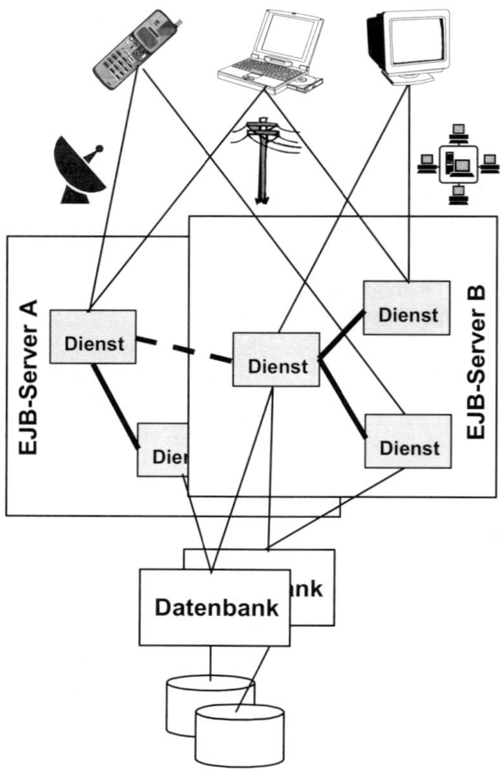

Bild 8-10: Applikationsschicht auf der Basis von EJB-Komponenten

Während CORBA (von SUN entwickelt) auf den verschiedensten Plattformen zur Verfügung steht, ist DCOM (bzw. das aktuelle .NET-Konzept) ein von Microsoft speziell für das WINDOWS-Betriebssystem entwickeltes Konzept. Nachteilig ist in beiden Fällen, daß die einzelnen Dienste auf bestimmte Laufzeitumgebung festgelegt sind. Trotz der rechnerübergreifenden Kommunikation, können die Dienste in heterogenen Umgebungen nicht beliebig verteilt werden. Gerade in Zeiten der laufend zunehmenden Bedeutung von Internet-Anwendungen ist dies ein Problem.

Als Erweiterung dieser Kommunikations- und Verteilungskonzepte wird deshalb versucht, auch die einzelnen Dienste rechnerunabhängig entwickeln, diese problemlos auch über das Internet verteilen und nutzen zu können . Man spricht in diesem Fall von „Write Once, Run Anywhere™". Entsprechend dieser Zielsetzung setzt sich ggw. eine neuere, JAVA-basierte Technologie durch – die Enterprise JavaBeans (EJB). JAVA, als systemunabhängig nutzbare Sprache wird bereits seit Jahren intensiv im Bereich der Client-Entwicklungen genutzt [. Die so geschaffenen Komponenten können über das Netz verteilt auf den meisten WEB-Browsern genutzt werden. Weniger geläufig war dagegen die Nutzung im Server-Bereich. Diesem Ziel dient die EJB-Spezifikation. Auf dieser Basis ist es nun möglich portable, serverseitige Java-Komponenten zu erstellen. Dabei handelt es sich um eine Erweiterung des Java-Beans-Komponentenmodells, welches ausschließlich auf Anwendungen ausgerichtet war, die auf dem Client ablaufen. Damit wird schafft sie wichtige Voraussetzungen, um Applikationen über das Internet betreiben und nutzen zu können. Bild 8-10 zeigt vereinfacht, wie sich eine derartigen multi-tier-Umgebung aufbaut. Die Applikationsschicht kann einen oder auch mehrere Serverumgebungen enthalten. In jedem Server laufen jeweils die unterschiedlichen Dienste. Im EJB-Konzept sind dies in Container verpackte JAVA-Beans, die die jeweils benötigten Eigenschaften und Methoden über Schnittstellen zur Verfügung stellen. Diese stehen dann den clients zur Verfügung, können jedoch über sogenannte Contracts auch von anderen Containern angesprochen werden [THO-98; MER-99].

Über verfügbare Mapper ist es auch möglich, EJB Server von beliebigen CORBA- oder auch DCOM clients anzusprechen. Über spezielle Schnittstellen (Java Remote Method Invocation – RMI) können die Komponenten z.B. auch als ActiveX-Control eine einfache Integration in WINDOWS-Applikationen sicherstellen.

Damit erscheint das EJB Konzept gerade für die PDM-Applikationsentwicklung eine zunehmend wichtige Rolle einzunehmen. Dem entspricht nicht nur die hervorragende Eignung für über das Internet verfügbare Dienste, sondern auch die Unterstützung hoch-performanter, skalierbarer und robuster Applikationen. Auch die Möglichkeit derartige Komponenten in EJB-Servern verschiedener Anbieter nutzen zu können kommt einer PDM Infrastruktur, die zunehmend durch verteilte Anwendungen und die notwendige Integration in weitere Unternehmensapplikationen gekennzeichnet ist entgegen.

8.2.4 Graphische Benutzungsoberfläche

Aus der Sicht der Anwender kommt gerade der grafischen Benutzungsoberfläche eine besondere Bedeutung zu. Sie ist für eine einfache und fehlerrobuste Kommunikation zuständig, soll die benötigten Funktionen mit wenigen Handgriffen zugänglich machen und alle Daten übersichtlich darstellen.

In den letzten Jahren hat sich bei den Standards der Oberflächen sehr viel getan. Noch Anfang der 90er Jahre wahren alphanumerische Displays üblich. Simulationen graphischer Oberflächen, waren der erste Versuch einen höheren Grad an Bedienkomfort zu erreichen. Bis Mitte der 90er Jahre entwickelten sich dann graphische Oberflächen auf der Basis solcher Standards, wie MOTIF.

Eine revolutionäre Entwicklung kam mit der immer verbreiterten Nutzung von WINDOWS basierten Arbeitsplatzrechnern. Hier war es plötzlich möglich mit relativ geringem Aufwand Oberflächen auf höchstem Niveau zu entwickeln. Außerdem kam als entscheidender Vorteil hinzu, daß durch die weite Verbreitung solch typischer Anwendungsprogramme, wie WORD, EXCEL oder POWERPOINT, ein großer Nutzerkreis bereits gut mit dem handling solcher Oberflächen zurecht kam. So entwickelte sich ein quasi-Standard auch für alle anderen Applikationen, natürlich auch für PDM-Systeme. Maßstab ist dabei, dem von den typischen Office-Applikationen vorgegebenen Standard so nahe wie nur möglich zu kommen. Bild 8-11 zeigt ein Beispiel eines derartigen Clients.

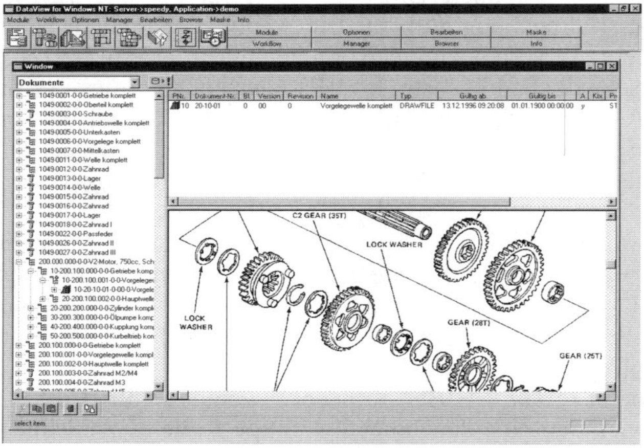

Bild 8-11: WINDOWS-konforme Benutzungsoberfläche (Quelle: axalant)

Trotz einer Reihe von neueren bzw. alternativen Lösungsvarianten ist die Popularität der WINDOWS-Oberflächen ungebrochen. Dies gilt auch für andere Systemumgebungen, wie die immer noch sehr verbreiteten UNIX-Workstation. Diese werden entgegen mancher Prognosen in der zweiten Hälfte der 90er Jahre auch mittelfristig noch eine zu beachtende Plattform darstellen. Dies ist vor allem mit der hohen Betriebssicherheit, hohen Leistungsfähigkeit und dem hohen Verbreitungsgrad beispielsweise bei CAD-Anwendungen zu erklären. Allerdings setzten sich auch hier WINDOWS - konforme Oberflächen durch.

Schon auf Grund der fast unbegrenzten Verfügbarkeit von graphischen Komponenten, die bei der Gestaltung solcher Oberflächen genutzt werden können, gibt es keinen Standard für derartige PDM-clients. Trotzdem hat sich mehr oder weniger eine Aufteilung durchgesetzt, die sich am WINDOWS-Explorer orientiert. Dabei sind folgende Bereiche typisch (Bild 8-11):

- *Browser*
  Um Strukturen und Abhängigkeiten von PDM-Objekten besser visualisieren zu können wird oft ein Explorer-ähnlicher Browser auf der linken Seite des Clients angeboten. Da zugrunde liegende Konzept wurde zur Anzeige von Dateistrukturen entwickelt und eignet sich damit auch sehr gut zur Darstellung von hierarchischen Strukturen (Stücklisten, Dokumentenstrukturen, ...). Da das Produktmodell jedoch eine Vielzahl

weiterer Abhängigkeiten enthält (Artikel zu Dokument, Dokument zu Files, ...) stößt diese Darstellung in ihrer einfachen Form schnell an ihre Grenzen. Viele Anbieter versuchen deshalb, die einfache Explorer-Darstellung durch hinzufügen weiterer graphischer Elemente zu erweitern. Insbesondere, wenn es um die Darstellung komplizierterer netzwerkförmiger Beziehungen geht, wie dies z.B. bei Workflow-Modellen der Fall ist, werden auch graphische Browser eingetzt, die dann wesentlich umfangreichere Möglichkeiten der Gestaltung bieten.

- *Stammdaten*
  Details der Stammdaten wird meist auf der rechten Seite in Form von Listen oder Formularen angeboten.
- *Graphische Vorschau*
  Die Geometrie von Dokumenten wird in Ergänzung der reinen Stammdaten in einem eigenen Fenster dargestellt. Dazu sind in die Clients viewer eingebunden, die sowohl zur Visualisierung von 2D-Darstellungen (z.B. TIFF, PDF; u.a. Spicer Imagination) oder auch 3D-Modellen (VRML, JT; EAI-viewer) geeignet sind

Als sehr komfortable erweisen sich die vielfältigen Nutzungsmöglichkeiten von ActiveX-Komponenten unter WINDOWS. Solche Komponenten enthalten eine gekapselte Oberfläche und/oder Funktionalität. Diese Bausteine können leicht in die Oberfläche eines WINDOWS-clients einbezogen werden (vgl. Abschnitt 8.4). Soll ein Dokument im PDM-System bearbeitet werden, dessen zugehörige Applikation selbst AxtiveX-fähig ist, so kann man die Bearbeitungsfunktionen direkt im PDM-Client benutzen, der dann direkt in seiner Oberfläche die Funktionen der Fremdapplikation anbietet. Dies ist für den Anwender natürlich ein sehr elegantes Angebot, da er nicht in eine andere Oberfläche wechseln muß.

Weitere Möglichkeiten eröffnen solche PDM-Systeme, die ihre eigenen Clientkomponenten als ActiveX-Komponenten anbieten. Dies könnten z.B. Listen oder Formulare zum Zugriff auf Dokumente oder Artikel sein. In diesem Fall ist es dann möglich diese Komponenten in anderen Container-Applikationen direkt einzubinden. Bild 8-12 zeigt dies am Beispiel eines Dokumentenliste in AutoCAD als Container.

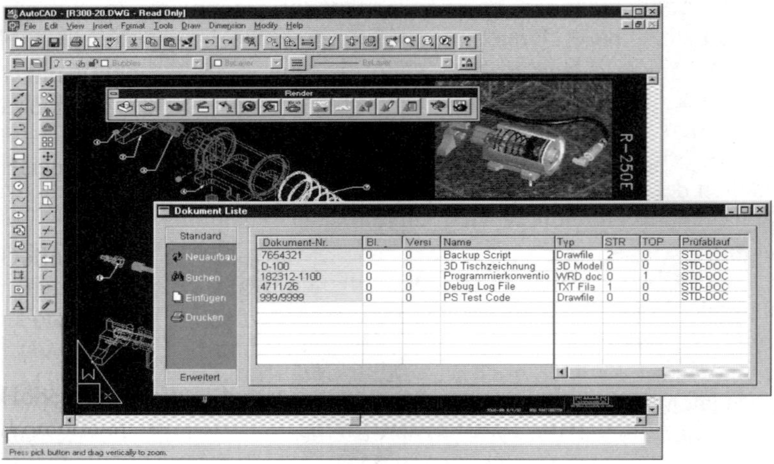

Bild 8-12: Anwendung einer PDM-Componente in einer Container-Anwendung

An dieser Stelle sei auch auf eine vor allem für den gelegentlichen Nutzer sehr interessante Möglichkeit hingewiesen. Steht die PDM-Funktionalität in Form von Axtive-X-Komponenten zur Verfügung, so kann man diese auch direkt in den Windows-Explorer einbinden. Dann kann man genau so, wie man seine Files auf den diversen Datenträger (Floppy, Magnetplatten, ...) oder im Netz benutzt auch auf die Daten des PDM-Systemes zugreifen (Bild 8-13).

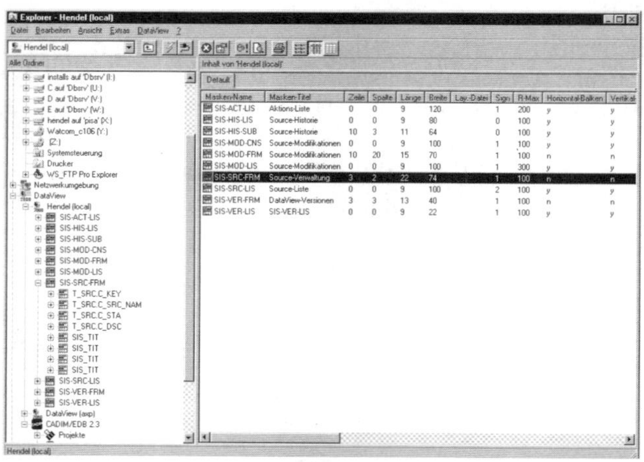

Bild 8-13: Shell-Extension für PDM-Daten

Dabei erscheint das PDM-System als virtuelles Gerät. Beim Öffnen dieses Gerätes erfolgt der übliche Anmeldevorgang. Anschließend stehen in der gleichen Form, wie man sonst im Explorer üblicherweise seine Dateien sehen kann, alle Komponenten, wie Dokumente oder Artikel zur Verfügung. Von dort kann man dann z.B. leicht den zu einem Dokument gehörigen File auschecken und in das dazugehörige Programm laden.

Problematisch wird die ungeheure Vielfalt von Funktionen und Oberflächenelementen, die in den besprochenen WINDOWS-Umgebungen nutzbar sind für alle Anbieter und Anwender, die andere Umgebungen, wie z.B. UNIX unterstützen müssen. Zwar wird, wie bereits ausgeführt, auch hier versucht einen vergleichbaren Komfort anzubieten, allerdings sind diesen Bestrebungen enge Grenzen gesetzt. Vor allem stehen hier keine der ActiveX-Komponenten zur Verfügung und auch die unter WINDOWS gebräuchliche DCOM-Kommunikation zwischen den Anwendungen und Komponenten ist nicht nutzbar. Speziell unter UNIX bieten sich folgende Lösungen an:

- *Emulation*
  Es ist möglich, unter UNIX eine WINDOWS-konforme Oberfläche zu simulieren. Solche Produkte geben die Möglichkeit, WINDOWS-clients direkt unter UNIX laufen zu lassen. Allerdings ist die Voraussetzung, daß die Server-Prozesse weiterhin auf einem WINDOWS-Rechner laufen. Dies ist eine für alle Unternehmen, die völlig auf die Nutzung von UNIX setzen, ein großes Problem. Versuche, auch die Server-Prozesse zu emulieren haben sich in der Praxis nicht bewährt.

- *nativer UNIX-client*
  Um die UNIX-Spezifika optimal zu unterstützen, wird in vielen Fällen ein spezieller Client für dieses Betriebssystem angeboten. Dieser ist dann mit einem UNIX-Grafik-Tool (z.B. Tcl/Tk [OUS-99]) erstellt. Damit ist es zwar möglich, das gewohnte Verhalten der Oberfläche weitgehend zu erreichen, allerdings ist sowohl der Aufwand für den Anbieter wegen der notwendigen Doppelentwicklung recht groß. Gleichfalls muß beim Customizing der Oberfläche damit gerechnet werden, daß sich einzelne Komponenten in den verschiedenen Systemumgebungen unterschiedlich verhalten oder auch evtl. gar nicht zur Verfügung stehen. So ist es natürlich nicht möglich neue ActiveX-Komponenten, die man z.B. für den WINDOWS-Client einsetzen will, auch unter UNIX zu nutzen.

- *WEB-Client*
  Zunehmend wird unter UNIX auf die Verwendung des WEB-Clients orientiert. Diese Oberfläche wird im Weiteren etwas ausführlicher besprochen werden. Da die Unternehmen zunehmend auf die Verfügbarkeit eines WEB-zugriffes angewiesen sind und damit die zugehörige Oberfläche sowieso betreuen müssen, bietet sich an, diese als Standardlösung für UNIX zu verwenden. Damit spart man sich spezielle Anpassungsarbeiten, die bei dem Native-client notwendig sind oder auch die Beschaffung und Installation eines Emulationswerkzeuges. Allerdings ist ggw. noch mit funktionellen Einschränkungen (z.B. drag&drop, CAD-Integrationen) zu rechnen.
  Mit der breiten Durchsetzung von Internet-Lösungen in den letzten 2 bis 3 Jahren, werden zunehmend Lösungen gefordert, die über dieses Netz

lauffähig sind [OHN-00]. Dies sind traditionell HTML-basierte Oberflächen (Bild 8-14).

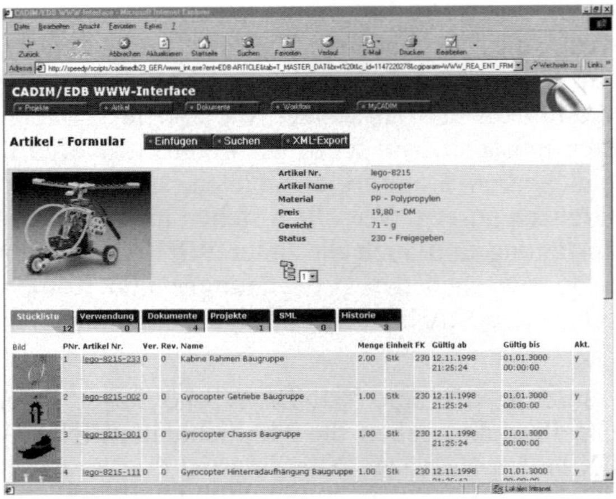

Bild 8-14: Beispiel eines HTML-WEB Client (Quelle: axalant)

Ihr größter Vorteil ist, daß sie in einem Internet-Browser (MS-I-Explorer, Netscape etc.) angezeigt werden können und einen einfachen Zugriff auf das PDM-System gestatten ohne einen speziellen client installieren zu müssen. Damit sind diese Oberflächen prädestiniert für

- *Intranet*
  Viele Firmen haben bereits umfangreich ausgebaute Intranet-Lösungen, die einem großen Kreis von betriebsinternen Nutzern den einfachen Zugriff auf ein großes Resservore von wichtigen Informationen gestatten. Es bietet sich deshalb an, auch den Zugriff zum PDM-System in dieses Informationsgeflecht einzubinden.
- *Internet*
  Speziell, wenn das Unternehmen B2B Lösungen anbietet (z.B. einen Produktkonfigurator) ist ein direkter Zugriff auf Informationen im PDM-System notwendig. Dieser kann in einfacher Form über einen WEB-client erfolgen.
- *Systemunabhängigen Zugriff*
  Für alle Systemumgebungen, in denen kein nativer Client zur Verfügung steht, kann auf den unabhängig arbeitenden WEB-client zugegriffen werden.

Aktive Funktionen in diesen Oberflächen werden meist durch die Einbindung von JAVA-basierten Programmen (JAVA-beans) ermöglicht.

Es ist abzusehen, daß künftig XML eine Ablösung der HTML Beschreibungen ermöglicht. Dadurch können Inhalte von PDM-Systemen noch leichter in Darstellungen transformiert werden. Außerdem sind alle neueren Versionen der Internet-Browser bereits in der Lage, XML darzustellen.

Schließlich sei auch noch auf die aktuellen Aktivitäten beim Aufbau netzunabhängiger Client-Technologien für Portable Computer, Mobile-Telefonen etc. hingewiesen [DOR-00].

Der Vergleich dieser verschiedenen Varianten von Oberflächen läßt die Frage aufkommen, für welche Technologie man sich bei der Systementscheidung entscheiden soll bzw. welcher Standard sich künftig durchsetzen wird.

Die Beantwortung dieser Frage hängt stark vom Nutzungsprofil ab. Gegenwärtig dürfte für alle Anwendungen in Systemumgebungen, in denen native Clients zur Verfügung stehen, für aktiv arbeitende Nutzer (also Nutzer, die nicht nur Recherchieren wollen) dieser auch die bessere Wahl sein. Dies trifft besonders für WINDOWS-Umgebungen zu, in denen der WINDOWS-client einen unerreichten Komfort anbietet.

Für reines Recherchieren wird der HTML oder XML-basierte client jedoch immer wichtiger und dürfte hier, schon wegen seiner einfachen Integration in Intranet- oder Internet-Lösungen klar die erste Wahl sein.

8.3 Schnittstellen

In vielen Fällen ist es notwendig, auf die Daten im PDM-System zuzugreifen ohne einen client verwenden zu können.

Dies betrifft zunächst die Notwendigkeit große Datenmengen ohne Dialog in das System einzubringen oder aus diesem zu extrahieren. Ein typischer Fall, bei dem teilweise riesige Datenmengen in kurzer Zeit einzutragen sind, ist das sogenannte „*Urladen*“. Unter Urladen versteht man das vor der Inbetriebnahme des PDM-Systemes notwendige Übernehmen existierender Daten aus einem anderen Verwaltungssystem. Vor allem, wenn ein PDM-System durch ein neueres ersetzt werden soll, müssen u.U. eine Vielzahl von Stammdaten und Files eingelesen werden. Natürlich steht der identische Anspruch für das Ausschreiben von Daten, sei es, daß das System abgelöst werden soll oder das ein Ausschnitt von Daten in ein anderes Anwendersystem übernommen werden müssen. In all diesen Fällen benötigt man ein Werkzeug, das Daten zwischen einem extern vorgegebenen Schema und dem aktuellen PDM-Modell, so wie es im Repository festgelegt ist, austauscht. Datenbanken bieten für eine vergleichbare Aufgabe Loader-Funktionen an. Diese lesen bzw. schreiben Tabellenstrukturen aus bzw. in externe Dateien. Da PDM-Systeme ihre logische Struktur jedoch in einem Repository verwalten, das in seiner vollen Logik nicht für das Datenbankwerkzeug auswertbar ist, sei vor der Nutzung dieser Werkzeuge gewarnt. Dies trifft ebenso auf den direkten Zugriff auf die Daten mittels der Datenbank-SQL-Schnittstelle zu. In beiden Fällen ist es nur möglich, die PDM-Logik zu berücksichtigen, indem der Anwender diese bei der Nutzung der Werkzeuge selbst einbringt. Dies ist bei den meist sehr komplexen Datenmodellen sehr fehleranfällig. Auch muß die so erzeugten Prozeduren oder Abbildungsvorschriften bei jeder Änderung des Repositories manuell angepaßt werden.

Besser geeignet sind Loader-Konzepte auf der Ebene der PDM-Applikationsserver. Diese nutzen die im Repository festgelegte Logik des Systemes und sind deshalb in der Lage sicher und einfach konsistente Daten entweder in ein externes File aus der internen Struktur zu schreiben oder umgekehrt, interne Datenstrukturen aus einem externen Datenfile aufzubauen.

Traditionell haben diese Loader Abbildungsvorschriften, die es erlauben beliebig strukturierte externe Daten zu nutzen. Mittels eines Assistenten kann dabei der Nutzer genau festlegen, welche Information im externen File welche logische Bedeutung für das PDM-System hat und welche evtl. Bearbeitungsfunktionen ggf. zwischengeschaltet werden müssen. So können bei einem Urladevorgang Kontrollen auf die Sinnhaftigkeit der Eingabedaten vorgenommen werden und z.B. Umwandlungen von Zeichenketten (Nummernschlüssel) erfolgen.

Problematisch ist, daß die Struktur der externen Daten von keinem anderen Programm ohne weiteres zutun interpretiert werden können. Es hat sich deshalb ein etwas abgewandeltes Konzept durchgesetzt. Diese geht von der Verwendung des XML-Formates aus. Das PDM-System generiert entsprechend Bild 8-15 aus seinen internen Informationen über einen XML-Post-Prozessor ein PDM-spezifisches XML-Schema. Jede andere Applikation, die ebenfalls mit XML arbeitet, wird ebenfalls ein derartiges XML-Schema lesen bzw. schreiben können. So bleibt nur die Notwendigkeit, beide XML-Schemata ineinander zu mappen. Für diese Aufgabe gibt es eine Reihe leicht zu konfigurierender Mapper.

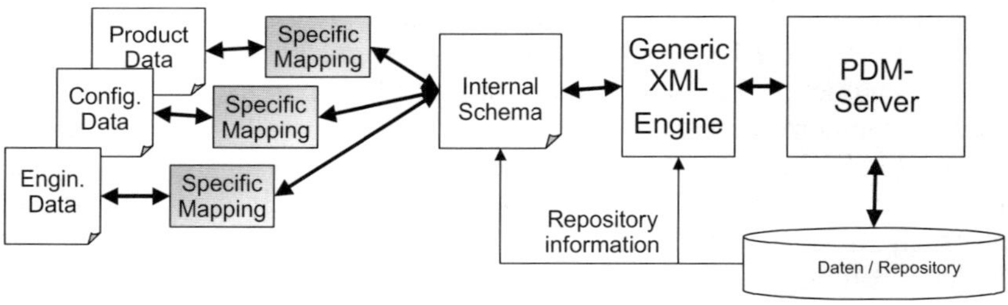

Bild 8-15: XML-Schnittstelle zu PDM

Loader sind natürlich keine Lösung, wenn es darauf ankommt, nicht nur einfach Daten zu lesen oder zu schreiben, sondern auch bestimmte Funktionen des PDM-Systemes zu nutzen. Dies könnte soweit gehen, daß man das gesamte PDM-System von außen steuern möchte. Einen typischen Anwendungsfall dafür findet man z.B. bei den CAD-Integrationen. Um dies zu ermöglichen stellen PDM-Systeme meist sehr angepaßte eigene Zugriffsmöglichkeiten an und unterstützen auch übliche Standards, wie OLE oder CORBA.

Dies systemabhängigen Zugriffe erfolgen über eine Menge von oft recht komplexen Zugriffsfunktionen. Diese aktivieren im PDM-System oft ganze Ketten von einzelnen Funktionen und Prozessen und gestatten so eine effiziente Arbeit mit größeren Datenmengen. Es sei an dieser Stelle an die in Kapitel 7 besprochene Bereitstellung ganzer Assemblybäume erinnert. Hier muß bei nur einem einfachen Aufruf:

- eine Strukturauflösung über alle enthaltenen Dokumente erfolgen
- für jedes einzelne Element eine Prüfung auf die Zugriffsrechte erfolgen
- eine Reservierung der Daten erfolgen
- die Position der zugeordneten Files ermittelt werden;
  Falls diese nicht lokal vorhanden sind, müssen sie evtl. von einem entfernten Standort angefordert werden.
- die Files am Bearbeitungsort bereitgestellt werden (check-out)

Wahlweise kann bei der Bearbeitung einer solchen Funktion auch noch ein Nutzereingriff notwendig werden (Dialog-Modus). Erfolgt der Zugriff auf das PDM-System im Hintergrund (batch-Modus) ist ein Dialoganteil natürlich nicht statthaft. In diesem Fall müssen alle erforderlichen Informationen über den Aufruf bereitgestellt werden.

Als besondere Form des Zugriffes über das CORBA-Protokoll steht ein speziell für den PDM-Datenaustausch geschaffenes Konzept – die PDMEnabler – zur Verfügung. Wie in Abschnitt 6.4 dargestellt wurde besteht im Gegensatz zu den STEP-basierten off-line Verfahren mit der PDMEnabler Schnittstelle die Möglichkeit eines on-line Zugriffes auf die PDM-Daten.

Das Konzept geht auf eine Initiative der Object Management Group (OMG) zurück, die auch für CORBA federführend ist. PDMEnabler sind spezielle CORBA Objekte, welche die für den Zugriff und die Manipulation von PDM Daten relevanten Eigenschaften und Methoden bereitstellen. Es handelt sich wie in Bild 8-16 dargestellt um ein modular aufgebautes Konzept, welches insgesamt aus drei Basis- und weiteren neun funktionalen Moduln aufgebaut ist.

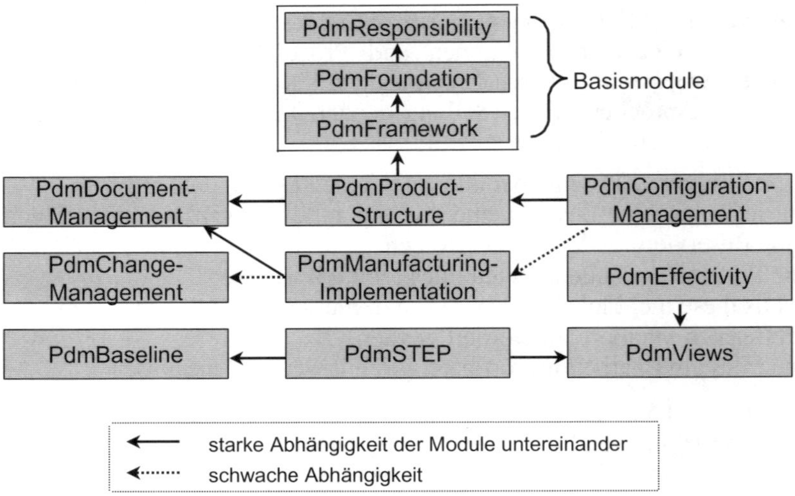

Bild 8-16: Modulkonzept der PDMEnabler (nach [KRI-99])

Die Aufgabenbereiche für die Grundmoduln lassen sich wie folgt umreisen:

- PdmResponsibility – Objekte für:
  - Personen, Organisationen, Programme (Actors)
- PdmFoundation – Interfaces für:
  - Standard-Verwaltungseigenschaften (Manageable)
  - Identifizierungsmöglichkeiten (Identifiable)
  - Sperrkonzept (Lockable): Actors können Objekte sperren
  - Zustandsinfos (Stateable)
  - Sicherheitsklassifizierung (SecurityClassifiable)
- PdmFramework - das Haupt-Basis-Modul
  - Dynamisches Attributieren (Attributable)
  - Behandeln von Sichten (Qualifiable)
  - Baseline-fähig (Baselineable)
  - Änderungen vornehmen (Changeable)

Die funktionalen Moduln stellen folgende zentrale Konzepte bereit:

- Dokumentenmanagement (Metadaten + Originale)
- Produktstruktur (Bauteile)
- Sichtenabbildung (Kontexte)
- Gültigkeiten (zeitlich, seriennummernbezogen)
- Baseline (Einfrieren eines Standes)
- Änderungswesen (Change Management)
- Produktionsplanung
- STEP (Import/Export)
- Konfiguration (Auswahl mit zugehörigen Bedingungen)

8.4 Zugriffsschutz und Sicherheit

In PDM-Systemen werden Informationen verwaltet, die für das jeweilige Unternehmen letztlich überlebenswichtig sind. Neben allen relevanten Dokumenten, enthält das System Informationen über den aktuellen Entwicklungsstand, die Historie aller Produkte, ggf. Auftragsinformationen usw. Auf der anderen Seite haben auf das PDM-System eine große Gruppe von Personen Zugriff. Schnell geht die Zahl der Zugriffsberechtigten in den vierstelligen Bereich. Dazu zählen Mitarbeiter des Unternehmens, wie auch zunehmend Externe, wie Ingenieurbüros, Zulieferer oder auch Kunden. Es versteht sich, daß natürlich diese sehr unterschiedlichen Nutzerprofile auch unterschiedliche Berechtigungen am System haben müssen (Bild 8-17).

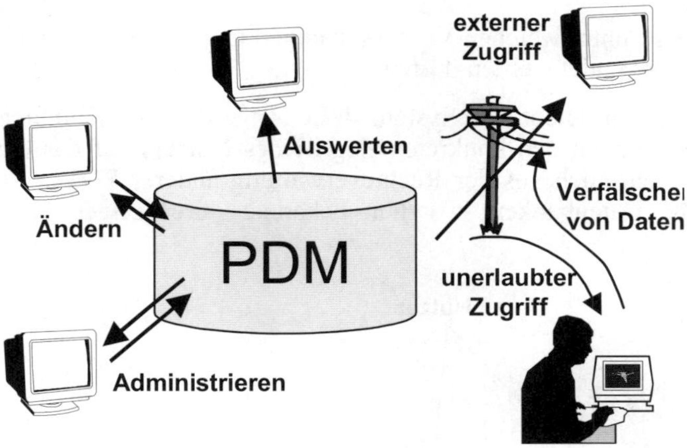

Bild 8-17: Zugriffsarten und Sicherheitsrisiken eines PDM-Systems

Nur wenige Anwender haben die Berechtigung Daten zu ändern oder zu löschen. Viele Nutzer dürfen lediglich Daten lesen, aber auch dabei muß man Einschränkungen beachten. So dürfen speziell Externe meist nur einen speziellen Ausschnitt des gesamten Datenvolumens betrachten oder ggf. ändern. Diesen Anforderungen muß das PDM-System durch Bereitstellung geeigneter Methoden der Privilegienverwaltung entsprechen.

Aber auch beim Zugriff auf eigentlich zulässige Daten im PDM-System sind weitere Sicherheitsaspekte zu beachten. Speziell bei Anwendern mit sehr sensiblen Daten bzw. Dokumenten muß es ausgeschlossen sein, daß die von ihm bearbeiteten Daten während der Übertragung unzulässig abgefangen werden. Gerade im Zeitalter der verbreiteten Zugriffe über das öffentliche Netz stellt diese Forderung ein ernstzunehmendes Problem dar. Außer der Sicherstellung eines unverletzlichen Transfers der Daten müssen weiterhin auch Möglichkeiten bestehen zu prüfen, daß eine übermittelte Information auch wirklich vom behaupteten Absender (dem PDM-Server oder , z.B. im

Falle einer über den Workflow erzeugten Nachricht, vom eMail-Absender stammt). Diese Aspekte werden unter der Überschrift der Sicherheit zusammengefaßt.

Auf die Einzelheiten dieser wichtigen PDM-Komponeten soll im weiteren eingegangen werden.

8.4.1 Privilegienverwaltung

Die grundlegende Form der Zugriffsverwaltung eines PDM-Systems beruht auf

- *Nutzerrechten*
  Diese legen die Zugriffsrechte eines Nutzers auf Objekte bzw. Funktionen des Systems fest.
- *Objektrechten*
  Diese legen fest, unter welchen Voraussetzungen Objekte oder Funktionen von Nutzern verwendet werden dürfen.

Bei jedem Zugriff vergleicht das System diese Angaben. Die Kombination beider Werte regelt dann den konkreten Zugriff des Nutzers auf das Objekt Bewährt hat sich ein auch aus der Rechteverwaltung anderer EDV-Systeme (Betriebssysteme, Datenbanken, ...) her bekanntes dreistufiges Konzept (Bild 8-18).

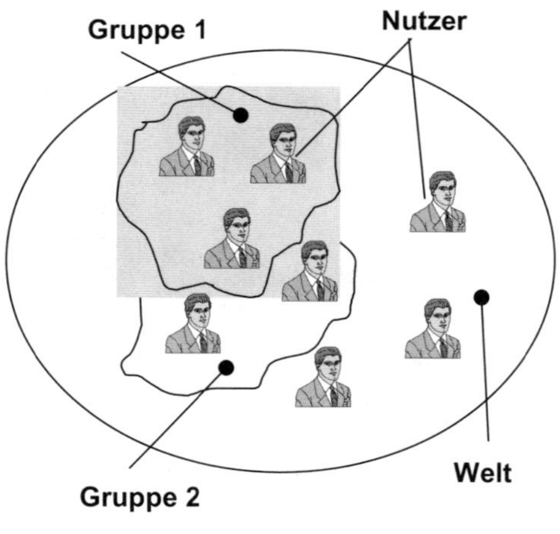

Bild 8-18: Nutzerorganisation nach dem user-group-world-Konzept

Dieses besteht aus den Bereichen der individuellen Nutzer, der Benutzergruppen sowie der Übermenge aller existierenden Anwender, auch wenn diese keiner für den jeweiligen Zugriff relevanten Benutzergruppen zugeordnet sind. Diese werden meist als die „Welt“ bezeichnet.

Jeder Nutzer des Systems muß vor seinem ersten Zugriff in der Benutzerverwaltung angemeldet werden. Dabei wird der Nutzer zumindest durch Bekanntgabe folgender Daten beschrieben:

- persönliche Angaben, wie Name und Vornahme
- eine interne Systemidentifikation, auch UIC (user identification code) genannt;
  Diese Identifikation ist meist eine Zahl und wird im weiteren intern benutzt um den Benutzer zu repräsentieren. Dies ist einfacher und sicherer als die Verwendung des kompletten Namens.
- Password
  Diese Angabe dient der Identifikation des Nutzers beim Anmelden oder bei der Durchführung besonders kritischer Funktionen. Das Password wird für das erste Anmelden vom System vorgegeben und kann später beliebig geändert werden. Um einen Mißbrauch zu unterbinden werden oft Einschränkungen für die Festlegung des Passwordes festgelegt. So werden Mindestzeichenzahlen und Sonderzeichen gefordert, die Verwendung besonders einfacher Zeichenkombinationen unterbunden (wie z.B. „12345678"), die Laufzeit des Password beschränkt oder auch die Nutzung eines bereits früher verwendeten Passwords unterbunden.
- Flag für die vereinfachte Anmeldung
  Hat sich ein Nutzer bereits im Betriebssystem mit Password angemeldet, so kann auf die neuerliche Abfrage verzichtet werden.
- Flag für Managerprivilegien
  Unabhängig von anderen Zugriffsregelungen, kann ein Nutzer die Privilegien des PDM-Systemmanagers erhalten. Es ist ihm dann möglich üblicherweise nicht zugängliche Funktionen des Systemmanagements, wie z.B. die Benutzerverwaltung selbst, zu verwenden.
- Flag für eingeschränkte Nutzung
  Diese Kennzeichnung stellt quasi das Gegenstück zum Managerflag dar und beschränkt den Zugriff eines Nutzers unabhängig von evtl. anderen Regelungen auf einen einfachen Lesezugriff.

Unabhängig von diesen grundsätzlichen Informationen über einen Nutzer ist es natürlich möglich, beliebig weitere Informationen zu erfassen, wie z.B. Adressen, Telefon-Nummern usw. Hierbei müssen jedoch zwingend Restriktionen des Datenschutzes beachtet werden.

Ist ein Nutzer dem System bekannt, so muß er zusätzlich einer oder mehreren Benutzergruppen zugeordnet werden. Eine Benutzergruppe faßt immer Anwender eines identischen Zugriffsprofils zusammen, z.B. die Gruppe aller Konstrukteure einer bestimmten Entwicklungsabteilung, die Gruppe der Normungsprüfer etc. Gruppen werden vom Systemmanager angelegt und verwaltet. Sie besitzen ähnlich wie die individuellen Nutzer einen Namen und eine Systemidentifikation (GIC – group identification code). Allerdings sind Gruppen selbst nicht handlungsfähig. Ein Nutzer kann durchaus mehreren Gruppen angehören, allerdings ist zu einem Zeitpunkt immer nur eine Gruppe aktiv. Es ist allerdings auch während einer Sitzung möglich, die Gruppenzugehörigkeit zu ändern.

Für jedes im PDM-System enthaltene Objekt werden der Eigentümer, die Gruppenzugehörigkeit sowie ein Zugriffscode gespeichert. Der Eigentümer ist anfänglich die Person, die das betreffende Objekt erzeugt hat. Die Gruppe, der diese Peron im Moment der Anlage angehörte wird die Gruppe des neuen Objektes.

Später ist es möglich den Eigentümer oder die Gruppenzugehörigkeit eines Objektes zu ändern. Dies wird z.B. im Rahmen des Statuswechsels bei einem Freigabeschritt getan. Der Zugriffscode beschreibt für das Objekt schließlich die zulässigen Zugriffsarten der drei Zugriffsebenen:

- die Rechte des Eigentümers (Owner)
- die Rechte der Mitglieder der aktuellen Gruppe des Objektes (Group)
- die Rechte aller anderen Nutzer, die nicht Eigentümer sind oder der Gruppe des Objektes angehören (World)

Für jeden dieser Zugriffsformen wird im Zugriffscode festgelegt, welches Niveau an Zugriffsprivilegien zulässig ist. Da es erforderlich ist eine Aussage für jede der drei Formen zu machen, ist der Zugriffscode meist eine dreistellige Zeichenkette. Die erste Position beschreibt die Nutzerechte, die zweite Position die Rechte der Gruppe und die dritte Position die Rechte der Welt. Bezüglich der Rechte unterscheidet man dabei:

- kein Zugriff ist erlaubt („ „)
- Lesen ist erlaubt („r“)
- Ändern ist erlaubt („w“)
- Löschen ist erlaubt („d“)

Die Rechte umfassen in dieser Reihenfolge jeweils die zuvor genannten. Hat also ein Nutzer das Recht zum Ändern, so darf er die Daten natürlich auch Lesen. Ein Löschen des ganzen Objektes ist ihm jedoch verwehrt.

Ein wichtiger Unterschied der Handhabung von Zugriffsrechten in PDM-Systemen zu solchen, die z.B. auf Betriebssystemebene üblich sind, besteht in deren Abhängigkeit vom Status des Objektes. D.h. das sich die Rechte eines Nutzers in Bezug auf ein Objekt üblicherweise je nach Status des Objektes im Prüf- und Freigabeablauf ändern. Im Gegensatz dazu sind Privilegien im Betriebssystem meist statisch und nicht abhängig vom Zustand der verwalteten Objekte. Besonders interessant ist dabei der Sachverhalt, daß gerade im Rahmen der Aktionen im Prüfablauf ein Nutzer sich durch Weiterleiten eines Objektes in den nächsten Status den Zugriff auf das Objekt selbst entzieht und diesen einer anderen Person zuordnet. So hat ein Konstrukteur, der ein Dokument zur Prüfung schickt, anschließend selbst keine Berechtigung mehr, Änderungen an diesem Dokument durchzuführen.

8.4.2 Access Control Listen

Das zuvor beschriebene Verfahren der OGW-Zugriffsrechte ist bereits ein recht mächtiges Instrument zur Regelung des Zugriffs auf die Objekte im PDM-System.

Allerdings treten bei einem unternehmensweitem Einsatz auch schnell eine Reihe von Beschränkungen zutage, die den Einsatz weiterer Verfahren erfordern.

Eines der Probleme tritt ein, wenn spezielle Berechtigungen oder auch Einschränkungen für einzelne Personen oder in Bezug auf einzelne Objekte festgelegt werden sollen, die von den OGW-Zugriffsrechten abweichen.

Eine Möglichkeit dieses Problem zu lösen, besteht in der Einführung von Listen spezieller Zugriffsrechte, auch ***Access Control List*** (ACL) genannt. Diese Listen verwalten eine spezielle Beziehung von Nutzern oder Gruppen zu einzelnen Objekten (Bild 8-19). Nach der einfachen ogw-Regel hätte der Eigentümer an Artikel 4711 (Herr Rethberg) Löschberechtigung und die anderen Mitglieder der Nutzergruppe 1 (Brendler und Engel) Schreibrechte. Die Mitglieder der Nutzergruppe 2 hätten allesamt nur Leserecht.
Die ersten beiden dargestellten Zeilen der ACL-Liste definieren jedoch Ausnahmen für Engel (dessen Zugriff vollständig eingeschränkt wurde) sowie Meier aus Gruppe 2, dem Löschrechte zugestanden werden.

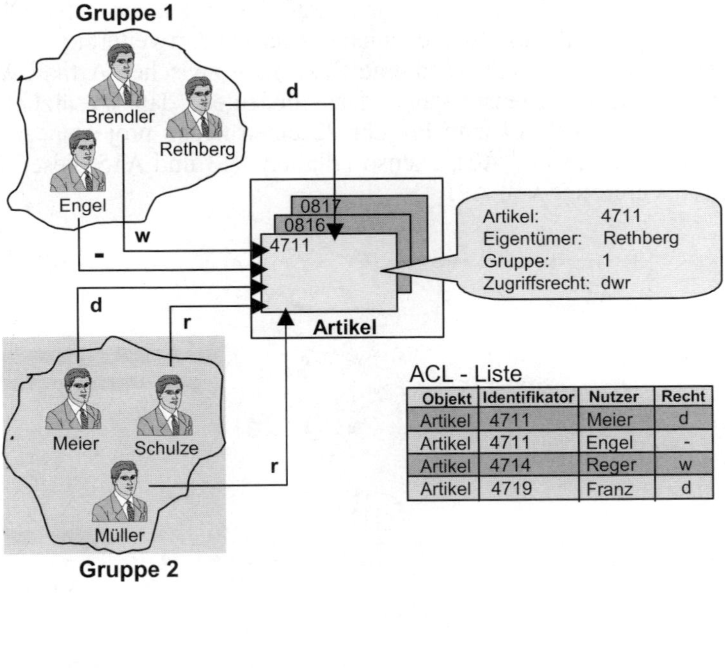

Objekt	Identifikator	Nutzer	Recht
Artikel	4711	Meier	d
Artikel	4711	Engel	-
Artikel	4714	Reger	w
Artikel	4719	Franz	d

Bild 8-19: Zugriffssteuerung über ACL-Listen

8.4.3 Projektspezifisches Arbeiten

Mit dem projektspezifischen Arbeiten (*project driven work*, kurz PDW) versucht man, die Sicht auf alle im PDM-System vorhandenen Objekte von einem PROJEKT abhängig zu gestalten. Damit wird eine Arbeitsweise unterstützt, die immer häufiger zu finden ist. Viele Aufgaben an Datenobjekten sind nicht mehr von bestimmten Zugriffsrechten und Hierarchien abhängig, sondern orientieren sich rein an der projektspezifischen Arbeit. Das heißt, alle in einem Projekt involvierten Mitarbeiter können auf die Produktdaten des Projekts zurückgreifen.

Gerade im Bereich der Zulieferindustrie oder auch von Ingenieurbüros, die mit einer Vielzahl von Auftraggebern sensible Daten verwalten müssen, stehen vor der Aufgabe, daß eine strikte Kontrolle des Zugriffes auf die unterschiedlichen Daten und Dokumente in Abhängigkeit des gerade aktuell bearbeiteten Projektes erfolgen muß. Dies bedeutet ja auch, daß ein und derselbe Mitarbeiter je nach dem Auftrag für den er aktuell arbeitet, auf sehr unterschiedliche Daten zugreifen darf.

Die Zugehörigkeit zu einem Projekt wird in der Zuordnung eines Projekt zu einem JOB (POSITION) festgelegt. Damit ist PDW eine Erweiterung des Rollenkonzeptes. Innerhalb der Definition eines JOBS wird nun die Angabe des Projektes ausgewertet. Bei der Sicht auf Objekte wird streng auf die Objektstruktur geachtet, d.h. hat man Sicht auf ein Objekt, so hat man auch automatisch Sicht auf alle diesem Objekt unter- bzw. zugeordneten Objekte. Selbstverständlich sind diese Sichten auch entzieh- und erweiterbar.

Im Beispiel nach Bild 8-20 wird eine Beziehung zwischen Artikel A5 und A9 aufgebaut (Stücklistenstruktur). Das bedeutet, daß zusätzlich und automatisch der Artikel A9 zum Projekt P2 einen neuen projektspezifischen Bezug erhält (über A5 und A2), ebenso erhalten A13 und A15 diesen Bezug zu P2 (durch Vererbung von A9).

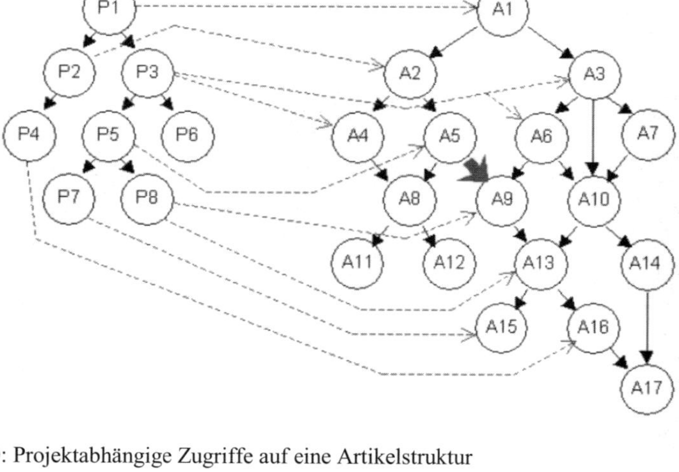

Bild 8-20: Projektabhängige Zugriffe auf eine Artikelstruktur

Wichtig bei der Arbeit innerhalb eines PDW-Konzeptes ist dabei die Grundregel, daß man neben einem Objekt selbst auch immer alle Elemente in der Struktur dieses Objektes (die „Söhne") sehen kann.
Unabhängig von den Regeln, die über PDW definiert wurden, ist es auch möglich den Zugriff auf bestimmte Objekte, die für alle Nutzer wichtig sind, zu erlauben. Dies wird durch Setzen eines speziellen Sichtbarkeitsflags an den betreffenden Objekten realisiert. Dies gestattet nun, daß unabhängig von den Projektzuordnungen der Artikel, ein genereller Zugriff auf alle Normteile im System verwirklicht wird.

8.4.4 Sicherheitskonzepte

Die besprochenen Mechanismen legen die zugelassenen Rechte der unterschiedlichen Anwender auf die Objekte des PDM-Systems fest. Notwendig sind aber ergänzende Funktionen, die die Einhaltung dieser Festlegungen sicherstellen und ein mißbräuchlichen Zugriff unter Umgehung der Rechte unterbinden.

Dazu gehört in erster Linie, daß Anwender des Systems sich vor einem gewünschten Zugriff gegenüber dem System ausweisen müssen. Dies erfolgt meist durch Eingabe des eindeutigen Nutzernamens gemeinsam mit einem geschützten Password. Diese Abfrage erfolgt in der Regel beim Anmelden an das System. Wichtig ist der Schutz dieses Passwords, was durch eine ganze Reihe von Maßnahmen sichergestellt wird

- verschlüsselte Übertragung des Password
- Vorschriften zur Gestaltung des Password, um ein Ausspähen durch eine zu simple Struktur zu erschweren
  - keine einfachen Begriffe, wie z.B. den Nutzernamen
  - Mindestzeichenzahlen
  - Mischung aus Zeichen und Ziffern
- Zeitliche Beschränkung der Gültigkeit
- Verbot ein bereits früher benutztes Password erneut zu verwenden

Trotz dieser Maßnahmen kann jedoch gerade bei der Übertragung von Daten aus dem PDM-System zu unerlaubten Manipulationen auf dem Übertragungsweg kommen. Dies gilt sowohl für aus dem PDM-System abgerufene Rechercheergebnisse als auch für an einen Empfänger abgesandte Nachrichten (z.B. eMail-Information im Rahmen eines Workflow).

Um die Originalität einer Information oder Nachricht sicherzustellen, werden digitale Signaturen benutzt. Die Anwendung digitaler Signaturen erfolgt in drei Schritten (Bild 8-21).

Im ersten Schritt erfolgt die Festlegung der Signaturen für alle eingetragenen Nutzer des PDM-Systems.

Jede Signatur besteht aus zwei Schlüsseln - einem privaten Schlüssel, der jedem Nutzer zur Verschlüsselung seiner Daten dient und einem öffentlichen Schlüssel, der zur Kontrolle einer Signatur benutzt wird.

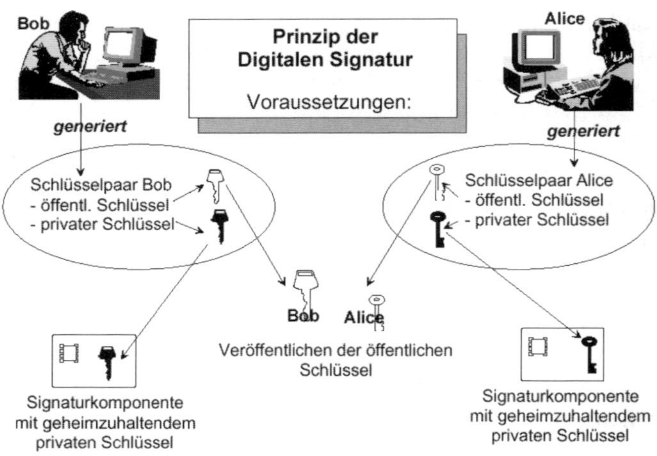

Bild 8-21: Digitale Signatur – Vergabe von Schlüsseln

Wird eine Information abgelegt oder verschickt, so wird wie in Bild 8-22 dargestellt, ein genau für diese Information eindeutiger Code erzeugt.

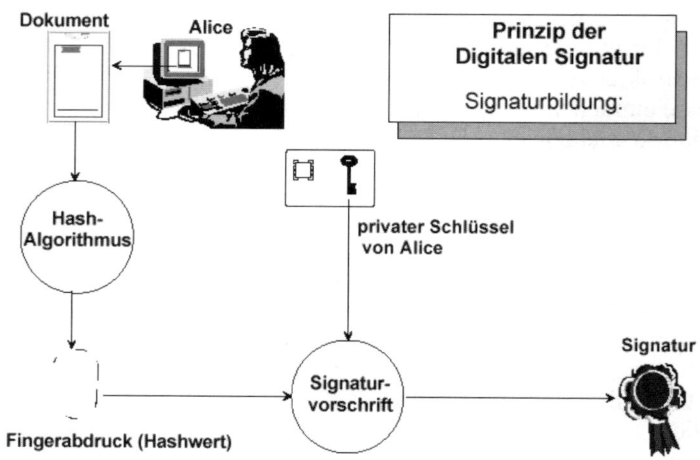

Bild 8-22: Signieren von Informationen (z.B. von Dokumenten)

Dazu dienen sogenannte hash-Verfahren. Dieser Code wird nun mit dem privaten Schlüssel des Nutzers kombiniert und es entsteht die Signatur, die genau dieser Information (z.B. einem Dokument oder Stammsatz) zugeordnet wird. Diese Signatur ist nur für genau die Information in Kombination mit dem Nutzer gültig.

Zur Identifikation des Nutzers kann wiederum ein Password benutzt werden. Eleganter und sicherer sind moderne hardwarebasierte Identifikationsverfahren, wie z.B. das Scannen der Augeniris (retina scan), die Erkennung eines Fingerabdruckes oder eine Chipkarte (Bild 8-23).

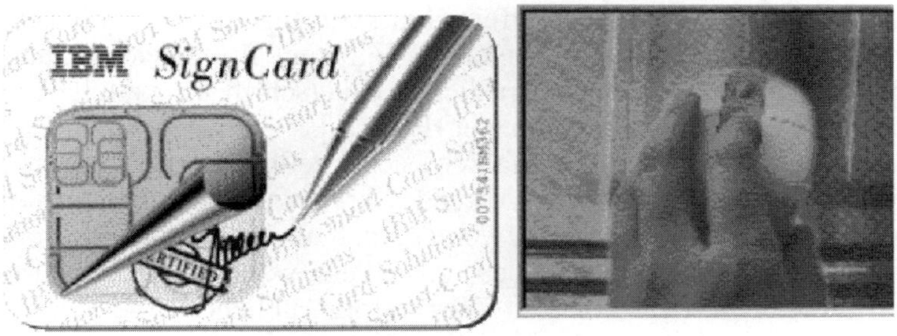

Bild 8-23: Hardwarebasierte Verfahren zur Nutzeridentifikation

Im letzten Schritt untersucht nun der Empfänger . Dazu wird wiederum ein der Information zuzuordnender Code mittels des Hash-Verfahrens erzeugt. Anhand des verfügbaren öffentlichen Schlüssels des Absenders sowie der mitgesandten Signatur kann die Originalität der Information festgestellt werden (Bild 8-24).

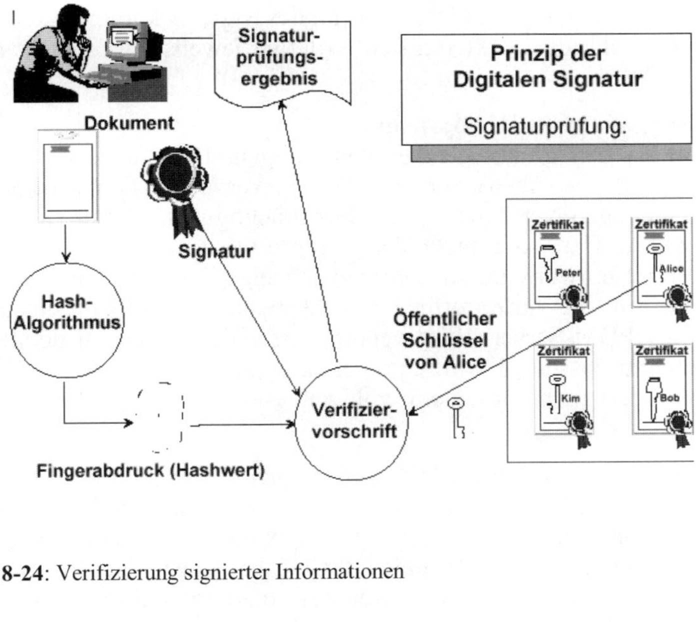

Bild 8-24: Verifizierung signierter Informationen

Die Verwendung digitaler Signaturen ist in Deutschland seit 1997 durch das Signaturgesetz (SigG) geregelt. Es trat als Artikel 3 des Informations- und Kommunikationsgesetzes, kurz Multimediagesetz, in Kraft [LAN-99]. Dieser, schon zum Zeitpunkt des Erscheinens als Experimentalgesetz gedachte Text, wurde in letzter Zeit überarbeitet. Die neue Ausgabe trat am 22.Mai 2001 in Kraft. Hintergrund dazu ist eine EU-Richtlinie, welche alle EU-Staaten dazu verpflichtet, ihre jeweiligen nationalen Gesetzgebungen anzupassen. Zielstellungen sind vor allem ein freier Marktzugang für alle Anbieter, eine gerichtliche Anerkennung der digitalen Signatur, die Gleichsetzung der digitalen Signatur mit der handschriftlichen Unterschrift im materiellen recht und eine Haftungsregelung der Anbieter [ESS-01].

Während das vorgestellte Verfahren sicherstellt, daß die übertragenen Informationen vom angegebenen Absender kommen und nicht manipuliert sind, muß weiterhin unterbunden werden, daß nicht autorisierte Personen Zugriff auf die Informationen haben, z.B. diese während der Übertragung abfangen und auswerten können. Dies erfolgt üblicherweise durch eine Verschlüsselung. Dabei wird die Nachricht nicht im Klartext sondern in einer solch codierten Form übertragen, die nur unter Verfügbarkeit eines Schlüssels beim vorgesehenen Empfänger wieder dechiffriert werden kann. Eine Reihe von Anbietern beschäftigen sich mit Werkzeugen, die hier eingesetzt werden können; u.a. TranSON [SIE-99].

8.5 Verfügbarkeit von PDM-Systemen

In einem PDM-System sind für die jeweiligen Unternehmen überlebenswichtige Informationen abgelegt. So ist es von zunehmender Bedeutung, daß es zu keinem längeren Ausfall des Systems kommen kann.

Im Folgenden soll auf die wichtigsten Kriterien jeweils kurz eingegangen werden.

Stabile Lauffähigkeit des PDM-Systems

Dies gehört zu den grundlegenden Forderungen. Dazu gehört, daß alle Komponenten, also Datenbank-Server, PDM-Server und Clients, dauerhaft ohne Einschränkungen verfügbar sind. Beeinträchtigungen kann es geben, wenn die benutzte Hardware nicht den Erfordernissen entspricht oder die benutzten Rechner zeitweise durch andere gleichzeitig laufende Applikationen blockiert sind. Ein oft anzutreffender Fehler sind zu klein bemessene Datenbank- oder PDM-Server. Wird versucht zu viele Nutzer auf derartigen Rechnern laufen zu lassen so wird es regelmäßig zu nicht mehr zumutbaren Antwortzeiten oder auch zu einem völligen Blockieren der Anwendung kommen.

Sicherer Zugriff auf entfernte PDM-Installationen

Wird mit verteilten Datenbanken gearbeitet, so ist die Nutzbarkeit einer lokalen Installation von der sicheren Verfügbarkeit der Netzverbindung abhängig. Wenngleich die Qualität der öffentlichen Netze in den zurückliegenden Jahren wesentlich besser geworden ist und auch in vielen Fällen entweder auf private Netzwerke (vgl. ENX im Automobilbau) oder auch private Standleitungen zurückgegriffen werden kann, ist immer damit zu rechnen, daß eine derartige Verbindung aus technischen Gründen abbricht.

Wird dieses Risiko als unakzeptabel hoch eingeschätzt, so müssen für den Notlauf die wichtigsten Daten als backup lokal vorgehalten werden (periodischer Abgleich).

Verfügbarkeit aller im System abgelegten Daten

Dies betrifft alle im PDM-System gespeicherten Daten, also sowohl die Daten in der Datenbank als natürlich auch die Files in den Sicherheitsbereichen. In vielen Unternehmen bestehen vor allem Bedenken gegen die verschlüsselte Ablage von Daten in den Sicherheitsbereichen. Meist handelt es sich jedoch gar nicht um wirklich verschlüsselte Files, sondern um synthetisch generierte Filenamen. Diese sind nur noch unter Zugriff auf die Datenbank auswertbar. So stellt sich die Forderung nach einem unabhängigen Zugriff auf die Files als Forderung nach einem stabil lauffähigen System dar.

Trotzdem werden in vielen Fällen laufend spezielle Listen erzeugt, die die Inhalte der Files mit kryptischen Filenamen recherchierbar ablegen. Damit ist es einem Manager auch bei ausgefallenem PDM-System möglich, zumindest auf die Files zugreifen zu können. Allerdings stehen diese Files nur für eine evtl. Auswertung zur Verfügung. Beim Versuch geänderte Files später wieder in das PDM-System einzupflegen entstehen die größten Schwierigkeiten, da alle notwendigen Stammdatenänderungen (Status etc.) manuell durchgeführt werden müßten.

Möglichkeit auf ältere Zustände von Daten zugreifen zu können

Werden Dokumente während eines Bearbeitungsstatus (!) mehrfach gespeichert, so wird üblicherweise das jeweils zuvor abgelegte Dokument überschrieben. Wurde eine fehlerhafte Bearbeitung eines Dokumentes durchgeführt, so besteht oft der Wunsch der Anwender auf ein früher abgelegtes Dokument zurückgreifen zu können. Dies ist normalerweise über das Rücklesen der regelmäßigen Sicherungen des PDM-Systems möglich. Allerdings bedeutet dies meist einen sehr großen Aufwand einzelne Dokumente aus der großen Zahl von insgesamt gespeicherten Dokumenten zurückzuschreiben.

Möglichkeit zerstörte Daten wiederherstellen zu können

Man muß immer damit rechnen, daß Daten durch Systemfehler verloren gehen. Dies kann sowohl die Datenbank als auch die Sicherheitsbereiche betreffen.

Um dem Vorzubeugen werden regelmäßige Sicherungen des Systems gemacht. Für die Sicherung der Datenbank stellt diese in der Regel die benötigten Werkzeuge zur Verfügung (backup-tool). Allerdings ist dies bei einem PDM-System wegen der extern abgelegten Daten nicht ausreichend.

Jedem Zustand der Datenbank ist genau ein Zustand der Sicherheitsbereiche zugeordnet. Da die Files über eine Namenstransformation (kryptischer Filename zu Originalnamen) über die Datenbank festgelegt sind, muß man also bei jeder Sicherung der Datenbank eine eindeutige Referenz zu den Files herstellen und die neuen und geänderten Files gleichfalls sichern.

Bei großen Installationen ist es nicht mehr möglich, daß gesamte System immer komplett zu sichern. Üblich sind Komplettsicherungen nach jeweils größeren Zeitabschnitten (Woche bis Monat) sowie dazwischenliegende inkrementelle Sicherungen (nur die Änderungen zur letzten Sicherung wird abgelegt; mindestens täglich).

Zu beachten ist, daß es oft nicht mehr möglich ist das PDM zum Zwecke der Sicherung abzuschalten. Dies bedeutet, daß sich Daten noch während der Sicherungsläufe ändern können. Die verwendeten Sicherungsfunktionen haben dem Rechnung zu tragen.

Lauffähigkeit des Systems während evtl. Systemarbeiten (Upgrade)

Traditionell ist es üblich das PDM-System während eines Upgrades oder dem Einspielen von neuen Funktionalitäten außer Betrieb zu nehmen. Dies erfolgt, um unerwünschte Fehlerzustände aufgrund der neuen Funktionen weitgehend auszuschalten. Ähnlich wie bereits bei backup dargestellt, ist dies bei großen Installationen zunehmend nicht mehr tragbar. Das heißt, daß Änderungen am System noch während der Nutzung durchgeführt werden müssen.

Man ermöglicht dies dadurch, daß ähnlich wie dies bei den Nutzerdaten erfolgt, auch die Systemdaten versioniert werden. Dann steht immer eine produktive Version des Systems, mehrere ältere Versionen und ggf. eine in Entwicklung befindliche Version zur Verfügung. Dies vereinfacht zum einen das gründliche Austesten neuer Funktionen oder Upgrades und ermöglichst dem Administrator auch im Fehlerfall das einfache Rückkehren zur einer älteren sicher lauffähigen Version.

8.6 Anpassen von PDM-Systemen

Nach den bitteren Erfahrungen, die die Unternehmen in den 70er und 80er Jahren mit selbst entwickelter Software gemacht hatten, gab es eine große Erwartung an sogenannte schlüsselfertige (turn-key) Produkte.

Die Praxis zeigt aber, daß es vor allem bei größeren Anwendungen nicht möglich ist, die speziellen betrieblichen Anforderungen an solche Systeme wie PDM durch einen einzigen Standard abzudecken. Um die Einführung derartiger Systeme mit einem möglichst geringen Aufwand durchführen zu können, fordert man deshalb einen hohen Komfort bei der Anpassung.

Bei dieser Anpassung unterscheidet man grundsätzlich zwischen zwei Vorgehensweisen – dem Tayloring und dem Customizing.

Tayloring

Man spricht von Tayloring, wenn es möglich ist das Verhalten bzw. das Erscheinungsbild der Applikation durch Auswahl von in einem Einstellungsmenü angebotenen Optionen oder festen Einstellungsvarianten anzupassen. Dies entspricht in etwa dem, was man in einer Office-Applikation über die Menüpunkte „Extras -> Optionen ...“ durchführen kann. Beim Tayloring wird vom Administrator also keinerlei Eingriff in das Datenbankschema oder die Menge der verfügbaren Funktionen vorgenommen. Tayloring führt deshalb zu einer sehr schnellen Anpassung des Systems. Die

Einstellungen sind sehr sicher gegen Fehlbedienungen. Der Nachteil und die Beschränkung dieser Vorgehensweise liegt in

- hohem Aufwand durch den Entwickler
- Beschränktheit der vorherzusehenden Anforderungen an die Anpassung des Systems
- der Notwendigkeit Ressourcen für die evtl. maximale Ausnutzung der Möglichkeiten vorzusehen. So werden oft in den Stammsätzen einige Felder „blind“ vorgesehen. Diese können bei der Einführung des Systems dann ohne weiteres bei Bedarf lediglich sichtbar gesetzt werden und erhalten einen angepaßten Titel. Damit sind nutzerspezifische Felder leicht einzurichten. Allerdings werden alle nicht benötigten Felder für jeden Eintrag unbenutzt mit geführt. Deshalb ist diese Form der Anpassung auf nur wenige optionale Felder beschränkt.

Customizing

Für alle Anpassungen, für die im Rahmen des Taylorings keine Optionen vorgesehen sind, werden weitergehende Änderungen am Datenmodell oder der funktionellen Basis notwendig, man spricht dann von customizing.

Da beim Customizing nicht vorhersehbare Änderungen am System vorgenommen werden sollen, werden ans Systeme, die dies ermöglichen, besondere systemtechnische Anforderungen gestellt. Besonders wichtig ist, daß die wichtigen Ressourcen des Systems nicht im Programmcode abgelegt sind und deshalb ohne Änderung des Codes auch nicht geändert werden können. PDM-Systeme speichern deshalb, wie zuvor beschrieben, ihre Definitionsdaten im Repository ab. Durch Anpassung dieses Repositories kann man somit auch das Verhalten und Erscheinungsbild des Systems fast uneingeschränkt anpassen. Dies wird meist durch spezielle graphische Werkzeuge, besonders zur Anpassung der Oberflächen, unterstützt. In Bild 8-25 ist ein Editor dargestellt, mit dem die Anpassung und Erweiterung der Benutzungsoberfläche sehr leicht möglich wird. Oberflächenelemente, wie Felder, Texte, Button usw. können sofort sichtbar und kontrollierbar eingefügt, angeordnet und mit den wichtigsten Attributen (wie Länge, Farben, Fonds, etc.) versehen werden.

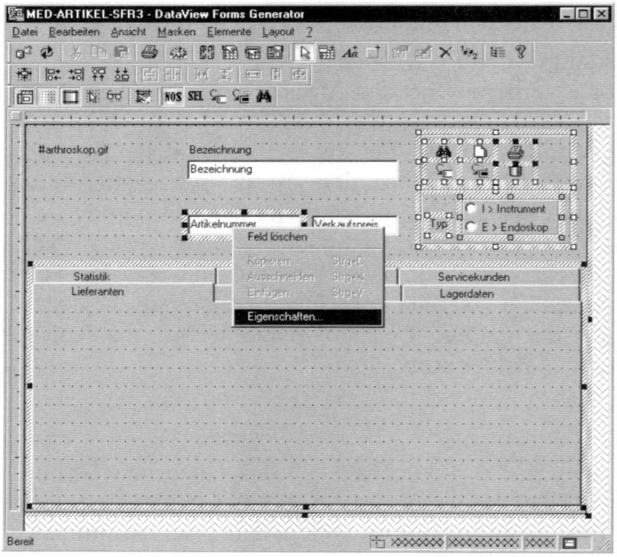

Bild: 8-25: Editor zum Customizing eines PDM Clients (Quelle: PISA GmbH)

Diese sehr weitgehende Flexibilität des Customizings hat allerdings auch ihre Grenzen:

- Da mit dem Customizing sowohl Schema als auch Funktionen weitgehend geändert werden können, ist das Risiko, ein fehlerhaftes System zu erzeugen groß. Diese Arbeit ist deshalb nur gut geschultem Personal möglich. Eine gute Vorplanung ist unerläßlich.
- Um so weiter man sich mit dem Customizing vom Originalsystem entfernt, um so größer wird der Aufwand bei einem später notwendig werdenden Upgrade. Bei unbedachten Eingriffen ist es leicht möglich, daß man die Änderungen nicht auf Folgeversionen übernehmen kann ohne den Aufwand nochmals zu tragen.

Ein besonderes Problem beim Anpassen von Applikationen an die spezifischen Forderungen einer Umgebung ist die Sprachanpassung.

Dabei muß man jedoch verschiedene Niveaus der Mehrsprachfähigkeit unterscheiden:

- Mehrsprachige Dokumente
  Oft ist es notwendig Dokumente in verschiednen Sprachen zu verwalten. Dies hat meist keinen Zusammenhang zur benutzten Dialogsprache. Deshalb muß diese Forderung beim Customizing der Stammdaten berücksichtigt werden. In den meisten Fällen ist es auch erforderlich, auf die verschiedensprachlichen Dokumente getrennt zugreifen zu können und ggf. auch getrennte Freigaben durchführen zu können. Dazu wird der

Identifikator (Nummer) des Dokumentes um ein Sprachkennzeichen erweitert (z.B. Feld mit 3 Zeichen, die den Code entsprechend der international üblichen Länderkennung aufnimmt).

- Mehrsprachige Stammdaten
  Auch wenn es nicht notwendig ist komplette Dokumente getrennt nach verschiedenen Sprachen abzulegen, kann es vorkommen, spezielle Feldinhalte in mehreren Sprachen zu verwalten (z.B. Benennungen in verschiedenen Sprachen).
  Manche PDM-Systeme bieten dazu sogenannte Mehrsprachfelder an. Diese haben für jede Sprache einen separaten Sektor und können so mehrere (teilweise bis zu 10 simultane) Spracheinträge ablegen. Zwischen diesen Einträgen kann dann während der Arbeit am System frei umgeschaltet werden.
- Verschiedensprachige Oberflächen
  Unabhängig von den Inhalten ist es oft erforderlich, die Arbeit mit dem PDM-System in verschiedenen Sprachen zu ermöglichen.
  Dies wird durch ein mehrsprachiges Repository erreicht. Dieses enthält für jede zu unterstützende Sprache separate Einträge für Dialogtexte, Meldungen, menüeinträgem, Feldtitel etc.
  Allerdings muß man darauf achten, daß es oft erforderlich weitere Unterschiede zu beachten:
  - *Bilder*
    Oft müssen außer Texten auch Bilder (Icons oder Bitmaps) je nach gewählter Sprache ausgetauscht werden
  - *Layout*
    Da Texte (z.B. Feldtitel) je nach Sprache unterschiedliche Länge aufweisen, muß oft das gesamte Layout der Masken angepaßt werden.
  - *Zeichensätze*
    Besonders bei den asiatischen Sprachen (Chinesisch, Japanisch, etc.) ist es nicht mehr möglich Zeichen in den bei uns üblichen 1 Byte zu speichern. So werden oft 2 oder mehr Byte für ein Zeichen benötigt. Dies erfordert jedoch auch eine angepaßte Software (spezielle Datenbank-Versionen; Berücksichtigung der Multibyte-Funktionen in der PDM-Applikation; ...).
  - *Kulturelle Anpassung*
    Es sei an dieser Stelle nur erwähnt, daß es gerade bei der Anwendung von Applikationen in sehr unterschiedlichen Kulturkreisen oft auch notwendig ist, die teilweise sehr unterschiedlichen Gepflogenheiten bei der Arbeit mit den Systemen zu berücksichtigen. Dies betrifft sowohl die Gestaltung der Oberfläche als auch den Ablauf von Dialogen.

9 Wirtschaftlichkeitsbetrachtungen von PDM

Die Erstellung einer betriebsspezifischen Kosten- / Nutzen-Analyse einer PDM-Einführung bereitet vielen Unternehmen erhebliche Schwierigkeiten. In den folgenden Ausführungen wird daher eine Anleitung zur Durchführung einer Wirtschaftlichkeitsbetrachtung vorgestellt (vgl. auch VDI Richtlinie 2219).

9.1 Grundlagen der Wirtschaftlichkeitsbetrachtung

Die Einführung von PDM-Systemen stellt ein Unternehmen vor eine Investitionsentscheidung, dessen Befürwortung eine langfristige Kapitalanbindung mit Folgewirkungen für den Investor bedeutet. Ob ein neues System beschafft, ein altes ersetzt oder eine Erweiterungsinvestition überhaupt vorgenommen wird, hängt von vielen externen und internen Einflussgrößen und Parametern ab, die analysiert und bewertet werden müssen.

- Markt und Absatz (externe Parameter)
  - Stellung der eigenen Produkte am Absatzmarkt (Kostendegression[1] durch andere Fertigungstechnologie),
  - Neuentwicklung und Qualitätsänderung der Konkurrenz,
  - Marktsituation : wachsender, schrumpfender Markt, Entstehen eines neuen Markts, Marktlücken,
  - Neu- und Weiterentwicklung eigener Produkte,
  - Prestigeüberlegungen,
  - Diversifizierung[2] zur Risikoreduzierung und
  - Anforderungen von Kunden bzw. vom Marktsegment
- Unternehmensdaten (interne Parameter)
  - Technisch – kostenmäßiger Gesichtspunkte :
    - Unbrauchbarkeit des alten PDM-Systems,
    - Modernisierungsgrad des vorhandenen Systems im Vergleich zur Konkurrenz oder zum Angebot am Markt,
    - Kapazitätsengpässe und
    - Rationalisierungen

---

[1] Kostendegression : relative Kostenabnahme bei steigender Produktionsmenge [Dudenverlag]

[2] Diversifizierung: gezielte Ausweitung des Produktions- und/oder des Absatzprogramms auf bisher nicht angebotene Erzeugnisse, die aber in sinnvollem Zusammenhang mit den bisher erzeugten bzw. abgesetzten Produkten stehen [Dudenverlag]

- Finanzwirtschaftliche Gesichtspunkte (Finanzbedarfsdeckung) :
  - Kapitalaufnahme (Eigen- bzw. Fremdfinanzierung),
  - Vorhandene Mittel und
  - Rückflüsse aus vorangegangenen Investitionen
- Steuerliche Gesichtspunkte :
  - Abschreibungen (neue Investitionen reduzieren i.a. die Steuerzahlung durch Minderung des Jahresüberschusses)

Ausgehend von den allgemeinen Einflussgrößen und Erfahrungswerten aus der Praxis erfolgt in der Investitionsrechnung eine ganzheitliche Erfassung und Bewertung **aller** Kosten und Nutzen einer PDM-Einführung (Bild 9-1).

Dabei wichtig zu beachten ist, dass aus einer rein kaufmännischen Sicht, bei alleiniger Berücksichtigung der eindeutig rechenbaren Nutzengrößen eine Systemeinführung i.d.R. zum Scheitern verurteilt ist. Erst die Berücksichtigung der qualitativen Nutzenvorteile in quantifizierbarer Form und ihre Abbildung auf monetären Nutzengrößen ermöglicht eine umfassende Bewertung.

Für die Durchführung von Investitionsrechnungen stehen verschiedene Verfahren zur Wahl, die sich mehr oder weniger zur Ermittlung der Wirtschaftlichkeit von PDM-Systemen eignen.

Die Problematik bei der Anwendung dieser rein mathematischen Methoden liegt darin, dass sich zwar die Kosten einer PDM-Einführung vergleichsweise einfach und eindeutig zuordnen lassen, aber die Erfassung und Quantifizierung der Nutzen sich als deutlich schwieriger gestalten. Denn den Auswirkungen eines durchgängigen Informationsflusses in einem Unternehmen stehen meist keine einfach zu ermittelnden direkten monetären Nutzen gegenüber, wie es z.B. bei einer NC-Maschine mit bekannten Leistungsdaten der Fall wäre.

Nach einer Studie von Emery und Frese kann der wirtschaftliche Nutzen, der sich aus einer Integration aller Informationsstellen in einem Unternehmen ergibt, im Vergleich zu einem Betrieb mit rechnergestützten Insellösungen in einem Schaubild verdeutlicht werden (Bild 9-2) [SHD-88].

Dabei wird die Differenz zwischen dem theoretisch möglichen Optimum und dem tatsächlich realisierten Maß an Informationsaustausch durch die Kosten der Autonomie ausgedrückt. Der wirtschaftliche Nutzen ergibt sich dann letztendlich aus der Differenz von den jeweiligen Gesamtkosten, die sich wiederum aus der Addition der entsprechenden Kommunikationskosten mit den Autonomiekosten zusammensetzen.

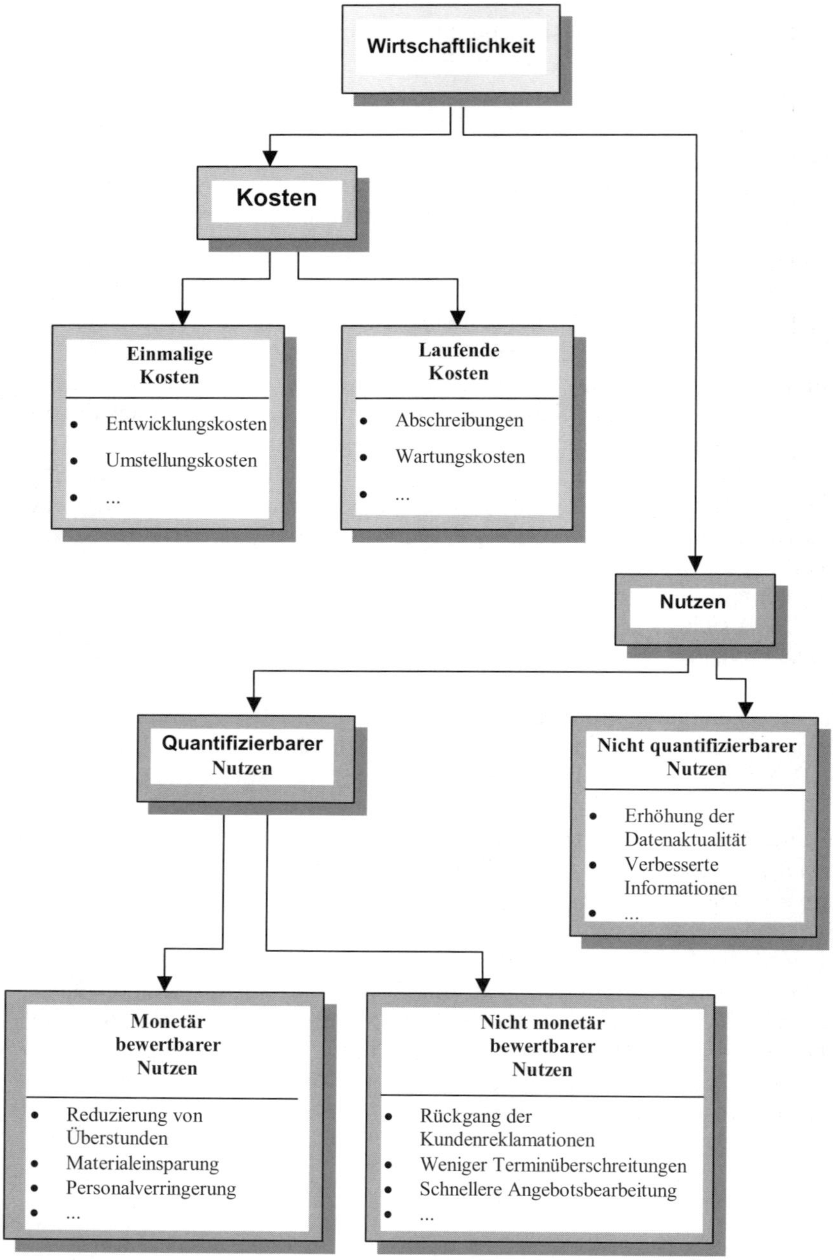

Bild 9-1: Kosten und Nutzen einer PDM-Einführung innerhalb einer einer Wirtschaftlichkeitsbetrachtung

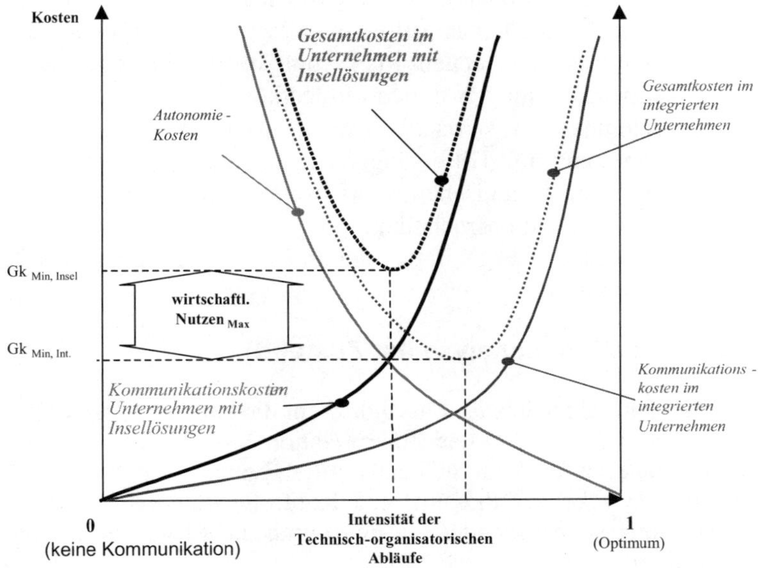

Bild 9-2: Darstellung des Nutzens bei Integration von Insellösungen; in Anlehnung an [SHD-88]

Wie aus dem Bild zu entnehmen ist, sind die Gesamtkosten in integrierten Unternehmen stets niedriger als in solchen mit rechnergestützten Inseln. Der Grund hierfür liegt unter anderem in den geringeren Kommunikationskosten des integrierten Unternehmens (vor allem bedingt durch die niedrigeren Kosten beim Informationsaustausch zwischen den Abteilungen).

9.2 Erstellen einer Investitionsanalyse für PDM

Im Folgenden wird eine fünfstufige Vorgehensweise vorgestellt, um den wirtschaftlichen Nutzen in einer Investitionsrechnung zu erfassen und in eine Investitionsentscheidung einzubringen [SAR-99]:

1. **Schritt :** Ermittlung des IST-Zustands, d.h. neben einer allgemeinen betriebswirtschaftlichen Statistik, einer unternehmensweiten Verfolgung und zeitliche Registrierung des bisherigen Informationsflusses zwecks Bestimmung der *effektiven Kosten* zur Deckung des betrieblichen Informationsbedarfs und der vorhandenen Schwachstellen.
2. **Schritt :** Feststellung und Unterteilung der Auswirkungen einer betrieblichen PDM-Einführung in *monetäre* und *nicht monetäre* Größen. Anschließende Transformation der nicht monetä-

ren Größen anhand einer firmenspezifisch erstellten Werteskala in monetäre Größen.

3. Schritt : Eintragung aller quantifizierten Größen in ein *Kosten-Nutzen-Erfassungsmodell*, das firmenspezifische Schwerpunkte erkennen lässt, aus denen Rückschlüsse auf eine eventuelle Systemeinführung gewonnen werden können.

4. Schritt : Berechnung der Wirtschaftlichkeit, je nach vorliegendem Datenbestand, mit Hilfe gängiger mathematischer Methoden, wie z.B. der dynamischen Kapitalwertmethode oder der statischen Amortisationsrechnung.

5. Schritt : Einbringen des Ergebnisses der Investitionsrechnung in die Investitionsentscheidung.

Zu Schritt 1 der Investitionsanalyse (Ist-Zustand)

Als Grundlage einer Aufnahme des Ist-Zustands dient die betriebswirtschaftliche Statistik. Sie ist die Analyse und Interpretation von in- oder extern anfallendem Zahlenmaterial des Unternehmens mittels statistischer Methoden und Verfahren zum Zwecke der Planung und Kontrolle unternehmerischer Dispositionen. Sie umfasst insbesondere in den durch die PDM-Einführung tangierten Organisationsbereichen [GAB-92]:

- die Statistik der Arbeitskräfte nach Tätigkeitsart und –verteilung,
- die Leitungsstatistik, die die Pro-Kopf Leistung, den Auslastungsgrad von Personal und Anlagen sowie die Arbeitsintensität ermittelt,
- Statistik der Kostenstruktur und Kostenentwicklung,
- die Qualitätsstatistik,
- die Statistik der gesamtwirtschaftlichen Entwicklung und
- die Statistik der Branchenentwicklung.

Diese Daten liegen in den Unternehmen vor und müssen spezifisch für die PDM-Analyse aufbereitet werden.

Ergänzend zur Auswertung der betrieblichen Basisdaten sollte der Aufwand zur Deckung des PDM-relevanten betrieblichen Informationsbedarfs ermittelt werden. Dieses Vorgehen dient einerseits dazu die Informationswege über den ganzen Produktdefinitionsprozess hinweg aufzuzeigen und andererseits die damit verbundenen Kosten (hier ausgedrückt in Arbeitszeit oder direkt in DM) nach Möglichkeit isoliert zu betrachten.

a) Informationsbeschaffung :

- Suche nach neuen Produktideen und Märkten,
- Suche nach bestehenden Lösungen (Re-use),
- Informationen über Gesetzesauflagen, Patenten u.s.w.
- Bereitstellung von Informationen und
- Abrufen von Daten
- andere

b) Informationserzeugung

- CA-Systeme,
- Dokumentationssysteme,
- Scanner,
- ERP,
- andere

c) Informationsweiterleitung :

(Medien : Post, Datenträger, Telefon, Fax, Email, WEB, ...)

- Datenaustausch zwischen CA-Systemen und ERP,
- Datenaustausch zwischen CA-Systemen,
- Datenaustausch zwischen organisatorischen Einheiten,
- Datenaustausch zu Kunden,
- Datenaustausch mit Zulieferern und
- andere

d) Informationsverarbeitung:

- Datentransformation,
- Administrationstätigkeiten (z.B. Freigabe- und Änderungswesen),
- Statistische Auswertungen und
- andere

e) Informationsspeicherung :

(Beurteilung nach Zugriffszeit und Anschaffungskosten)

- Papier,
- Mikrofilm,
- Diskette,
- Band,
- Festplatte,
- CD-ROM,
- Raumkosten und
- andere

Zu Schritt 2 der Investitionsanalyse (Feststellen der betriebsspezifischen Auswirkungen der PDM-Einführung)

Der Grad der Auswirkungen ist unternehmensspezifisch und sollte in jedem Unternehmen ermittelt und beurteilt werden. Die in Bild 9-3 aufgeführten

Anmerkungen wurden aus der Literatur und Anwenderberichten am häufigsten als positive Auswirkungen einer PDM-Einführung genannt [VAS-97]:

- Management und Automatisieren von Abläufen im Engineering,
- Verringerung von Durchlaufzeiten und Entwicklungskosten,
- Vermeidung von Doppelarbeit sowie Unterstützung und Steuerung von Arbeitsfolgen (Workflow-Management),
- Vollständige und transparente Auftragsverfolgung, Bereitstellung von Informationen für das Management,
- Unterstützung des Freigabe- und Änderungswesens,
- Einfache Klassifizierung von Produkten und Komponenten,
- Effektiveres Informationsmanagement, Verbesserung der Nutzung von Informationssystemen,
- Schneller und eindeutiger Zugriff sowie Wiederverwendung von Informationen (Information Re-use),
- Automatische Datensicherung und –archivierung,
- Hohe Datensicherheit durch weitgehend redundanzfreie Speicherung
- Speicherung des Unternehmens know-how,
- Verbesserung der Leistungsfähigkeit der einzelnen Unternehmensfunktionen und des gesamten Unternehmens und
- Infrastruktur für eine effektivere Arbeit in den Engineering-Bereichen

Bild 9-3: Auswirkungen der PDM Einführung

Die damit korrelierenden Möglichkeiten zur Kostensenkung sind in Bild 9-4 zusammengestellt:

- Reduktion der Zahl der Mitarbeiter in den Engineering-Bereichen,
- Reduktion der Zahl der Mitarbeiter in den dazu benötigten Stabsabteilungen
- Reduktion der Materialkosten im Entwicklungsbereich,
- Reduktion der Qualitätskosten (besonders für Nacharbeiten),
- Reduktion der Kosten für Einführung neuer bzw. Anpassung vorhandener Produkte,
- Reduktion des Bestandes an Halbfertigwaren und der Bearbeitungskosten,
- Reduktion der Kosten für Lagerhaltung von Produkten,
- Reduktion der Kosten zur Informationsspeicherung und –bereitstellung,
- Reduktion der Garantie- und Kundendienstkosten,
- Reduktion der Kosten für Konventionalstrafen und Verzug bei Lieferung sowie
- Reduktion der Kosten für die Dokumentation

Bild 9-4: Kostensenkungspotentiale

Nachdem eine Abschätzung der Einflüsse auf das Unternehmen durch eine PDM-Einführung erfolgt ist, gilt es, die monetär quantifizierbaren Größen von den schwer monetär quantifizierbaren Größen zu trennen. Dabei ist es sinnvoll zur Vorbereitung auf Schritt 4 bei der Erfassung eine

Einteilung in direkte und indirekte Größen vorzunehmen (Bild 9-5 in Anlehnung an [SCH -88]).

monetär quantifizierbare Größen	schwer monetär quantifizierbare Größen
<u>direkte Nutzengrößen</u> • Vermeidung von Mehrfacheingaben gleicher Daten • weniger Wartezeiten • geringerer Aufwand für Produkt- bzw. -Komponentenerfassung • geringerer Aufwand für das Änderungswesen • Vermeidung bzw. drastische Verringerung des Unterlagenflusses • Senkung der Lagerbestände • Senkung der Werkstattbestände • Senkung der Materialkosten • Senkung der Kosten Informationsspeicherung und –bereitstellung • ...	<u>direkte Nutzengrößen</u> • weniger Unterbrechungen im Arbeitsablauf • weniger Routinetätigkeiten • erhöhte Standardisierung • höhere Systemsicherheit • Vermeidung bzw. drastische Verringerung von Übertragungsfehlern • eindeutige Verantwortungszuweisung für Informationsinhalte • ...
<u>indirekte Nutzengrößen</u> • Senkung der Personalkosten • Senkung der Energiekosten • höhere Kapazitätsauslastung • Senkung der Durchlaufzeit • höhere Ausführungsqualität • Senkung der Garantie- und Kundendienstkosten • Senkung Kosten für Konventionalstrafen und Verzug bei Lieferung • ...	<u>indirekte Nutzengrößen</u> • fertigungs- und montagegerechtere Konstruktionen • Einbeziehung logistischer Aspekte bereits im Planungsstadium • Verkürzung der Produktanlauf- und Produktionsausfallzeiten bei Einführung neuer Produkte • Überwindung von Abteilungsdenken • höhere Akzeptanz hinsichtlich der Benutzung von Informationen • höherer Flexibilitätsgrad • höherer Qualitätsgrad • größerer Absatz/Umsatz • ...

Bild 9-5a: Einteilung der Wirkungsgrößen eines PDM-Systems

monetär quantifizierbare Größen	schwer monetär quantifizierbare Größen
<u>direkte Kosten</u> • PDM/EDM-Software • neue bzw. erweiterte PDM/EDM ergänzende Software • neue bzw. erweiterte Hardware • ...	<u>direkte Kosten</u> • ...
<u>indirekte Kosten</u> • Systemeinführung • Schulung der Anwender • Altdatenerfassung	<u>indirekte Kosten</u> • entstehende Kosten bei Nichteinführung von PDM ...

Bild 9-5b: Einteilung der Wirkungsgrößen eines PDM-Systems

Die Problematik der nicht monetären Nutzengrößen ist ihre Abbildung auf fiktive monetäre Werte. An dieser Problematik scheitern viele Wirtschaftlichkeitsbetrachtungen von PDM- Systemen. Auch nicht monetäre Nutzengrößen bewirken einen :

- Zugewinn in Geld durch Erhöhung der wertschöpfender Arbeitszeit und/oder
- Zugewinn in Geld, das nicht zusätzlich ausgegeben werden muss und/oder
- Zugewinn in Geld durch indirekte Einsparung/Rationalisierung und/oder
- Zugewinn in Geld durch mehr Absatz.

Nicht monetäre Kostengrößen haben i.d.R. zur Folge :

- Verlust in Geld durch Absatzrückgang und/oder
- Verlust in Geld, das zusätzlich ausgegeben werden muss.

Nachdem die monetären Auswirkungen der Einflussgrößen definiert worden sind, stellt sich die Frage nach der Intensität bzw. Betrag der Einflussgröße.

Eine Orientierungshilfe zur Beantwortung dieser Frage kann eine von der E+P AG bei Kunden durchgeführten Studie bilden, die eine Gewichtung der Nutzenerwartungen an ein PDM-System von fachkundiger Personen vornehmen ließ [HOH-94]. Die Bewertung erfolgte nach der Wichtigkeit der jeweiligen Nutzengröße in den Einstufungen von 1 bis 9, wobei 1 für sehr unwichtig und 9 für sehr wichtig steht.

Unwichtig durchschnittl. wichtig

Erwartete Nutzengröße □□□ □□□ □□□

1 2 3 4 5 6 7 8 9

Die Ergebnisse der Befragungen sind als graphische Darstellungen (Bild 9-6) der Mittelwerte aufgeführt und zeigen in ihrer Summe das aus dieser Umfrage erhaltene Nutzenprofil.

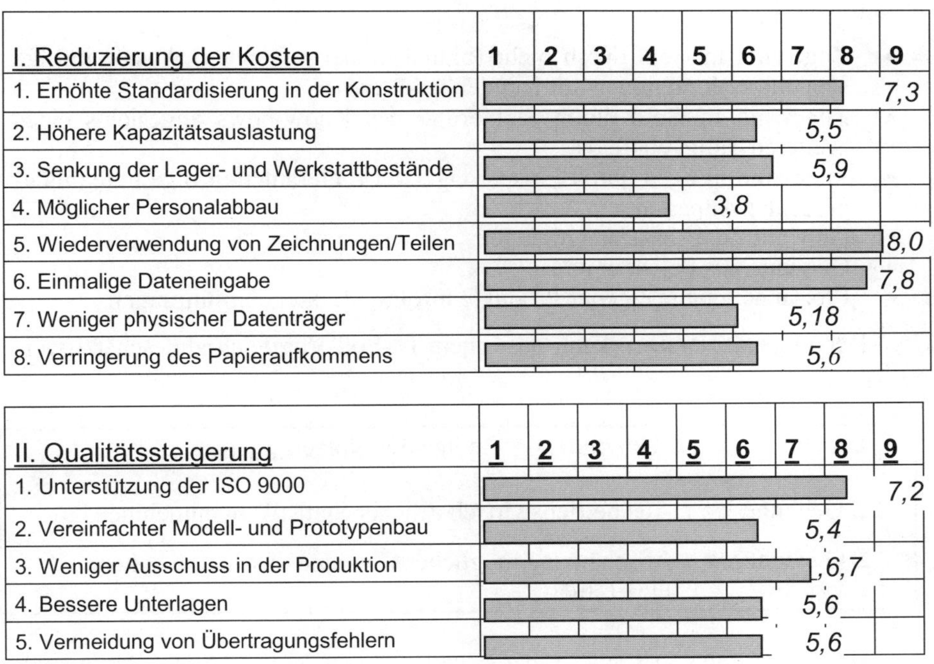

Bild 9-6: Auszug aus Nutzenprofil (Quelle: E+P AG)

Mit Beachtung dieser Bewertung kann nun eine Transformation der schwer monetär erfassbaren Einflussgrößen in monetäre Größen vorgenommen werden. Ein Versuch, wie dieses umgesetzt werden kann, soll an folgendem Beispiel demonstriert werden:

Beispiel : höherer Flexibilitätsgrad als eine schwer quantifizierbare indirekte Nutzengröße

Definition : Flexibilität bedeutet in diesem Zusammenhang die Fähigkeit von Unternehmen auf Kunden- und Lieferantenwünsche bzw. Forderungen, Marktveränderungen und -entwicklungen reagieren zu können.

Höhere Flexibilität bietet u.a. folgende indirekt ableitbaren monetären Nutzenkomponenten:

- Zugewinn in Geld durch mehr (branchenübergreifenden) Absatz infolge schnellerer Reaktionen auf Kundenbedürfnisse,
- Zugewinn in Geld durch Steigerung des Know-hows angesichts eines breiteren Tätigkeitsfelds,
- Zugewinn in Geld durch Einsparungen an Lieferanten infolge lieferantengerechter Anpassung,
- Gewinne aus Absatzsteigerungen,
- Gewinne aus Patenten und
- Preisanhebungen eigener Produkte infolge Marktersteinführungen.

Der monetäre Nutzen kann aus einem Ist-Soll-Vergleich abgeschätzt werden :

$$\Sigma\ \text{Gewinne}_{\text{Soll}} - \Sigma\ \text{Gewinne}_{\text{Ist}} = \text{monetärer Nutzen}_{\text{höhere Flexibilität}}$$

Σ Gewinne$_{\text{Ist}}$: Aus betriebswirtschaftlicher Statistik zu entnehmen

Σ Gewinne$_{\text{Soll}}$: Abschätzung möglicher Gewinne durch eine höhere Flexibilität

Da die Gewinne aus dem Soll-Zustand (Gewinne$_{\text{Soll}}$) nur Schätzwerte sind, können generell bei Unsicherheit zwei Abschätzungen durchgeführt werden mit jeweils maximalen bzw. minimalen Gewinnwerten:

1) $\Sigma\ \text{Gewinne}_{\text{Soll,max}} - \Sigma\text{Gewinne}_{\text{Ist}} = \text{monetärer Nutzen}_{\text{höhere Flexibilität,max}}$

2) $\Sigma\ \text{Gewinne}_{\text{Soll,min}} - \Sigma\text{Gewinne}_{\text{Ist}} = \text{monetärer Nutzen}_{\text{höhere Flexibilität,mim}}$

Zu Schritt 3 der Investitionsanalyse (Kosten-Nutzen-Erfassungsmodell)

Nachdem alle relevanten Größen in quantifizierter Form vorliegen, erfolgt die Eintragung der Geldwerte in ein *Kosten-Nutzen-Erfassungsmodell.* Das Modell baut sich auf aus einem Kostenteil und einem Nutzenteil (Bild 9-7).

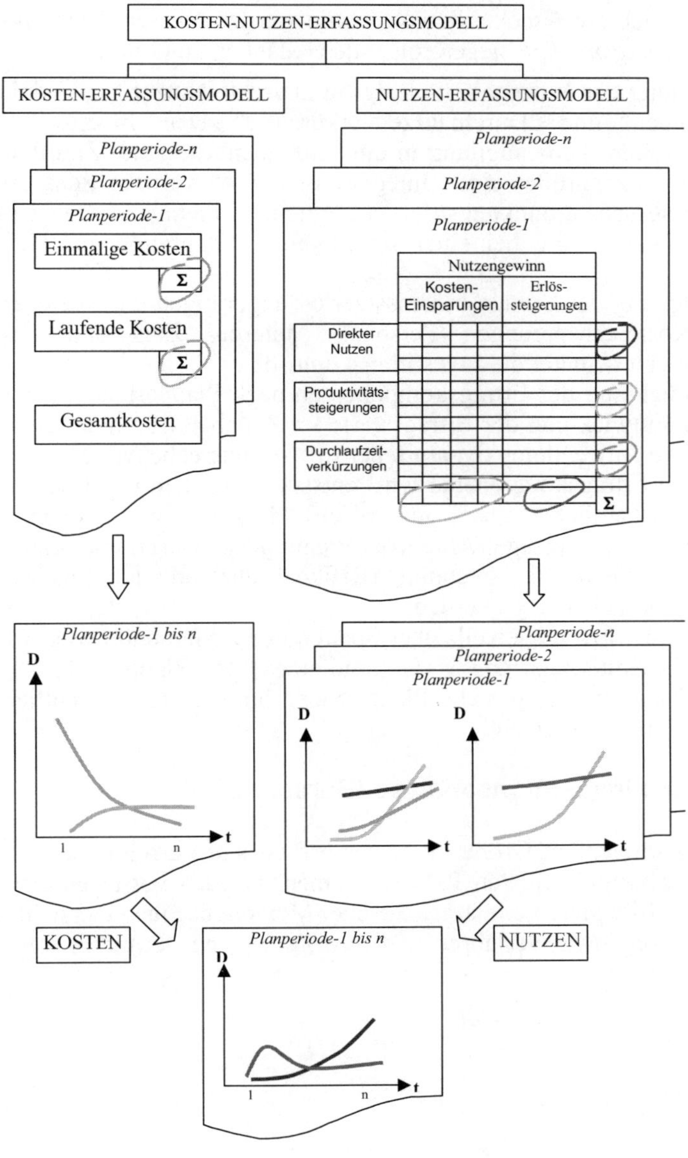

Bild 9-7: Grobaufbau und Auswertung des Kosten-Nutzen-Erfassungsmodell

Bei der Erfassung aller anfallenden, für den jeweiligen Betrieb relevanten, Kosten für die Einführung und Anwendung eines PDM-Systems in einem *Kostenerfassungsmodell*, werden die Beträge in „Einmalige-" und „Laufende Kosten" unterschieden, die sich wiederum in weitere Kostenarten aufteilen. Diese Aufteilung ermöglicht eine zeitbezogene Betrachtung der Investitionsbelastungen nach Planperioden.

Die Erfassung der Nutzen gestaltet sich im Vergleich zu den Kosten umfangreicher, da mehrere Aspekte berücksichtigt werden müssen. Dem Aufbau des *Nutzenerfassungsmodells* liegen folgende Gedanken zu Grunde:

1. Die Grobteilung der Nutzenarten erfolgt in „Direkte Nutzen", „Produktivitätssteigerungen" und „Durchlaufzeitverkürzung". Dem Investor wird durch eine weitere Feineinteilung in eine aufgabenbezogene Zuordnung , der von den Nutzengrößen einer Integration bewirkten Erträge, das Erkennen von Ertragsschwerpunkten sofort ermöglicht (→hieraus lassen sich z.B. Prioritäten ableiten, die bei einer schrittweisen Integration zur Geltung kommen).
2. Eine Unterteilung der Erträge in Umsatzerlössteigerungen und kostenartenbezogene Kosteneinsparungen (Personal-, Material-, Zins- und sonstige Kosten) erleichtert später die Investitionskontrolle.
3. Die Unterscheidung der Ertragskomponenten nach Planperioden, zur Darstellung der Entwicklung der Ertragswerte im Zeitablauf ist unter anderem wichtig für die Anwendung dynamischer Investitionsrechenverfahren.
4. Jede einzelne Ertragskomponente wird entsprechend dem Grad der Realisierungswahrscheinlichkeit nach minimalen (Min), maximalen (Max) und durchschnittlichen (Average) Anteilen getrennt ausgewiesen und kann entsprechend in der Investitionsrechnung (Risikoabschätzung durch mehrfache Berechnung) berücksichtigt werden.
5. Die Summen der Erträge jeweils über Spalten und Zeilen und deren Addition zu der Gesamtertragssumme (Gesamtnutzen) pro Planperiode werden separat in Diagrammen über alle Planperioden hinweg zur Verdeutlichung ihrer Entwicklung dargestellt.

Zu Schritt 4 der Investitionsanalyse (Berechnung)

Wenn alle auftretenden Größen monetär erfasst sind, erfolgt die Berechnung der Wirtschaftlichkeit von PDM-Systemen, je nach vorliegendem Datenbestand, mit Hilfe gängiger mathematischer Methoden. Eine Übersicht über verschiedene Berechnungsverfahren und ihre Zuordnung vermittelt folgende Darstellung (Bild 9-8).

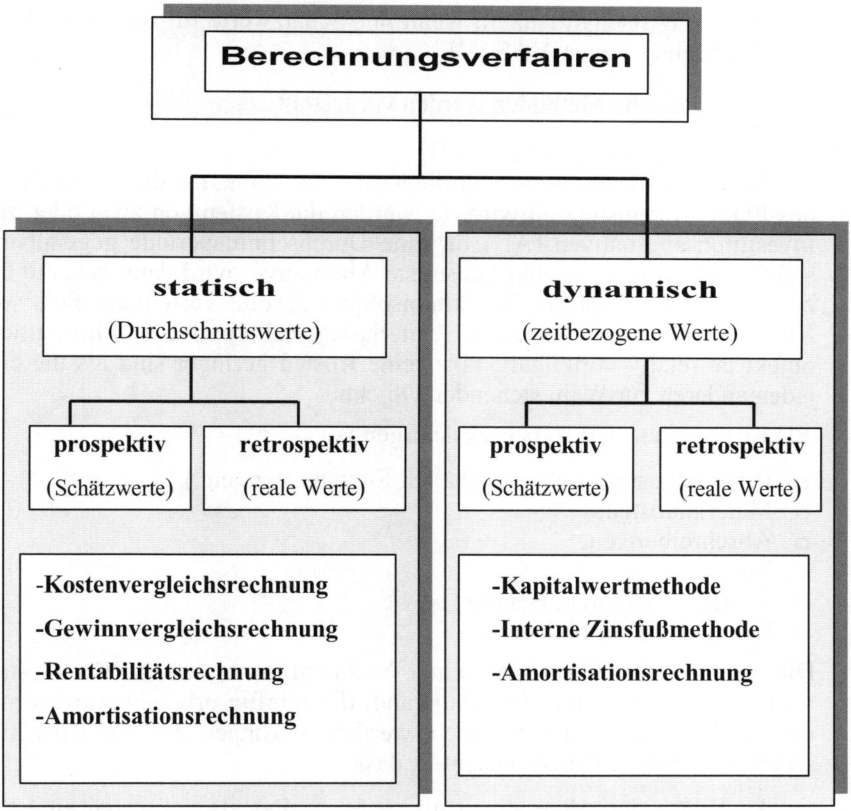

Bild 9-8: Gliederung der Berechnungsverfahren [VAS-97]

Die Verfahren zur Berechnung der Wirtschaftlichkeit eines PDM-Systems lassen sich einerseits in prospektive und retrospektive und andererseits in statische und dynamische Verfahren gliedern.

- Bei der *prospektiven Betrachtung* werden die von der Einführung und Anwendung des PDM-Systems erwarteten Kosten und Nutzen geschätzt oder aus Erfahrungswerten ermittelt.
- Bei der *retrospektiven Betrachtung* gehen die tatsächlich angefallenen Kosten und Nutzen in die Berechnung der Wirtschaftlichkeit ein.

Statische Berechnungsverfahren

Die statischen oder einperiodischen Methoden der Investitionsrechnung, die prospektiv oder retrospektiv angewendet werden können, gehen von vereinfachenden Annahmen aus (z.B. durchschnittliche jährliche Kosteneinsparungen, durchschnittlich gebundenes Kapital), die das Anlaufverhalten einer PDM-Anwendung nicht berücksichtigen und damit den Aussagewert für die Beurteilung von Investitionsalternativen erheblich einschränken. Trotzdem haben diese Verfahren vor allem dann ihre Berechtigung bei der prospektiven Bestimmung der Wirtschaftlichkeit, wenn nur Schätzwerte für Kosten und Nutzen zur Verfügung stehen[VAS-97].

Folgende statische Methoden werden vorgestellt :

Kostenvergleichsrechnung [GOB-93]

Die bestimmende Größe ist hier die Kostenreduktion, die durch den Einsatz des PDM-Systems erzielt wird. Es werden die Kosten von zwei oder mehr Investitionsalternativen (Aj) für eine Durchschnittsperiode gegenübergestellt und die kostenmäßig günstigste Alternative wird dann gewählt (Tabelle 9-9). Dabei ist ein Investitionsobjekt absolut vorteilhaft, falls seine Kosten geringer sind als die der Unterlassungsalternative. Ein Investitionsobjekt ist relativ vorteilhaft, falls seine Kosten geringer sind als die eines jeden anderen zur Wahl stehenden Objekts.

Als Kostenarten sind zu berücksichtigen :

- Personalkosten (Löhne, Gehälter, Sozialkosten, etc.),
- Materialkosten,
- Abschreibungen,
- Zinsen,
- Steuern, Gebühren, Beiträge sowie
- Kosten für Fremdleistungen

Die entstehenden Kosten bei einer Nichteinführung eines PDM-Systems sind gleichzusetzen mit dem Aufwand, der künftig erbracht werden muss um den äußeren Zwängen gerecht werden zu können. Bei der Kostenvergleichsrechnung gilt es zu beachten, dass

- die Erlöse der Alternativen gleich hoch sind, da ansonsten eine Kostenminimierung nicht unbedingt einer Gewinnmaximierung entspricht,
- keine zeitlichen Unterschiede im Anfallen der Kosten gemacht werden

Die Kostenvergleichsrechnung wird oft angewandt bei :

- Auswahlproblemen: Welche von mehreren funktionsgleichen Anlagen soll installiert werden ?
- Ersatzproblemen: Soll eine vorhandene Anlage in einem bestimmten Zeitpunkt ersetzt werden oder nicht ?

Kosten [TDM]	Alternativen			
	kein PDM	A-1	A-2	A-n
Einmalige Kosten :				
Investition in das PDM-System				
Abfangsinvestition in ergänzende SW				
Abfangsinvestition in ergänzende HW				
Investition in Kommunikations-SW/HW				
Ausbildungskosten am System				
Kosten für Arbeiten im Vorfeld				
Beratungs- und Planungskosten				
Kosten für die Systemauswahl				
Folge-/Erweiterungsinvestition in PDM-SW				
Folge-/Erweiterungsinvestition in PDM-bezogene HW				
Folge-/Erweiterungsinvestition in Kommunikationssysteme				
Folge-/Erweiterungsinvestition in ergänzende/ unterstützende-SW				
Sonstige Kosten				
Laufende Kosten :				
Wartung				
Zusätzliche Wartungskosten für ergänzende/unterstützende SW				
PDM-Administration				
Administration : ergänzende SW				
Entwicklung, Einführung, Schulung neuer Arbeitstechniken				
Kosten für den PDM-Betrieb und der dazu erforderlichen Mitarbeiter				
Kosten für die Kommunikation				
Laufende Anpassung des PDM-Systems				
Laufende Integration mit internen und externen Anwendungen				
Datenübertragung aus anderen Systemen in das PDM-System				
Fortlaufende Anpassung von Geschäftsprozessen				
Laufende Weiterbildung und Beratung der Anwender				
Teilnahme an PDM-Konferenzen und Anwendergruppen				
Fremdleistung				
Sonstige Kosten				
Kosten bei Nichteinführung				

Tabelle 9-9: Kostenvergleichstabelle von PDM-Alternativen

Gewinnvergleichsrechnung

Bei der Gewinnvergleichsrechnung werden neben den Kosten auch die Leistungen einbezogen. Die Zielgröße ist der durchschnittliche Gewinn, der als Differenz aus Leistungen und Kosten ermittelt wird:

$$Gewinn_{A\text{-}i} = Umsatz_{A\text{-}i} - Kosten_{A\text{-}i}$$

Dabei ist ein Investitionsobjekt absolut vorteilhaft, falls sein Gewinn größer als Null ist. Ein Investitionsobjekt ist relativ vorteilhaft, falls sein Gewinn größer ist als der eines jeden anderen zur Wahl stehenden Objektes. Die Werte werden in ein Formular entsprechend der Bild 9-10 eingetragen.

	Alternativen			
	kein PDM/EDM	**A-1**	**A-2**	**A-n**
KOSTEN (siehe Kostenvergleichsrechnung !)				
Umsatz (Schätzwerte !)				
Gewinn = Umsatz-Kosten				
Alternative mit dem höchsten Durchschnittsgewinn				

Bild 9-10: Gewinnvergleichsrechnung für PDM-Systeme

Zu beachten ist, dass eine Gewinnvergleichsrechnung nur dann brauchbar ist, wenn es sich um Investitionen mit gleicher Nutzungsdauer sowie gleichem Kapitaleinsatz handelt und der Output fest vorgegeben und sicher ist. Andernfalls sind Fehlentscheidungen nicht auszuschließen [BUR-97].

Rentabilitätsrechnung

Die Wirtschaftlichkeit wird bei der Rentabilitätsrechnung anhand der durch die Investition erzielbaren Verzinsung des eingesetzten Kapitals beurteilt. Damit die Investition wirtschaftlich ist, muss die Rentabilität einen vom Unternehmen vorgegebenen Grenzwert übersteigen.

Die Rentabilitätsrechnung unterscheidet sich von der Gewinnvergleichsrechnung im Hinblick auf die Zielgröße. Bei dieser handelt es sich um eine

Rentabilität, die aus dem Verhältnis einer Gewinngröße zu einer Kapitaleinsatzgröße gebildet wird.

$$\text{Rentabilität} = \frac{\textit{Gewinn}}{\textit{Kapitaleinsatz}}$$

Die Gewinngröße und Kapitaleinsatzgröße können unterschiedlich definiert werden. Zweckmäßig erscheint es, als Kapitaleinsatzgröße die durchschnittliche Kapitalbindung zugrunde zu legen. Die Gewinngröße kann als Summe aus dem durchschnittlichen Gewinn und den Durchschnittszinsen ermittelt werden [GOB-93].

$$\text{Rentabilität} = \frac{\textit{durchschnittl. Gewinn} + \textit{durchschnittl. Zinsen}}{\textit{durchschnittl. Kapitaleinsatz}}$$

Dabei ist ein Investitionsobjekt absolut vorteilhaft, falls seine Rentabilität höher ist als ein vorzugebender Grenzwert. Ein Investitionsobjekt ist relativ vorteilhaft, falls seine Rentabilität höher ist als die eines jeden anderen zur Wahl stehenden Objekts.

Amortisationsrechnung

Das Kriterium bei der Amortisationsrechnung ist die Amortisationsdauer (A) oder die Kapitalrückflusszeit (Länge des Zeitraums für den Rückfluss des eingesetzten Kapitals), die unter einem vorgegebenen Grenzwert liegen muss.

$$A = \frac{\textit{Kapitaleinsatz}}{\textit{jährliche Nutzen} + \textit{Abschreibungen}} \; [\textit{Jahre}]$$

Dynamische Berechnungsverfahren

Die dynamischen, mehrperiodischen Verfahren (Kapitalwertmethode und deren Varianten wie die interne Zinsfußmethode und die Barwertmethode) gehen davon aus, dass den zu beurteilenden Investitionsmöglichkeiten jeweils eine Auszahlungs-(Ausgaben-) Reihe und eine Einzahlungs-(Einnahmen-) Reihe zugeordnet werden kann. Ein Vergleich dieser Reihen mit Hilfe eines vorzugebenden Kalkulationszinsfußes auf den gleichen Zeitpunkt diskontiert, zeigt, ob eine Investition vorteilhaft ist oder nicht; bei mehreren möglichen Investitionen unter bestimmten Voraussetzungen, welche davon die günstigste ist [GAB-92, VAS-9, GOB-93]. Bilder 9-11 und 9-12 zeigen diesen Vergleich.

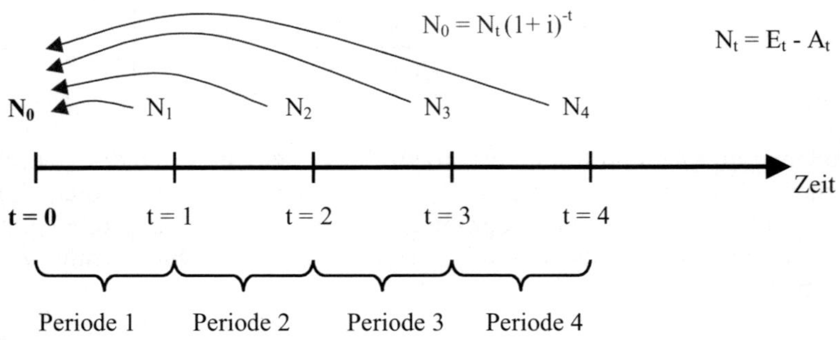

Bild 9-11: Abzinsungen von Nettozahlungen (N_i) bei der Kapitalwertmethode [GOB-93]

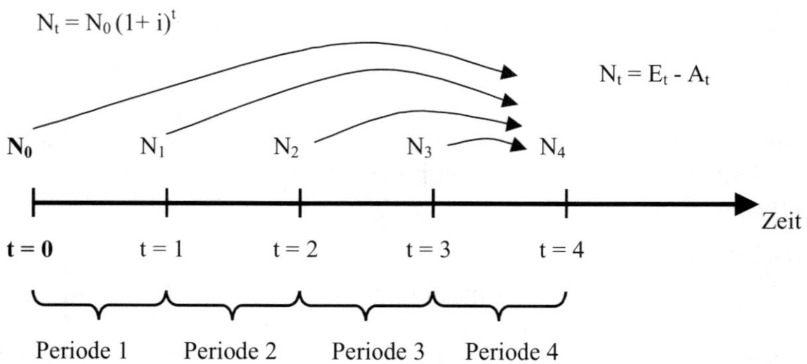

Bild 9-12: : Aufzinsungen von Nettozahlungen (N_i) bei der Kapitalwertmethode [GOB-93]

Kapitalwertmethode (Barwertmethode) [REN-95]

Eine auf den Zeitpunkt t=0 diskontierte Zahlung bezeichnet man als Barwert. Der Kapitalwert einer Investition ergibt sich aus der Differenz der Summe der Barwerte aller Einnahmen und der Summe der Barwerte aller Ausgaben. Die Diskontierung erfolgt mit einem Zinssatz, die der gewünschten Mindestverzinsung (Kalkulationszinsfuß) des Investors entspricht.

Ist der Kapitalwert gleich Null, so wird gerade diese Mindestverzinsung erzielt, d.h. die Einzahlungsüberschüsse reichen aus, um die Anfangszahlungen zu tilgen und das investierte Kapital zum Kalkulationszinsfuß zu verzinsen. Bei positivem Kapitalwert wird eine über dem Zinsfuß liegende Verzinsung des eingesetzten Kapitals erzielt, bei einem negativen Kapitalwert eine darunter liegende.

$$C_0 = -I + \sum_{t=1}^{t=T} \frac{(E_t - A_t)}{(1+i)^t}$$

C_0 = Kapitalwert
I = Investition (Kauf)/Sonderzahlung (Leasing),Jahr 0
E_t = Einzahlungen(Einsparungen)in t
A_t = Auszahlungen (Ausgaben)in t
i = Zinsfuß (gewünschte Mindestverzinsung)
T = Laufzeit (i.d.R. Abschreibungsdauer)

Interne Zinsfußmethode [REN-95]

Bei der Methode des internen Zinssatzes sucht man den Diskontierungssatz, bei dem die Barwerte der Einzahlungen den Barwerten der Auszahlungen entsprechen, was zu einem Kapitalwert von Null führt. Auf diese Weise erhält man die Effektivverzinsung eines Investitionsprojekts.

Gegeben :	$C_0 = 0$ → Laufzeit T
Berechnung :	i* (C_0=0,T)
Ergebnis :	wenn i* > i, dann absolute Vorteilhaftigkeit für das Investitionsobjekt

$$C_0 = 0 = -I + \sum_{t=1}^{t=T} \frac{(E_t - A_t)}{(1+i^*)^t}$$

Für t > 3 lässt sich die Gleichung nicht mehr explizit auflösen, d.h. die Lösung für i* ist durch ein iteratives Vorgehen bzw. ein Näherungsverfahren zu bestimmen.

Dynamische Amortisationsdauer [REN-95]

Die Amortisationsrechnung geht von der Überlegung aus, ob sich eine Investition in einem gewünschten Zeitraum amortisiert oder nicht. Die sogenannte Amortisationsdauer bezeichnet den Zeitraum, in dem es möglich ist, die Anschaffungsausgaben einer Investition wiederzugewinnen. Eine Investition ist amortisiert, sobald die Erlöse die Anschaffungsausgaben und die laufenden Betriebskosten decken.

Dieses Verfahren orientiert sich am Sicherheitsstreben des Investors, d.h. je risikobehafteter ein Projekt ist, desto kürzer wird die gewünschte Amortisationsdauer sein.

Gegeben :	→ Zinsfuß i* (C_0=0) → Grenz-Amortisationsdauer T_{Grenz}
Berechnung :	→ Amortisationsdauer T_A
Ergebnis :	→ wenn $T_A < T_{Grenz}$, dann absolute Vorteilhaftigkeit für das Investitionsobjekt

$$I = \sum_{t=1}^{t=T_A} \frac{(E_t - A_t)}{(1+i^*)^t}$$

Für t > 3 lässt sich die Gleichung nicht mehr explizit auflösen, d.h. die Lösung für i* ist durch ein iteratives Vorgehen bzw. ein Näherungsverfahren zu bestimmen.

Zu Schritt 5 der Investitionsanalyse (Ergebnisaufbereitung)

Die Investitionsrechnung bildet für die Investitionsentscheidung die Grundlage, auf der sich auch die strategisch zu vertretenden Argumente aufbauen.

Wettbewerbsvorsprung, Firmenprestige und Zukunftsorientierung sind beispielsweise relevant für den Fortbestand des Unternehmens, können jedoch i.d.R. nicht eindeutig mit dem Umsatz des Unternehmens in Bezug gebracht werden. Die Relation der strategischen Argumente zu der Investitionsrechnung offenbart sich sehr deutlich darin, dass eine, nach einer Wirtschaftlichkeitsberechnung als nachteilig bewertete Investition, fast keine Realisierungschancen besitzt. Strategische Aspekte haben jedoch ihren Stellenwert im direkten Vergleich mit anderen parallel laufenden Investitionsanträgen und können da bestimmend auf die Investitionsentscheidung einwirken.

Auf die Frage, warum trotzdem viele gute Investitionsanträge scheitern, können folgende Aussagen als Antwort dienen :

- Der Investitionsumfang wird unrealistisch hoch bzw. niedrig eingeschätzt.
- Dem Management wird das Projekt zu detailliert präsentiert, was dazu führt, dass die Komplexität der Sache den nötigen Überblick verwischt.

Um das Scheitern eines Investitionsantrags durch obige Gründe zu vermeiden sollten diese Punkte beachtet werden :

- Die Investitionsplanung sollte nur in Zusammenarbeit mit Experten durchgeführt werden, denen die kritischen Passagen bei der Softwareeinführung in das spezielle Unternehmen hinlänglich bekannt sind.
- Um dem Management einen Schnelleinstieg in die Materie zu ermöglichen, ist es angebracht die vorangegangenen Studien auf ein Mindestmaß konzentriert zu präsentieren.

Zu diesem Zweck können die komprimierten Präsentationsvorlagen, die den Bildern 9-13, 9-14 und 9-15 zu entnehmen sind, genutzt werden [KZE-99].

Übersicht - 1

Übersicht aller Nutzenpotentiale / Jahr	Mustermann AG		
	Min	Mittelwerte	Max
Direkte Kosteneinsparungen			
Administration von Dokumentenarchiven	1.427 TSFR	1.869 TSFR	2.311 TSFR
Dokumentenverteilung	65 TSFR	189 TSFR	314 TSFR
Prototypen / Musterbau	3 TSFR	25 TSFR	48 TSFR
Admin./Pflege von eigenentw. Systemen & Schnitts	702 TSFR	755 TSFR	809 TSFR
Summe direkte Kosteneinsparungen	**2.196 TSFR**	**2.839 TSFR**	**3.482 TSFR**
Nutzen durch Produktivitätssteigerung			
Teilewiederverwendung / Wiederholteile	126 TSFR	286 TSFR	446 TSFR
Redundante Dateneingabe	70 TSFR	87 TSFR	104 TSFR
Suche/Zugriff auf Produktinformationen und Bauteil	710 TSFR	1.314 TSFR	1.918 TSFR
Nacharbeit und Ausschuß	28 TSFR	47 TSFR	65 TSFR
Änderungshäufigkeit (1)	573 TSFR	1.143 TSFR	1.713 TSFR
Änderungshäufigkeit (2)	-	-	-
Fremdbauteilerfassung (Lizenzfertigung)	110 TSFR	129 TSFR	149 TSFR
Fremdstücklistenerfassung (Lizenzfertigung)	53 TSFR	57 TSFR	61 TSFR
Summe Produktivitätssteigerung	**1.669 TSFR**	**3.063 TSFR**	**4.456 TSFR**
Gewinnsteigerung aufgrund DLZ-Verkürzung			
Verkürzung der Produktentwicklungszeiten	250 TSFR	1.475 TSFR	2.700 TSFR
Summe Nutzen durch Zeiteinsparungen	**250 TSFR**	**1.475 TSFR**	**2.700 TSFR**
Summe aller Nutzenpotentiale	**4.116 TSFR**	**7.377 TSFR**	**10.638 TSFR**
Kennzahl: Nutzen / Gesamtumsatz	1,6%	3,0%	4,3%

❑ **2,9 Mio SFR/Jahr direkte Kosteneinsparungen**

❑ **3 Mio SFR/Jahr durch Produktivitätssteigerung**

❑ **1,5 Mio SFR/Jahr durch Verkürzung der DLZ**

7,3 Mio SFR

Bild 9-13: Komprimierte Zusammenfassung des Nutzens (Quelle: KPMG)

	Year 1	Year 2	Year 3
Initial costs			
Consulting	250.000 $	350.000 $	
Hardware	500.000 $		
Software	1.200.000 $		
System installation			
Infrastructure prep.			
Initial Training	200.000 $		
Total Initial Cost	**2.150.000 $**	**350.000 $**	
Annual costs			
System administration	150.000 $	150.000 $	
Maintenance (HW/SW)			
Upgrade Training			
Total Annual Cost	**150.000 $**	**150.000 $**	
Total costs	**2.300.000 $**	**500.000 $**	

Bild 9-14: Komprimierte Zusammenfassung der Kosten (Quelle: KPMG)

Potential Benefits over 5 Years	Year 1	2	3	4	5	TOTAL
DIRECT BENEFITS realized at:	0%	25%	50%	75%	100%	
Total Direct Benefits	0	977.993	1.955.986	2.933.979	3.911.972	9.779.930
PRODUCTIVITY BENEFITS realized at:	0%	10%	50%	80%	100%	
Total Productivity Benefits	0	2.160.264	10.801.322	17.282.115	21.602.644	51.846.346
CYCLE TIME BENEFITS realized at:	0%	25%	50%	75%	100%	
Total Cycle Time Benefits	0	1.531.740	3.063.480	4.595.220	6.126.960	15.317.400
Total Benefit	0	4.669.997	15.820.788	24.811.314	31.641.576	76.943.676
Total Cost	-2.300.000	-5.110.000	-5.370.000	-4.170.000	-3.070.000	-20.020.000
Benefit-Cost	-2.300.000	-440.003	10.450.788	20.641.314	28.571.576	56.923.676
Cumulative Benefit-Cost	-2.300.000	-2.740.003	7.710.785	28.352.100	56.923.676	
Year	1	2	3	4	5	
NBW (7,5 %; Benefit-Cost)		-2.520.283	5.892.189	21.348.416	41.250.194	
IKV (interner Zins)			104%	171%	192%	

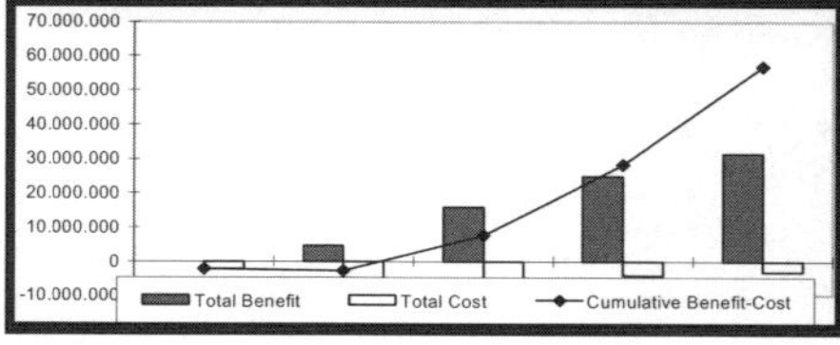

Pay Off (av) 2,3 years

Bild 9-15: Komprimierte Zusammenfassung der Wirtschaftlichkeitsberechnung (Quelle: KPMG)

Aus den vorangegangenen Darstellungen erhält das Management die Möglichkeit auf drei Blättern alle relevanten Nutzen- und Kostengrößen der Investition und deren Verknüpfungen zueinander zu erfassen (↳vereinfachte Version, der in Schritt drei beschriebenen Kosten- und Nutzengrößen). Des weiteren können bei Unstimmigkeiten oder beim Abwägen von Alternativen die Werte sofort in den Tabellen geändert und die Ergebnisse in Diagrammen angezeigt werden. Dazu genügt es lediglich die Werte in den beiden Kosten- und Nutzentabellen auf der linken Hälfte des Blattes bzw. der Folie manuell einzugeben, da alle weiteren Berechnungen das Programm automatisiert durchführt. Zur Visualisierung gemäß der Definition der allgemeinen Wirtschaftlichkeit werden Gesamtnutzen und Gesamtaufwand zu einem direkten Vergleich betragsentsprechend in einem Säulendiagramm dargestellt. Die zeitliche Entwicklung der Kosten und Nutzen wird zum einen in Tabellen aufgelisteten Werten und zum anderen in Säulendiagrammen über mehrere Planperioden hinweg prozentual aufgeteilt wiedergegeben. Zwei weitere Kurven, die in dieses Säulendiagramm integriert sind, geben zum einen die jährlichen Differenzen und zum anderen die kumulierten Beträge der Kosten und Nutzen wieder.

9.3 Beispiele von Nutzenkomponenten

In der Literatur werden eine Reihe mehr oder weniger konkreter bzw. quantifizierbarer Nutzenkomponenten aufgeführt. Einige Beispiele sollen eine Anleitung und Hilfe darstellen, die betriebsspezifischen Nutzenkomponenten zu ermitteln.

Viele Autoren beziehen den PDM Nutzen vor allem auf folgende vier Faktoren [HWP-93, MCI-95, VDM-95]:

- **Der Zeitfaktor**
  CIMdata und Gartner Group [BUD-94] gehen in Ihren Annahmen von einer zeitlichen Reduktion des Engineering Aufwandes von 10 bis 30% aus. Die Einsparungen resultieren insbesondere im Dokumentenzugriff und dem Änderungswesen. ERICSSON gibt in einer Nachrechnung zum Beispiel eine durchschnittliche Einsparung von 25K$ pro Änderungsprojekt an, die sich aus einem Vergleich des herkömmlichen Änderungswesen mit einer PDM unterstützten Änderung ergeben (3 Stunden und 20 Minuten zu fünf Minuten pro Änderungsprojekt) [TAX-99]. Ein interessanter Ansatz, die zeitlichen Einsparungen in monetäre Größen auszudrücken, liefert McKinsey&Co. Bild 9-16 stellt diesen Ansatz dar.

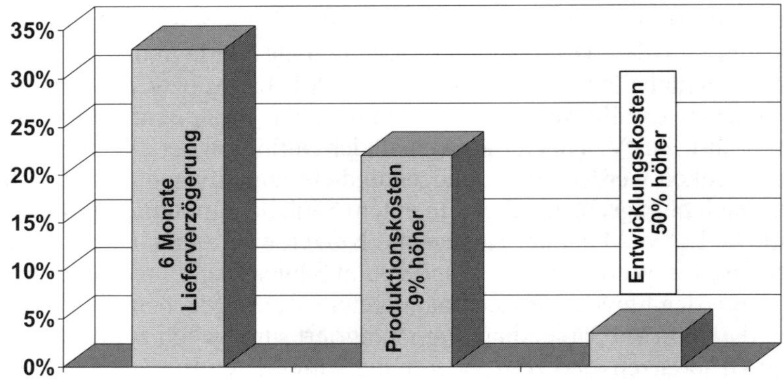

Bild 9-16: Zeitabhängigkeit der Gewinnreduktion (Quelle: McKinsey&Co)

Im Folgenden sind drei Beispiele einer namhaften Unternehmensberatung aufgeführt, die verschiedene Kosteneinsparungspotentiale bei unterschiedlichen Unternehmen nachweisen [KZE-99] (Bilder 9-17, 9-18 und 9-19).

Ausgangssituation

- 1000 Mitarbeiter verbringen bei der Entwicklung innovativer Produkte ∅ 50% Ihrer Zeit mit Informationssuche und Bereitstellung (↳ 70 Mio/Jahr)

Maßnahmen

- PDM-Einführung über den gesamten Produktlebenszyklus (Gesamtbudget 25 Mio)

Ergebnis

- Suchaufwand reduziert von 50 -> 20%
- Einsparungen/Umsatzsteigerungen durch Produktivitätssteigerung bereits im 3. Jahr bei 42 Mio

Bild 9-17: Ein Technologieführer reduzierte durch PDM den Suchaufwand (Quelle: KPMG)

Ausgangssituation

- Produktentwicklungsdaten werden in 15 verschiedenen Datenbanken und Ablagesystemen verwaltet.
- Direkter Abgleich der DBs erfordert n(n-1) = 210 Pre- und Postprozessoren; 8 IT Spezialisten / Jahr

Maßnahmen

- Implementierung eines übergeordneten PDM-Systems, welches die Produktdaten der 15 DBs in Beziehung setzt.

Ergebnis

- Reduzierung der Schnittstellen von 210 auf 30 (=2n)
- Pflegeaufwand von 8 auf 2 MJ gesenkt

Bild 9-18: Reduzierte IT Aufwände (Quelle: KPMG)

Ausgangssituation

- Zykluszeit eines änderungsbedingten Konstruktionsdatenaustauschs zwischen Automobilhersteller und Systemlieferant dauerte 7 AT; Kosten ∅ 50 TDM
- pro Baureihe 350 AT; 2.5 Mio

Maßnahmen

- Optimierung, Abstimmung der Abläufe
- DV-technische Lieferantenintegration (EDI, PDM-Client)

Ergebnis

- DLZ / Änderung: 7 -> 2 AT
- Gesamt DLZ gesenkt von 350 -> 250 AT
- Einsparung 2 Mio / Baureihe

Bild 9-19: Reduzierte Änderungszyklen mit Systemlieferanten in Automobilindustrie (Quelle: KPMG)

- **Der Qualitätsfaktor**
  Es wurde bereits mehrfach darauf hingewiesen, dass PDM die Umsetzung der QM Richtlinien - insbesondere das Freigabe- und Änderungswesen sowie die Rekonfigurierung im Schadensfalle – wesentlich unterstützt. Aktualität der Daten und stärkere Kontrolle der Prozesse sind Faktoren eines geldwerten Vorteils. Es wurde nachgewiesen, dass ca. 10% der Fertigungsfehler auf Zugriff auf veraltete Dokumentation basierte. Es ist auch bekannt, dass die Fehlerbeseitigung direkt im Konstruktionsprozess überproportional kostengünstiger ist als in späteren Phasen des Lebenszyklus-

ses. Gartner Group gibt die Qualitätsverbesserung als prozentuale Einsparung vom Jahresumsatz an. Danach lassen sich 2 bis 5% durch

- o Reduzierte Fehler und Überarbeitung,
- o Schnellere Abläufe,
- o Reduzierung von Entwicklungsfehlern und
- o Reduzierung der Garantiefälle

einsparen. Darüber hinaus gibt Gartner Group eine drastische Reduktion von Entwicklungsfehlern von bis zu 50% an.

- **Der Wiederverwendungsfaktor**
  Ein großer Anteil der Konstruktionen setzt sich aus existierenden oder geringfügig geänderten Teilen und Baugruppen zusammen. Das Einsparungspotential durch optimiertes Suchen bei der Wiederverwendung von Konstruktionselementen wird in der Industrie au ca. 10% geschätzt. Betrachtet man den gesamten Produktlebenszyklus und bedenkt, dass ein wiederverwendetes Teil natürlich auch wiederverwendbare Arbeitspläne, Werkzeuge, Vorrichtungen, Montageautomaten und Lagerplätze nach sich zieht, so wird das Einsparungspotential nochmals vervielfältigt. Ein Beispiel eines Einsparungsnachweises ist in Bild 9-20 aufgeführt (Annahme: 12 Konstrukteure mit einem Stundensatz von US$ 50).

	Einsparung Std/Mon	Einsparung in %	$
Nutzen von aktuellen Konstruktionen	21,6	4,5	1.380
Auffinden von existierenden Dokumenten	28,8	6,0	1.440
Wiederverwendung von archivierten Lösungen	33,6	7,0	1.680
Gesamte monatliche Einsparung	**84,0**	**17,5**	**4.500**

Bild 9-20: Kosteneinsparungen bei Wiederverwendung von Konstruktionselementen [HWP-93]

- **Der Synergiefaktor**
  Durch die bei Einführung eines PDM-Systems frei werdenden Synergieeffekte, wie zum Beispiel bessere und transparentere Information, bessere Entscheidungsunterstützung, reduzierte und vor allem frühere Änderungsdurchführung, kann der Engineering Prozess entscheidend verbessert werden. Die Problematik und das Verbesserungspotenzial eines Produktanlaufs im Engineering zeigt Bild 9-21. Die Höhe des Synergievorteils ist stark mit der Einführung der Methode des Simultaneous Engineering und der Konstruktionsbewertung (FMEA3) verbunden.

[3] FMEA: Fehler-, Möglichkeiten- und Einflussanalyse

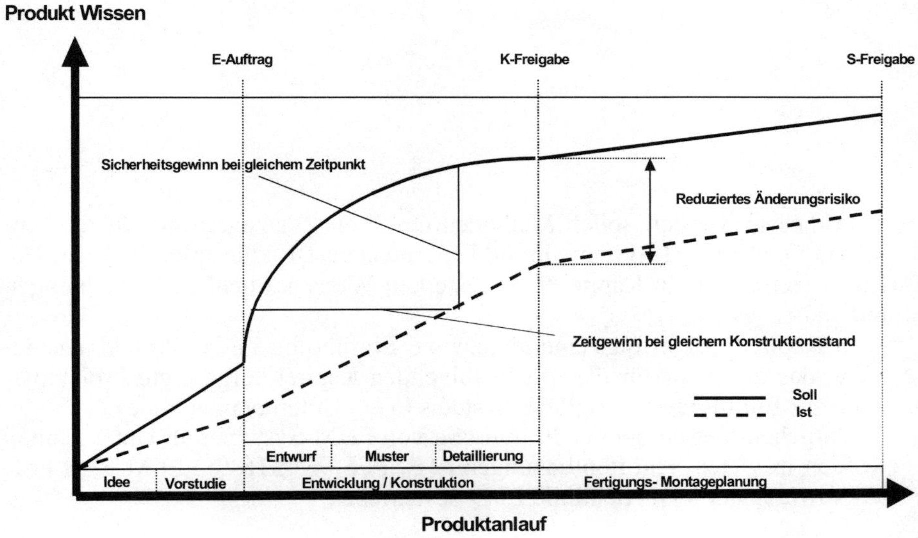

Bild 9-21: Verbesserungspotential im Produktanlauf durch Einsatz von FMEA

Die erheblichen Nutzenpotenziale und ihre monetäre Bewertung sind stark von der Implementierungsstrategie – insbesondere der Breite und Tiefe der PDM-Einführung im Unternehmen – abhängig.. Sie sollten deshalb nicht unqualifiziert für die eigene Implementierung übernommen werden sondern mehr als Indikatoren gelten. Außerdem spielt die Akzeptanz der PDM-Lösung durch die Mitarbeiter eine wesentliche Rolle.

10 PDM Einführungsplanung

In diesem Kapitel sollen Methoden des Projektmanagements für die Einführung eines PDM-Systems in die Unternehmensstruktur aufgezeigt werden. Dabei werden die in Kapitel 9 vorgestellten Wirtschaftlichkeitsbetrachtungen mit einbezogen.

In Kapitel 10.1 erfolgt eine allgemeine Einführung in das Projektmanagement, das die Basis für die in den folgenden Kapitel aufgezeigte Projektplanung zur Einführung eines PDM-Systems in ein Unternehmen bildet.

Vorgehensweisen bei der Einführung von PDM-Systemen in Unternehmen wurden in vielen Veröffentlichungen [z.B. FES-93, STS-96, LEM-97, LEM-99] sowie in der VDI Richtlinie 2219 beschrieben.

10.1 Begriffsdefinitionen des Projektmanagements

Die folgenden Anmerkungen entsprechen der allgemeinen Lehrmeinung über Projektmanagement und sind nicht nur auf PDM bezogen.

- ***Projekt***
  Ist eine besondere, umfangreiche und zeitlich begrenzte Aufgabe von relativer Neuartigkeit mit hohem Schwierigkeitsgrad und Risiko, die in der Regel eine enge fachübergreifende Zusammenarbeit aller Beteiligten fordert.
- ***Projektmanagement***
  Ist eine Führungskonzeption für direkte Koordination von Planung, Entscheidung, Realisierung, Überwachung und Steuerung bei der Abwicklung interdisziplinärer Aufgabenstellungen.
- ***Projektplanung***
  Ist die vorausschauende Festlegung der Projektdurchführung.
- ***Projektparameter***
  Diese definieren sich aus:
  - Technischen Leistungsmerkmalen
  - Einsatzmittel (Kapazität)
  - Kosten/Budget
  - Termine

Zielsetzung eines Projektmanagements ist die Reduktion von Risiken, die immer wieder aufgrund von

- Fehlbesetzungen,
- Vermeidung von falschen oder überzogenen Zielen,
- Konfliktsituationen,
- Kompetenzstreitigkeiten und Kompetenzüberschreitungen,
- Konkurrenzsituationen sowie
- mangelndem Informationsfluss

entstehen.

Darüber hinaus muss gewährleistet sein, dass professionell und teamorientiert gearbeitet wird. Durch Förderung der persönlichen und fachlichen Qualifikationen der Projektmitarbeiter wird die Kreativität und Innovationsfähigkeit des Teams permanent erhöht. Der sinnvolle Einsatz von Werkzeugen und Methoden sowie eine konsequente Ressourceneinteilung mit klaren Meilensteinen sind weitere wesentliche Bestandteile des Projektmanagements.

Das Projektmanagement unterliegt eindeutigen Regeln (Bild 10-1) [Zie-97]:

- ***Klare Zielsetzung :***
  Sorgfältige Definition von klaren, eindeutigen, realistischen und von den Betroffenen akzeptierten Projektzielen und Zwischenzielen vor Inangriffnahme des Projekts.

- ***Topmanagement-Engagement :***
  Projektunterstützung (einschl. Bereitstellung der erforderlichen Mittel bzw. Kapazitäten) durch Topmanagement (Unternehmensleitung bzw. Auftraggeber) und Führungskräfte der beteiligten Unternehmenseinheiten.

- ***Teamarbeit/Kooperation :***
  Echte Teamarbeit (Teamgeist) innerhalb des Projektteams einschl. enger Kooperation mit allen beteiligten Stellen.

- ***Klare Zuständigkeiten :***
  Festlegung personifizierter Verantwortung und Kompetenz (einschl. erforderlicher Befugnisse) mit dazugehöriger organisatorischer Regelung und Überwachung.

- ***Effektives Controlling :***
  Laufende Planung, Überwachung und Steuerung von Leistungsumfang (Quantität und Qualität), Zeit, Kosten und Kapazitäten

- ***Prioritätenentscheidung :***
  Laufende Prioritätenfestlegung aller aktuellen Projekte und Aufgaben vor allem für die Bewältigung von Kapazitätsengpässen.

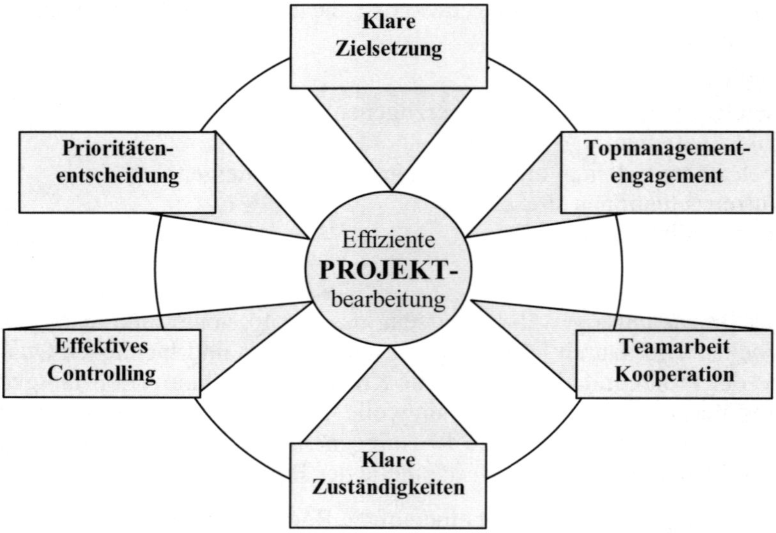

Bild 10-1: Grundregeln guten Projektmanagements [ZIE-97]

Der Ablauf eines Projekts wird i.d.R. in 7 Phasen eingeteilt:

1. ***Problemphase***
   - Beschreibung und Analyse des Problems (IST- und SCHWACHSTELLEN-Analyse)
2. ***Konzeptphase***
   - Beschreibung der zu erreichenden Ziele (Maßnahmenkatalog, Machbarkeitsanalyse, Kosten-, Kapazitäts- und Terminplanung)
3. ***Spezifikationsphase***
   - Beschreibung der fachlichen und technischen Lösung,
   - Marktanalyse nach geeigneten Lösungen und
   - Auswahl einer geeigneten Lösung
4. ***Entwicklungsphase/Umsetzung***
   - Organisation, Realisierung, Kontrolle und Steuerung des Projekts,
   - Erstellung bzw. Erarbeitung der Komponenten für das Gesamtsystem,
   - Zusammenfügen der Komponenten zum Gesamtsystem
   - Prüfung des Gesamtsystems und
5. ***Produktionsphase/Roll-Out***
   - Einführung des Systems in die Zielumgebung
6. ***Nutzungsphase***
   - Anwendung des Systems und
   - Verbesserung der Akzeptanz u. Durchdringung im Unternehmen
7. ***Auslaufphase***
   - Abschluss der externen Implementierungsarbeiten und
   - Wartung bzw. Aktualisierung des Systems

10.2 Problemphase

Basis eines PDM-Projekt ist i.d.R. ein Problemkreis, der von der Geschäftsleitung oder den Mitarbeitern erkannt wurde und gelöst werden soll. Problemindikatoren in Unternehmen ergeben sich dabei einerseits aus den ansteigenden internen Verbesserungsvorschlägen und andererseits aus dem Benchmarking, d.h. dem regelmäßigen Vergleich mit Mitbewerbern und dem jeweiligen Marktführer bezüglich Durchlaufzeiten, Kosten, Grad der Funktionserfüllung und Qualität ähnlicher Produkte. Immer häufiger werden auch neue Anforderungen an die Unternehmen herangetragen, die sich auf eine Optimierung der Zusammenarbeit von Kunden und Zulieferern bereits in frühen Phasen der Entwicklung, auf der Einhaltung und Ausführung von Qualitätsmanagement und der Produkthaftung ergeben. Bild 10-2 stellt eine typische Ausgangssituation eines PDM-Projektes dar.

- **Heterogene und unabhängig gewachsene Systeme** mit hoher Komplexität sind im Einsatz
- **Ein durchgängiges Konzept** zur prozessorientierten IT-Unterstützung **fehlt**
- **Keine prozessorientierte Nutzung** der bestehenden IT-Systeme durch Eigenlösungen und „By-passes"
- **Lokale und dezentrale Insellösungen**
- Das **Potential der CAD-Systeme** wird nicht ausgeschöpft
- Die **Ablauforganisation** ist historisch gewachsen
- Die **Positionierung von PDM und MRP** ist ein „politisches" Thema
- Die **Komplexität** wird unterschätzt
- **Kunden wünschen Datenaustausch**
- **Produkthaftung erfordert Konfigurationsmanagement**

Bild 10-2: Typischer Ausgangszustand einer PDM-Einführung [SMI-00]

Es hat sich bewährt zum Erkennen der Notwendigkeit eines Business Process Reengineering[1] vor der Einführung eines PDM-Systems nicht nur Mitarbeiter des eigenen Unternehmens, sondern auch ausgewählte Kunden und Zulieferanten bezüglich ihrer Meinung zu der Effizienz in den Engineering-Bereichen zu befragen. Dies kann beispielsweise in einem gemeinsamen Workshop erfolgen. Das Ergebnis ist ein Memorandum, in dem die Notwendigkeit gegenüber dem Topmanagement dargestellt wird.

In der Praxis hat sich gezeigt, dass das Reengineering zu einem hohen Prozentsatz zum wirtschaftlichen Einsatz des PDM-Systems beiträgt.

---

[1] Business Process Reengineering : Im Vorfeld für den u.a. wirtschaftlichen Einsatz eines PDM-Systems erforderlichen Optimierungs bzw. Rationalisierungsmaßnahmen [VAS-97]

Ist die Frage nach der Notwendigkeit eines Projekts geklärt und ein Verantwortlicher aus dem Topmanagement (Projekt-Sponsor) gefunden, kann die Bildung eines Projektteams mit einem hauptamtlichen Projektleiter angegangen werden. Die Größe eines Reengineering-Projekts, auch wenn es „nur" auf die Engineering-Bereiche beschränkt ist, lässt eine Projektleitung im Nebenamt nicht zu. Auch einige Mitarbeiter des Projektteams (das „Kernteam") sollten von ihren bisherigen Arbeiten freigestellt werden. Eine in der Praxis bewährte Zusammensetzung des Projektteams zeigt Bild 10-3.

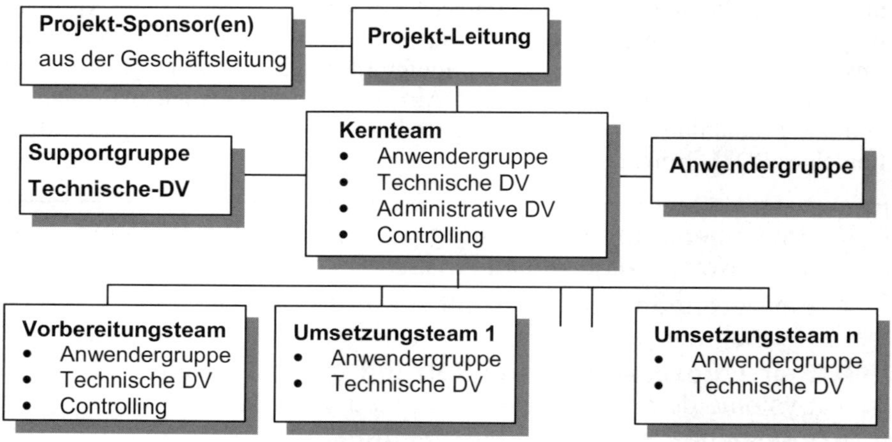

Bild 10-3: Projektteam für die PDM-Einführung [VAS-97]

Die erste Aufgabe des Projektteams ist die Definition des zunächst noch groben Projektumfangs nach gewünschter PDM-Funktionalität, Anzahl Anwender und Zielgebiete des Einsatzes (Projekte, Produkte, Standorte). Anschließend wird ein erster noch undetaillierter Projektplan (➪ Roadmap) unter Einbeziehung aller Beteiligten, z.B. in einem Workshop, sowie eine erste Abschätzung von Kosten und Nutzen des Reengineering mit anschließender PDM-Einführung festgelegt (Bilder 10-4 und 10–5). An dieser Stelle besteht die Chance, das Projekt abzubrechen, falls das Topmanagement seine Zustimmung dazu verweigert.

Danach ist die Aufgabe des „Projektkernteams" eventuell mit Hilfe von externen Experten eine Ist-Aufnahme mit anschließender Ist- und Schwachstellen[2]-Analyse des Unternehmens zu erstellen und zu bewerten.

[2] Schwachstellen-Analyse: Bedient sich der Ergebnisse der IST-Analyse und erstellt daraus eine Rangfolge der bewerteten Prozesse.

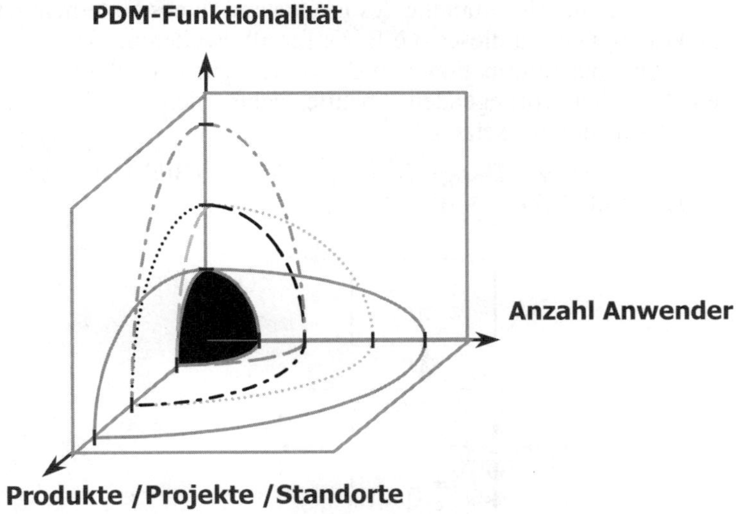

Bild 10-4: Festlegung des groben Projektumfangs [SMI-00]

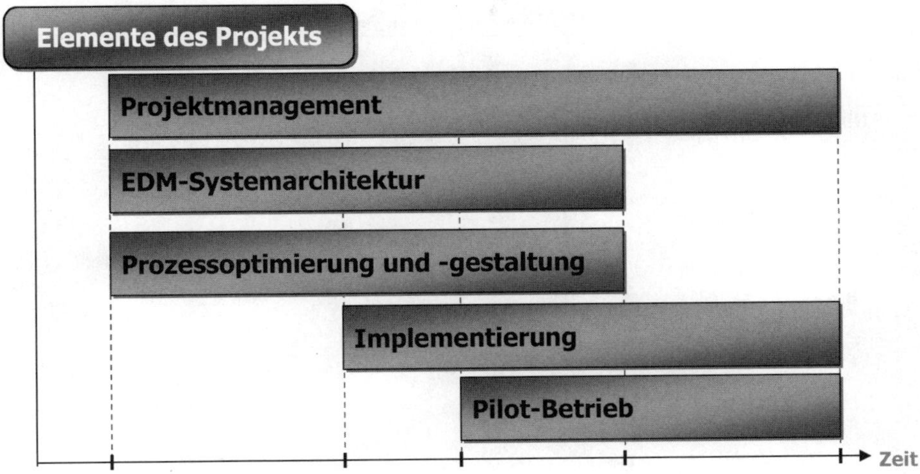

Bild 10-5: Festlegung des groben Projektplans [SMI-00]

Die möglichst genaue Bestimmung des Ist-Zustands eines Unternehmens ist von größter Wichtigkeit, da dieses die Basis für alle weiteren Aktivitäten bildet. Zur Aufnahme der Informationen, insbesondere zur Aufnahme der in den betrachteten Bereichen vorliegenden Abläufe, haben sich verschiedene Methoden in der Praxis durchgesetzt, z.B.

- *Structured Analysis and Design Technique (SADT)* (Bild 10-6) und
- *Petri-Netze* (Bild 10-7)

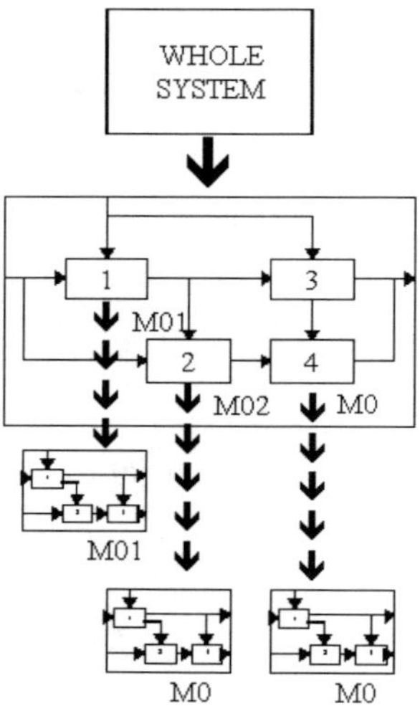

Bild 10-6: Graphische Darstellung der SADT Methode

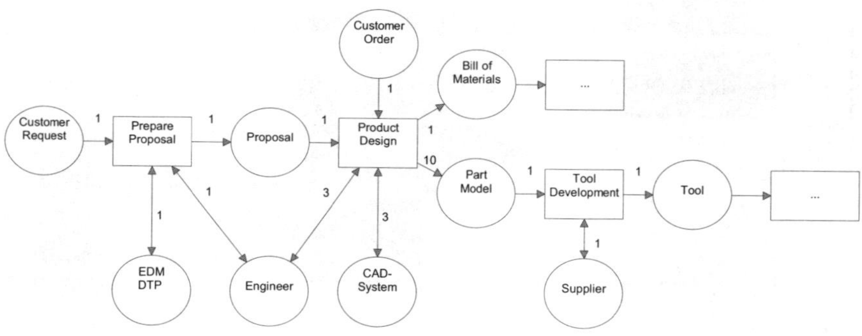

Bild 10-7: Simulationsmodelle zur Aufnahme der Prozessabläufe auf Basis von Petrinetzen

Ergänzt werden diese Techniken durch Abfragen und Interviews von Einzelpersonen oder in Form von Workshops. Typische Informationen, die in dieser Phase abgefragt werden, sind z.B. technische Aufbau- und Ablauforganisation, Tätigkeitsprofile, Kapazitäten, eingesetzte Systeme, benötigte Schnittstellen, Dokumentenarten, Schwachstellen und eingesetzte Hilfsmittel und Methoden.

In Anlehnung an der Abbildung von Emery und Frese (siehe Kapitel 9) lässt sich die Bestimmung des Ist-Zustands wie folgt darstellen (Bild 10-8).

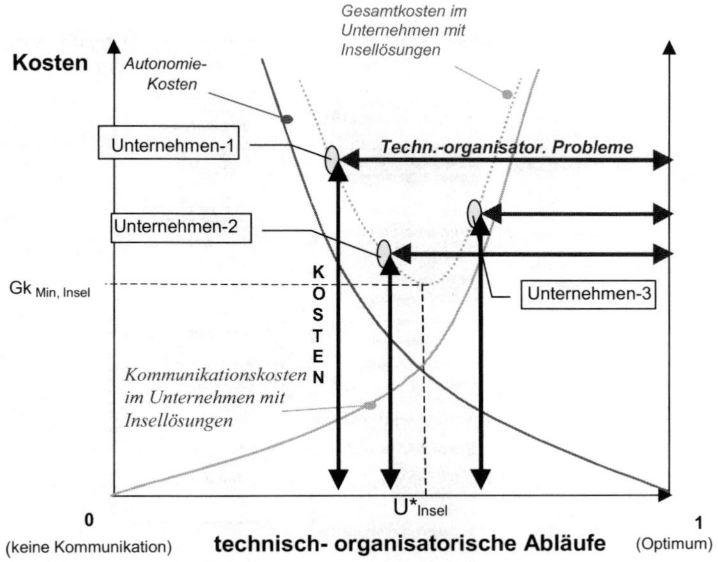

Bild 10-8: Ist-Zustände von verschiedenen Unternehmen

Die Problematik der Darstellung des Ist-Zustands eines Unternehmens zeigt sich aus der Betrachtung der drei verschiedenen Unternehmen in der obigen Abbildung.

Das Unternehmen 1 befindet sich im Vergleich zu den beiden anderen an der ungünstigsten Stelle, da dort die anfallenden Kosten und die zu bewältigenden technisch organisatorischen Probleme im Betrieb am größten sind.

Die Position des Unternehmen 2 befindet sich nahe des Gesamtkostenminimums und stellt somit aus der Kostenperspektive den günstigsten Ist-Zustandswert dar. Aus der technisch organisatorischen Sicht heraus ist jedoch der Bereich links von U^*_{Insel} als rückständig anzusehen.

Der Ist-Zustand des Unternehmen 3 zeigt, dass die technisch organisatorischen Abläufe zwar deutlich besser durchgeführt werden, aber die dafür aufgewandten Kosten zu hoch ausfallen.

Die Ergebnisse der Ist-Aufnahme werden dokumentiert und dem Projektteam vorgestellt. In einer anschließenden Diskussion können eventuell aufgetretene Missverständnisse geklärt und die Daten der Ist-Aufnahme gegebenenfalls korrigiert werden. Die Erarbeitung der Ergebnisse orientiert sich genauso wie die Durchführung der Analyse an dem oben beschriebenen Sichtenmodell, das im Folgenden noch einmal graphisch zusammengefasst ist (Bild 10-9).

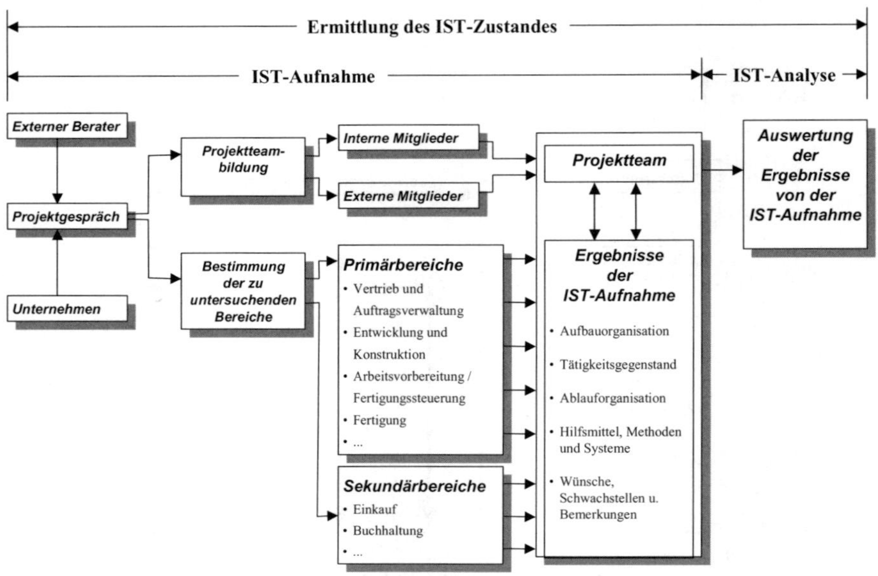

Bild 10-9: Vorgehen bei einer Istzustandsermittlung

Eine Abschätzung des Aufwands für die Realisierung des Projekts kann erst nach der Erarbeitung des Konzepts vorgenommen werden und muss die kundenspezifischen Randbedingungen berücksichtigen.

Zum Abschluss der Problemphase muss anhand der erstellten Analysen der Ist-Zustand des Unternehmens ermittelt sein und in die Konzeptphase zur Verwertung eingebracht werden.

10.3 Konzeptphase

In der Konzeptphase gilt es, ausgehend aus dem Ist-Zustand des Unternehmens, den Soll-Zustand des PDM-Systemeinsatzes durch eine klare Zieldefinition zu beschreiben [MUS-93]. Die Erstellung eines Maßnahmenkatalogs und dessen Begutachtung durch eine Machbarkeitsanalyse (u.a. Kosten-, Kapazitäts- und Terminplanung) unterstützen dabei maßgeblich die Zielsetzung.

Aus den unten aufgeführten Abbildungen ist ersichtlich, welche Bedeutung der Zielsetzung zukommt :

Optimale Zielsetzung

bedeutet das Erreichen der höchstmöglichen Integration aller technischen und organisatorischen Abläufe im Unternehmen ($U^*_{Integration}$) bei dem geringst möglichen Gesamtkostenaufwand ($Gk_{Min, Integration}$) (Bild 10-10).

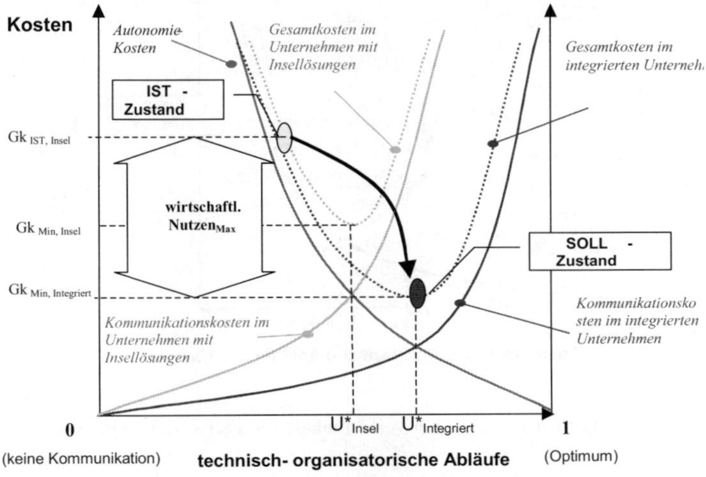

Bild 10-10: Maximaler wirtschaftlicher Nutzen aus der Ist-Situation heraus

Um aus einem beliebigen Ist-Zustand eines Unternehmens heraus auf eine optimale Zielsetzung zu gelangen, bedarf es langjähriger Erfahrung und größter Sorgfalt, da sonst der erwartete Nutzen des PDM-Systems zu gering oder gar als Mehraufwand anfällt.

Verlustbehaftete Zielsetzung

Aus dem Ist-Zustand eines Unternehmens heraus wird ein ungünstiger Soll-Zustand, wie aus dem Diagramm ersichtlich, angestrebt. Diesem Vorgehen kann eine ungenügende Analyse und Ausschöpfung der möglichen Nutzenpotentiale unterstellt werden (Bild 10-11).

Die Abbildung zeigt, dass eine verfehlte Zielsetzung in dieser Konstellation einen Nutzenverlust verursacht, der sich aus einem Kostenreduktionsverlust[3] [(1*)-(1)] und einem verhältnismäßig größeren Verlust an Reduktion

[3] Kostenreduktionsverlust ist die Differenz aus der maximal möglichen Kostenreduktion und der geplanten (Soll-) Kostenreduktion

der technisch organisatorischen Probleme [(2*)-(2)] zusammensetzt (↳organisatorischer Reduktionsverlust[4]).

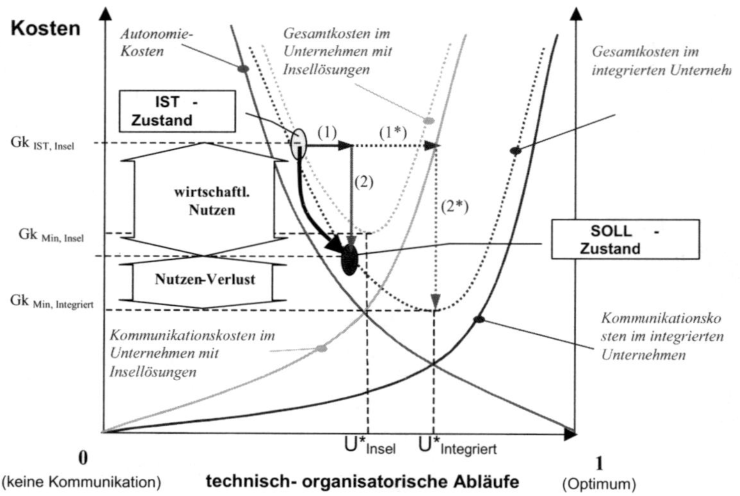

Bild 10-11: Wirtschaftlicher Nutzen aus einer verlustbehafteten Zielsetzung heraus

Mit Mehraufwand verbundene Zielsetzung

Dass eine Zielsetzung statt des erwarteten Nutzens gar zu einem Mehraufwand führen kann, den man eventuell nur aus strategischen Gründen (auf Grund der hohen Reduktion der technisch-organisatorischen Probleme) zu vertreten vermag, zeigt Bild 10-12.

[4] Organisatorischer Reduktionsverlust ist die Differenz aus der maximal möglichen Reduktion der technisch-organisatorischen Probleme und der geplanten (Soll-) Reduktion

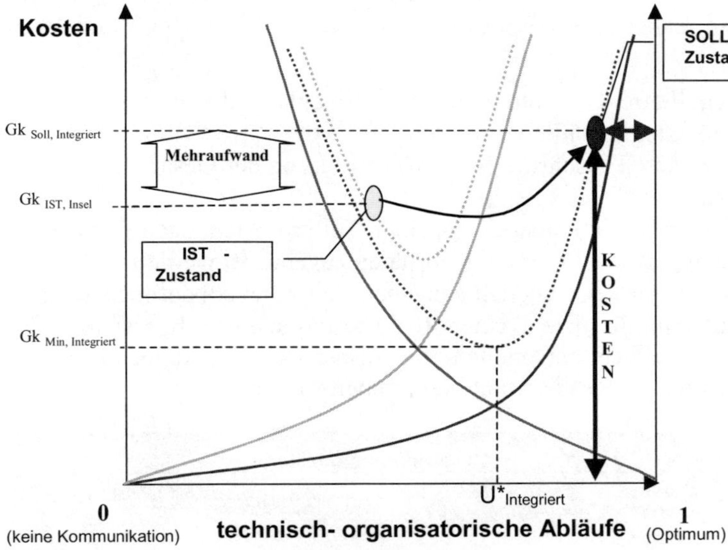

Bild 10-12: Technisch-organisatorische Verbesserungen bei Mehraufwand

Am Ende dieser Phase liegt ein unternehmensspezifisches Gesamtkonzept, das i.d.R. folgende Schwerpunkte beinhaltet:

- Aufstellung eines Integrationskonzepts auf der Basis der firmenspezifischen Organisation, firmenspezifischen Abläufe und Produktionseinrichtungen sowie besonders der Planungs- und Konstruktionslogik des Produktangebots (z.B. "Baukastenorientierte" Behandlung von Schrauben aus den Segmenten Kopf-Schaft-Gewindeauslauf).
- Beurteilung der vorhandenen Komponenten (Hard- und Software) bezüglich einer Integration in das Gesamtkonzept.
- Absteckung des Investitionsrahmens und der Aufwendungen (Personalkapazitäten) zur Realisierung des Konzepts.
- Aufzeigen der notwendigen Maßnahmen (technisch, organisatorisch und personell) zur Realisierung des Konzepts.
- Aufstellung eines Anforderungskatalogs (Funktionsumfang, Schnittstellen) an die Hard- und Software zur Umsetzung des Integrationskonzepts:
    - Hardwareinfrastruktur und Softwareumgebung
    - CAD-Software,
    - NC-Softwaren und
    - ERP-Software
- Benennung von Systemalternativen (Hard- und Software je max. 3 Systeme pro Anwendung).
- Lösungsansätze für Benummerungs- und Klassifizierungsprobleme sowie Stücklistenproblematiken.

In einem zweiten Schritt wird dann ausgehend von dem Gesamtkonzept ein stufenweise realisierbarer Projektplan erarbeitet (Bilder 10-13 und 10-14), in dem

- der detaillierte Gesamtumfang des Projekts und die Einbettung in die Gesamtstrategie erarbeitet werden,
- die einzelnen Teilschritte für die Realisierung der Gesamtlösung definiert werden,
- den sich daraus ableitbaren einzelnen Teilprojekten, nach wirtschaftlichen und strategischen Kriterien, Prioritäten zugeordnet werden,
- die Vorgehensweise bei den einzelnen Teilprojekten definiert wird,
- der Aufwand für die einzelnen Realisierungsschritte abgeschätzt wird und
- die notwendigen personellen, organisatorischen und technischen Maßnahmen für die Realisierung beschrieben werden.

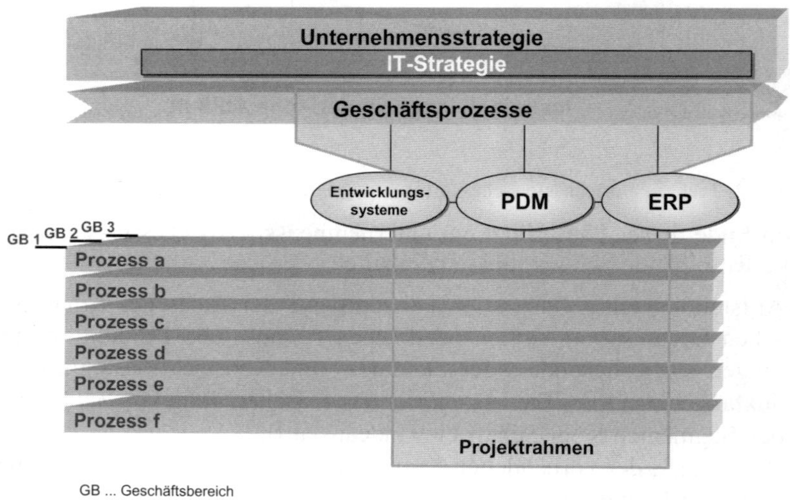

Bild 10-13: Festlegung des detaillierten Projektumfangs und Einbettung in die Unternehmensstrategie [SMI-00]

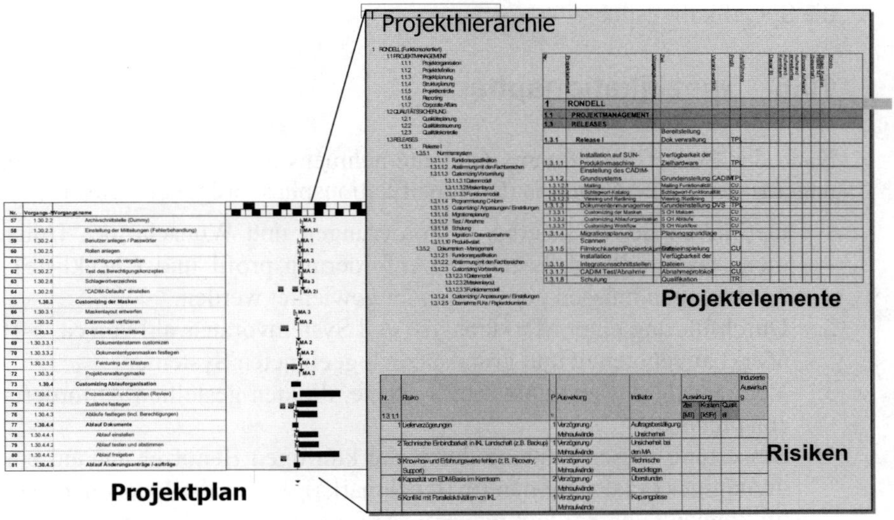

Bild 10-14: Detaillierter Projektplan mit Projektteilschritten und Risiken [KAI-00]

Auf der Basis eines detaillierten Projektplans wird eine genaue Planung der Meilensteine, Aktivitäten und Kapazitäten abgeleitet (Bild 10-15). Damit ist der detaillierte Planungsprozess, der später auch die Basis für das Projektcontrolling ist, beendet.

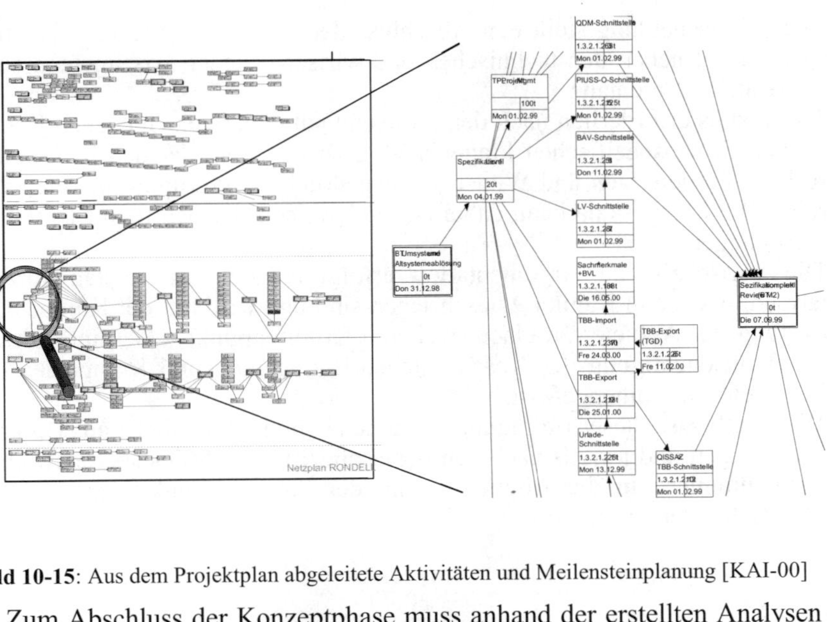

Bild 10-15: Aus dem Projektplan abgeleitete Aktivitäten und Meilensteinplanung [KAI-00]

Zum Abschluss der Konzeptphase muss anhand der erstellten Analysen eine Entscheidung über den Bedarf des Unternehmens an einem Informationsmanagementsystem getroffen werden. Bei einer Bedarfsbestätigung beginnt die Spezifikationsphase.

10.5 Spezifikationsphase

Nach der Bedarfsbestätigung des Unternehmens nach einem Informationsmanagementsystem erfolgen in der Spezifikationsphase folgende Schritte :

1. Definieren der realisierbaren Forderungen und Wünsche des Unternehmens an ein PDM-System (↳Anforderungsprofil und Checkliste). Die Forderungen müssen gegeneinander gewichtet werden.
2. Durchführung einer Marktanalyse und Systemvorauswahl von ca. 5-10 am Markt angebotenen und grundsätzlich geeigneten Systemen.
3. Vorauswahl auf zwei bis drei Systeme, die den gestellten Anforderungen entsprechen.
4. Bewertung dieser Systeme durch die künftigen Benutzer anhand ein- bis dreitägiger Präsentationen (↳Benchmarks) seitens der Hersteller. Alternativ können auch bei komplexeren Anforderungsprofilen hausinterne Testinstallationen durchgeführt werden.
5. Durchführung einer Wirtschaftlichkeitsanalyse nach Kapitel 9.
6. Auswahl des am besten geeigneten Systems aufgrund von Erfüllungsgraden der Anforderungsmatrix und aufgrund der wirtschaftlichen Bewertung.
7. Investitionsentscheidung nach Begutachtung der Bewertungsergebnisse gemäß Bild 10-16.

Diese Entscheidung stellt den Abschluss der Spezifikationsphase dar und berücksichtigt neben den technischen und wirtschaftlichen Argumenten auch die personelle Akzeptanz.

Dazu ist es erforderlich nach den Arbeitsinhalten der verschiedenen Benutzer einen firmenspezifischen Fragenkatalog zu erstellen, der den Erfüllungsgrad ihrer Forderungen und Wünsche, ausgedrückt in Wertungspunkten, wiedergibt. Die Punkteskala kann dabei beispielsweise zwischen 0 und 10 oder 0 und 100 liegen.

Die wirtschaftliche Argumentation erfolgt anhand der Kosten-Nutzen-Analysen, wie sie in Kapitel 9 beschrieben sind und wird mit der Kompetenzeinstufung der Anbieter zu einem weiteren Kriterienpunkt „Gesamteindruck unter Berücksichtigung der Kosten-Nutzen-Betrachtung und Kompetenz der Lieferanten“ zusammengefasst.

Die Ergebnisse dieser Befragungen werden dann in die Tabelle aus Bild 10-16 eingetragen und jeweils nach den firmenspezifischen Maßstäben gewichtet und aufsummiert. In die Alternative mit der höheren Punktewertung wird i.d.R. anschließend investiert.

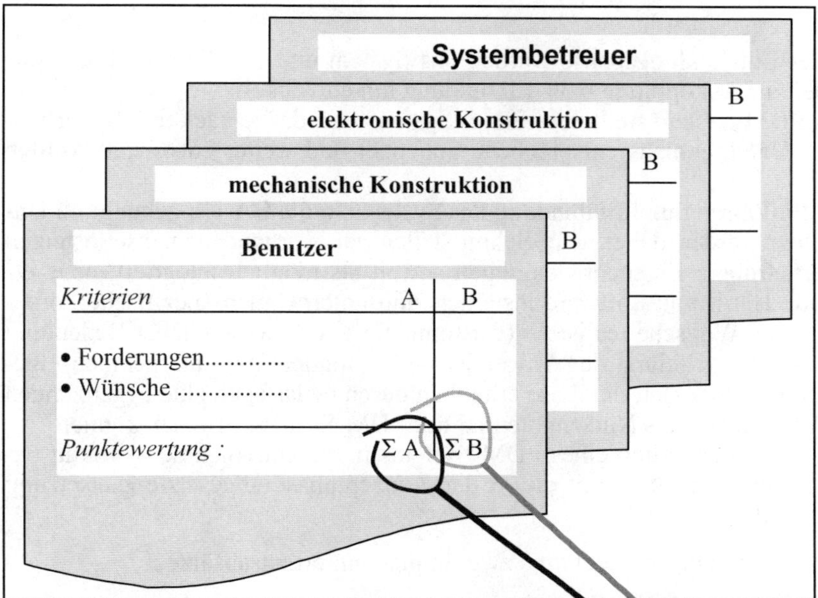

Bewertung	Gewichtung[5]	Produkt-alternativen	
		A	**B**
Bewertung der Benutzer	20 %		
Bewertung der mechanischen Konstruktion	15 %		
Bewertung der elektronischen Konstruktion	15 %		
Bewertung der Systembetreuer	20 %		
Gesamteindruck unter Berücksichtigung der Kosten-Nutzen-Betrachtung Kompetenz der Lieferanten	30 %		
erreichte Punktzahl :			

Bild 10-16: Gewichtung und Bewertung der Erfüllungsgrade

[5] Gewichtung kann individuell festgelegt werden

10.6 Entwicklungsphase

In der Entwicklungsphase werden das System und die Zielumgebung aufeinander zur Ankopplung bzw. Einbindung hin entwickelt.

Das PDM-System stellt ein offenes System[6] dar, das je nach den Bedürfnissen des Unternehmens entsprechend angepaßt und weiter entwickelt werden kann.

Zur Einführung und Einbindung des Systems in die CA-Umgebung[7] im Unternehmen werden dabei neue Schnittstellen[8] zu vorhandenen Insellösungen definiert, frühere Eigenentwicklungen soweit als möglich integriert, neue ergänzende Hard- und Software installiert und unternehmensspezifische Forderungen bzw. Wünsche realisiert (Customizing[9]). Von wesentlicher Bedeutung ist hierbei die Schulung der Anwender und besonders der unternehmenseigenen Systementwickler, da diese erheblich durch bedarfsgerechte Ergänzungen bzw. Änderungen das Nutzenpotential des PDM-Systems erhöhen können.

Die Implementierung eines PDM-Systems in die Unternehmensstruktur bedarf größter Sorgfalt, damit die in der Konzeptphase angesetzte Zielsetzung auch eintritt.

Grundsätzlich unterscheidet man zwei Implementierungsansätze :

- **vertikale Implementierung**
  Der vertikale Ansatz wird i.d.R. von Unternehmen gewählt, die schrittweise das PDM-System einführen möchten, um somit das Risiko einer Gesamtinvestition auf Teilschritte zu verteilen und um gewonnene Erfahrungen in Folgeschritten zu verwerten.
  Erst wird für einen Kernbereich prototypenhaft das Reengineering mit anschließender PDM-Implementierung realisiert und dann nach erfolgreichem Einsatz auf das ganze Unternehmen ausgedehnt.
- **horizontale Implementierung**
  Bei der Einführung und Einbindung des PDM-Systems werden alle relevanten Bereiche des Unternehmens von Anfang an mit einbezogen.
  Dieser Ansatz ist im Vergleich zu der vertikalen Implementierung gleich zu Beginn mit viel mehr Aufwand verbunden, würde jedoch nach bisherigen Erfahrungen bzw. Schätzungen die beste Grundlage für die Nutzenentfaltung eines Produktdatenmanagements bieten.

Welcher Ansatz letztendlich gewählt wird, ist abhängig von der Zielsetzung und Struktur des Unternehmens und bleibt immer eine unternehmensinterne Entscheidung, die sich jedoch auf die Ergebnisse aus den Wirtschaftlichkeits-

[6] Offenes System : Die Verbindung unterschiedlicher Systeme mit der Möglichkeit, Transaktionen, Daten, Visualisierungen und Programmausführungen praktisch beliebig über den Verbund verteilen zu können, macht das Wesentliche eines offenen Systems aus [BUE-94]

[7] CA-Umgebung : Computerunterstützte Systeme (**C**omputer **A**ided)

[8] Neue Schnittstellen : I.d.R. wird dadurch die Anzahl der Schnittstellen erheblich reduziert

[9] Customizing : Kundenspezifische Anpassungen aus der Sicht des PDM-Anbieters

analysen (aufgaben- bzw. aufgabenbereichsbezogene Nutzen- und Kostenschwerpunkte, Entwicklungsprognosen, ...) stützen sollte.

Diese Phase wird i.d.R. durch eine parallele Testimplementierung (↬ Spielwiese) unterstützt.

10.7 Produktionsphase

Liegen die Auswertungen der Testimplementierung(en) vor, wird in dieser Phase des Projekts, je nach dem gewählten Implementierungsansatz (vertikal oder horizontal), das System in die Zielumgebung eingeführt und gegenüber dem Lieferanten abgenommen.

Dazu gehören [EIG-93]:

- die Übernahme von „Altdaten",
- weiterführende Schulungen,
- Erweiterungen des Gesamtsystems durch weitere PDM unterstützenden Systeme und
- weitere Anpassungen durch Praxisforderungen

Das PDM-System sollte in dieser Phase zumindest in einer ersten Stufe in die Unternehmensstruktur eingebunden sein und die „Serienreife" erlangt haben.

10.8 Nutzungsphase

In der Nutzungsphase wird das PDM-System im laufenden Betrieb den Alltagsbelastungen ausgesetzt und bei Bedarf noch nachgebessert.

Parallel hierzu sollte entsprechend der Lernkurve der Anwender versucht werden, die Durchdringung und Akzeptanz bei Bedarf durch entsprechende Veranstaltungen zu steigern.

Die Implementierung sollte weitgehend abgeschlossen sein, so dass spätestens jetzt externe Fachkräfte nicht mehr benötigt werden.

10.9 Auslaufphase

Zum Projektabschluss gehört die Überprüfung des Implementierungserfolgs (Review). Der Review enthält die Überprüfung, Einhaltung der Projektplanung zugrundeliegenden Zeiten und Kapazitäten sowie der prognostizierten Ergebnisse aus der Wirtschaftlichkeitsanalyse anhand der aktuellen Werte.

Gemessen wird die Effektivität des/der Projekts/Projektarbeit hinsichtlich:

- der Einhaltung aller der Projektplanung zugrundeliegenden Parameter,
- der aktuellen Kosten- und Nutzensituation,
- der Einhaltung der Termine, Veränderung der Durchlaufzeiten, Steigerung der Qualität der Produkte und ihrer Dokumentation,
- der Verringerung pauschaler Fremdvergaben bzw. Kostenentlastung durch gezieltes Outsourcing,

- der Aufwände, die bisher geleistete Unterstützung durch das Projektteam und durch Dritte sowie
- des Stands der Anwenderqualifikation und der Einsatzvorbereitung.

Sinnvoll ist bereits während der Projektdurchführung ein konsequentes Projektcontrolling aufzubauen, das die Ergebnisse nach Projektabschluss und nach bestimmten Perioden des laufenden Betriebs bewertet (Bild 10-17).

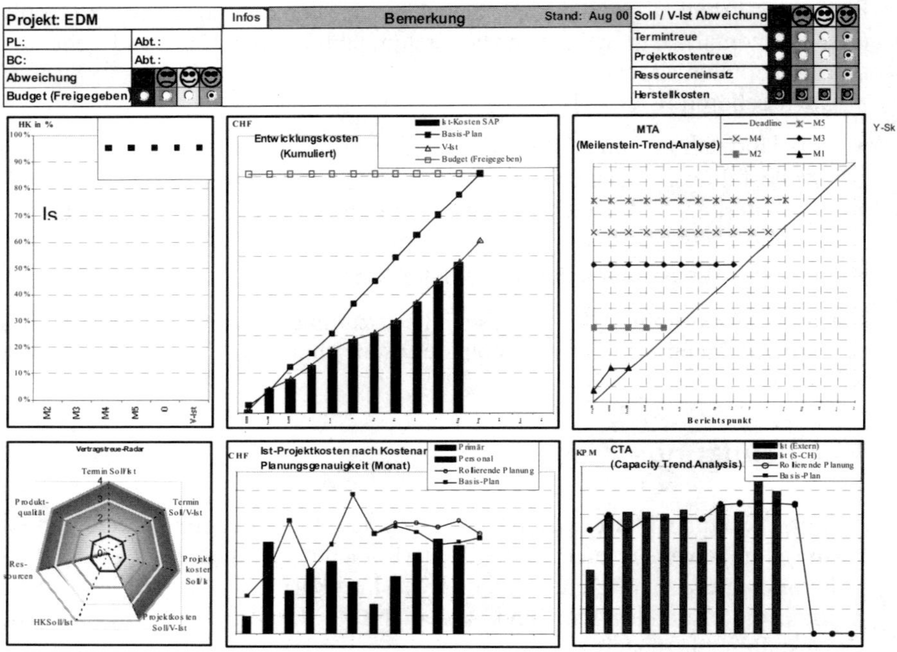

Bild 10-17: Beispiel eines effizienten Projektcontrollings [KAI-00]

Des weiteren kann die folgende Checkliste „Projektabschluss" zur Hand genommen werden [ZIE-97]:

- Sind alle vereinbarten Ergebnisse erreicht worden (siehe oben)?
- Sind diese Ergebnisse dokumentiert und an der festgelegten Stelle abgelegt?
- Ist dokumentiert, welche Ergebnisse nicht erarbeitet wurden und welche Gründe es dafür gibt?
- Sind Ansprechpartner benannt, die:
  - o für einen vereinbarten Berichtszeitraum Auskunft über den Projektverlauf geben können?
  - o für Änderungs- und Wartungswünsche zuständig sind?
  - o dem Fachbereich zur Unterstützung in der ersten Betriebsphase zur Seite stehen können?

- Sind alle in Frage kommenden Stellen im Hause darüber informiert, dass das Projekt zu Ende geht? (Es geht um : Betroffene im Fachbereich, Rechenzentrum, Planungsgruppen, Entscheidungsgremien, Betriebsrat, die Vorgesetzten der Projektmitglieder)
- Ist festgelegt, vor allem im Falle des „Reinen Projektmanagements[10]“, was die Projektmitglieder nach Projektabschluss machen? Sind die Betroffenen darüber rechtzeitig informiert?
- Mit welchen Maßnahmen kann man den Projektteammitgliedern den Übergang zu einer neuen Aufgabe erleichtern?
- Ist eine Projektabschlussbesprechung vorgenommen worden?

Aus der Erfahrung einer Vielzahl von PDM Projekten hat sich immer wieder herauskristallisiert, dass eine unternehmensspezifische organisatorische Vorbereitung und ein exaktes und straffes Projektmanagement wesentlich für die wirtschaftliche Implementierung und den Betrieb eines PDM Systems ist.

[10] Reines Projektmanagement : Projektmitarbeiter arbeiten ausschließlich nur am Projekt

11 Zusammenfassung

Ausgehend von der Problemstellung, dass sich der Engineering Prozess über die letzen Jahre dramatisch verändert hat, soll dieses Buch einen Überblick über den aktuellen Stand der PDM Technologie vermitteln. PDM-Systeme sowie ihre Erweiterungen Product Lifecycle Management (PLM) und Product Definition and Commerce (PDC) sind der wesentliche Beitrag die administrativen Tätigkeiten des Ingenieurs zu optimieren. Basierend auf einem integrierten digitalen Produkt- und Prozessmodell ist das PDM-System

- Dreh- und Angelpunkt der Datenverwaltung und des Datentransfers von Erzeugersystemen (CAD, CAE, CAM,...) zu Zielsystemen (ERP, SCM,...),
- Grundlage der internen und externen Informationsaufbereitung sowie -bereitstellung für den Engineering Prozess,
- zentrales Administrationssystems für alle produkt- und prozessrelevanten Informationen über den gesamten Produktlebenzyklus,
- Verbindungsglied des Ingenieurs mit dem Internet und damit die Grundlage für die Anbindung des Ingenieurs an den Supply Chain und e-Commerce Prozess sowie
- Kernelement des Engineering Collaboration, d.h. aller die betriebsinterne und vor allem die betriebsexterne Kommunikation während des Engineering Prozesses unterstützenden Funktionen

Der Ingenieur steht im Mittelpunkt eines Informationssystems, dass im Gegensatz zu früher die angezeigten Informationen nicht mehr vollständig physikalisch speichern muss, sondern die Informationen aus Fremdsystemen referenziert. Damit wird er in die Lage versetzt, die benötigten Informationen aus internen Informationsquellen, zum Beispiel Vertrieb, Logistik, Einkauf, Finanzen, Produktion und Wartung sowie über das Internet aus beliebigen externen Informationsquellen, zum Beispiel Zulieferer, Normteiledatenbanken, Lizenzen, Patente und landesspezifische Rechtssituationen, zusammenzustellen. Für diese Art der Informationsbeschaffung, die weit über den heutigen Anwendungsumfang von PDM Systemen hinausgeht wird der Begriff Engineering Warehouse bzw. Enterprise Application Integration (EAI) eingeführt.

Diese Art der Informationsbereitstellung verbessert den, aus den Anforderungen des Simultaneous Engineering notwendigen Analyse- und Entscheidungsprozess des Ingenieurs.

Ein systematisch geplantes, eingeführtes und genutztes PDM-System führt zu schnellerer und vollständiger Informationsbeschaffung, zu sicheren Entscheidungen und Abläufen und damit zu einer Senkung sowohl der verursachten als auch besonders der geplanten, in nachfolgenden Phasen des Produktionsprozesses anfallenden, Kosten. Natürlich entsteht auch ein positiver Effekt bei der Reduktion der Durchlaufzeiten des Engineering Prozesses.

Dies setzt natürlich einen zielgerichteten und straffen Planungs- und Implementierungsprozess sowie die richtige Auswahl der Projektmitglieder und des Lösungslieferanten voraus.

Die Autoren wollten mit diesem Buch eine Mischung aus Strategie, Technik, Organisation und Projektmanagement über das dynamische Thema Produktdaten Management zusammenstellen, wie es in dieser Kombination bei einer erfolgreichen PDM-Implementierung notwendig ist.

Wie aus Bild 11-1 ersichtlich befinden wir uns mitten in diesem Prozess.

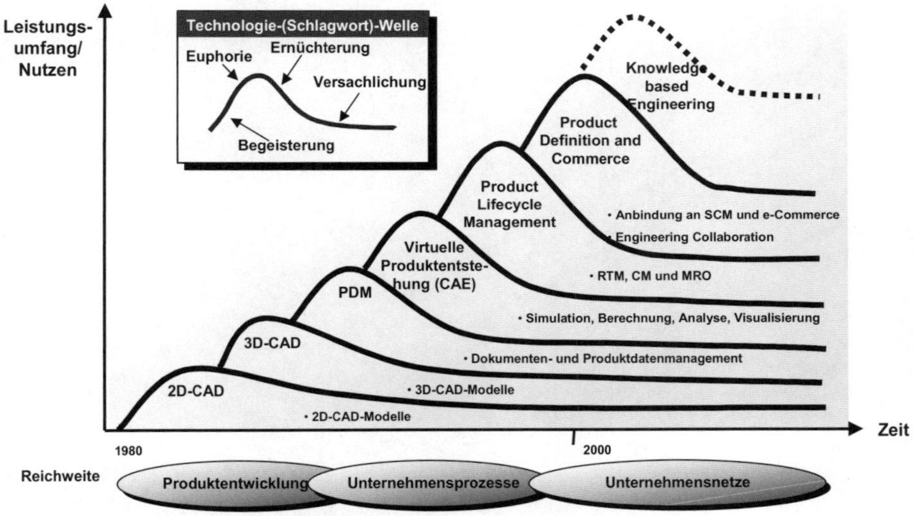

Bild 11-1: Phasen von IT-Lösungen im Engineering; nach [ABR-01]

Teile der Strategie sind in der Praxis anerkannt und werden wirtschaftlich genutzt (PDM). Andere befinden sich in der Phase der Erprobung (PLM) bzw. werden nur von industriellen Vorreitern in der Automobil- und Aerospace/Defense Industrie eingesetzt. Ihren Durchbruch werden wir in den nächsten Jahren erleben.

Literaturverzeichnis

ABR-01 Abramovici, M.: Virtuelle Produktentwicklung im Wandel – Ein Thema für den Mittelstand; Vortrag auf IHK Reihe Digitale Produktentwicklung als Einstieg für e-business; Bochum 30.1.2001

ABR-98 Abramovici, M.; u.a.: Unterstützung verteilter Entwicklungsprozesse durch EDM/PDM In: VDI-Bericht 1435; VDI-Verlag, Düsseldorf; 1998

ADE-01 Ade, R.: Mangelnder Austausch In: iX-Magazin für professionelle Informationstechnik; Heft 1/2001, Seite 122

ADS-97 Anderson, M.: PDF Printing and Publishing; MICRO PUBLISHING & PGW, 1997

AMI-99 Amirbekyan, V.: Integration of Object Databases with CORBA Environment, Ph.D. Thesis, Stanislaw Staszic University of Mining and Metallurgy; Cracow, Poland, 1999

AMR-99 AMR Research Study PLM; Report of AMR Research, Inc., Boston, 1999

AND-00 Anderl, R.; Trippner, D.: STEP – Standard for the Exchange of Product Model Data. B.G.Teubner Verlag, Stuttgart, Leipzig 2000

AND-98 Anderl, R.: Produktdatentechnologie III – Produktdatenmanagement; Vorlesungsskript Universität Darmstadt, 1998

ANT-00 Anderl, R.; Trippner, D.: STEP Standard for thr Exchange of Product Model Data; B.G. Teubner 2000

AWF-68 Handbuch der Arbeitsvorbereitung, Teil 1 Arbeitsplanung; herausgegeben von AWF-EV und REFA e.V.; Beuth Verlag, 1968

BAK-97 Baker, S.: CORBA distributed objects; Addison-Wesley, 1997

BEH-99 Behme, H.: Kunst der Stunde – Wozu die Extensible Markup Language gut ist In: iX-Magazin für professionelle Informationstechnik; Heft 2/1999, Seite 36

BER-68 Berr, U.; Papendieck, A. J.: Grundlagen der Stücklistenauflösung, Teilebedarfsermittlung und Theorie der Graphen (I); Werkstatttechnik 58, 1968

BIR-00 Birkhofer, H.; u.a.: Anforderungen nutzen
In: ZWF 95 (2000) 10

BRH-90 Brankamp, K.; Herold, J.: Optimale CAD-Lösungen für den Werkzeugbau; Köln, Verlag TÜV Rheinland, 1990

BUD-94 Burdick, D.: CIM 8 Questions and Answers; CIM Research Note Gartner Group E-120-942, 1994

BUD-99 Burdick, D.: PDM II: Managing Product Development Competitiveness Across the Supply Chain; PDM Decisions ´99 Management Roundtable, San Francisco 1999

BUE-94 Bues, M.: Offene Systeme – Strategien, Konzepte und Techniken für das Informationsmanagement; Springer Verlag, 1994

BUK-99 Burkett, C.W.: Product Data Markup Language
A New Paradigm for Product Data Exchange and Integration
Whitepaper April 1999,
Link: http://www.pdml.org/whitepap.doc;
Datum der Seite: 20.05.2001

BUR-97 Burdelski, T.: Betriebswirtschaftlehre I
Skript 1997/98 Universität Karlsruhe

COV-00 Cover, R.: The XML Cover pages – Product Definition Exchange (PDX); by OASIS, Mai 2000
(Link: http://www.oasis-open.org/cover/pdx.html;
Datum der Seite: 20.12.2000)

CW-01 n.n.: Automobilzulieferer handeln im Web
In: Computerwoche 10/2001, Seite 90

DAD-96 Dadam, P.: Verteilte Datenbanken und Client-Server-Systeme
Berlin, Heidelberg, Springer Verlag, 1996

DDL-99 Lyon, D.D.: Practical CM – Best Configuration Management Practices for the Twenty First Century; Second Edition; RAVEN Publishing Company, 1999

DIE-99 Dietrich, Th.: Plot-Management in heterogenen Unternehmensnetzwerken
In: CAD-CAD-Report 18 (1999) 10

DIT-89 Dittrich, K.R.: Object-oriented Database Systems: the Notation and the Issues
In: Proc. 1986 International Workshop on Object-Oriented Database Systems, Pacific Grove 1986

DOM-00 Doblies, M.; M. Muschiol: Integration von EDM/PDM-Systmen

über Organisationsgrenzen hinweg
In: VDI-Bericht 1569, VDI-Verlag; Düsseldorf 2000

DOO-00 **D**ynamic **O**bject **O**riented **R**equirements **S**ystem (Doors)
Link: http://www.qssinc.com;
Datum der Seite: 13.11.2000

DOR-00 Dornan, Andy
Essential Guide to Wireless Communications Applications, The: From Cellular Systems to WAP and M-Commerce
Prentice Hall Computer Books, 2000

EHA-98 Eigner, M., Haesner, D.: Konfigurationsmanagement als integrierter Teil von PDM
In: EDM Report 3, 1998

EHS-91 Eigner, M., Hiller, Ch., Schindewolf, St., Schmich, M.: Engineering Database – Strategische Komponente in CIM-Konzepten; Carl Hanser Verlag, 1992

EIG-99 Eigner, M.: PDM² Ein neuer Ansatz für das Produktdaten- und Prozeß-Management
In: EDM Report, Dressler Verlag, 3/99

EIR-00 Eigner, M., Roth, P.: Product and Lifcycle Management
In: Windows produktiv, Nr.3, 2000

ESS-01 Esslinger, B.: Wir brauchen ein pragmatisches Vorgehen – Zur Neufassung des Signaturgesetzes
In: Computerwoche 18/2001, Seite 30

EVE-96 Eversheim, W.; u.a.: Telekooperation verschafft Wettbewerbsvorteile
In: io-Management Zeitschrift 65 (1996) 5

FIH-00 Fischer, J.; Hoos, J.: Begleitende Kalkulation bei verteilter Produktentwicklung im Internet auf der Basis von XML
In: Industrie Management 16 (2000) 5

FKM-96 Forschungskuratorium Maschinenbau e.V.
Entwicklung eines Systems zur automatischen Zeichnungserkennung
Forschungshefte Nr.219, 1996

FOL-98 Foltz, Chr.; u.a.: Verteiltes Konstruieren in der Automobilindustrie
In: Industrie Management 14 (1998) 3

GAB-92 Gabler Wirtschafts-Lexikon, 13, Betriebswirtschaftlicher Verlag Dr. Th. Gabler GmbH, Wiesbaden, 1992

GAR-00 Gartner: The Gartner Glossary of Information Technology - Acronyms and Terms

Gartner Direct October 2000

GEI-87 Geitner, U.W.: Betriebsinformatik für Produktionsbetriebe; REFA 1987

GOB-93 Götze, U.; Bloech, J.: Investitionsrechnung, Springer-Verlag, Berlin, Heidelberg, New York, Tokyo, 1993

GOF-94 Goldfarb, C.F.: The SGML Handbook
Oxford University Press, Nachdruck von 1994

GOL-01 Golding, R.: Buying online: others catch up as COVISINT hesitate
In: automotive world, April 2001

GRI-90 Grill, E.: Relationale Datenbanken: Vom logischen Konzept zur physischen Realisierung
Hallbergmoos, Angewandte Informationstechnik, 1990

GRO-99 Groff, J.R.; Winberg, P.N.: SQL: The complete reference
Bk&Cd Rom edition,1999

GRR-99 Grabowski, H.; Rude, S.: Informationslogistik;
Teubern Verlag, Stuttgart, Leipzig, 1999

GRU-87 Grupp, B.: Optimale Verschlüsselung bei Online Datenverarbeitung, Verlag TüV Rheinland, Köln 1987

GUB-89 Gubsch, M.: Automatisierte Zeichnungserfassung
Forschungsbericht, PLANETA Radebeul, 1989

HDB-00 Handelsblatt vom 14.11.2000 (Nr. 220/2000), Seite 9

HEU-92 Heuer, A.: Objektorientierte Datenbanken
Bonn, Addison-Wesley, 1992

HOH-94 Hohlwein, M.: Erarbeitung einer Nutzenbroschüre auf der Basis eines Nutzenprofils, Diplomarbeit E+P AG, 1994

HWP-93 Engineering Data Management – Das Umfeld für die fortschrittliche Produktentwicklung, Hewlett-Packard Company Eigendruck 1993

HWP-98 Hewlet-Packard: DirectModel Specification
Hewlet-Packard Company Eigendruck 1998

IPS-00 Requirements Management for CADIM/EDB and axalant™ (Internal requirements specification draft)
IPS Ingeniería de Productos, Procesos y Sistemas Integrados, S.L., 2000

ISO-97 ISO: VRML 97 Specification
ISO, 1997

JAH-79 Jahn, B.: Gestaltung leistungsfähiger Nummernsysteme für die

DV Organisation; Minerva Publication, München 1979

KAI-00 Kaiser, V.: EDM Einführung, Erfahrungsbericht fokussiert auf Dokumenten Management; Vortrag auf „Unternehmen im IT Wandel" der ETH Zürich, Zentrum für Produkte-Entwicklung, 2000

KAR-99 Karden, H.: STEP and XML Interoperability Vortrag auf PDMI2-Tagung, November 1999

KLA-98 Klabunde, St.; u.a..: Integration von Produktentwicklung und Prozessplanung via Internettechnologie In: Industrie Management 14 (1998) 1

KNO-00 Knoche, Th.: Die neue Rolle des Konstrukteurs und wie er sie bewältigt; Konstruktion 47, 1995

KNZ-00 Kunz, J.: XML Tooleinsatz für WEB basierende Dokumentation; E+P interne Unterlagen 2000

KOP-98 Koppenhöfer, Chr.; u.a.: Bedarf und Szenarien für die Telekooperation in verteilten Produktentwicklungen In: Industrie Management 14 (1998) 3

KRA-99 Krause, F.-L.; u.a.: Die Gesetzgebung zwingt die Unternehmen zu handeln In: EDM-Report (1999) 2

KRI-99 Krisch, Ehrler, Mühl, Ertel: PdmEnabler-Workshop innerhalb des iVip-Projektes Vortragsmanuskript; SAP AG, 1999

KZE-97 Krzepinski, A.: Praxisgerechte Ansätze zur PDM-Nutzenpotentialermittlung Fachbeitrag im VDI-Arbeitskreis EKV Siemens Bildungszentrum, 1997

LAC-99 Lacour, F.: Im Vorteil durch virtuelle Produktentwicklung und Digital-Mock-up In: CAD-CAM-Report 18 (1999) 10

LAM-00 Lang, U.; Muschiol, M.: Thin global – Act local: Online-Bereitstellung von Konstruktionsunterlagen im Transformatorenbau In: Industrielle Informationstechnik 37 (2000) 6-7

LAN-99 Lange, B.: Digitales Siegel in: iX-Magazin für professionelle Informationstechnik; Heft 11/1999, Seite 178

LEM-00 Lermer, J.; Muschiol, M.: EDM/PDM versus ERP – ein Diskussionsbeitrag In: Technische Rundschau 92 (2000) 8

LIN-95 Lindig, Ch.: Komponentensuche mit Begriffen.

Proc. Softwaretechnik '95, Braunschweig, S. 67-75, 1995

LON-00 Loney, K.; Koch, G.
ORACLE8i: The complete reference
Bk&Cd Rom edition, 2000

LUE-99 Luzak, H.; Eversheim,W.: Telekooperation
Springer Verlag, Berlin, Heidelberg, New York; 1999

MAL-00 Malmqvist, J.: Implementing Requirements Management: A task for specialized software tools or PDM systems?
Chalmers University of Technology, 2000

MAL-01 Malmqvist, J.: Implementing Requirements Management: A Task for Specialized Software Tools or PDM Systems?; Systems Engineering, Vol. 4, No. 1, 2001

MAR-81 Marti, J.: Einführung in die Datenbanktechnik
Carl Hanser Verlag, München, Wien, 1981

MCI-95 McIntosh, K.G.: Engineering Data Management A Guide to Suceessful Implementation; McGraw-Hill Book Company 1995

MCS-01 Microsoft BizTalk Server 2000 Documented
Unterschleissheim, Microsoft Press, 2001

MEI-98 Meier, A.: Relationale Datenbanken
Berlin, Heidelberg, Springer-Verlag, 1998

MER-99 Merkle, B.; Diercks, J.: Neue Mischung (Java für Geschäftsanwendungen)
In: iX-Magazin für professionelle Informationstechnik;
Heft 5/1999, Seite 60

MFH-99 Macherius, I.; Fankhauser, P.; Huck, G.: Zwischenhändler – Verknüpfung von Webdaten mit XML
in: iX-Magazin für professionelle Informationstechnik;
Heft 4/1999, Seite 90

MIL-01 Miller, Ed: State of the cPDM Industy; Keynote CIMdata Conference ´01 Palm Springs, 2001

MOF-97 Montau, F.; Flemming, M.: Föderatives Produktdatenmanagement eröffnet neues Rationalisierungspotential für die Konstruktion
In: Konstruktion 49 (1997) 6

MSN-00 Merlis, S.F.; Sylvester, M.E.; Newton, A.L.: E2E New Product Development Drives Higher Returns; Wasserstein Perella Inc. Industry Overviews Automotive 2000

MUL-95 Müller-Meernach, R.: Systemanforderungen beim Reproplotten
In: CAD-CAD-Report 14 (1995) 11

MUS-00 Muschiol, M.: Digitale Archivierung – Grundlage für ein modernes Konstruktionsdatenmanagement; Konstruktion 52 Heft 5, 2000

MUS-96 Muschiol, M.: Digitale Archivierung - der erste Schritt zu EDM In: Industriemanagement „EDM-Spezial“ 5/1996

MUS-97 Muschiol, M.; Schwedler v. U.: Auf dem Weg zum totalen Datenmanagement
In: Technische Rundschau 89 (1997) 20

NEU-00 Neugebauer, F.: ENX® - Das Branchennetz der europäischen Automobil-industrie: Status in Europa, B2B Anwendungen im Einsatz und Ausblick Globalisierung
Vortrag auf ENX-Konferenz 2000, Frankfurt(M.) 22.11.2000

NIK-98 Nikol, G.: Viewer für EDM-Systeme-Die Anforderungen werden meist unterschätzt
In: EDM-Report (1998) 1

NIK-99 Nikol, G.: Viewer – wohin geht die Entwicklung
In: EDM-Report (1999) 3

OHN-00 Ohnemus, Th.: Web-basierende PDM-Systeme der Zukunft
In: eDM-Report (2000) 2

OUS-99 Ousterhout, J.K.: Tcl und Tk: Entwicklung graphischer Benutzerschnittstellen für das X-Windows-System
Bonn, Addison-Wesley, 1999

PAU-95 Paul, G.; u.a.: Produktdatenverwaltungsssysteme – Methoden und Werkzeuge zur Unternehmensintegration
In: CIM Management 11 (1995) 4

PDX-01 PDX Standard Group : PDX-Overview
Link: http://www.pdxstandard.org ;
Datum der Seite: 18.04.2001

PPS-87 Rationalisierungs Kuratotorium der deutschen Wirtschaft e.V.; PPS Fachmann Grundlagen, Planung, Steuerung; Bd. 1-6, Verlag TüV Rheinland, 1987

REB-96 Reinhardt, G.; Brandner , St:, Integration von Zuliefern in das Daten- und Prozessmanagement
In: ZWF 91 (1996) 9

REN-95 Rentz, O.: Industriebetriebswirtschaftlehre
Skript, 1995 Universität Karlsruhe

REQ-00 Requisite Pro
Rational Software Corp.
Link: http://www.rational.com/products/reqpro;
Datum der Seite: 20.11.2000

SAR-99 Sari, L.: PDM/EDM Einführungsstrategien und Nachweis des firmenspezifischen Nutzens; Diplomarbeit E+P AG, 1999

SCR-01 Schäfer,D.; Roller,D.: XML: Grundlagen und Anwendungen des neuen Internet-Standards
In: CAD-CAM Report (2001) 2, S. 28

SCS-83 Schlageter, G.; Stucky, W.: Datenbanksysteme: Konzepte und Modelle
Teubner Verlag Stuttgart, 1983

SES-98 Sessions, R.: COM and DCOM: Microsofts Version for distributed objects
New York, Wiley, 1998

SHB-99 Schreiber, A.: STEP and Internet Standards
Vortrag auf PDMI2-Tagung, November 1999

SHD-88 Schreuder, S.; Upmann, R.: CIM-Wirtschaftlichkeit, Verlag TÜV Rheinland GmbH, Köln, 1988

SHI-95 Schimpf, A.: Client-Server-Konzepte: der Einstieg für Datenbank-Entwickler und –Entscheider
Markt+Technik Verlag, 1995

SHU-00 Shumilov, S.; Cremers, A.B.: eXtensible Database Adapter - a framework for CORBA/ODBMS integration
Department of Computer Science III, University of Bonn, 2000

SIE-99 TranSON (Transaction Security in Open Networks)
Produktunterlagen, SIEMENS AG, Bereich ATD, 1999

SIN-00 Sinn, D.: ASP – Lizenz zum Mieten
In: Computerwoche Nr. 15 vom 14.04.2000, Seite 82

SMI-00 Schmich, M.: EDM Einführung, Erfahrungsbericht Einführung Dokumenten Management; Vortrag auf „Unternehmen im IT Wandel" der ETH Zürich, Zentrum für Produkte-Entwicklung, 2000

SMR-97 Smith, P.G.; Reinertsen, D.G.: Developing Products in Half the Time; Second Edition; John Wiley & Sons Inc., 1997

SPK-97 Spur,G.; Krause, F.-L.: Das virtuelle Produkt – Management der CAD-Technik; Carl Hanser Verlag; Wien München; 1997

STE-99 Stelzer, R.; Nabetanii, R.: Extended PDM Functions for Engineering and Lifecycle Improvement
CALS-J '99; Tokyo (J), September 1999

STE-97a Stelzer, R.: Neue Technologien bei der Integration von CAD- und PDM-Systemen
In: VDI-Bericht 1357; VDI-Verlag GmbH, 1997

STE-97b Stelzer, R.: Neue Methoden der CAD-PDM Integration; SYSTEMS '97; München, 1997

TAX-99 Taxen, L.: Global WEB based PDM Support for Developing Complex Telecommunication Systems; CIMdata Europe ´99, Conference Proceedings, Nizza 1999

THO-98 Thomas, A.: Enterprise JavaBeans Technology Patricia Seybold Group, Boston 1998

VAJ-92 Vajna, S.: Gruppentechnologie und CIM In: CIM-Management (1992) 6

VAS-97 Vajna, S.; Stark, J.: Von der analogen zur digitalen Reprografie Buch 3: Business Process Reengineering vor der Einführung eines EDM-Systems, Buch 4 : Wirtschaftlichkeit von EDM-Systemen, Océ-Deutschland GmbH, 1997

VDA-00 VDA-Empfehlung 4951: Datenfernübertragung von CAD/CAM-Daten (ENGDAT/ENGPART) Verband der Automobilindustrie e.V. (VDA), 5.Ausgabe, 03'2000

VDI-99 VDI-Gesellschaft Entwicklung - Konstruktion - Vertrieb: Datenverarbeitung in der Konstruktion - Einführung und Wirtschaftlichkeit von EDM/PDM-Systemen (Computer aided design - Introduction and economy of EDM/PDM systems) VDI-Richtlinie; Ausgabe: 11'1999

VDI-78 Verein deutscher Ingenieure (VDI) Gesellschaft für Produktionstechnik (ADB); Elektronische Datenverarbeitung bei der Produktionsplanung und –steuerung; VDI Taschenbuch T 81, VDI Verlag Düsseldorf, 1978

VDM-95 Produkt Daten Management Grundlagen und Entscheidungshilfe; Schriftenreihe des Fachverbandes Informationstechnik im VDMA und ZVEI, 1995

WAR-99 Warnecke, H.J.; Braun, J.: Vom Fraktal zum Produktionsnetzwerk; Springer Verlag, 1999

WEI-99 Weitzel, T.; Kronenberg, R.; Ladner, F.; Buxmann, P.: Die Rückkehr der EDI-Ritter – XML als Alternative zu traditionellem EDI in: iX-Magazin für professionelle Informationstechnik; Heft 07/1999, Seite 127

WER-98 Werthenbach, M.: Prozessorientierte interaktive Erstellung von Kundendokumentationen In: ZWF 92 (1998) 3

WET-67 Wetzel, R.: Systematik und Aufbau von Stücklisten; IBM Firmenveröffentlichung IBM Form 80512-1, 1967

WOO-99 Wood, Ch.: Ole Db and Odbc Developer's Guide Bk&Cd Rom edition, 1999

WRI-92 Wright, H.: State of the Art - SGML Frees Information
Byte, 17.1992, 6, S.279ff

ZIE-97 Zielasek, G.: Projektmanagement
Skript, 1997 Universität Karlsruhe

ZIO-00 Ziolkowski, S.: Beschleunigter CAD/CAM-Datenausstausch
In: ZWF 95 (2000) 10

Glossar

ACCESS	relationale PC-Datenbank; Produkt und geschützter Name der Firma Microsoft
ACL	Access Control List; Zugriffskontroll-Liste; Verfahren zur benutzerabhängigen Definition von Zugriffsrechten auf Rechnerressourcen
ADO	ActiveX Data Objects ; high-level Interface zum Zugriff auf allg. Datenbestände unterschiedlicher Quellformate
AI	Änderungsindex; kennzeichnet den aktuellen Änderungsstand eines PDM-Objekts
AMP	Internet-Portal der Firma Tyco Electronics, Inc.; spezialisiert auf elektronische Verbindungselemente; Link: www.amp.com
AMR	AMR Research, Inc.; Analyst, spezialisiert auf e-Business Strategien; Sitz: Boston(USA) Link: www.amrresearch.com
ANSI	American National Standards Institute, Normierungsorganisation der USA; Link: www.ansi.org
ANX	American Network Exchange ; US-Amerikanische hochperformante Netzwerk-Plattform für eine einheitliche Kommunikation von Firmen und Zulieferern der Automobilindustrie; Link: www.anx.com
API	Application Program Interface; Schnittstelle für die Anwendungsprogrammierung
ASP	Applikation Service Providing; Bezeichnet das zur Verfügung stellen von Software auf Mietbasis über das INTERNET, bei dem wesentliche Dienste auf einem zentralen Server des Dienstleisters arbeiten
ASS	Artikelstammsatz
axalant	PDM-System; Produkt und geschützter Name der Firma Eigner+Partner AG
B2B	business-to-business; Bezeichnet die Kommunikation zweier Geschäftspartner über das INTERNET
BAAN	Softwarehaus; u.a. Anbieter eines ERP-Systems; Link: www.baan.com

BLOB	Binary Large Object; große binäre Objekte; Bezeichnet ein Datenformat moderner Datenbanken, welches die Abspeicherung sehr großer, binärer Objekte zulässt
Browser	Bezeichnung für ein Programm, das die Daten einer Datei so darstellt, dass die Struktur sichtbar wird und man sich in dieser Struktur bewegen kann
CAD	Computer Aided Design; rechnerunterstütztes Konstruieren
CAE	Computer Aided Engineering; rechnerunterstützte Berechnung und Analyse
CAM	Computer Aided Manufacturing; rechnerunterstütztes Fertigen
CAPE	Concurrent Art of Product Environment; Kennzeichnet die Architektur der Software eines Unternehmens, bei der für jede Spezialfunktion eine Applikation eingesetzt wird, welche die bestmöglichen Leistungsmerkmale besitzt (nach Gartner Group)
CAQ	Computer Aided Quality Management; rechnerunterstützte Qualitätssicherung
CAS	Computer Aided Sales; Programmsystem zur Unterstützung der Vertriebsaktivitäten
CASE	Computer Aided Software Engineering; rechnerunterstützte Softwareentwicklung
CA-System	Computer Aided-System; rechnerunterstütztes System; kennzeichnet in allgemeiner Form ein Anwendungssoftwaresystem
CATIA	3D-mechanisches CAD-System; Produkt und geschützter Name der Firma Dassault Systemes S.A. (NASDAQ:DASTY, Bourse de Paris); Link: www.dsweb.com
CAx	ein allg. Bezeichner für rechnerunterstützte Verfahren (z.B. CAD, CAE, CAS, ...)
CCB	Configuration Control Board; Leitungsgruppe, welche für Überprüfung und Genehmigung der Änderungen einer Baseline im Configuration Management zuständig ist (Begriff im Umfeld CM)
CCI	Contractual Configuration Item; Bezeichnet vertraglich zugesicherte Eigenschaften funktioneller, technischer und logistischer Art eines zu produzierenden Produkts (Begriff im Umfeld CM)
CD	Compact Disc
CD-ROM	Compact Disc - Read Only Memory

CE	Concurrent Engineering; Methode der gleichzeitigen Entwicklung an einer Produktkomponente durch verschiedene Mitarbeiter
CE Archiv	Archivierungssystem; Produkt und geschützter Name der Firma Synergie-Consulting in der Informationstechnologie GmbH; Link: www.synitec.de
CERN	European Organization for Nuclear Research; Link: www.cern.ch
CIMdata	CIMdata, Inc., Consulting Firma, welche Firmen im Bereich der Anwendung von e-business-Komponenten berät, speziell auch im Bereich PDM; Link: www.cimdata.com
Client	Client bezeichnet eine Anwendung oder ein Rechnersystem, das die bereitgestellten Ressourcen eines anderen Systems benutzt. Dieses wird dann als Server bezeichnet
CM	Configuration Management; Konfigurationsmanagement
CORBA	Common Objekt Request Broker Architekture; Bezeichnung einer Technologie zum Aufbau anwendungsübergreifender Integrationsplattformen
COVISINT	Name eines globalen, unabhängigen Marktplatzes speziell für die Automobilindustrie; Hauptquartier in Southfield(USA); Link: www.covisint.com
cPDM	Collaborative Product Data Management; auf Nutzung des Intra- bzw. Internet basierte Zusammenarbeit von Ingenieuren (nach CIMdata)
CRM	Customer Relation Management; rechnerunterstütztes Verfahren zur Verwaltung der Kundenbeziehungen
CSCW	Computer Supported Corporative Work; computerunterstützte Zusammenarbeit von Teammitgliedern
CSM	Component Supplier Management ; Verfahren zum INTERNET-basierten Management von Zukauf- und Normteilen
Customizing	Kundenspezifische Anpassung von Software
DB	Datenbank
DBL	Design Baseline; Produktbeschreibungszustand beim Übergang von Projektdefinition zu Entwicklung (Terminologie im Umfeld MRO)
DCOM	Distributed Compound Object Model; Verteiltes komponentenbasiertes Objektmodell; Integrationsarchitektur und -funktionen der Firma Microsoft
DDL	Data Description Language; Datendefinitionsspra-

	che; Konstrukt zur Definition eines Datenbankschemas
Digital Mockup	Repräsentation der Produktstruktur mit Baugruppen und Einzelteilen und deren Geometrie mit dem Ziel, Optimierungen über Modifikationen in der Baugruppenstruktur und Simulationen wie Ein- und Ausbauuntersuchungen durchzuführen
DIN	Deutsches Institut für Normung e.V.; Link: www.din.de
DIS	Draft International Standard; Normungsentwurf
Diversifizierung	gezielte Ausweitung des Produktions- und/oder des Absatzprogramms auf bisher nicht angebotene Erzeugnisse, die aber in sinnvollem Zusammenhang mit den bisher erzeugten bzw. abgesetzten Produkten stehen
DML	Data Manipulation Language; Datenmanipulationssprache
DMU	Digital Mockup (siehe dort)
DOORS	Dynamic Object Oriented Requirements System; RTM-Softwareprodukt; geschützter Produktname; Link: http://www.qssinc.com
DTD	Dokumententyp-Definition; legt bei der Arbeit mit der Metasprache SGML alle verfügbaren Sprachelemente für die Beschreibung von Dokumenten einer Auszeichnungssprache fest
DTP	Desktop Publishing; Software zur Gestaltung und Bearbeitung von Dokumenten
DVD	Digital Versatile Disk
DXM	Data Exchange Manager; Bezeichnung der ProSTEP-Software zum automatisierten Austausch von Produktdaten
E+P	Eigner+Partner AG; Software- und Systemhaus; Anbieter des PDM-Systems axalant; EIGNER+PARTNER AG, Ruschgraben 133, 76139 Karlsruhe (Germany); Link: www.ep-ag.com
E2E	engineering-to-engineering; auf dem Intra- und Internet basierende Zusammenarbeit von Ingenieuren
EAI	Enterprise Application Integration; Methoden zur Integration von Daten und Abläufen unterschiedlicher Softwareapplikationen
EAI	Engineering Animation Inc.; Tochter der Unigraphics Solutions, Inc., Anbieter von Visualiserungs- und DMU-Software sowie Lösungen im

	collaboration Umfeld Link: www.eai.com
ECAD	CAD-System für die rechnerunterstützte Erstellung und Bearbeitung elektrischer Konstruktionsunterlagen, wie z.B. Stromlauf- oder Beschaltungspläne
ECN	Engineering Change Notification; Änderungsbenachrichtigung; Phase des Freigabeprozesses
ECO	Engineering Change Order; Änderungsauftrag; Phase des Freigabeprozesses
eCol	Engineering Collaboration; auf Nutzung des Intra- bzw. Internet basierte Zusammenarbeit von Ingenieuren
eCom	e-Commerce; auf Nutzung des Internet basierte Zusammenarbeit von Firmen mit ihren Kunden
ECR	Engineering Change Request; Änderungsantrag; Phase des Freigabeprozesses
EDA	Electronic Design Automation; rechnerunterstützte Erstellung und Bearbeitung von elektronischen Baugruppen
EDI	Electronic Data Interchange; elektronischer Datenaustausch
EDM	Engineering Data Management; Management von Ingenieurdaten
EDV	elektronische Datenverarbeitung
EG	Europäische Gemeinschaft
EIA	Electronic Industries Association
EJB	Enterprise Java Beans; JAVA-basierte Technologie zur Erstellung verteilter Anwendungen, bei der die einzelnen Dienste rechnerunabhängig entwickelt und problemlos über das Internet verteilt und genutzt werden können
EN	Europanorm
ENGDAT	Engineering Data; Ingenieurdaten; Bezeichnung einer Schnittstelle zum Austausch von Ingenieurdaten
ENX	European Network Exchange; Europäisches hochperformante Netzwerk-Plattform für eine einheitliche Kommunikation von Firmen und Zulieferern der Automobilindustrie Link: www.enx.com
e-PLM	electronic Product Lifecycle Management (nach AMR)
ERICSSON	Unternehmen der Telekommunikation; Link:

	www.ericsson.com
ERN	Engineering Release Notification; Freigabebenachrichtigung; Phase des Freigabeprozesses
ERO	Engineering Release Order; Freigabeauftrag; Phase des Freigabeprozesses
ERP	Enterprise Resource Planing; Planung von Unternehmensressourcen
ERR	Engineering Release Request; Freigabeantrag; Phase des Freigabeprozesses
EW	Engineering warehouse
e-Vis	Collaboration Software; Produkt und geschützter Name der Firma EAI
EXCEL	Tabellenkalkulationsprogramm; Produkt und geschützter Name der Firma Microsoft
EXPRESS	Bezeichnung der Spezifikationssprache zur Beschreibung von STEP-Produktdatenmodellen
FBL	Functional Baseline; Produktbeschreibungszustand beim Übergang von Machbarkeit zu Projektdefinition (Terminologie im Umfeld MRO)
FEM	Finite Element Method; Finite-Elemente-Methode
FILE	Computer-Datei
FMEA	**F**ehler**M**öglichkeits- und **E**influss**A**nalyse; (Failure Mode and Effects Analysis)
Gartner Group	GartnerGroup; Corporate Headquarters, 56 Top Gallant Road, Stamford, Connecticut 06904 USA; Internationales Consulting Unternehmen; Link: www.gartnerweb.com
GB	Geschäftsbereich
GIC	Group Identification Code; interner Rechnercode zur Identifizierung einer Benutzergruppe
GIF	Graphics Interchange Format; Namenserweiterung zur Kennzeichnung eines graphischen Dateiformates
GM	General Motors; Automobilhersteller; Link: www.gm.com
GNX	Global Network Exchange; weltweites Kommunikationsnetz der Automobilindustrie
Gressel AG	Anbieter von Spann- und Rohrleitungstechnik in Aadorf (Schweiz); Link: www.gressel.ch
GUI	Graphical User Interface; graphische Benutzeroberfläche
GUID	Global Unique Identifier ; interner Identifikator eines Objektes, welcher weltweit eindeutig ist

HDBMS	Hierarchical Database Management System; Datenbankbetriebssystem mit hierarchisch organisiertem Datenmodell
HTML	Hyper text Markup Language; Bezeichnung der Beschreibungssprache zur Erstellung hypermedialer Dokumente, speziell im INTERNET
IEC	International Electrotechnical Standardization Committee; Internationales Normungskomitee für Elektrotechnik
IGES	Initial Graphics Exchange Specification; Bezeichnung der US-amerikanischen Norm ANSI Y 14.26 M für den CAD-Datenaustausch
INTERNET	Internationales TCP/IP-basiertes Netzwerk
INTRANET	Unternehmensinternes TCP/IP-basiertes Netzwerk
IPS	Ingenieria de Productos, Procesos y Systemas Integrados, S.L., Plaza del Ayuntamiento, 13-3, 46002 Valencia (Espana); Link: www.ips-sl.es
ISO	International Organization of Standardisation; internationale Normungsorganisation
IT	Informationstechnik; Begriff, der oft im Zusammenhang benutzt wird, um die Anwendung von verfahren und Techniken der Informationsverarbeitung bzw. Informationstechnik zu beschreiben
iVIP	Integrated Virtual Product Development (Integrierte Virtuelle Produktentstehung); Leitprojekt des BmBF („Bundesministerium für Bildung und Forschung" / Ministry for education and research)
JAVA	von SUN Microsystems entwickelte Programmiersprache, welche sich besonders dadurch auszeichnet, für die Nutzung von Animationen und Interaktionen im World Wide Web geeignet zu sein
JAVA-Bean	Im EJB-Konzept benutzte Objekte, die in Containern verpackt arbeiten und jeweils benötigte Eigenschaften und Methoden über Schnittstellen zur Verfügung stellen
JECPO	Joint Electronic Commerce Program Office; organisiert Dienste zur Integration des electronic business in den Geschäftsablauf des US-Department of Defense ; Link: http://www.acq.osd.mil/ec/
JPEG	Joint Photographic Experts Group; Bildkompressionsverfahren
JT	Dateinamenserweiterung für 3D-Geometrien
KPMG	Internationales Consulting Unternehmen; KPMG steht für:

	K ... Klynveld, Piet P ... Peat, William Barclay M ... Marwick, James G ... Goerdeler, Dr. Reinhard Link: www.kpmg.com
Kostendegression	relative Kostenabnahme bei steigender Produktionsmenge
MCAD	Bezeichnung für mechanische CAD-Systeme
McKinsey&Co	internationales Consulting Unternehmen; Link: www.mckinsey.com
ME10	2D mechanisches CAD-System; Produkt und geschützter Name der Firma CoCreate Link: www.cocreate.com
MEMO	typische Kurzbezeichnung für ein Datenfeld zur Aufnahme von allg. Informationstexten
MIL-STD	Military Standard
MOTIF	Grafisches Toolkit, aufbauend auf den Xtoolkit-Intrinsics und X11, verteilt von der OSF, größtenteils entwickelt von HP und DEC
MRO	Maintenance, Repair and Overhoul; Wartung, Reparatur und Überholung; Umfasst alle Funktionen, die zum Management eines Produktes vom Beginn seiner Nutzung bis zur Außerbetriebnahme notwendig sind (Planung der Wartungsintervalle, der Inspektion und der Ersatzteilversorgung)
MRP	Material Resource Planing; Materialplanung (Mengen- und Terminplanung)
MS-	allg. übliche Abkürzung für "Microsoft" im Zusammenhang mit von dieser Firma entwickelten Softwareprodukten
NC	Numerically Controlled; numerisch gesteuert
NEMI	National Electronics Manufacturing Initiative; Link: www.nemi.org
OCR	Optical Character Recognition; Verfahren zur automatischen Buchstabenerkennung in Rasterdaten
ODBC	Open Data Base Connectivity; Datenbankschnittstelle der Firma Microsoft
ODBMS	Object-Oriented Database Management System; Objektorientiertes Datenbanksystem
OGW	owner-group-world; Zugriffsschutzverfahren, bei dem alle Rechte dem jeweiligen Nutzer (o), den Mitgliedern seiner Arbeitsgruppe (g) sowie den sonstigen Anwendern (w) zugeordnet werden
OLE	Object Linking and Embedding; objektbasiertes

	Datenaustauschverfahren der Firma Microsoft
OLE-DB	offener low-level Standard der Firma Microsoft zum einheitlichen Zugriff auf allg. Datenbestände
OMG	Object Management Group; Bezeichnung der Vereinigung der an einer einheitlichen Integrationsplattform interessierten unternehmen
OneSpace	Collaboration Software; Produkt und geschützter Name der Firma Cocreate;Link: www.cocretae.com
ORACLE	Datenbankbetriebssystem; Produkt und geschützter Name der Firma ORACLE Link: www.oracle.com
PBL	Product Baseline; Produktbeschreibungszustand am Anfang der Produktion (Terminologie im MRO)
PC	Personal-Computer
PDC	Product Definition and Commerce; Erweiterung des Produktdatenmanagement um Engineering warehouse (EAI), Unterstützung des Supply Chain Management (SCM), des Engineering Collaboration sowie der Unterstützung des E-Commerce
PDF	Portable Document Format; Bezeichnung der Schnittstelle der Firma ADOBE zum Austausch von Dokumenten
PDM	Product Data Management; Produktdatenmanagement
PDMenabler	CORBA-basierte Online-Schnittstelle für den Zugriffes auf PDM-Daten; das Konzept geht auf eine Initiative der Object Management Group (OMG) zurück
PDML	Product Data Markup Language; XML-basierter Standard zum Austausch von Produktdaten zwischen PDM-Systemen
PDW	Project Driven Work; Projektgesteuertes Arbeiten; Verfahren der Zugriffssteuerung auf der Basis von bestimmten Projekten zugeordneten PDM-Objekten
PDX	Product Definition eXchange; XML-basierter Standards im Bereich der Elektronikindustrie zum Übertragen von Produktinformationen
PISA	Software- und Systemhaus; Anbieter einer Datenbank-Entwicklungsumgebung; PiSA GmbH, Charlottenburger Straße. 4, 14169 BERLIN, Germany; Link: www.pisa.de
PLM	Product Lifecycle Management; Erweiterung des Produktdatenmanagement um Lifecyclemanage-

	ment (CM) und Anforderungsmanagement (RTM)
Pro/Engineer	3-D mechanisches CAD-System; Produkt und geschützter Name der Firma Parametric Technology, Co. (PTC); Link: www.ptc.com
QM	Quality Management; Qualitätsmanagement
RDBMS	Relational Database Management System; relationales Datenbankbetriebssystem
RMI	Remote Method Invocation; Schnittstelle um JAVA Komponenten z.B. auch über ActiveX ansprechen zu können
ROM	Read Only Memory; Speicher, auf welchen nur lesend zugegriffen werden kann
Roland Berger	Roland Berger & Partner GmbH International Management Consultants; Internationale Consulting Firma; Link: www.rolandberger.com
RTM	Requirement Traceability Management; Anforderungs- und Rückverfolgungs-Management
SADT	Structured Analysis and Design Technique; Bezeichnung einer Modellierungsmethode zur Aktivitätenmodellierung
SAP	Unternehmen in Walldorf (Deutschland); Anbieter eines ERP-Systems SAP AG, Neurottstrasse 16, 69190 Walldorf Germany; Link: www.sap.com
SCI	Serialized Configuration Items; serialisierte Konfigurationseinheit; spezielle Untermenge aller Teile und Baugruppen, die ausgewählt wurden um eine Verfolgung und Administration über den gesamten Lebenszyklus zu gewährleisten (Begriff im Umfeld CM)
SCM	Supply Chain Management; Zulieferer-Ketten-Management; Funktionen und Methoden zum Managen der Kontakte und Informationsflüsse zwischen einem Unternehmen und seinen Zulieferern
Server	Server bezeichnet eine Anwendung oder ein Rechnersystem, das die eigenen Ressourcen einem anderen Systems zur Verfügung stellt. Dieses wird dann als Client bezeichnet.
SGML	Standard Generalized Markup Language; Bezeichnung einer internationalen Norm zum Dokumentenaufbau
SIMNET	"Workflow Management for Simultaneous Engineering Networks "; Forschungsprojekt im Programm

	ESPRIT der Eurpäischen Kommision;
SolidEdge	3D mechanisches CAD-System; Produkt und geschützter Name der Firma Unigraphics Solution; Link: www.solid-edge.com
SolidWorks	3D mechanisches CAD-System; Produkt und geschützter Name der Firma SolidWorks Corporation, einer Tochter der Dassault Systemes S.A. (NASDAQ:DASTY, Bourse de Paris) Link: www.solidworks.com
SPARC	Scaleable Processor ARChitecture; RISC-Prozessor-Typ der Firma Sun Microsystems, Inc.
Spicer	Spicer Corporation; Anbieter von Viewing Software (u.a. Imagenation); Link: www.spicer.com
SQL	Structured Query Language; Bezeichnung der genormten Zugriffsschnittstelle für relationale Datenbanken
SQL-Forms	Entwicklungswerkzeug im Umfeld des relationalen Datenbankbetriessystems ORACLE
STD	Kurzbezeichnung für "Standard"
STEP	Standard for the Exchange of Product Model Data; Norm zum Austausch von Produktmodelldaten; Arbeitstitel der Normenreihe ISO 10303
Steyr-Daimler	Steyr-Daimler-Puch Fahrzeugtechnik; weltweit tätiger Systempartner der Automobilindustrie in der Entwicklung und Produktion von Automobilen; Sitz: Graz (Österreich); Tochter der Magna International Inc.; Link: www.steyr.com
SUN	Sun Microsystems, Inc., 901 San Antonio Road, Palo Alto, CA 94303 USA; Anbieter von Hard- und Sotwareprodukten; Link: www.sun.com
TCI	Technical Configuration Item; Technische Konfigurationskomponente; innerhalb des Konfigurationsmanagement alle Teile, Baugruppen und Produkte mit ihren zugeordneten Dokumenten (Begriff innerhalb des CM)
TDM	Total Document Management; System zum Verwalten aller anfallenden Dokumente eines Bereiches
TIF	übliche Namenserweiterung für TIFF-Files
TIFF	Tagged Image File Format; Bitmap-Graphik-Format
UIC	User Identification Code; Nutzer Identifizierungscode; Eindeutige Kennung eines Systemnutzers
UNIGRAPHICS	3-D mechanisches CAD-System; Produkt und ge-

	schützter Name der Firma Unigraphics Solutions Inc.; Link: www.ugs.com
UNIX	Bezeichnung einer Klasse von Multiuser,- Multitasking-Betriebssystemen
URL	Uniform Resource Locator; Erweiterung des Dateinamenkonzeptes auf das ganze Netzwerk. Die Spezifizierung eines Dokuments besteht dabei nicht nur aus einem Dokumentnamen und einem Directory, sondern auch aus einer Maschine und einer Methode (meist Protokoll) die die Datei liefert.
usb	Consultingunternehmen speziell im Bereich Konfigurationsmanagement; USB Unternehmensberatung, Postfach 11 22 01 86047 Augsburg; Link: www.usb.de
VDA	Verband der Automobilindustrie e.V.; Link: www.vda.de
VDAFS	Flächenschnittstelle des VDA zum Austausch von Freiformflächen
VDI	Verein deutscher Ingenieure e.V. Link: www.vdi.de
VDMA	Verband Deutscher Maschinen- und Anlagenbauer e.V.; Link: www.vdma.de
VFIIP	Virtual Factory Information Interchange Project
VPDM	Virtual Product Development Management; Methoden für die auf dem Intra- und Internet basierende Zusammenarbeit von Ingenieuren (nach Gartner Group)
VR	Virtual Reality; Virtuelle Realität; Methoden zur Visualisierung und zur Manipulation von Produktmodellen im Raum
VRML	Virtual Reality Modelling Language; Bezeichnung einer Modellierungssprache für Objekte der Virtuellen Realität
W3C	World Wide Web Consortium; Link: www.w3.org
WAP	Wireless Application Protocol; Format zur drahtlose Übertragung von Informationen auf Terminal (z.B. mobile Telefone)
WEB	gebräuchliche Kurzbezeichnung für das World Wide Web
WEB-Browser	Programm zur Darstellung von über das Intra- bzw. Internet bereitgestellten Informationen auf der Basis von HTML bzw. XML
WEB-client	Client, welcher als Anwendung innerhalb eines WEB-Browsers arbeitet

WINDOWS	Allgemeine Bezeichnung der Betriebssysteme der Firma Microsoft. Spezielle Varianten liegen ggw. als WINDOWS-98, windows-2000 oder WINDOWS/NT vor.
WORD	Textbearbeitungssoftware; ; Produkt und geschützter Name der Firma Microsoft
WORMs	Write Once Read Many; einmalig beschreibbarer optischer Datenträger
WWW	World Wide Web; Weltumspannendes Rechnernetz
XML	Extended Markup Language; Bezeichnung einer Beschreibungssprache zur Erstellung hypermdedialer Dokumente. XML basiert auf der SGML-Technologie
XSLT	Extensible Stylesheet Language Transformation ; Lösung um einen XML-Katalog in einen anderen XML-Katalog umzuwandeln

Sachverzeichnis

Druck (Computer to Film): Saladruck, Berlin
Verarbeitung: H. Stürtz AG, Würzburg